《环境经济研究进展》（第十三卷）编委会

环境经济研究进展

PROGRESS ON ENVIRONMENTAL ECONOMICS

（第十三卷）

中 国 环 境 科 学 学 会 环 境 经 济 学 分 会

董战峰　李婕旦　张蔚文　张炳　夏汝红　主编

中国环境出版集团·北京

图书在版编目（CIP）数据

环境经济研究进展. 第十三卷/董战峰等主编. —北京：
中国环境出版集团，2019.9
ISBN 978-7-5111-4079-1

Ⅰ. ①环… Ⅱ. ①董… Ⅲ. ①环境经济学—文集
Ⅳ. ①X196-53

中国版本图书馆 CIP 数据核字（2019）第 191374 号

出 版 人 武德凯
责任编辑 陈金华 宾银平
责任校对 任 丽
封面设计 彭 杉

出版发行 中国环境出版集团
（100062 北京市东城区广渠门内大街 16 号）
网 址：http://www.cesp.com.cn
电子邮箱：bjgl@cesp.com.cn
联系电话：010-67112765（编辑管理部）
010-67113412（第二分社）
发行热线：010-67125803，010-67113405（传真）

印 刷 北京建宏印刷有限公司
经 销 各地新华书店
版 次 2019 年 9 月第 1 版
印 次 2019 年 9 月第 1 次印刷
开 本 787×1092 1/16
印 张 22.5
字 数 490 千字
定 价 98.00 元

总 序

环境经济学专业委员会作为中国环境科学学会的分支机构，在原国家环境保护总局以及中国环境科学学会的指导下，第一届委员会于 2003 年 12 月正式成立，挂靠在中国环境规划院（现为生态环境部环境规划院）。2008 年，环境经济学专业委员会更名为环境经济学分会，成立第二届委员会。2017 年成立了第四届委员会。环境经济学分会始终以为从事环境经济研究的科技、教育、管理工作者搭建平台，推进环境经济学科发展为己任，经过十多年的发展，不断成长壮大，汇集智力资源以及交流平台功能得到各界的充分肯定。

自机构成立以来，每年都组织举办学术年会，并多次参与协办和承办了不同层面的环境经济与政策学术活动，包括若干次环境经济学术国际研讨会，与美国、欧洲、日本、韩国、联合国环境规划署、OECD 等从事环境经济研究的学者和管理者开展广泛的学术交流；分会委员们发表和出版了大量的环境经济论文和著作，有力推进了中国环境经济学学科的发展。从 2007 年开始，环境经济学分会与中国环境规划院、北京大学环境与经济研究所、《环境经济》杂志社联合开办了“中国环境经济网”（http://www.csfee.org.cn/），访问量已经达到了 200 余万人次，网络信息平台很好地促进了环境经济学研究资源和信息的共享。

为了更好地推动中国环境经济学的发展，克服环境经济学分会近期难以创办学术期刊的局面，环境经济学分会委员会决定从 2008 年开始，不定期出版《环境经济研究进展》，以展示中国环境经济学研究的最新发展和趋势，交流中国环境经济学最新研究和实践成果。已经先后出版了十二卷。我们希望《环境经济研究进展》能够成为传播中国环境经济学学术研究动态的载体，沟通环境经济研究前沿信息的平台。2018 年 10 月 25—26 日，中国环境科学学会环境经济学分会 2018 年学术年会在浙江省衢州市顺利召开，本届年会以“环境经济政策助推高质量发展”为主题，《环境经济研究进展》（第十三卷）遴选了此次学术年会上提交的优秀论文。希望该书的出版能为推动中国环境经济学学科的发展和政策实践创新发挥积极作用。

葛察忠　主任委员

中国环境科学学会环境经济学分会

序 言

2018 年是改革开放 40 周年，是生态文明建设和生态环境保护事业发展史上具有重要里程碑意义的一年，也是环境经济政策建设取得重要进展的一年。全国生态环境保护大会于 2018 年 5 月 18—19 日在北京召开，习近平总书记出席会议并发表重要讲话。习近平总书记在讲话中强调："要充分运用市场化手段，完善资源环境价格机制，采取多种方式支持政府和社会资本合作项目。"习近平新时代中国特色社会主义思想，作出了我国经济发展进入了新时代的重大判断，提出要实现高质量发展，着力推动质量变革、效率变革和动力变革。环境经济政策作为一种经济手段，让资源环境有价，以环境成本优化经济增长，通过激发节能减排的内生动力，有力推动了生态环境保护和高质量发展。

在此背景下，中国环境科学学会环境经济学分会联合生态环境部环境规划院、衢州市环境保护局于 2018 年 10 月 25—26 日在浙江省衢州市召开 2018 年学术年会，本届年会以"环境经济政策助推高质量发展"为主题，就"环境经济政策助推高质量发展"的理论内涵、政策实践、模型构建、政策创新等议题展开深入探讨和交流，重点研讨环境经济政策与高质量发展的理论内涵，高质量发展下的环境经济政策方法与模型创新，如何与环境经济政策更好地结合等议题。会议既有理论与方法模型研究，又有政策分析和实证研究。学术年会顺利召开，取得丰硕成果，这对进一步推进环境经济学科建设，完善环境经济政策体系，更好地明确环境经济政策助推高质量发展的创新思路、重点和方向等具有重要意义。

自 2008 年以来，环境经济学分会着手出版《环境经济研究进展》，使之成为展示和交流我国环境经济学研究最新发展与成果的一个平台。迄今，已经先后组织出版了十二卷，主要收录最新的国内外环境经济学基础理论和政策研究学术论文，很好地促进了广大环境经济学研究人员的交流。第十三卷包括三篇，收录了我们从“中国环境科学学会环境经济学分会 2018 年学术年会”会议论文中遴选的优秀论文。第一篇为环境经济政策与高质量发展的理论内涵，第二篇为高质量发展下的环境经济政策方法与模型创新，第三篇为助推高质量发展的环境经济政策探索与实践。希望《环境经济研究进展》（第十三卷）的出版，不仅可为我国的环境经济学研究和环境经济政策制定人员提供参考，也能为推动我国环境经济学研究和环境经济政策实践的发展做出贡献。

编委会

目　录

第三篇　助推高质量发展的环境经济政策探索与实践

研讨会概要

1 会议简介

2018 年 10 月 25—26 日，中国环境科学学会环境经济学分会 2018 年学术年会在浙江省衢州市顺利召开。本届年会由中国环境科学学会环境经济学分会、生态环境部环境规划院、衢州市环境保护局联合主办。生态环境部综合司王力副处长、衢州市政府占珺副秘书长、生态环境部环境规划院政策部葛察忠主任出席了学术年会并致辞。生态环境部环境规划院董战峰研究员代中国环境科学学会副理事长陆新元致辞。来自生态环境部环境规划院、南京大学、浙江大学、清华大学、吉林大学、南开大学以及全国多个省、市的环科院、规划院（所）的专家学者共 200 余人参加了会议。

本届年会以"环境经济政策助推高质量发展"为主题，中国人民大学马中教授、浙江大学石敏俊教授、生态环境部环境规划院董战峰研究员、衢州市环境保护局夏汝红局长分别就"绿色增长的环境经济分析""高质量发展：地方政府行为、集聚经济与环境规制效果研究""高质量发展与环境经济政策""打造'两山'实践标杆地——衢州市推进'两山'实践的主要做法与成效"进行了大会主旨报告，引起了参会人员的高度关注与共鸣。本次年会还分设了环境经济政策理论与探索、环境经济政策评估与实践、海洋环境管理与经济政策和环境管理与绩效 4 个分会场，共有 39 位专家学者就环境经济政策与高质量发展的理论与模型、助推高质量发展的环境经济政策探索与实践、海洋环境管理与经济政策等方面展开了充分的探讨和交流。本次学术年会共收到 42 篇学术论文，经专家组评选，其中 5 篇论文获得大会优秀论文奖。

2 主旨发言专家报告

✧ 马中（中国人民大学　教授）：绿色增长的环境经济分析

首先，马中教授提出环境增长的相关理论与模型，模型主要包括哈罗德-多马模型、新古典增长模型和内生增长模型。他指出模型关键要素的变化和局限性，内生增长理论虽然对增长模型更有解释力，但忽略了制度因素对增长的作用，忽略了或者低估了环境要素对增长的贡献。环境要素主要分为资源型环境要素和容量型环境要素，环境要素具有数量与效率双重属性，环境要素的高效率意味着经济增长的高效率。纳入环境要素的主要经济增长模型分为 Brock 和 Taylor（2004）的绿色索洛模型、Stokey（1998）的静态模型、包含环境要素的 AK 模型、包含环境要素的 Lucas 内生增长模型、John 和 Pecchenino（1994）

的世代交替模型和 Andreoni 和 Evinson（2001）的鲁宾逊-克鲁索模型。

其次，马中院长介绍了资源型环境要素增长机制和容量型环境要素特征，指出资源型环境要素包括能源、水资源、矿产、生态、环境空间等，可以通过生态产品、生态产业、环境空间实现经济价值，而其创造的价值通常远大于资源的生产成本。容量型环境要素具有以下特征：①要素价格决定机制，资本与劳动由市场决定，而环境由制度决定；②产权性质，资本与劳动是私人产权，产权明晰，而环境是公共产权，不易明确；③要素投入方式不同，资本与劳动是生产投入，而环境是生产消费。容量型环境要素的收益具有私人性和短期性，成本具有公共性和长期滞后性。他还指明环境污染严重而经济快速增长的本质是短期利益与长远利益、个体利益与公共利益的不一致。

最后，马中教授介绍了污染者付费和在现状环境质量优于、劣于环境质量标准两种情景下的环境红利。环境红利是指生产和消费过程中，基于环境外部性产生的超额收益，分为环境容量红利和环境制度红利。他提出绿色发展应当实现环境要素间的替代，用可再生资源替代可耗竭资源，资源型环境要素替代容量型环境要素，不仅要考虑环境要素对经济增长的贡献，还应关注不同要素间的互动。以一个企业 SO_2 排放的案例详细分析环境红利的核算，通过分析得出以下结论：①在企业成本结构中，环境成本被长期压低；②GDP 的增长是市场价值体系内的增长；③局部环境低成本导致的资源环境过度使用，局部均衡并不是全局最优均衡。提出核算 GDP 是加总得到年度最终物品和劳务的总市场增加价，并表示核算环境红利有重要意义。

✧ 董战峰（生态环境部环境规划院　研究员）：高质量发展与环境经济政策创新

首先，董战峰研究员提出新时代国家的战略定位是实现高质量发展，高质量发展是一个价值判断，但尚未形成一个统一的理论分析框架，其内涵和外延尚不清晰。董战峰研究员指出高质量发展的五大发展理念：创新成为第一动力；经济重大关系协调顺畅；绿色成为普遍形态；坚持深化改革开放；共享成为根本目的。并从不同的维度解析高质量发展，首先是经济维度，高质量发展意味着高质量的供给、高质量的需求、高质量的配置、高质量的投入产出、高质量的收入分配和高质量的经济循环；其次是环境维度，高质量意味着资源利用持续、环境质量达标和生态系统健康；最后从环境经济维度看高质量，即绿色经济“高比重”、工业代谢“高循环”、资源利用“高产出”、环境治理“高效率”、生态产品“高供给”和环境民生“高福祉”。并指出高质量发展具有阶段性和动态性。为实现高质量发展，应当充分理解生态环保与高质量发展的关系和环境经济政策与高质量发展的关系，生态环保是高质量发展的重要标尺和有效手段，环境经济政策是新的动能，是长效机制。近些年，环境经济政策改革已经取得重要进展，但是环境经济政策创新仍然面临环境经济政策实践滞后于新时期生态环境保护需要和环境经济理论研究滞后于政策实践两个问题。

其次，董战峰研究员指出目前环境经济政策创新面临的挑战主要是政策体系不完善、政策供给不足、政策目标再定位、政策的弹性和政策评估机制。为此，环境经济政策创新应从外部性成本内部化和资源生态环境价值显性化两个维度进行展开。同时提出实现高质量发展的四大基石是污染者负担原则、使用者付费原则、受益者付费（补偿）原则和破坏者付费（赔偿）原则。政策创新应把握以下几点：①空间管控环境经济政策；②生态环境财政补贴政策；③绿色税收政策；④环境资源定价政策；⑤绿色金融创新；⑥生态环境补偿政策；⑦生态环境权益交易市场；⑧推进环境经济政策制度化；⑨重视环境经济政策实施配套支撑。

最后，董战峰研究员做了总结：①高质量发展对环境经济政策创新提出了时代需求，环境经济政策研究面临新一轮的发展机遇，需要加强战略研究、理论研究、方法研究、应用研究。②重视不同高质量发展阶段的环境经济政策需求差异性，加强政策的系统分析和系统设计，加强与相关政策的协调性。③生态环境主管部门主动推进环境经济政策改革，加强政策制定和实施的协调，特别是环境经济政策的法制化。④重视环境经济政策改革的配套能力建设与协同推进，打好改革的基础。

✧ 夏汝红（衢州市环境保护局　局长）：打造“两山”实践标杆地——衢州市推进“两山”实践的主要做法与成效

夏汝红局长提出习近平总书记任浙江省委书记期间曾 8 次到衢州视察调研，反复强调生态的重要性，就在 2018 年年初，省政府办公厅印发《浙江（衢州）“两山”实践示范区总体方案》，衢州市成为浙江省唯一的“两山”实践示范区。夏汝红局长就衢州市推进“两山”实践的主要做法与成效作出以下总结。

第一，高起点谋划绿色发展。在“十五”期间坚决摒弃了以牺牲环境为代价的传统工业化道路，“十一五”期间着力探索经济与生态的“双赢”发展道路，“十二五”期间形成了生态优先的发展格局，并以生态文明建设力促转型升级。规划纲要明确提出“加快建设浙江生态屏障、现代田园城市、美丽幸福家园，成为国家生态文明先行示范区、国家循环经济示范区和国家东部生态文明旅游先行区。”2017 年衢州市第七次党代会提出“进一步打开‘两山’转化新通道，努力构建集聚度高、竞争力强、发展潜力大、资源环境友好的绿色产业体系”，因此“十三五”期间我们力求打造“绿水青山就是金山银山”的衢州模式、浙江典范和全国标杆。

第二，高标准建设浙江生态屏障。①构建生态空间规划体系。推广开化县国家主体功能区试点经验，编制完善全市环境功能区划；实施和推广开化县国家“多规合一”改革试点；构建全市产业布局空间体系，建立完善空间准入、总量准入、项目准入“三位一体”和专家评价、公众评价“两评结合”的环境准入制度。②加强源头地区的生态保护。以维护钱塘江上游生态系统整体功能为重点，加强对湖泊、湿地、自然保护区、森林公园、资源重点开发区等区域的生态保护和利用；加强水土保持工作，做好水生态的保护、治理和修复；强化生态公益林保护，推进绿化造林；开展国家公园体制改革。③深入开展“五四三”环境整治。持续推进“五水共治”，2017 年全市出境水全部达到Ⅱ类水标准；深入推进“四边三化”；强势推进“三改一拆”。④不断完善生态环保基础设施。加大环保设施项目建设投入，大力推进大气污染防治，大力推进生态环保设施建设。

第三，高质量做大金山银山。①坚决淘汰落后产能；②以换道超车的理念加快结构调整：着力推动产业创新，突出抓好科技创新平台建设，同时狠抓工业提质增效。2017年三次产业结构为6.3∶45.1∶48.6，上海张江衢州生物医药孵化基地等创新平台投入运营；③以循环经济的方式重塑产业形态。大力发展绿色循环低碳经济，推动清洁能源示范城市建设。

第四，高要求探索“两山”转化通道。①打响宜居品牌，打造现代田园城市样板。积极开展全国文明城市创建，加强城市精细化管理。坚持高点定位、高端品质，积极推进高铁新城建设。②打响特色品牌，打造美丽幸福乡村样板。在全省率先开展美丽乡村“四级联创”，以“一县一带”建设为载体，努力打造美丽乡村升级版。③打响放心品牌，打造优质生态农业产品。“十二五”期间，衢州市农村居民人均可支配收入从8 270元增加到16 884元，连续保持两位数增长、增幅位于全省前列。④打响休闲品牌，打造优质生态旅游产品。把旅游业作为战略性支柱产业来培育，加快构建内联外畅的现代综合交通体系。

第五，高水平构建治理体系。①构建政绩考核和环境问责的责任体系。2003年把生态建设各项任务分解落实并纳入政府目标责任制，2014年对各县（市、区）取消GDP考核，增设生态环境指标，该指标分值权重达30%以上。②构建智慧环保和高效执法的监管体系。建立智慧环保平台，成立智慧环保监控指挥中心。组建全省首家环境医院，为全市环境监测、在线运维、环保咨询等提供服务需求，同时加大执法力度。③构建竞争取向和市场导向的倒逼机制。从2013年起，全面推行工业企业综合经济效益排序机制，2014年，启动实施排污权竞价交易，同时启动浙江省用能权有偿使用与交易改革试点，建立用能权交易平台。

第六，夏汝红局长指出衢州“两山”实践未来可期，提出后续工作思路：①以“大战略”为引领，明确“两山”转化方向；②以“大花园”为统领，打开“两山”转化通道；③以“大统筹”为路径，建成“两山”实践典范；④以“大改革”为重点，构建“两山”制度体系。

3 平行分会场专家报告

3.1 平行分会一：环境经济政策理论与探索

✧ 李光勤（浙江农林大学 副教授）：环境规制是否阻碍了小企业的进入？

李光勤副教授指出环境污染的愈发严重引发了环境规制力度的加强，随着环境规制力度的加强，新企业的进入受到直接影响，而小企业就成为其中最先受到冲击的部分，提出了“环境规制是否阻碍了小企业的进入？”的议题。

通过对文献的调查研究发现大多文献为环境规制对企业生产率、投资、环境绩效和就业的影响等研究，而对于环境规制如何影响企业进入的研究相对较少，尤其是对于国内的数据，以及国内小企业数据的研究更少。

为验证环境规制对不同创新型小企业的影响，研究环境规制对小企业进入的影响机制，李光勤通过三种计量模型考察环境规制对有 R&D 活动、研发机构和创新产品三类创新小企业进入的影响，结果表明对有创新产品的小企业与其他两种类型的小企业的影响机制不一样。对其中的变量进行了相应的介绍，对结果进行了稳定性检验，同时分析了环境规划对企业进入的影响机制。

通过分析得出 2003—2010 年环境规制对小企业进入具有显著的促进作用，2012—2015 年的环境规制对小企业进入具有正向作用，得到环境规制不能阻碍小企业的进入，环境规制对不同类型的创新型小企业影响机制并不一样的结论。李光勤副教授针对环境规制提出以下建议：①应认识到环境规制并非对每个行业每个企业都是不利的，严格的环境规制只会对规制的行业产生阻碍作用，但是可以让被规制的企业改变经营范围，从而选择其他行业进行创业；②企业应进行创新来规避环境规制给企业带来的不利影响。

✧ 李云燕（北京工业大学　教授）："两山论"及其在经济欠发达地区的实践——以乌江流域为例

李云燕教授以乌江流域为例解读"两山论"及其在经济欠发达地区的实践，她指出，乌江流域处于我国西部地区，经济发展水平相对落后，但是水资源丰富、有独特的地质景观且生物物种多样。在良好的生态环境支持下，乌江流域在旅游产业发展中践行了"绿水青山就是金山银山"的重要思想。李云燕教授提出以下五个促进乌江流域生态保护与旅游经济协调发展的具体措施。

第一，完善生态文明绩效考核评价机制。考核指标应当全面、可衡量、易操作，充分反映当地资源消耗、环境损害和生态效益。应建立生态文明绩效考核的责任追究制度，明确责任主体。此外，建立更明确的生态文明建设激励约束制度，把评价考核结果与干部奖惩晋级、提拔任用等相结合，增强生态文明建设执行力。

第二，开展生态审计。生态审计可以对生态资源的保护和破坏进行量化，强化领导干部的生态保护意识，应该特别强调开展领导干部离任生态审计，有利于提升领导干部尊重自然、顺应自然、保护自然的生态文明理念。

第三，完善乌江流域生态补偿机制。生态补偿是维护乌江流域生态环境状况的一种经济调节手段，应遵循政府补偿与市场补偿相结合的原则。

第四，严守生态保护红线。生态保护红线是生态环境安全的底线，划定生态保护红线的目的是建立最为严格的生态保护制度。生态良好、人与自然和谐，是建设生态文明的终极目标和根本标志。

第五，发展旅游资源保护性开发。①依托沿江生态资源，大力发展康养度假旅游，推动康养旅游地产升级，将乌江流域打造成为国际国内知名的康养度假旅游目的地。②依托沿江少数民族村寨以及生态景观，开展民族地区乡村生态旅游，带动美丽乡村建设，促进农业增效、农民增收以及农村繁荣。③注重沿江旅游区的游客容量和承载力，社区居民和游客要共同参与旅游资源的开发与保护，强化生态保护主体地位。

✧ 吴大磊（广东省社会科学院　副研究员）：基于区域发展阶段特征的绿色发展评价研究——以全国 31 个省份为例

吴大磊副研究员指出目前对绿色发展的评价方法有很多，要从绿色发展概念的本源出发研究绿色发展。从如何理解绿色发展内涵、如何评价绿色发展和为何采取新的评价思路三个方面进行了介绍。指出绿色发展的内涵，一是资源节约，强调人类发展的公平性，尤其是代际公平，在保证当代人福利水平持续实现改进的基础上，同时也保证后代人具有相应获取自然资源的机会和权利；二是环境友好，强调发展的包容性，以尽可能少的污染排放获取最大的经济福利。绿色发展模式不仅要求实现发展与保护之间的协调，更要实现发展与保护的“双赢”。针对绿色发展的评价是评价绿色发展的水平，目前大致有建立绿色国民经济核算体系、建立绿色全要素生产率、构建多维度的评价指标体系和建立绿色发展综合评价指数四种思路。但是现有指数化评价基于共时性视角，忽略了评价对象具有重要的历史性特征。

吴大磊副研究员依据环境库兹涅茨曲线提出“建立基准曲线—计算 *U* 值—计算绿色发展指数”的新评价方法。与相同发展水平基准相比较，该评价方法考虑了区域发展的阶段特征。吴大磊副研究员先后介绍了指标体系的构建和权重体系，以及指数的生成过程。资源节约用单位产出的资源消耗作为评价标准，环境友好用单位产出的废弃物排放或者人均排放作为评价标准。吴大磊副研究员结合二者构建了基于区域发展阶段特征的绿色发展指数评价指标体系和权重体系，并基于全国 31 个省份 2010—2016 年各污染物数据详细介绍了新的评价方法。

通过以上分析指出广东、福建、浙江 3 个省份在资源节约和环境友好两大二级指标中均位居前 5 位，表明这 3 个省份在绿色发展方面表现较为均衡；我国城市绿色发展指数从高到低依次为东部、东北部、中部、西部地区。从整体上看，2016 年全国在资源节约和环境友好两大领域总体上有着持续的进步；化学需氧量、氨氮、二氧化硫和氮氧化物 4 种约束性污染物的人均排放量和排放强度均较历史同期有较大改善。

✧ 龙凤（生态环境部环境规划院　副研究员）：有利于环境保护的市场机制研究

龙凤副研究员首先介绍了我国环境管理政策手段，她指出环境管理政策手段分类方法多样，包括行政手段、法律手段（核心）、经济手段（长效手段）、技术手段和社会手段，并着重介绍了其中一种分类。在发展的不同阶段，政策手段的运用存在差异性。其次介绍了发达国家环境管理发展阶段，并提出环境保护市场机制的定义、概念与现状。环境保护市场机制具有柔性的管理特征，理性和规范管理的特征，一定的时效性特征，体现管理智慧的特征，以及成本低、长效性的特征。并详细介绍了我国环境保护市场机制框架，认为其主要分为价格机制、税收机制、金融机制、绿色财政和商业模式。

龙凤副研究员指出市场机制依赖的法制环境还尚未完全建立起来，市场体系虽然建立起来了但是政策间的相互协调还存在一定的问题。我国环境保护市场机制政策存在的问题主要在于以下几个方面：①价格政策还不能完全体现环境成本；②绿色税收机制还存在一定的缺陷，有待进一步完善；③绿色金融存在绿色信贷贴息机制有待完善、绿色项目及企业绿色评级标准缺失、环境污染损害赔偿责任规定不明确、风险监管机制缺乏等问题；④绿色支出规模相比发达国家仍有差距，绿色采购制度有待完善等；⑤商业模式面临着法律变更、政府信用缺失带来的风险，存在项目建设施工周期过长、项目处理工艺滞后等问题。

通过上述分析，龙凤副研究员提出有利于环境保护的市场机制的政策建议：①做好环境保护市场机制的顶层设计，以环境质量改善为导向，大力发挥经济政策手段的功能。并结合国情，创新模式，完善体系。在环境税收政策、环境价格政策、市场创建政策、环境金融政策、环境商业模式等领域都将根据环境管理需要，研究出台或完善相关政策。②发挥宏观经济部门作用，推动有效的商业运营模式，突出政府转变职能，将管理让位于市场，加快培育发展生态环保市场，发挥政府部门作用。③健全法制，完善生态环境法律法规体系，强化执法监督，大力推行环境信息公开制度，并加强基础技术支撑。④推进市场机制相关政策的实施效果跟踪与评价。⑤加强组织协调，强化部门联动。

✧ 顾学宁（南京财经大学　副教授）：现代文明进程的迷途与现代经济发展的歧路

顾学宁副教授指出斯蒂芬·威廉·霍金的三个预言：①人们需要逃离地球；②人类不适应太空生活；③300 年后人类将会消失。并由三个预言引发了对现代文明的思考。

首先，介绍了现代文明进程的歧途，指出杰里米·边沁设定了一个宏伟的经济学目标，人类的努力在于让绝大多数人享受到最大的幸福，经济学是可以为此谋福利的。人类文明最大的体现：一个是道德层面，另一个是法制层面。并指出随着社会的发展，自杀率、交通事故伤亡率、过劳死亡率上升，表明现代社会最稀缺的是快乐，即现代的一个悖论——经济发展本来是为了绝大多数人的最大幸福，然而现在并没有。那么文明的意义在哪里，为何失去了幸福。

其次，介绍了现代经济发展的歧路，指出马太效应：对于那些将会得到更多的人，他将拥有更多；但是对于那些不会得到更多的人，即使他拥有的东西也会被带走。并提出饿死率远远小于胖死率。

通过上述分析对中国的前途进行分析，以衢州市为例，2017 年第一产业增加值 87.40 亿元，增长 2.1%；第二产业增加值 622.74 亿元，增长 6.5%；第三产业增加值 669.86 亿元，增长 8.9%。全部工业增加值 524.30 亿元，按可比价格计算比上年增长 7.4%。完成固定资产投资 1 047.78 亿元，比上年增长 10.1%。

✧ 常艳蕊（北京化工大学　研究生）：中国上市 ESCO 企业的竞争力评价研究

常艳蕊研究生首先介绍了研究目的，为了解目前中国上市节能服务公司（ESCO）的竞争力水平，提出了提升 ESCO 竞争力的对策，对中国目前上市 ESCO 的竞争力进行了分析与评价。考虑数据的可获得性，主要以上市节能服务公司为研究对象。

首先介绍了目前的 ESCO 企业竞争力指标的选择分析，考虑可操作性，主要选取 ESCO 的财务指标及其他定量指标对其企业竞争力进行评价。其次介绍了指标体系，一级指标有

7个，二级指标有15个。使用因子分析法对45家ESCO企业的相关指标数据进行了分析，得到了5个综合因子，并由该5个综合因子得分乘以相应权重得到最终的竞争力。同时，以因子分析得出的5个公因子为指标，对45家ESCO企业进行聚类分析。

常艳蕊研究生针对不同类型ESCO企业提出了不同的建议：①资金依托型，应充分利用资金优势整合技术资源，加强对综合节能解决方案方面的投入，根据不同客户类型灵活选择技术、设备，在降低技术选择成本的同时，有助于开拓更大市场空间；②技术依托型，应该充分利用其技术优势或产品优势，确定目标市场，不断寻求融资渠道，应保持自身的技术创新能力，逐渐提升其市场竞争力和行业影响力；③运营依托型，应该努力提高其自身的节能技术和创新能力，并选择合适的技术供应商以有效地降低技术风险，同时提高公司信用和项目融资能力。

她提出以下建议：优化ESCO企业发展环境，消除行政区划界限和市场壁垒，加强合同能源管理方面信用体系建设，建立合同能源管理争议解决机制，加强落实现有税收政策，构建节能服务领域绿色金融体系。

✧ 段海燕（吉林大学　副教授）：省域污染物总量控制指标差异性公平分配与优化算法研究

段海燕副教授认为公平合理的污染物排放总量控制指标分配是总量控制制度能否有效运行的重要前提和基础，提出污染物排放总量控制指标分配需要解决两个关键问题："实现怎样的公平？"和"怎样实现公平？"。认为我们应该是实现差异性公平，并运用Nash谈判模型方法引入被分配政府横向公平对比谈判机制，对政府行政分配方案进行博弈优化，因为Nash谈判模型可以实现在分配过程中让被分配者参与监督竞争协作。

段海燕副教授介绍了省域污染物排放总量控制指标差异性公平分配模式：①基于区域差异的省域总量控制指标分配；②基于行业差异的区域总量控制指标分配；③基于区域差异和行业差异的两种方案耦合。

基于不对称Nash谈判引入政府横向谈判，增加政府间相互竞争和监督，达到分配的高效化，具体做法如下：①上级政府确定行政分配方案，作为上级政府的"意向方案"。确定一定的浮动比例，作为下级政府谈判约束。②下级政府制定横向公平"谈判方案"，开始同级政府间分配博弈。③总量控制指标分配的博弈优化，经过多轮谈判确定满意度相对较高的方案。④介绍了基于不对称Nash谈判的模型方法：提出意向方案—修正进行不对称Nash谈判模型—谈判方案—博弈优化—确定各市满意度—建立非线性规划。

以吉林省为例，选取COD为目标污染物，以2014年为基准年，目标年为2020年，解析在4种意向方案下，政府横向公平谈判博弈的结果及合理性。首先，构建区域总量控制指标分配指标体系；其次，构建行业总量控制指标分配指标体系，然后进行差异性公平分配结果分析。

通过上述分析最终得出吉林省可以根据决策偏好，选择满意度最高的区域差异偏好方案，或者争议最小的综合耦合情景方案，作为差异性公平分配方案。同时段海燕副教授提出该方法可以推广到其他省份或应用到其他领域，各省份可选择满意度最高和（或）认可度最高的谈判优化方案作为省域污染物总量控制指标差异性公平分配方案。

◇ 陈迪（中国人民大学 博士）：中国脱硫电价政策的经济分析

陈迪博士基于我国脱硫电价政策的实施，根据污染者付费原则提出“脱硫电价政策很有可能违背了污染者付费原则？”，脱硫电价可能会产生超额利润，并基于两种假设进行了实证分析。其中，假设一：脱硫电价不能真实反映燃煤电厂的实际脱硫成本。假设二：脱硫电价使得污染者从中受益。

陈迪博士采用 2007 年使用石灰石—石膏湿法脱硫工艺的燃煤发电机组，比较脱硫电价政策下，燃煤电厂成本与收益之间的关系，并对成本及收益的构成及未来变动趋势进行了分析。首先介绍了燃煤电厂脱硫的成本构成，包括生产成本和期间费用。通过脱硫成本的预算证明假设一真实存在，同时，燃煤电厂的脱硫成本呈下降趋势。其次介绍了脱硫收益的构成，包括脱硫电价收入、因脱硫节省的排污费和销售脱硫石膏获得的收益。结果表明对于采用石灰石—石膏湿法脱硫的个燃煤机组来说，脱硫所获得的总量收益基本维持不变，但是 2015 年有一个明显上升趋势，分析认为与 2014 年全国 SO_2 的排污费征收标准的上升有关。另外，脱硫能为燃煤电厂带来净收益，即获得超额利润。同时，燃煤电厂的脱硫收益呈现上升趋势。陈迪博士表示随着环保税的开征和脱硫石膏综合利用率的提升，燃煤电厂在现阶段下的脱硫收益将更为客观，脱硫积极性将持续存在。

关于政策的讨论表明脱硫电价的政策目标基本达成，同时该政策存在一定的负面影响：①环境补贴本身存在的负面效应难以避免；②发电行业的补贴存在差异。

通过上述分析，陈迪博士认为随着脱硫设备造价的大幅降低、环境税替代排污费导致税费的提升以及脱硫石膏综合利用率的提升，燃煤电厂的脱硫成本将逐年降低，而受益呈上升趋势，因此燃煤电厂脱硫积极性有望进一步提升。考虑脱硫电价政策的最初政策目标已完成，脱硫积极性随着环境税的实行将持续存在，陈迪认为保留脱硫电价政策的意义不大，建议取消。

◇ 段志远（吉林大学 博士）：典型国家 1990—2014 年技术变革与结构调整的碳排放驱动效应测度

段志远博士指出 1992—2016 年控制温室气体排放行动具体化、法律化，随着应对气候变化行动的深入，各国应该根据国情和实际能力提出更加具体化的碳减排目标，实现经济、社会和生态环境的平衡，主要影响因素包括技术变革和结构调整两个因素。当前研究阶段、对象和方法的不同，两个因素对碳排放的影响机制不一样。基于全球碳排放背景下，段志远博士运用计量经济学模型中的脉冲响应和方差分解法探究典型国家 1990 年以来技术变革和结构调整对碳排放的驱动方向和驱动程度。

首先介绍了研究范围的确定，研究时间确定为 1990—2014 年，选取了五个变量，包括碳排放量（CE）、表征低碳技术的碳排放强度（CI）和表征能源利用技术的能源强度（EI）、表征能源消费结构的可再生能源消费占比（RN）及表征产业结构的工业化率（IND）。

针对典型性选取了34个不同收入的国家和地区，运用VAR模型进行分析。结果显示：高收入国家碳排放达到一定标准后，碳排放减少，中高等收入国家的驱动方向与高收入国家有所不同。另外，段博士运用方差分析得到驱动程度。结果表明，高收入国家集中在可再生能源占比和工业化率两个结构因素方面，中高等收入和中低等收入国家除了乌克兰外集中在碳排放强度和能源强度两个技术层面。同时，高收入国家的碳排放强度和能源强度的历史均值最低，对于中等收入国家，技术的调整相比于结构调整更能促进碳排量的变动。从碳排放量的分布区间上来看中高等收入国家＞高等收入国家＞中低等收入国家；从技术因素上看，中低等收入国家＞中高等收入国家＞高等收入国家；从结构因素上看，高等收入国家＞中低等收入国家＞中高等收入国家。

通过上述分析，段志远博士提出以下建议：①推动低碳技术变革，有效提升能源利用效率；②加快产业结构调整，合理优化第二产业布局；③优化能源消费结构，加快提升可再生能源占比。

✧ 王昕婷（南京信息工程大学　研究生）：完善重点生态功能区转移支付生态补偿机制

王昕婷研究生提出随着我国经济的快速发展，生态补偿问题日益引起中央政府的高度重视，一个反映生态价值和代际补偿的资源有偿使用制度和生态补偿制度急需建立。20世纪以来，逐年恶化的生态环境已成为经济高速发展的瓶颈，为此，她从生态补偿的视角出发，以厘清财政转移支付内涵等为基础，剖析了现行财政转移支付制度的缺失，阐述了各级政府间财政转移支付制度和生态补偿机制等内容，借以优化我国地方政府间财政转移支付制度的政策建议。

王昕婷研究生结合全国及多地区2005—2015年十年内的GDP、“三废”年排放量、污染治理投资额等数据以及地方数据，探讨政府间财政转移支付问题。通过调研报告、理论研究与分析、调研数据分析、文献比较分析提出完善重点生态功能区补偿转移支付生态补偿机制政策建议。研究方法是实地考察、调查访谈与座谈、规章制度审阅和统计分析等，同时听取了专家意见并进行了专业咨询。

首先介绍了生态补偿财政转移支付和重点生态功能区等相关理论，提出了我国目前存在的问题：①生态补偿资金匮乏，与财政收支不匹配；②全国工业“三废”排放与环保投资不成比例；③经济贫困地区和西部生态典型脆弱地区的环境状况尚未得到根本改善。并指出其原因在于：①纵向转移支付制度难以直接体现生态服务的收益补偿关系和促进政府的积极性；②地方政府间的环境利害冲突制约区域基本公共服务均等；③生态转移支付的制度不完善。

通过上述分析，王昕婷研究生提出以下建议：①加大横向财政转移支付的制度设计，因为横向转移支付可以比较好地解决财力均等化和外部性的问题；②优先注重解决区域间的横向财政转移支付问题，把区域生态补偿放在横向财政转移支付优先领域的重中之重；③生态补偿的财政转移制度急需改善，社会化和市场化生态补偿力度需要加强。以中央政府纵向政府转移支付的方式进行生态补偿，在激励性的转移支付政策的导向下，加大惩处型政策力度。

3.2 平行分会二：环境经济政策评估与实践

✧ 吴佳男（北京工业大学 研究生）：唐山市大气污染防治政策综合评价研究

吴佳男研究生首先介绍了唐山市的基本情况与经济现状，近年唐山市经济增速放缓，经济下行压力较大；唐山市产业结构偏重，钢铁等高耗能、高污染、高排放产业占比较大，经济结构转型相对滞后；工业生产过程中，能源消耗总量较大，能源消耗强度过高；能源消费以化石能源为主，高度依赖煤炭。

唐山市空气质量现状不容乐观，优良天数比例仅占 54.6%，超标天数比例占 45.4%。其中规模以上工业二氧化硫、氮氧化物排放中金属冶炼和压延分别占 86.79%、74.85%。钢铁等重工业是唐山的主要经济增长来源，但也是最大的污染源。

在对唐山市经济环境分析的基础上展开研究，构建了经济-环境-能源的唐山市大气污染防治政策综合评价模型。基于综合评价模型，对不同目标下的经济环境状况进行最优化仿真模拟实验；分析不同情景下唐山市经济发展趋势、产业结构调整状况和环境改善程度；为唐山市的可持续发展提供具体可行的政策建议。

模型基于唐山市经济环境发展现状，以 2016 年的数据为基础，利用 lingo 编程语言，对唐山市 2016—2020 年社会、经济发展及大气环境状况进行预测和分析。研究区分了情景一和情景二。情景一的目的是探究在现有经济环境发展及政策水平下，唐山市的经济、环境目标能否实现。设计条件：①保持现有经济发展水平和经济增长速度；②不引入新生产技术和污染物质处理技术；③允许产业结构调整。情景二的目的是探究在经济增长和环境减排都达到目标的条件下，唐山市产业结构调整情况及发展趋势。设计条件：①经济发展和污染物质减排达到规划目标；②不引入新生产技术和污染物质处理技术；③允许产业结构调整。

最终得出结论：①现行的经济技术和环境经济政策，不能实现经济增长和环境改善的双重目标；②唐山市要想实现经济环境的持续健康发展，必须进行技术改进或政策调整等相应措施。

✧ 王智鹏（江西财经大学生态经济研究院 博士）：基于 VRS-DEA 模型与 Malmquist 指数的农业土地资源利用效率评价——以江西省为例

王智鹏博士提出我国存在人多地少、人地矛盾加剧、土地资源利用率较低的现象。他认为研究土地资源利用效率是保障粮食安全、解决人地矛盾的关键，是改善生态环境质量的根本出路。

报告主要采用了谢高地等提出的全球生态系统服务功能评价模型、数据包络分析法及 Malmquist 指数分析法，分析了以上方法的优点并提供了投入与产出指标的选取方法及数据来源。

以时序演变分析法进行实证分析得到，江西省 1990—2016 年农业土地资源利用综合效率较高，处于一个比较有效的状态，效率空间格局演变地区有明显的差异。以 Malquist

指数分析法对农业土地资源利用动态效率分析，包括时间序列分析及区域分布分析。

在得到以上分析数据的基础上，对效率改善路径进行分析。农业土地资源利用效率损失的主要原因为种植业产值即产出不足，农药、化肥施用量及种植业从业人员数量为次要原因。针对以上原因，给出了改善途径：①减少农药、农膜使用量，减少化肥施用量或提高化肥利用率，逐步转移农村剩余劳动力，培育新型职业化农民，大力推进农村土地制度改革，走机械化、规模性和集约化的土地生产模式。②土地经营产值是衡量土地利用效率的重要指标，全省大部分设区市种植业产值都具有较高的改善潜力。需要不断优化资源要素配置能力，提高土地生产机械化、规模化水平，减少环境污染物，提升生态环境质量水平。

结论如下：①从时空演变特征分析来看，整体效率较高，呈现“先下降后上升”的变化趋势，规模效率强于技术效率，非均衡发展趋势较为突出，呈现“大聚集、小分散”的分布特征，梯级层次明显。②从效率动态变化分析来看，全要素生产率年均增长 2.1%，其中技术效率和技术进步分别贡献了 0.3%和 1.8%，属于单轨驱动模式。③从效率损失原因分析来看，种植业产值产出不足是江西省农业土地资源利用效率损失的主要原因，农药化肥、种植业从业人员等要素投入冗余是次要原因。④从效率改善路径分析来看，优化资源要素配置能力，规范和减少农药、化肥、农膜使用，逐步转移农村剩余劳动力等，是提高江西省农业土地资源利用效率的关键路径。

✧ 周楷（中国人民大学环境学院 博士）：基于 SFA 方法的我国城镇污水处理厂运行效率研究

周楷博士提出我国水环境污染形势严峻，虽然污水处理厂处理能力显著提升但运行效率仍处于较低状态。他认为当前研究较少从经济管理的角度对污水处理厂进行研究，且通过数据包络分析方法（DEA）研究污水处理厂的运行效率问题具有一定的局限性，故其采用了随机前沿分析方法（SFA）进行研究。

选取从业人员数、固定资产总额、年耗电总量、年运行总费用 4 个指标作为投入指标，选取氨氮年削减量（ANC）、BOD_5 削减总量（BC）、COD 削减总量（CC）、污水年处理总量（TS）运用主成分分析法提取污染因子作为产出指标，构建了 SFA 模型；选取人均 GDP、人均水资源拥有量、人均排水量、污水处理厂出水标准、污水处理厂的年平均负荷率、实际征收的污水处理费、设计处理能力进行了 Tobit 回归分析。通过比对模型检验结果证明构建的模型通过了假设检验，结果具有意义。

通过对结果的讨论与分析得到效率平均值为 0.604 5，总体来看效率值较好，但污水处理厂个体效率值差异显著。运行效率差异主要表现为地域差异和规模差异。地域差异表现为西部地区的运行效率平均值为 0.691 0，大于东部地区的均值（0.667 5）和中部的均值（0.569 2），即呈现出西部高、中部低、东部居中的特点。规模差异表现为规模越大，平均效率值越高。对运行效率影响因素讨论得出：人均 GDP、设计处理能力和平均负荷率对污水处理厂的运行效率有正向的影响；人均水资源拥有量对污水处理厂的运行效率有负向的影响；人均排水量、出水标准、实际征收污水处理费三项指标则对污水处理厂的运行效率没有显著性的影响。

结论如下：①样本污水处理厂运行效率最大值为 0.905 6，平均值为 0.604 5，最小值为 0.061 5，其中在 0.6～0.8 区间尤为集中，占 89.34%。②我国城镇污水处理厂运行效率存在一定的地区差异，西部地区污水处理厂的运行效率较高，中部地区较低。建议重点关注西部地区污水处理设施的建设问题，提高污水处理设施数量，而东中部地区应重点聚焦于如何提高现有污水处理厂的运行效率。③研究证实了污水处理厂具有规模效应，规模越大的污水处理厂效率越高，污水处理厂运行效率与平均负荷率、设计处理能力存在显著正相关。建议适度扩大污水处理厂规模，通过合理规划、合理选址来集中收集、处理区域内产生的污水。

✧ 宋俊年（吉林大学 副教授）：基于投入产出模型的区域农业废弃物能源化利用的产业化模拟

宋俊年副教授提出农业废弃物（ARs）对于温室气体减排与生物能源利用有重要的社会经济环境效益。以秸秆为例，秸秆呈碳中和性，有多种利用方式，例如，秸秆可焚烧直接发电，可固体成型利用，也可发酵成为乙醇，因此秸秆能源化利用具有重要的现实意义。

目前我国以成本最小化、生产最大化和温室气体减排为重点，优化能源应用的是整个 ARs 供应链，且现下领域广泛开展了利用 ARs 进行能源生物技术（BTs）的经济和环境评价，同时能源和生物能源领域采用的投入—产出（I-O）模型研究了经济发展、能源消耗和环境影响之间的最佳权衡。故而研究方法采用具有特定能源生产能力、成本结构和收益的典型生物能源技术和生物能源一体化技术—生物能源工程—生物能源产业（BT-BP-BI）链条，最后自底向上的过程数据将 BTs 与其他允许扩展 I-O 表以引入新行业的行业联系起来。

研究区域锁定在我国东北传统农业区——吉林省；生物能源数据为每个 BT 的成本、收入、能源生产能力和单位能源产品价格；温室气体排放数据为 IPCC 公布的各能源产品一次、二次能源消费总量及相应的温室气体排放系数数据。研究情景分为以下三种，基本情景：基线；情景 1：根据政府规划；情景 2：利用所有可用于能源生产的 ARs。在这三种情景下进行模型的进一步构建和分析。

最后通过敏感性分析检验结合结果的分析可以得到以下结论：①BTs 产业发展紧密依赖于其他行业的投入和投资。②农业的发展对生物资源的可获得性起着重要的作用。③BTs 一旦工业化，其能源产量、净利润和温室气体减排贡献大体相同。④政府在 BTs 工业化中处于主导地位，技术进步对 BTs 提高能源产量和净利润具有重要意义。

✧ 汪雅婷（北京化工大学 研究生）：基于动态投入产出模型的河北省低碳发展路径研究

汪雅婷研究生首先介绍了河北省经济发展及能源消费状况，河北省 2013—2017 年地区生产总值呈上升状态，第二、第三产业占据重要比重，其目前仍然是产煤和消费煤炭大省。大量能源消耗带来气候问题，河北省全省平均气温升高近 1.2℃，为此政府“十三五”规划提出控制气候变化相关措施。

通过对碳足迹、投入产出理论等国内外研究进展的分析进行模型的构建。计算模型参数，构建相应的目标函数、社会经济模型和环境模型。在构建模型的基础上进行以下 5 种情景设立分析，基准情景：保持现有的经济发展水平，2020 年的二氧化碳排放强度比 2015 年下降 20.5%。产业结构调整情景：保持现有的经济发展水平，重点行业每年产值下降幅度不高于 0.5%，2020 年的二氧化碳排放强度比 2015 年下降 20.5%。二氧化碳总量控制情景又分 3 种情景：经济可持续发展下 2020 年二氧化碳排放总量与 2015 年持平、减少 10%、减少 20%。

结论如下：①通过对 2012 年河北省二氧化碳排放量以及排放强度进行估算，金属非金属行业、能源行业和开采业的二氧化碳排放强度高，并且居民生活排放的二氧化碳强度较高；②河北省想要达到“十三五”规划中各项指标需要进行产业结构调整；③三大行业——开采业、化工和金属非金属行业产值的微小牺牲，将在很大程度上降低二氧化碳排放强度；④需要牺牲开采业尤其是金属非金属行业的产值，因为金属非金属行业二氧化碳排放强度最大，通过服务业以及其他清洁行业带动经济的发展。

根据结论提出以下建议：①提倡节能减排，加强居民环保意识，对居民生活使用的散煤进行治理；②继续推进产业结构调整，大力发展壮大战略性新兴产业，加快发展现代服务业；③引进推广低碳新工艺、新技术，鼓励行业编制温室气体清单，同时在重点行业树立低碳标杆；④各省之间行业替代，将该区域污染排放大但相对于其他省份而言污染强度小的企业迁移到其他省份；将某些省份污染排放大但相对于该区域而言污染强度小的企业迁移到该区域。

✧ 郭焕修（南京审计大学　助理教授）：中国城市碳排放核算

郭焕修提出由于目前中国城市层面的碳排放还没有官方数据，并且能源统计数据具有不确定性和局限性，碳排放碳核算局限在区域或省域的层面（地域局限性）。不同的方法和原始数据产生的结果不一致，阻碍了城市间有意义的比较。其研究希望采用一种简单而直接的自下而上的方法，对中国城市层面的二氧化碳排放进行最全面和准确的核算。研究主要使用了三种方法来衡量中国城市的碳效率，即简单绝对排名、数据包络分析方法（DEA）和随机前沿分析方法（SFA）。通过初步研究发现，碳效率高的城市多集中在沿海地区，而碳效率低的城市多集中在中西部地区。在对数据进行选取和计算后，构建相应的模型进行处理检验。

对建立的模型进行分析得出以下主要结论：通过比较分析发现，无论使用何种方法，碳效率最好或最差的城市的排名大致都是相同的。例如，深圳在这三种方法中排名最高。碳效率较高的城市多位于沿海地区，碳效率较低的城市多位于中西部地区。效率较低的城市对自然资源的依赖程度很高，尤其是对煤炭的依赖程度最高。

通过上述主要结论给出以下建议：对于领跑城市而言：①应该得到更多政府政策的支

持，同时在引领中国低碳发展方面承担更多责任，例如，建立这些城市/地区的试点市场；②效率分数可以作为交易碳排放权初始分配的基础。对于较为落后城市而言：①提供更多的支持，如清洁技术转让和公共投资可以改变经济结构；②严格管制二氧化碳的排放；③建立生态补偿机制，使低碳发展更具包容性。

◇ 谭雪（国网能源研究院有限公司　中级研究员）：立足高质量发展的再电气化环境效益评估

谭雪研究员提出立足高质量发展目标，能源转型发展至关重要，而开启新一轮电气化进程、进一步提升电气化水平是能源转型发展的必然选择。"再电气化"在能源生产环节，体现为越来越多的风能、太阳能等新能源通过转换成电力得到开发利用；在终端消费环节，体现为电能对化石能源的深度替代。

研究方法分为能源技术模型和环境技术模型，其中能源技术模型包括多区域电能替代潜力评估模型和能源系统优化规划模型（GESP—IV 软件）。多区域电能替代潜力评估模型综合考虑环保要求、各地区用能需求、技术经济性等约束，构建基于全社会成本和环保目标的多区域电能替代优化模型，测算在给定约束目标下未来某年的分地区、分技术类别电能替代发展目标；能源系统优化规划模型可以对电力系统技术经济进行详细的模拟并提供相应的情景方案。环境技术模型包括区域空气质量模型，即对区域空气质量模拟并测量火电行业排放的贡献。

在构建以上模型的基础上进行两种情景分析，基准情景：我国经济向中高速转型背景下，电力需求增速较慢，深入推进火电落后产能淘汰；再电气化情景：水电、核电、风电、太阳能发电等更为快速，煤电发展速度减缓，同时我国主要在工业领域、交通运输领域、商业领域、居民生活领域等开展以电代煤。进而对"再电气化"环境效益进行评估，分为以电代煤、以电代油对电能替代潜力进行了评估，可以看出电力行业不仅自身实现净零排放，而且通过电能替代促进其他行业减少散烧煤污染排放。

结论如下：①随着标准越来越严，减排边际成本上升，末端治理的经济性逐渐下降，其减排空间有限；②优化资源配置和能源结构，利用清洁能源替代化石能源是改善环境、应对气候变化的重要支点；③"再电气化"对全国灰霾治理的积极作用远大于节能改造和实施超低排放等电力行业自身减排举措；④电网是能源转型的中间环节，是"再电气化"的枢纽和平台，是支撑高质量发展和美丽中国建设的重要力量。

◇ 陈正杰（南京大学　博士）：我国大气污染控制的经济影响分析——基于 CGE 模型

陈正杰博士提出我国目前大气污染问题严重，针对我国对二氧化硫和氮氧化物实施污染控制的现状，我国将会持续推进大气污染的治理工作。但在我国大气污染控制策略和措施的制定过程中，尚未将费效评估真正纳入决策和优化过程。因此，开展大气污染控制对经济影响的相关研究，可以识别不同减排策略的有效性和可行性，具有非常重要的现实意义。

其研究基于全国静态环境可计算一般均衡（CGE）模型，模拟不同减排目标下的大气污染控制策略会对经济发展产生的影响。共建立6种情景，基准情景：假定两种污染物（SO_2和NO_x）的排放量，均保持在2012年的水平；减排情景又分为5种情景：在基准情景的基础上，对两种污染物（SO_2和NO_x）均减排5%、10%、15%、20%、25%。之后通过在标准CGE模型的基础上增加大气污染治理与排放模块，并在生产模块中增加大气污染治理部门，构建了全国静态环境CGE模型。

其研究结果发现，实施大气污染控制策略对GDP、行业总产出、进出口、社会福利均会产生一系列影响。进而得出以下结论：①大气污染控制策略的实施将会使GDP和社会福利遭受一定的损失，且这种负面效应会随着减排目标的提高而加剧；②大气污染控制所带来的经济成本与减排目标之间呈现正相关，激进的减排策略将会造成过高的经济损失；③实施大气污染控制会对能源行业和高耗能行业产生较大的负面影响，而对低耗能行业产生较小的负面影响，甚至出现积极影响，如促使产业结构发生调整；④实施大气污染控制会使商品在市场中的需求发生改变，从而影响到商品的进出口状况。

✧ 杨巍（吉林大学 讲师）：利用投入产出模型探索缓解水污染和水资源短缺的最优政策组合

杨巍讲师基于水资源过度开发、水体污染严重、水资源短缺，在无法支持地区可持续发展的背景下，提出可持续水环境管理的解决方案需要充分考虑社会经济和环境背景，秉承通过将政策、技术导入水资源管理系统以得到最优政策、技术及资金的最优组合的目的展开研究。

首先通过实证研究发现SRLR经济的快速发展带来了水资源过度开发和严重的有机水污染问题，导致了水危机和水质恶化。进而提出了研究的目的：①在3种分析方法的基础上，制定减少水污染和水资源短缺的经济和环境政策；②探索基于扩展I-O模型的优化仿真模型（2011—2020年，2010年为基准年）；③确定一套最优的政策和技术，以最少的经济损失实现水污染控制、供需平衡；④通过补贴推动政策实施，明确水污染和稀缺缓解程度，解释政策应用和补贴分配机制。

运用数据分析方法、足迹分析方法以及考虑到政府法规制定的一些决策规则来提出减轻水污染和水资源稀缺的政策。首先是对基础数据的处理和分析发现废水还有进一步适当处理的空间，有必要在SRLR中探索合适的水环境管理手段。又根据研究区有机污染特征，选择TN、TP和COD作为水污染物指标。考虑到研究区域的污染特征和数据可获得性的局限性，将该行业划分为11个经济部门。而土地利用有6种扩散污染源。

基于以上分析，提出了SRLR为缓解水污染和稀缺性的经济环境政策，其中包括社会经济子系统、水资源子系统（包括再生水和多级水价系统）、水污染控制子系统、能源子系统及温室气体排放子系统。后续其研究中引入了生物能源，不仅考虑了消耗化石能源的生产和消费活动所排放的温室气体，而且考虑了水稻种植和牲畜反刍排泄所排放的温室气体。此外，还考虑了技术投资对生产的影响。直接税收、间接税产生的政府收入作为政府消费、政府储蓄和环境政策补贴支出。所有私人和政府储蓄都被用作净投资和净出口。工业生产受到营运资本的制约，资本积累依赖于资本和投资的贬值。地方政府财政用于技术或者政策应用的补贴，由建设厂房或者设施的补贴和部分经营成本构成。进而进行了情景模拟和分析，找寻最优政策组合及进行产业结构调整。

形成的最优政策组合和产业结构调整共同促进了水污染物排放约束和水供需平衡。综合考虑各部门的增加值、污染物排放系数和用水量系数，以降低增加值最少、去除最多的水污染物、减少水资源消耗为标准，确定哪些部门减少了生产。考虑到水污染物的联合去除率、技术应用潜力的限制、补贴来源和分配机制、具体约束（生态保护、粮食安全、污水和污水处理率等）等方面的差异，拟形成最优政策集。

通过以上模型分析得出结论：①提出一种综合优化的减水仿真模型通过嵌入环境经济政策和将技术转化为复杂的环境经济系统，获得一套最优的政策；②通过明确经济发展趋势、水污染物排放和淡水消耗与供应，阐述了水环境与社会经济系统的关系；③模拟时间范围内的 WPD 减排总量由部门生产变化和最优政策组合共同促进；④再生水供应量 8 026 万 m^3，占 2020 年总供水量的 5.56%。多级水价体系使 2020 年城市用水量减少 1 004 万 m^3；⑤具体研究了适用的政策或技术以及为促进政策或技术实施而给予的补贴对减轻水污染和水资源短缺的影响程度；⑥在通过最优政策组合减少的 WPD 总量中，沼气发电技术（用于养牛行业）去除的 TN（30.00%）和 TP（28.74%）最多。废水处理技术去除制造业排出的 COD 最多，占 34.38%。

✧ 杨静（南京大学环境学院　博士）：“十三五”节能减排目标下的主要行业减排路径及成本研究

杨静博士提出中国目前正在通过一系列减排措施解决部分行业的空气污染问题，如管道末端（EOP）技术、逐步淘汰落后产能、先进技术/效率改进等，因此对减少大气污染排放的成本进行量化，了解其路径，对实施环境法规具有重要意义。

目前国内有许多学者研究了中国单个或多个产业的成本和路径，但当前研究存在局限，如忽略地区差异，而这对减排路径及成本极其重要。故而其研究的主要问题集中在减排成本问题、对引进技术如何进行选择排序及减排方式效率损失。

其研究过程中尝试探索优化的路径，包括技术的选择并在各省之间进行目标分配，并估算保证空气质量和“十三五”减排目标的成本。首先，构建主要行业的边际消减成本（MAC）曲线，包含 EOP 技术的潜力和成本；其次，计算实现空气污染减排的最优减排成本和主要产业“十三五”规划目标及减排路径分析；最后，评估不同配置场景下的效率损失。通过对模型的构建得到每种技术减排结果（包含投资成本、运行成本、脱硫脱硝成本）综合起来进行排序发现，以地区为单位划分，东部的成本高于西部成本；通过曲线观察哪些部分需要进行技术更新以及减排成本的确定，发现中部省份要求缩减的成本较多，并可以通过减产量来达到减排，同时除了继续延续原有技术，部分省份还需要进行更新。

最后通过分析结果得出以下结论和政策影响。结论：①基于 MAC 曲线，二氧化硫和氮氧化物的优化成本分别为 874.1 亿元和 296.6 亿元，实现空气质量指标分别为 766.6 亿元和 63.4 亿元，通过 EOP 技术实现“十三五”减排目标，成本分别占产值的 2.34%、0.69%、2.05%、1.44%。②减排目标自上而下的分配方式可以使效率的损失较低。这将对政策产生以下影响：①基于效率损失不严重的情况下，可以采用自上而下的减排目标分配方式。②对于二氧化硫和氮氧化物而言，西部省份减排率优先。对于含硫铁而言，中部省份减排率优先。对于复合氮氧化物而言，东部和北部省份优先。③应对原有的 EOP 技术结合技术改造（如提高减排率），同时引进先进技术控制空气污染物排放。

3.3 平行分会三：海洋环境管理与经济政策

✧ 韩兆兴（交通运输部规划研究院　高级工程师/主任工程师）：我国沿海绿色水运政策介绍

韩兆兴高级工程师提出，从我国目前来看，对沿海水运政策的研究越来越多。在国家的政策中就有很多体现，尤其在党的十八大报告和十九大报告更有所体现。针对这些具体表现形式，也需要完成相应的任务。

在国家要求层面下，党的十八大把生态文明建设纳入中国特色社会主义事业总体布局，使生态文明建设的战略地位更加明确。党的十九大提出，建设生态文明是中华民族永续发展的千年大计，把坚持人与自然和谐共生作为新时代坚持和发展中国特色社会主义基本方略的重要内容。并且在 2015 年修订了《环境保护法》，2016 年修订了《大气污染防治法》，2017 年修订了《水污染防治法》和《海洋环境保护法》。做好了污染防治攻坚战和蓝天保卫战的准备。同时，对运输结构进行了调整。

在民众层次上，生态环境在群众幸福指数中的地位不断凸显。改善环境质量不仅仅是一个简单的环保问题，更是一个严肃的政治问题、重要的经济问题和重大的民生问题。柴静从央视离职后，走访多个污染现场寻找雾霾根源，并多国实地拍摄治污经验。在交流现场，柴静综合运用当众演讲、现场演示、视频展示和网络传播这四大手段，剖析了给中国带来严重大气污染的燃煤和燃油存在的四大问题。其中燃油造成的污染问题最为突出。最为大家忽略是海洋船舶污染问题。世界前十大港口七个位于中国，海洋污染程度之大可见。

在行业转型层次上，2014 年以来，每年交通运输工作都会把绿色交通作为重点内容。2018 年，坚持新发展理念，以交通运输供给侧结构性改革为主线，打好污染防治攻坚战，不断满足人民日益增长的美好生活需要，奋力开启建设交通强国新征程。同时也出台好多文件，2018 年 9 月出台了《关于加快长江干线推进靠港船舶使用岸电和推广液化天然气船舶应用的指导意见》这个文件。

面对这些形势与要求，我们需要做到：①设置船舶排放的控制区。②设置对船舶排放的污染物的接收处置设施。③船舶靠港使用岸电，具体做到新建码头应当规划、设计和建设岸基供电设施；已建成的码头应当逐步实施岸基供电设施改造。④设置绿色港口。

✧ 赵全民（国家海洋环境监测中心　研究员）：海洋生态补偿/赔偿实践及总体工作设想

赵全民研究员指出，目前我国海洋补偿/赔偿现象越来越多，但是在补偿和赔偿中也存在很多问题，针对这种现状，对海洋生态补偿和赔偿提出相应的政策建议。

生态补偿引入海域有偿使用比较早。2004—2005 年，在海域使用金征收标准制定中，根据用海对海域资源环境的影响程度，提出海域使用金包括海域空间资源占用金和自然属性改变附加金两部分组成的理论，附加金的含义侧重对海域资源的改变与影响，但测算是以用海对生态服务价值的损失计量的。限于当时的社会经济发展，计算了气体调节、营养盐循环、自净能力和生物量 4 个方面的价值量，计算结果是 12 000 元/（$hm^2 \cdot a$），对于永久改变海域自然属性的围填海用海，结果超过 15 万元/hm^2。该成果应用于 2007 年颁布的海域使用金征收标准中。通过测算，生态环境基准值为 2.1 万元/（$hm^2 \cdot a$）。对于一次性征收，按照 8%收益还原利率测算，为 29 万元/hm^2。海域有偿使用制度改革，初步估算，自 2007 年颁布征收标准以来至 2016 年，总计征收海域使用金约 800 亿元，生态补偿在海域使用金中占比平均约 17%，生态补偿金额约 136 亿元。平均每年海域使用金征收约 80 亿元，内含生态补偿金额 13.6 亿元，足以支撑海域整治修复。

现行生态补偿/赔偿存在的问题：首先，生态补偿/赔偿、生态环境损害成本作为海域使用金的组成部分，定义不严谨。2007 年以前，生态系统服务价值及生态补偿是比较新鲜的事物，尚没有进入国家及管理部门的视野，为了体现不同用海对海域资源环境的损害，提出了海域自然属性改变附加金的概念。在 2017 年征收标准调整中，由于海洋生态补偿相关政策办法没有落实，而生态文明体制改革要求“将生态环境损害成本纳入资源价格形成机制”，在标准测算中，将生态环境损害成本作为使用金的一部分进行了计算。实际上，该概念是基于当时生态补偿理论不成熟，尚未进入管理部门视野所致的特殊情况，是一种权宜之计。其次，生态补偿/赔偿和生态环境成本未得到充分体现。将生态补偿和空间资源利用收益两部分合并为海域使用金，生态补偿（环境损害成本）得不到充分体现，也影响海域使用金征收标准的调整与征收。海域使用金中的生态环境损害成本仅仅是象征性的，所占比例很低。随着资源稀缺性的增加和生态环境价值的提升，生态补偿/赔偿价值将会大幅提高。最后，海洋生态补偿与生态赔偿范围需要进一步廓清：①现行对海洋生态补偿的界定一般用于用海行为对生态环境的损害，但对于非法用海、违规用海、未取得合法手续的用海等没有明确，也就是对生态补偿和赔偿范围没有明确的说法；②从现有政策文件来看，生态补偿主要是横向、区域性的财政转移支付或者中央向地方的财政补偿支付，对海洋而言是渔民转产转业补助、渔民低保制度、生态环境修复补助、自然保护区和特别保护区补偿等，与将用海的生态环境损害界定为生态补偿范围是不一致的。

海洋生态补偿/赔偿总体工作设想，首先，将海洋生态补偿/生态环境损害成本从海域使用金组成中剥离，海域使用金和海洋生态服务价值都属于海洋自然资源价值范畴，是海洋资源价值表现的两个方面。海域使用金是开发利用海域空间资源获得的收益，海洋生态服务价值是其自身固有的、能给人类提供的生活、休闲所必需的服务价值，生态补偿/赔偿/生态环境损害成本本质是对海洋生态服务价值损失的弥补。因此，在科学界定海域使用金、生态补偿、生态赔偿、生态环境损害成本的基础上，建议将海域使用金与生态补偿/

生态环境损害成本进行剥离，二者不能混淆计算。其次，科学界定生态补偿与生态赔偿，海洋生态赔偿指非自然的生态环境事件和用海过程中造成的生态环境损害所需要支付的经济价值。海洋生态补偿指为了保护海洋资源和生态环境，政府、团体向特定区域（如自然保护区）、群体（如渔民）支付的经济价值。最后，建立海洋环境经济（生态赔偿、补偿）监测体系，虽然海洋生态系统服务价值、生态补偿/赔偿的研究文献、资料很多，但理论研究成分偏多，缺乏数据和实验支撑，特别是用海对生态环境影响到底有多大，对生态环境价值影响多大，目前实际上缺乏定量数据支持，因此，希望通过建立海洋环境经济（生态赔偿、补偿）监测体系，对海洋生态环境、生态经济进行长期的监测和研究，为环境经济和生态补偿/赔偿提供决策技术支持。

◇ 郝林华（国家海洋局第一海洋研究所　副研究员）：用海建设项目海洋生态补偿制度：山东探索

郝林华副研究员提出海洋为人类的生存和发展提供了丰富的物质资源，对陆地环境和全球气候具有深远影响。因此，用海建设项目海洋生态补偿制度有很大意义，并且以山东探索为例进行了说明。

海洋生态补偿是以保护海洋生态环境、促进人海和谐为目的，根据海洋生态系统服务价值、海洋生物资源价值、生态保护需求，综合运用行政和市场手段，调节海洋生态环境保护和海洋开发利用活动之间的利益关系，建立海洋生态保护与补偿的管理机制，实现海洋保护、海洋生态平衡以及促进海洋生物资源的合理利用，实现人类社会与海洋生态环境的可持续发展。

用海建设项目海洋生态补偿制度设计，海洋工程环境许可制度的局限包括海洋工程环境许可制度无法制止海洋开发活动对海洋生态和环境的破坏，并且海洋工程造成的生态和环境影响在目前环境许可中得不到消除或填补。那么如何破除局限？首先在技术上，弥补该海洋生态影响的手段是开展海洋生态修复。其次在制度上，应当是确定海洋生态修复责任者，为海洋生态修复筹集资金，实现生态和环境成本内化。从被“许可”的破坏到海洋生态补偿附款许可。亟须建立完善的海洋生态补偿机制，要求用海者对海洋生态损失进行应有的补偿。

海洋生态保护补偿是指各级政府履行海洋生态保护责任，对海洋生态系统、海洋生物资源等进行保护或修复的补偿性投入。海洋生态保护补偿的资金来源包括海洋生态保护补偿资金，主要为各级政府投入、用海建设项目海洋生态损失补偿资金等，同时鼓励和引导社会资本参与海洋生态保护建设投入。海洋生态保护补偿的范围涵盖海洋自然保护区、海洋特别保护区、水产种质资源保护区；划定为海洋生态红线区的海域；省或设区的市政府确定需要保护的其他海域；国家一类、二类保护海洋物种；列入《中国物种红色名录》中的其他海洋物种；渔业行政管理部门确定需保护的其他海洋物种。在海洋生态保护补偿资金的管理方面，海洋生态保护补偿活动应符合海洋环境保护等相关规划，实行项目管理。省和国家批准的海洋生态保护项目，其保护补偿支出按照有关规定纳入省级财政预算管理。省以下批准的海洋生态保护项目，其保护补偿支出按照有关规定纳入同级财政预算管理。

在最后的建议和总结中，郝林华指出了山东用海生态损失补偿政策的实施，很好地发挥了环境经济政策的效果；企业主动缩减围填海等用海面积，采用环境友好的用海方式，既节约了企业用海成本，又减轻了对海洋生态环境的损耗。从而提高海洋生态资源的利用效率，达到海洋经济的可持续发展，是海洋生态文明建设的必经之路和制度保障。按照新标准，用海企业所缴纳的生态补偿金只是少部分开发用海的生态损失，大部分的生态损失仍然要由政府承担，通过国家财政增加生态修复投入。建议在新标准中逐步提高补偿系数比例，如目前是补偿26%左右，2020年提高至50%左右，2025年以后提高至100%等，逐步实现全额补偿，这样国家才能逐步提高海域开发利用的收益成本比，实现海域价值的保值增值。在全国推广山东的用海生态补偿制度和标准，可以有效地引导企业理性用海、集约高效用海，助力海洋产业绿色转型，体现生态文明入宪的重大意义。

✧ 孙吉亭（山东省海洋经济文化研究所　博士/研究员/副院长）：从澳大利亚休闲渔业资源管理看中国休闲渔业的发展

孙吉亭副院长指出休闲渔业是以渔业生产为载体，通过资源优化配置，将休闲娱乐、观赏旅游、生态建设、文化传承、科学普及以及餐饮美食等与渔业有机结合，实现一、二、三次产业融合的一种新型渔业产业形态，并以澳大利亚休闲渔业为例来看中国休闲渔业的发展。

澳大利亚的分层管理机制，使联邦政府并不承担休闲渔业的日常管理责任，而是各州和领地政府对本辖区内的休闲渔业负有直接监管责任。所以休闲渔业更加便捷，也更加便于管理。家家户户都参与这个户外活动，是一个休闲娱乐全民活动。在澳大利亚的国家管理层次，澳大利亚农业及水资源部是最高政府机构，“澳大利亚休闲渔业”是最高民间组织，“渔业研究与开发有限公司”是战略研发实体，休闲渔业顾问委员会负责制定全国休闲渔业发展战略。足以看出澳大利亚政府对于渔业的重视。

澳大利亚全国发展战略中，行业基本原则包括承认休闲渔业是有利于澳大利亚人民和全社会的健康与福祉的合法活动，申明健康的环境对于休闲渔业和水产资源的可持续发展的重要性，提出休闲渔者应参与有关休闲渔业的决策过程。同时也提出了六项行业发展目标：造福社会、关爱环境、共享资源、统计建库、渔者担当、振兴行业。

澳大利亚的国家行为准则——《全国休闲渔业与运动渔业行为准则》提出了 14 条具体原则：①要求全体渔者及时并合法地放生多余和非法渔获；②及时并人道地处理留作食用的渔获；③使用合法并适宜的捕钓器具；④把渔获数量控制在合理所需之内；⑤支持并鼓励一切保护、恢复和促进渔业发展与水生资源的活动；⑥自觉遵守各项渔业法规；⑦举报违规行为；⑧主动清理垃圾；⑨杜绝并举报污染环境和破坏环境的现象；⑩保护野生环境和物种；⑪避免与野生物种不必要的接触；⑫尊重内陆和海岸水系的使用者；⑬非获准许不得进入私人和原住民传统领地；⑭保护自己及他人安全。

澳大利亚各州的分散管理，全澳六个州和两个领地均有各自独立的、完整的监管法规和条例，适用于辖内咸水和淡水水域里各种形式的休闲垂钓和捕捞活动。休闲渔业的许可证包括完全许可证制度和部分许可证制度以及特殊许可证制度。同时对捕获物也有限制，限制渔获数量和规格，其中包括设定每日每人可拥有的渔获数量和单品尺寸，船钓时全船渔获量不得超出每船数量限制，任何未达到单品尺寸规格的渔获物都必须放生，任何受联邦和州、领地立法保护的濒危品种都必须放生。

澳大利亚休闲渔业对我国的启示：要采取多种措施鼓励我国民众参与休闲渔业活动；对于休闲渔业对渔业资源的压力应有充分的了解和清醒的认识；在一些经济发达的沿海地区，适时地开展实行休闲渔业执照制度的试点工作；完善和制定休闲渔业的法律法规。

✧ 郝春旭（生态环境部环境规划院 博士）：煤炭码头颗粒物排放量核算与管控对策研究

郝春旭博士指出，我国是世界上最大的煤炭生产国和消费国，随着我国煤炭消费总量的增长，煤炭的铁路运量和港口吞吐量也将进一步增加。煤炭中转贮运的过程中，大量的粉尘被释放出来，港口粉尘的扩散和迁移，已成为中国沿海城市大气污染的主要来源之一。目前全国尚无统一的煤炭码头颗粒物排放标准，影响煤炭码头的颗粒物面源污染控制工作的有效开展。《环境保护税法》自 2018 年 1 月 1 日起实施，科学合理地核算企业排污量关系到企业发展的切实利益。研究煤炭码头颗粒物排放量核算与管控对策研究不仅可以为环境税的申报提供基础和参考，而且有助于发现煤码头环保装卸工艺及污染物排放的短板问题，并提出具有针对性的对策建议，为煤码头实现绿色发展、转型升级、区域环境质量改善提供理论指导，对煤码头实现可持续发展具有十分重要的现实意义和长远的历史意义。

煤炭在港口码头的堆存与作业过程中，涉及可变因素很多。根据现场监测与观察，颗粒物的产生主要是在煤场码头、堆取料点等地方。颗粒物的产生既有自然因素，也有人为因素。为使起尘量的计算较为准确，并符合实际情况，将排放的颗粒物总量分别进行计算。核算方法有静态扬尘量核算和动态扬尘量核算，其中动态扬尘核算包括生态环境部《扬尘源颗粒物排放清单编制技术指南（试行）》中的方法、交通部《港口环境影响评价规范》中的方法和地面浓度反推法。

选取天津港为典型案例，对天津港煤码头颗粒物排放量进行监测，并进行颗粒物排放与政策执行现状评估以及颗粒物排放量核算与压力预测。监测数据后的评估工作包括：深入分析天津港煤码头发展阶段与发展背景，从污染源、操作工艺、操作流程等角度分析天津港煤码头大气污染方面的环境问题；系统梳理环境部、市环保局、新区环境局等有关单位发布的与颗粒物排放发展有关的政策，评估天津港煤码头政策落实与执行情况。在对颗粒物排放量核算与压力预测当中，通过分析天津港煤码头社会经济发展模式、基础设施、临港产业、资源能源消耗情况，来剖析天津港煤码头颗粒物排放现状和预测未来趋势，从而摸清天津港煤码头污染源家底，分析天津港煤码头经济社会发展带来的生态环境压力与环境风险因素，以甄别未来面临的环境保护与产业发展问题与挑战。

针对突出的大气污染问题、政策执行问题，研究提出创新的环境保护制度及节能减排管理制度。在系统分析天津港煤码头产业结构、清洁能源等现状基础上，从建立合理的资源利用体系、发展资源节约和高效利用模式、设备改造等方面提出产业发展模式的措施建议，改善码头设备，提升企业绿色生产水平，提出促进生态建设和经济建设协调发展的有效途径和转型方案。

✧ 鲁东青（广州港集团 高级工程师）：防治船舶污染海洋区域联防体建设探讨

鲁东青高级工程师指出，在世界港口吞吐量排名中，中国军团榜位靠前，但是近 40 年来船舶污染事故频发。针对船舶污染海洋风险，我国出台了防治船舶污染海洋的法规要求和应急模式。目前每个码头各自配备应急设备，一方面容易重复配置，造成资源浪费和管理成本增加；另一方面缺少高水平溢油处置设备不利于区域内较大规模溢油及其他污染事故的应急处置。因此防治船舶污染海洋区域联防具有重要意义。

首先明确区域建立联防联治机制的步骤，地理位置毗邻的码头按区域分布、污染特点划分片区，对区域防治船舶污染海洋专项进行风险评估。其次是建立海上溢油模拟模型包括三维溢油漂移扩散模型和海上溢油风化模型。区域联防体的建设需要进行预测区域船舶溢油事故发生概率、污染量，包括操作性和海难性溢油量，具体事故概率及污染量，并根据以上预测的事故概率和泄漏量，建设应急设备和物资。

联防体建设的工作重点是预防以下事故：一是操作性事故，油品化工品码头装卸操作和集装箱装卸危化品事故引起，应做好安全装卸预防操作性事故；二是海难性事故，主要是船舶航行中的碰撞、搁浅等事故引起的，应做好船舶航行的控制预防海难性事故；三是联防体专业清污公司联合各码头的共享资源对海难性船舶溢油事故防控应急。企业间可以自愿自发组建，依靠所有参与单位签订的联防协议约束各自的权利和义务。但是工作开展的难点在于联防体统一的应急设备维护、应急知识培训、应急演练等工作的实效性，由于缺乏有力的监督容易流于形式；联防协议未尽事宜需要协商解决时以及技术创新时沟通成本高，持续改进的效率低。

✧ 万建华（天津港环保卫生管理中心 高级工程师/博士）：港口企业履行主体责任的分析探讨

万建华高级工程师指出，《海洋环境保护法》已规定政府各部门监管责任和属地监管责任以及监督管理制度。在港口企业海洋环境保护主体责任中，企业的主体责任是防治陆源污染物污染海洋环境、海洋环境污染事故应急能力建设、防止船舶污染物污染海洋环境和防止涉海工程建设项目污染海洋环境。

目前港口企业履行主体责任面临很大问题。首先是立法的滞后，海洋环境保护立法反映国内海洋开发、资源利用和环境保护的现实要求，但这种反映不应该是被动的、机械式的，而应是积极的、能动的，这也是实施可持续发展战略，为其提供法律保障的必然要求。在立足海洋环境管理的基础上，从整体上了解、把握发展趋势，要求立法应该具有预见性、适度超前性。其次是表述不明确，缺乏相关解释和配套标准，如含有机物和营养物质的工业废水、生活污水，应当严格控制向海湾、半封闭海及其他自净能力较差的海域排放；有关“处建设项目总投资额百分之一以上百分之五以下的罚款”的“建设项目总投资额”的表述不明确等。最后是执法方面的问题，尽管国家已经规定了涉海各部门的职权范围，明确了他们的职责分工，但各部门职能交叉的问题依然存在。环保、海洋、海事、渔政、军队环保部门共同参与有关海洋环境的污染治理。

针对以上存在的问题提出以下建议：海洋生态环境司应该负责全国海洋生态环境监管工作。拟订和组织实施全国及重点海域海洋生态环境政策、规划、区划、法律、行政法规、部门规章、标准及规范。负责海洋生态环境调查评价。组织开展海洋生态保护与修复监管，监督协调重点海域综合治理工作。监督陆源污染物排海，监督指导入海排污口设置，承担海上排污许可及重点海域排污总量控制工作。负责防治海岸和海洋工程建设项目、海洋油气勘探开发和废弃物海洋倾倒对海洋污染损害的生态环境保护工作。按权限审批海岸和海洋工程建设项目环境影响评价文件。组织划定倾倒区。监督协调国家深海大洋、极地生态环境保护工作。负责有关国际公约国内履约工作。

✧　任婧（南开大学　博士后）：港口环境保护与绿色发展路径研究

任婧博士后首先介绍了国内外港口绿色典型案例，根据港口自然资源与环境、社会经济发展概况和发展现状做出基础评估，并作出以下几点判断：一是我国绿色港口建设已有一定基础，但需要从设计到行动的深化；二是港口产业发展处于“转型期”，经济发展与环境保护矛盾依然突出；三是环境污染治理“攻坚期”，港口污染治理与严格的环境管理标准尚有较大差距；四是环境基础设施“提升期”，港区生产作业需求与基础设施供给不平衡；五是环保管理体制机制“改革期”，环境保护工作在港区发展综合决策中占比较小。

针对以上五点思路，提出港口环境保护与绿色发展的任务和措施。一是构建指标体系，助推企业履职尽责；二是优化空间布局，保驾港口持续发展，开展港口绿色空间布局和港区功能分区管理，对港产城多点融合并优化港区功能升级，严格生态红线与环境准入；三是狠抓污染治理，提升绿色发展效益，强化港口扬尘污染专项治理与推进港区污水收集回用，完善固体废物收集处理体系，全面提升港口环境面貌以及持续提高环境保护应急能力；四是推进绿色设备，促进绿色转型升级；五是创新管理制度，履行国企社会责任。

3.4　平行分会四：环境管理与绩效

✧　何国俊（香港科技大学　教授）：清洁饮用水对婴儿死亡率的影响

何国俊教授提出，获得清洁饮用水对健康至关重要，是公共卫生投资中最重要的领域之一。为中国每个家庭提供自来水是中国政府的目标（如“十二五”规划和“十三五”规划）。自来水的供应对中国婴儿死亡率的降低有一定的影响，提供自来水将显著降低婴儿死亡率，提高自来水覆盖率 10%可使婴儿死亡率降低 18%；同时，清洁的饮用水可以减少几乎所有类型的疾病。所以自来水的供应尤为重要，建议继续增加自来水覆盖率，以便带来显著的公共健康利益。

中国的自来水供应项目始于 20 世纪 50 年代，城市地区主要集中在 50—80 年代，农村地区利用水资源的项目为家庭提供安全饮用水和输水管项目从 80 年代开始至今。中国政府为乡镇供水提供专项贷款开始于 90 年代。2000 年以来，农村自来水供应情况如下：①截至 2010 年，农村地区的自来水覆盖率上升至 53%（2000 年为 35%）；②到 2010 年，仍有一半的农村人口无法使用到清洁饮用水；③截至 2010 年，仍有一半的农村人口使用地表水/井水进行日常生活。

何国俊教授提出自来水供应的成本和收益，其中最低成本路径在很大程度上取决于一个主要饮用水水源和一个县之间的距离和地形，如果一个县离水源较远，或者地形更加隐蔽，成本将会更高。最低成本路径可以使用 ArcGIS 对所有关键的饮用水源进行地理编码，并构建成本曲面，然后从所有水源到县城的成本路径中选择最小成本路径，并从最小成本路径中提取相关成本。中国目前县级以上城市集中饮用水源监测站由中央政府部门负责监控，共有 861 个重点饮用水水源，主要在水库和水质较高的河段。

最后，何国俊教授总结：①家庭中有自来水可以显著降低婴儿死亡率；②将自来水覆盖率提高 10 个百分点可使婴儿死亡率降低 18%；③在受到忽视的污染地区和贫困地区，自来水对婴儿死亡率的影响更大；④为农村人口提供自来水得到的收益超过了供应自来水的成本。

◇ 赖汪洋（上海财经大学 讲师）：空气污染与认知功能：来自农作物生产周期的论证

赖汪洋讲师提出，空气污染是世界范围内导致人类过早死亡的主要环境因素之一，并对发展中的经济体构成特别严重的威胁。尽管有大量文献记录了空气污染对健康和经济结构的有害影响，但人们对空气污染对认知功能的影响了解有限。众所周知，认知能力的衰退开始于中年，但是目前来说通常发生在更早的年龄，但是还不清楚是什么原因导致了认知能力的衰退，超出了正常年龄的预期。

在该项研究中将利用秸秆焚烧变化作为作物生产周期的一部分，研究空气污染对认知功能的影响。最终得出结论：①在智力完好率较高的区域中，55 岁以上的受访者在智力完好率测试中得分较低，低了 0.267 个标准差，而在延迟记忆测试中，回忆对象得分较低，低了 0.201 个标准差。②随着测试问题变得越来越难，认知能力也会下降。在困难的问题中可以发现显著的认知差异，但是这并不是很容易发现的。③随着年龄的增长，认知能力下降，空气污染的负面影响将会增加。④居住在顺风区域的受访者受到的空气污染负面影响比逆风区域的受访者受到的影响要高。当迎风点离地面较远时，空气污染负面的影响较小。

◇ 李郑涛（浙江财经大学 讲师）：评估中国金川矿区空气污染的健康风险

李郑涛讲师首先介绍了金川地区矿产行业的重要性。对于全国来说，金川是中国的镍都，其镍的产量占中国镍产量的 90%以上；对于金川当地来说，大约有 20%的人都在镍矿开采和冶炼等与镍矿息息相关的行业中工作，而且这些行业给金川政府贡献了 70%的收入，但是矿区严重的空气污染同样威胁着金川人民的生命健康。

李郑涛讲师采用了呼吸系统疾病造成的死亡率这一与空气污染紧密相关的指标描述

了金川严峻的现状。在金川男性中，呼吸系统疾病造成的死亡率为 0.007 1，远高于全国平均水平（0.000 8）；女性为 0.004 6，同样高于全国平均值（0.000 6）。在此背景之下，李郑涛讲师通过选择实验，评估了金川居民对避免空气污染引起的严重健康风险的偏好，以及治疗疾病的经济价值。

实验过程中，采用了问卷调查的方法，主要有两个问题，第一个是根据您的看法，金川在过去一年里受到严重污染的天数；第二个是您认为金川的空气污染物对您和您的家人造成多大的健康风险。并根据暴露程度和危险性有 A 和 B 两个备选选项。每个地区的受访者人数与总人数成正比，每 100 户家庭随机选择 1～2 户，总样本量为 800。进行验证时采用了有序 RPL 方法和无序方法。

最后得出结论：①暴露程度和危险性对金川居民的选择行为有显著影响。特别是，观察到暴露量与选择备选 A 和 B 的可能性之间的倒“U”形关系。②通过对不同建模技术的比较，表明有序 RPL 方法比无序方法产生更好的效果。因此，建议在进行研究时使用有序 RPL 方法进行模型选择。③综合调查的所有疾病，家庭平均治疗疾病经济估值为每年 146.69 元（占家庭平均年收入的 0.31%）。

✧ 崔静波（武汉大学经济与管理学院 副教授）：机构投资者和企业绿色创新

崔静波副教授首先介绍了机构投资者和企业进行绿色创新的动机。目前关于如何引导环境友好型技术的创新受到政策和学术界的广泛关注。环境创新通常会带来长期高风险和巨额投资，因为缺乏足够的（绿色）资金会导致环境项目的研发失败。而机构有监控者、基金提供者和提供先进技术方面的专业人员三个角色可引导企业进行绿色创新。

此后，崔静波副教授介绍了相关背景。首先介绍了什么是机构投资者？他将其定义为拥有大量现金储备需要投资的大型组织（如银行、金融公司、保险公司、共同基金或单位信托基金、养老基金）。其次介绍了机构投资者在创新治理中的作用，介绍了“懒惰管理者”假说：机构所有者通过降低 CEO 职业风险来增加创新激励。最后回答了为什么机构投资者选择绿色投资？主要有两个原因：一是绿色创新可能会得到政府的政策支持（如补贴、资金）；二是企业社会责任（CSR）提高企业价值。

在此背景之下，崔静波副教授使用中国上市公司的公司级专利情况研究机构投资者与企业层面绿色创新的关系，探讨机构投资者是否会导致污染型企业比非污染型企业更注重绿色创新、如何进行创新以及为什么进行创新这三个问题。除了政策性创新，崔静波副教授还考察了企业绿色创新的另一个主要驱动力：机构投资者不仅鼓励创新，也改变了创新的方向，即转向环保技术；同时扩展了对机构投资者如何和为什么会为企业绿色创新做出贡献的理解。

最后的结论是：针对机构投资者是否会导致污染型企业比非污染型企业更注重绿色创新这个问题，发现机构投资者持股比例的增加可以显著促进污染密集型行业上市公司的绿色创新、发明环境专利的效果比实用专利更明显和国内机构投资者在引导绿色创新方面比国外机构投资者更有效；针对如何进行绿色创新，发现当公司遇到财务约束时，机构投资者的作用更加稳固同时机构投资者还可以增加公司的现金持有来进行创新；针对为什么进行绿色创新，发现机构投资者可以通过绿色创新提高公司的市场价值。

✧ 马榕（清华大学经济管理学院　讲师）：谁来承担环境责任的代价？

马榕讲师首先介绍了环境法规的相关背景。就目前来说，大多数国家最主要的环境管制工具还是“命令与控制”的政策工具，因为其具有高度的可操作性，对目标能快速产生影响，但是同时也有着极高的成本。主要表现在对个人来说不兼容激励；而监管机构存在信息获取的问题，如企业排放/消费水平、减排成本的信息难以获得，同时获取信息需要监管部门资源和人力以确保执行，还存在着潜在的寻租行为。

目前学界没有探讨承担环境责任的经济成本分配问题，主要是因为在生产率、输入分配和标记方面存在着显著异质性，同时由于信息的不对称和不完全，监管者无法掌握所有的异质特征。在中国，这种异质效应尤为显著。中国是典型的二元经济。学界从所有权歧视待遇、财务约束和国有企业的政治权力等方面进行了研究，更显而易见的是 20 世纪 80 年代以来，外国企业享受多重优惠政策。

马榕讲师及其团队利用“十二五”规划 10 000 家企业项目数据，通过双重差分法来讨论谁来承担环境责任的经济成本，以及为什么各公司的负担各不相同这两个问题。数据针对的是能耗不低于 10 000 t 标准煤的企业。能耗数据来自财政部（煤炭、电力、石油）的公司级能源消耗详细数据。

最后的结论有三点：①承担环境责任的成本在不同所有权的公司之间分配不均；②前 10 000 名企业节能项目使民营企业财务绩效和生产率大幅下降，经营成本和费用也大幅增加，国有企业和外资企业的运营成本和支出也因该规划而增加，但盈利能力和生产率没有明显下降；③这种不对称的分配可以归因为政府补贴、税收优惠、优惠融资成本和项目启动不当等外部支持的原因。

✧ 赵大旋（中国人民大学商学院　讲师）：远离北京：中国工业排放的泄漏

赵大旋讲师首先介绍了相关背景，他指出对经济中所有参与者实行完全一致的环境监管是困难的，因此，环境治理通常只适用于特定的行业、地区和公司。在环境治理当中，如果开放经济中的排放法规降低了一种产品的产量，这种产品的全球价格将会上升，而投入要素的全球价格将会下降，它将刺激不受监管地区的生产。同时赵大旋讲师定义了他研究中的“泄漏”的含义，即由于不完全的环境管制而直接造成的不受管制的生产者生产的增加和相关的排放。

在研究当中，赵大旋讲师构建了两个典型的公司在两个地区生产相同的产品这一情景，建立了在不受管制和受管制地区两个利润函数，通过利润比较来进行研究。这两个方程满足在受管制区域的企业产量受环境法规的限制，而在不受管制区域的企业产量与环境法规不直接相关。

赵大旋讲师研究使用了一个非常独特的数据，这些数据来自安装在污染严重的制造企业的自动传感器记录，主要涵盖电厂、冶炼、矿山、化工等行业。传感器记录粉尘、二氧化硫（SO_2）、氮氧化物（NO_x）的日平均排放强度和流量，总排放由平均排放强度和日平均流量计算。样本包括了 2016 年到 2017 年在中国的大约 3 000 家公司。

研究发现：在不受监管的地区的公司因环境法规而增加生产；“泄漏”事件中，只发生在同一行业，因同一行业的公司之间的相关性更有可能从一家公司“泄漏”到另一家公司。

4 会议总结

本次学术年会共收到 40 余篇学术论文，经专家组评选，其中 5 篇论文获得大会优秀论文奖。中国环境科学学会环境经济学分会第四届委员会第二次全体大会与年会同时召开，会议由第四届委员会主任委员葛察忠主持，会议通过并宣读了第四届常务委员名单。环境经济学分会秘书长董战峰代表环境经济学分会秘书处汇报了本年度分会开展的主要工作。参会委员就如何更好地推进环境经济学科发展，发挥分会的组织、协调、平台及其他服务职能，如何更好地开展学术交流与合作等进行了深入探讨。

此次会议推动了国内环境经济政策研究与制定人员的对话和交流，为环境经济学科建设发展以及环境经济政策实践提供了很好的参考，特别是有效地推动了“两山论”与环境经济政策的创新与应用。

第一篇
环境经济政策与高质量发展的理论内涵

中国经济高质量下的环境法规政策体系研究

Research of Environmental Regulation and Policy System under the High Quality of China's Economy

贾真[1]　葛察忠[2]　李婕旦　李晓亮
（生态环境部环境规划院，北京　100012）

摘　要　本文从党的十九大总体部署和要求出发，基于经济高质量发展的特征和目标，阐述环境法规政策对经济高质量发展的推动和引领作用。文章首先从法律法规体系、落实环保责任政策、环境监管政策、环境经济政策等方面的发展，论述现有生态环保法规政策体系逐步完善，对高质量发展起到积极的推动作用。进而从发展需求考虑，总结梳理当前生态环境保护法规政策体系的缺位与不足。最后，建构了高质量发展下生态环境保护政策改革与创新思路框架，并提出建议。

关键词　高质量发展　绿色发展　环保法规　体制机制　排污许可

Abstract　Based on the requirements of the 19th National Congress and the objectives of high-quality economic development, this paper expounds the promotion and leading role of environmental laws and regulations. From the perspectives of laws and regulations, implementation of environmental responsibility policies, environmental supervision policies, and environmental economic policies, the article discusses the improvement process of ecological environmental protection regulations and policies, which has played a positive role in promoting high quality development. Furthermore, considering the development needs, it summarizes the current deficiencies and shortcomings of the ecological environmental protection regulations and policies. Finally, construct a framework for reform and innovation of ecological environmental protection policies under high-quality development, and put forward suggestions for improvement.

Keywords　High quality development, Green development, Environmental protection regulations, Institutional mechanism, Sewage permit

1 第一作者简介：贾真（1988—），男，硕士，助理研究员。研究方向：环境经济学。E-mail：jiazhen@caep. org. cn。
2 通信作者简介：葛察忠（1965—），男，研究员。研究方向：环境经济学。E-mail：gecz@caep. org. cn。

党的十九大、2018 年中央经济工作会议和十三届全国人大政协会议的胜利召开，标志着中国特色社会主义进入新时代，中国经济由高速增长阶段向高质量发展阶段迈进[1]。高质量发展是创新成为第一动力、协调成为内生特点、绿色成为普遍形态、开放成为必由之路、共享成为根本目的的发展，就是满足人民日益增长的美好生活需要的发展。坚决打好污染防治攻坚战，提供更多优质生态产品以满足人民日益增长的优美生态环境需要，也是高质量发展的重要内涵和核心目标[2]。抓生态环保，通过生态环境法规标准、政策制度的约束与激励，推动发展方式转变、强化布局结构优化、实现新旧动能转换，实质就是推动和引领高质量发展[3]。但是，这一结论目前尚未在全社会形成共识并完全内化为行动自觉，推引高质量发展的生态环境保护的法规政策体系尚未完善形成。习近平总书记指出，老百姓过去盼温饱，现在盼环保，过去求生存，现在求生态。当前，仍需进一步厘清环境保护与经济发展的关系，进一步推动生态环境法规政策体系的完善、改革与创新[4]。本文从推动经济转型发展的生态环保法规政策现状分析入手，总结当前高质量发展下环保政策体系存在的缺位与不足，提出了推动引领高质量发展的环境政策法规体系完善建议。

1 推动经济转型发展的生态环保法规政策逐步完善

1.1 法律法规体系不断完善

发达国家注重加强生态环境立法并严格执行，对推动经济与环境协调发展起到了关键性作用。近些年，原环境保护部积极配合全国人大环资委工作，相继修订了《环境保护法》《大气污染防治法》和《水污染防治法》，制定了《环境影响评价法》《环境保护税法》和《土壤污染防治法》，为生态环境法律制度修订工作汲取了大量经验，为高质量绿色发展奠定了法律保障[5]。

1.2 环保政策下各方责任逐步明晰

一是在落实党政环保责任方面。近两年来，作为生态文明体制机制的重大改革举措，中央环保督察在落实党政环保责任、推动环境质量改善和绿色发展方面发挥了巨大的作用。2015 年 7 月 1 日通过《环境保护督察方案（试行）》把环境问题突出、重大环境事件频发、环境保护责任落实不力的地方作为先期督察对象，重点督察贯彻党中央决策部署、解决突出环境问题、落实环境保护主体责任的情况。2016—2017 年，中央环保督察完成了对全国所有省份的覆盖，一共受理了群众举报 13.5 万件，向地方交办 10.4 万件，涉及垃圾、油烟、恶臭、噪声、企业污染以及黑臭水体等问题，所有案件基本得到办结。中央环保督察首先大幅提升了各地区加强生态环境保护、推动绿色发展的意识，促进了地方产业结构的转型升级，有效促进了地方供给侧改革、生态文明机制的健全和完善。

二是在落实企业环境治理主体责任方面。探索建立企业环境信用评价体系，2013 年 12 月印发的《企业环境信用评价办法（试行）》（环发〔2013〕150 号）首次系统地提出了企业信用评价等级、评价信息来源、评价程序、评价结果公开与共享、守信激励和失信惩戒等要求。同时，2016 年国家发展和改革委员会等 31 家单位联合印发了《关于对环境保护领域失信生产经营单位及其有关人员开展联合惩戒的合作备忘录》（发改财金〔2016〕1580 号），决定对环保领域失信生产经营单位及其有关人员开展联合惩戒，联合惩戒措施有限制市场准入、行政许可或融资行为、停止优惠政策、限制考核表彰等。企业环境信用评价和联合惩戒制度将会为提升企业环保责任、推动企业绿色发展起到积极作用。

三是积极推动环境保护公众参与方面。2015 年 1 月 1 日实施的新《环境保护法》在总则中明确规定了“公众参与”原则，并对“信息公开和公众参与”进行专章规定。2015 年 5 月中共中央、国务院联合印发的《关于加快推进生态文明建设的意见》中提出“鼓励公众积极参与，完善公众参与制度，及时准确披露各类环境信息，扩大公开范围，保障公众知情权，维护公众环境权益”。2015 年 9 月环境保护部开始实施《环境保护公众参与办法》（环保部令　第 35 号），继续加大对公众参与工作的推动力度，形成公众依法、理性、有序参与环保事务的新局面。

1.3 生态环境监管政策机制逐步完善

一是排污许可管理改革方面。实施控制污染物排放许可制是推进生态文明建设、加强环境保护工作的一项具体举措，是改革环境治理基础制度的重要内容。基于《关于印发控制污染物排放许可制实施方案的通知》（国办发〔2016〕81 号）的总体部署和要求，环保部发布《排污许可管理办法（试行）》（环保部令　第 48 号），规定了排污许可证核发程序等内容，细化了环保部门、排污单位和第三方机构的法律责任，强调守法激励、违法惩戒。同时根据部门规章的立法权限，结合火电、造纸行业排污许可制实施中的突出问题，对排污许可证申请、核发、执行、监管全过程的相关规定进行完善，并进一步提高可操作性，为改革完善排污许可制迈出了坚实的一步。

二是工业污染源全面达标排放方面。工业污染源达标排放，既是法律的基本要求，也是企业环境责任的底线要求。2016 年环境保护部印发了《实施工业污染源全面达标排放计划》（环环监〔2016〕172 号），达标计划的实施将充分发挥环境标准引领企业升级改造和倒逼产业结构调整的作用，通过依法治理、科技支撑、监督执法、完善政策等措施，促进工业污染源实现全面达标排放，为不断改善环境质量提供支撑。

三是“散乱污”企业治理方面。2017 年 3 月环境保护部印发了《京津冀及周边地区 2017 年大气污染防治工作方案》（以下简称《工作方案》），开展为期一年的大气污染防治强化督察。这次强化督察的一项重点任务就是对小燃煤锅炉进行“清零”，对“散乱污”企业进行检查、整改和取缔。《工作方案》发布后北京市出台了《北京市清理整治涉及违法违规“小散乱污”企业工作实施方案》，天津市发布《关于集中开展“小散乱污”企业专项整治的指导意见》，河北省制定了《河北省集中整治“散乱污”工业企业专项实施方案》，明确了“散乱污”企业的定义与范围，根据排查结果对“散乱污”企业实施关停取缔、整改升级、搬迁入园三项措施。2017 年，京津冀及周边“2+26”城市共排查出“散乱污”企业 6.2 万余家（图 1），约有 4.5 万家企业下令关停取缔，占比约为 73.5%，约 25.3% 的企业属于整改升级型，搬迁入园的企业约 748 家，占比为 1.2%。“散乱污”企业整治工作取得显著成效，大幅改善了京津冀及周边地区的大气环境质量，同时积极推动了产业结构的调整与优化，对推动经济高质量发展具有积极的意义。

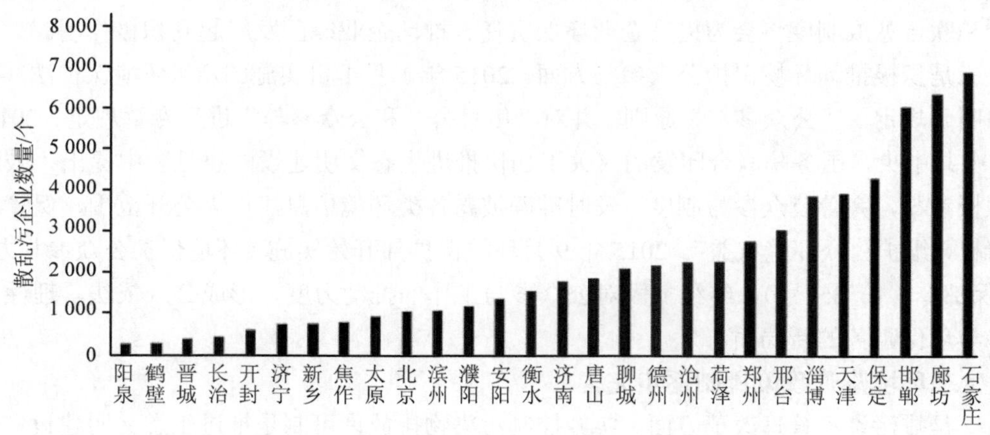

图 1 2017 年“2+26”城市“散乱污”企业数量[6]

1.4 环境经济政策下市场机制逐步建立

一是环境税改革方面。《环境保护税法实施条例》正式公布，自 2018 年 1 月 1 日起正式开征环境保护税，我国施行了近 40 年的排污收费制度退出历史舞台；条例对环保税法的具体实施作了细化解释和规定，包括城乡污水处理厂的界定、固体废物排放量的认定、对纳税人违法行为的惩罚性规定、减税情形的认定、涉税信息交互内容、纳税申报数据资料异常的情形等关键问题。环境保护税作为我国首个具有明确环境保护目标的独立型环境税税种，对于构建绿色财税体制、调节排污者污染治理行为、建立绿色生产和消费体系等具有重要意义。

二是构建绿色金融体系方面。2017 年 3 月中国证监会发布《中国证监会关于支持绿色债券发展的指导意见》，对绿色公司债券含义、绿色公司债券募集资金投向的绿色产业项目、重点支持的绿色公司债券发行主体、绿色公司债券的信息披露制度、鼓励绿色认证等内容进行了相应明确，为绿色债券的发展提供有力的政策支持（图 2）。2017 年 6 月国务院总理李克强主持召开国务院常务会议，决定在部分省（区）建设绿色金融改革试验区，推动经济绿色转型升级。会议决定，在浙江、江西、广东、贵州、新疆 5 省份选择部分地方，建设各有侧重、各具特色的绿色金融改革创新试验区，在体制机制上探索可复制、可推广的经验。

三是完善环境价格机制方面。脱硫脱硝除尘环保电价加价政策的继续实施，促进了燃煤发电企业的建设与环保设施运行；鼓励风力、太阳能、生物质等可再生能源发电的新能源价格政策陆续出台，针对高污染、高能耗企业则实施阶梯电价，对于重点行业的落后产能专门实施了惩罚性加价政策，企业主动治污的内生动力大大增强。价格政策工具在节能减排中发挥了重要作用。

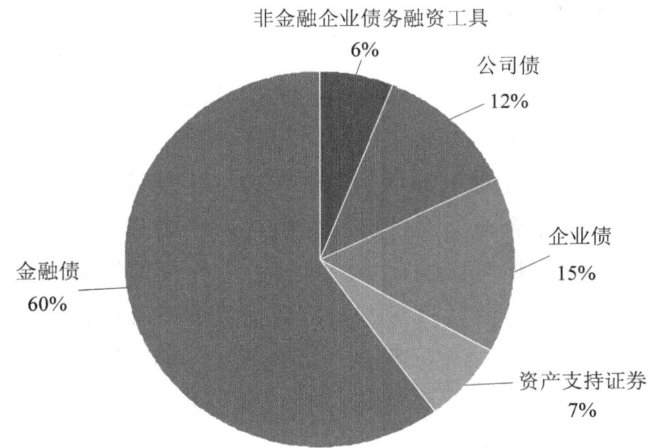

图 2　2017 年中国绿色债券结构分布（发行规模）

四是企业环保经济激励方面。环境污染强制责任保险倒逼企业主动治污，环保部编制了《环境污染强制责任保险管理办法》并公开征求意见，在全国 20 多个省份开展环境污染责任保险试点，为 1 万多家企业提供风险保障金额达到 200 多亿元。江西、新疆等多地积极推进绿色保险相关政策，进一步鼓励开展环境污染强制责任保险，通过发展环境保护商业保险、产品研发责任保险、农业保险、生态项目保险等，逐渐丰富和扩展绿色保险的内涵与领域，为加快推进绿色保险的应用和落地奠定了日益完备的基础。

2 当前生态环保法规政策对高质量发展的推引作用仍有不足

2.1 法律法规保障不足

一是法律权威性不足。现有环境保护法律法规难以对环境保护责任主体起到震慑及约束，现有法律对企业环境违法行为的惩罚力度小，导致企业法律责任偏轻、违法成本较低，对企业绿色发展的约束不足，对高质量发展具有一定制约。二是专项法律的缺失。排污许可、环境损害责任、生态保护红线、环境资源承载能力监测评价机制等部分重要环保制度尚未立法，其制度的实施缺乏有力的法律保障，政策实施力度及成效难以完全体现。三是法律法规的操作性有待提升，执法效率不高。现行环保法规大多遵循“宜粗不宜细”“全国一刀切”的立法模式，在内容上过于简略、笼统，原则性条款和弹性条款较多，条款设计上难操作，配套的文件精细化管理程度不高，造成操作困难。例如，新《环境保护法》提出了“按日连续处罚”，同时发布了《环境保护主管部门实施按日连续处罚办法》（环境保护部部令　第 28 号），但在实际操作中地方环境监察部门却依然难以启动按日计罚，在新《环境保护法》四个配套办法 2016 年度实施情况评估报告中显示，2016 年涉嫌环境污染犯罪的案件总数达 21 738 件，而“按日计罚”类案件最少，仅占4.47%。

2.2 生态环境政策体系尚不完善

一是在落实责任方面，环保治理责任体系不健全。落实政府环境责任的法律监督和制约制度不完善，企业环境违法关于环境损害赔偿等规定还不完善，未对违法企业形成足够的震慑力。二是在标准规范方面，精细化程度、操作性、全面性等尚不能完全满足实际需求，2013年发布的《企业的环境信用评价办法（试行)》，由于缺乏有针对性的评价标准、指标与方法，导致企业信用评价工作迟迟未全面开展，多部门间对环保失信企业的联合惩戒也难以开展；环境影响评价、排污许可、工业污染源全面达标排放计划等工作仍需进一步衔接。三是在监察执法方面，环境管理系统性、针对性仍需加强，产品全生命周期的污染防控监管机制尚未建立；《环境保护综合名录》是推动产品导向型环境管理的重要工具，但由于缺乏宣贯及应用机制，目前在环境监管领域的作用尚未有效发挥。四是在管理机制方面，生态环境保护仍以政府命令控制型为主，环保政策约束型、强制型手段多，引导型、激励型手段少，市场作用体现不够充分。环境管理的实施主体与被管理对象缺乏合作互赢的长效机制，导致参与主体少、参与程度低、参与积极性小，企业转型升级、绿色发展的内生动力仍不足，如《环保“领跑者”制度实施方案》已经发布两年，但具体的实施尚未落地，在树立行业环保标杆、引导行业绿色发展等方面的动力略显不足。

3 推动引领高质量发展的环境政策法规体系完善建议

3.1 经济高质量发展下生态环保政策改革与创新思路框架

总体目标是将环境保护部门打造成环境友好政策主要供给者、重大产业政策制定的关键影响者。通过生态环保政策的实践与创新，推动淘汰落后产能、优化产业布局、调整产业结构、推进产业升级，实现环境效益、经济效益、社会效益“多赢”，在推动环境质量改善的同时促进经济高质量绿色发展。

改革创新思路是健全生态文明和绿色发展法规政策标准体系，提升法规标准刚性约束作用，从源头上推动高质量发展。首先完善法律法规体系，强化生态环境保护的权威与法律地位。其次积极开展环保政策体系创新，助力经济高质量发展。如图3所示，一是体制创新，由落实政府责任向强化政策责任、落实企业主体责任、推动公众参与转变；二是监管创新，由“一刀切”、粗放的环保监察执法向构建精细化、全覆盖、可操作性强的监管体系转变；三是制度创新，由约束性、强制性的管理制度向约束与激励并重转变；四是市场创新，由政府主导向政府引导、强化市场作用转变；五是管理创新，由点源控制、末端治理的管理思路向产品全生命周期管理转变。通过“体制、监管、制度、市场、管理”五大创新，推动经济发展方式转变、经济结构优化、增长动力转换。

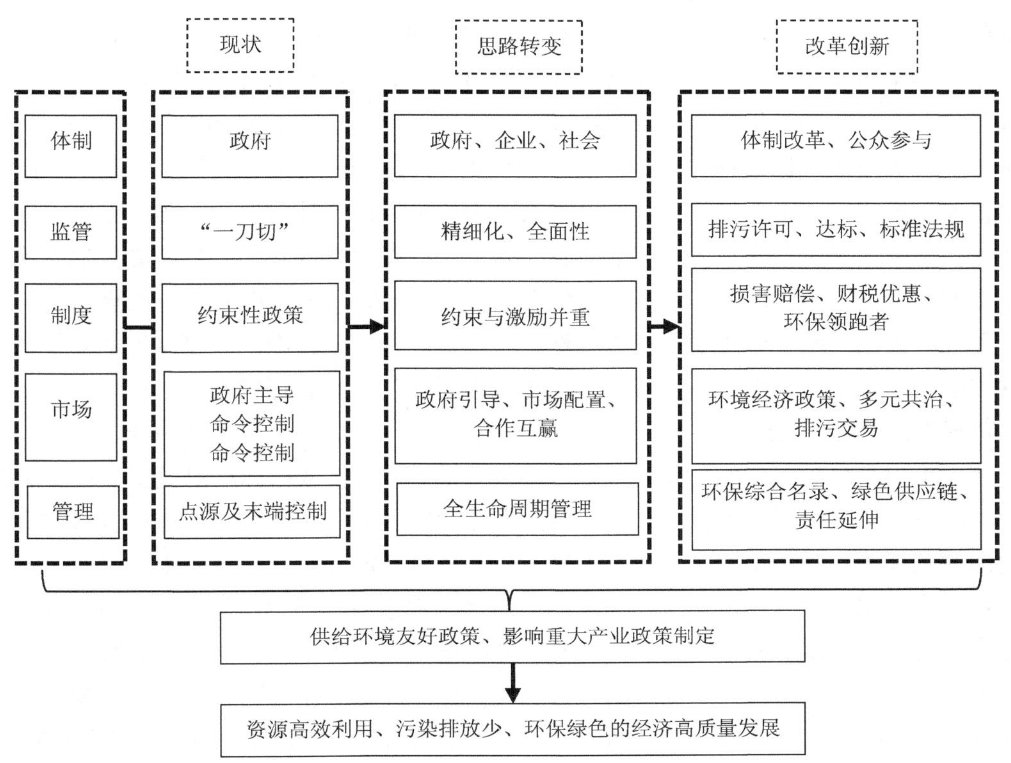

图 3　经济高质量发展下生态环保政策创新发展思路框架

3.2 完善生态环境保护法律法规，强化权威性与刚性地位

按照高质量发展要求，审视现有生态环保法律法规的完整性、适用性，修订《土地管理法》《节约能源法》《循环经济促进法》《矿产资源法》《森林法》《草原法》《野生动物保护法》等。推进土壤污染防治、排污许可、生态保护红线、生物多样性保护、生态环境损害赔偿等方面的立法。制修订与《环境保护法》《大气污染防治法》《水污染防治法》《建设项目环境保护管理条例》等环保法律法规相配套的部门规章，包括修订按日计罚、查封扣押、信息公开、环境与健康等方面部门规章，增强可操作性。推进环境司法，保障环境法律效力，完善环境行政执法与环境司法的程序衔接、案卷移送、强制执行等方面的衔接和配合。加强行政执法与刑事司法联动，设立环保警察与环保法庭。强化环境执法，充分发挥法律震慑力，全面实施行政执法与刑事司法联动。

3.3 加大生态环保政策改革创新力度

根据国务院机构改革方案，认真履行生态环境部制定并组织实施生态环境政策的职责，加大生态环保政策创新力度，将生态环境部门打造成环境友好政策主要供给者、重大产业政策制定的关键影响者。通过生态环保政策的实践与创新，推动淘汰落后产能、优化产业布局、调整产业结构、推进产业升级。围绕推动高质量发展目标，研究制定一系列生态环保重大政策清单，主要包括强化地方党政环保责任，继续实施中央环保督察制度，用严格问责压实地方党政环保责任；落实企业环境治理主体责任，全面实施企业环境信用评价体系，构建环保部门与有关主管部门联合守信激励与失信惩戒机制；建立环保重大决策及项目的公众参与长效机制；全面落实排污许可管理改革，实施排污许可“一证式”管理，实施工业污染全面达标行动计划，核发一个行业、清理一个行业、达标一个行业；创新排放限值制定模式，基于“最佳可行技术”或“最佳可行控制技术”确定排放限值；推进生态环境损害赔偿制度、环境污染强制责任保险管理改革；推动环保“领跑者”制度实践，建立生产者责任延伸制度；推动环境税的全面征收，同时研究将挥发性有机物等特征污染物纳入征收范围；制定资源税费征收办法，明确资源税征收范围；构建绿色金融体系，研究建立国家生态银行或者绿色发展银行；建立多元化的生态补偿机制。

3.4 完善生态环保标准体系

制定推引高质量发展的生态环境标准制修订清单，严格依据标准对生态环境实施严格监管。围绕生态文明和绿色发展要求，聚焦高质量发展过程中的生态环境调查与评价、国土空间开发保护、绿色城镇化与生态人居、生态基础设施建设、绿色矿山、生态农业、生态工业、生态服务业、环境质量、环境污染防治、生态系统保护与修复、应对气候变化、绿色生活与消费等重点领域，建立标准制修订清单，加快重要标准的立项与发布。按照国家标准化改革的总体部署，积极推动社会团体、企业参与生态文明相关标准的制定，鼓励企业标准“领跑者”制度在生态文明建设标准领域的实施。开展生态文明建设标准研究国际合作，围绕“中国标准走出去”和“标准助推一带一路”等工作，积极推动建立我国与主要相关国家的生态文明建设标准化领域合作关系。推动我国在可持续发展、生态环境保护、能源资源节约与循环利用等领域相关优势标准在国际标准化组织（ISO）、国际电工委员会（IEC）等国际标准化平台的立项、发布与实施。

参考文献

[1] 人民日报评论员. 大力推动我国经济实现高质量发展[N]. 人民日报，2017-12-23.

[2] 吴舜泽，王勇，林昀. 生态环保视角下的 2018 年政府工作报告解读[J]. 环境保护. 2018（6）：17-20.

[3] 于会文. 强化环境保护就是推动高质量发展[N]. 中国环境报，2018-01-23.

[4] 李新，秦昌波，穆献中，等. 生态环境保护推动高质量发展的路径机制分析[J]. 环境保护，2018（16）：52-55.

[5] 熊超. 激励机制在我国环保部门职责履行中的法律适用[J]. 政法论坛，2018（4）：79-92.

[6] 陈周阳，姜楠，王婧，等. 2017 年中国绿色债券市场发展与未来展望[R]. 中国金融信息网绿色金融研究小组，2018-01-18.

城市生态空间划定的环境经济学分析

Environmental Economic Analysis of Urban Ecological Space Delimitation

李鑫明[1]　王媛[1]　殷培红[2]　乔治[3]　许涛[4]

（1. 天津大学环境科学与工程学院，天津　300350；2. 生态环境部环境与经济政策研究中心，北京　100029；3. 天津大学环境科学与工程学院，天津　300350；4. 天津大学建筑学院，天津　300350）

摘　要　在总结分析国内外关于生态系统服务生态价值的研究成果的基础上，根据生态服务价值经济核算和房地产价值法结合的方法，提炼出城市生态空间和自然生态空间生态功能差异性的研究是支持城市生态空间划定量化评估的关键技术，选取直辖市北京市、地级市衡水市两个城市的城镇、农业、生态三个空间的生态服务价值变化情况并得到了多种生态价值比例关系。计算结果表明：①以 2018 年北京为例，非绿地建设用地、农田、林地、水体、城区绿地的价值比例关系为 1∶2∶7∶51∶（24～67），而衡水市此比例关系变为 1∶2∶7∶51∶（3～9）。虽然这些研究结果不同，但基本上都是水体、林地的生态服务价值较高；②选取北京、衡水中心城区两处典型地块，结果显示基准年份至规划年生态服务总价值均有增加。其中，农田的生态服务价值减少明显，城区绿地的生态服务价值明显增加，但实际现状的城市生态空间的生态服务总价值的增加量都小于之前的规划，突出表现为非绿地的建设用地的增加量大于规划量，但是城市绿地的增加量小于规划量。

关键词　生态价值　城市生态空间　房地产价值法　环境经济学方法

Abstract　On the basis of summarizing and analyzing the research results of the ecological value of ecosystem services at home and abroad, according to the method of combining economic services value economic accounting and hedonic prices, the research on extracting the difference between urban ecological space and natural ecological space ecological function is the key technology to support the quantitative evaluation of urban ecological space. Taking Beijing and Hengshui City as examples to

基金项目：国家自然科学基金项目（41571522）。

1 第一作者简介：李鑫明（1996 年），女（汉），河北省衡水市人，E-mail：13002295838@163. com。

2 责任作者和通信作者简介：王媛（1977 年），女（汉），天津市，教授，博士生导师，E-mail：wyuan@tju. edu. cn。

study the changes of ecological service values in the three spaces of urban，agricultural and ecological and has obtained a variety of ecological value proportional relationship.

We found that：1）In Beijing in 2018，the ratio of the value of non-green land construction land，farmland，forest land，water body and urban green space is 1 : 2 : 7 : 51 : （24～67），and the ratio of Hengshui City becomes 1 : 2 : 7 : 51 : （3～9）. Although the results of these studies are different，they are basically high in the value of ecological services in water bodies and woodlands.

2） Two typical plots in Beijing and Hengshui Central City were selected. The results showed that the total value of ecological services in the base year to the planned year increased. Among them，the ecological service value of farmland decreased significantly，and the ecological service value of urban green space increased significantly. However，the actual increase in the total value of the ecological services of the urban ecological space is smaller than the previous plan，and the increase in the construction land of the non-green land is greater than the planned amount，but the increase of the urban green space is less than the planned amount.

Keywords Ecological value，Urban ecological space，Hedonic price method，Environmental economic method

前言

改革开放以来，我国经济社会高速发展，城镇化进程持续推进，但生态环境保护总体滞后于经济社会发展。“山水林田湖”被人为地割裂开来，生态空间被大量挤占，生态系统退化，生态产品供给能力下降，生态安全形势严峻，资源环境越来越成为经济社会发展的制约瓶颈。环境价值评估方法是通过一定的手段，对环境（包括组成环境的要素、环境质量）所提供的物品或服务进行定量评估，并以货币的形式表征出来。国内外众多专家学者对生态系统生态服务功能价值的评价做了诸多研究。生态系统服务是指生态系统与生态过程所形成的，维持人类赖以生存的自然环境条件与效用[1]。生态系统服务价值评估方法有多种，对不同的评估对象和评估目标往往需要选取不同的方法，评估结果很大程度上依赖于选择的方法[2]。中国环境价值评估研究仍处于学习、模仿阶段，主要使用市场价值法等评估环境总经济价值中的直接使用价值，多采用旅行费用法来对间接使用价值进行评估，较少使用享乐价格法等[3]。生态系统服务方法和生态系统服务评估工作改变了有关自然保护、自然资源管理和其他公共政策领域的政策[4]。

在此基础上，本文结合生态服务价值评估方法和房地产价值法的相关方法，提炼出城市生态空间和自然生态空间生态功能差异性的研究是支持城市生态空间划定量化评估的关键技术。选取直辖市、地级市两个典型城市，分别利用上述计算方法计算各个区域城镇、农业、生态三个空间的生态价值变化的情况。

1 国内外研究现状

1.1 国外概况

Costanza 等的研究是生态服务价值系数计算的鼻祖，主张用统一定义的计量单位来衡量自然对人类社会的贡献[5]，将生态价值以数值的形式确定下来，这种估算是基于虚拟而非实际价格和收入[6]。其计算结果为生态系统服务总量为 490 美元/（$hm^2·a$）[7]。目前研究和政策界对生态系统服务的兴趣迅速增长[8]。生态系统服务已成为一个定义明确且充满活力的研究领域[9]。生态系统服务价值的高低不仅受生态用地的面积影响，同时还与用地类别的生态系统服务价值当量系数存在一定的关系[10]。为了使比较生态经济分析成为可能，需要一个全面评估生态系统功能，商品和服务的标准化框架[11]。我们通常使用基于卫星的土地覆盖数据来进行生态系统服务价值和变化的全球估算。然而，全球土地覆盖数据具有不确定性，其对价值估计的影响尚未得到充分认识[12]。目前已经开发出较复杂的技术评估生态系统服务的动态和价值[13-14]，如 2002 年，Costanza 等开发了一个全球统一的生物圈元模型（GUMBO）来模拟综合地球系统并评估生态系统服务的动态和价值。GUMBO 是第一个在动态地球系统中包含人类技术，经济生产和福利以及生态系统产品和服务的动态反馈的全球模型[15]。我们要通过对生态系统服务价值的估算进行建模，实现政策的合理制定[16]。

城市生态空间一般不具有生产功能，其生态和美学价值较高，很难用直接市场法来估算，目前城市生态空间的价值估算最为实际的经济学方法是内涵资产定价法中的房地产价值法。1974 年罗森把房地产价值法理论引入房地产与城市经济领域[17-18]。

1.2 国内概况

国内在该课题的研究起步相对较晚。大陆始于 20 世纪 90 年代后期，最近几年有较快的发展，但是和欧美之间仍存在差距[19]。我国欧阳志云等学者对生态系统服务功能的概念作了如下的概括：生态系统服务功能是指生态系统与生态过程所形成及所维持的人类赖以生存的自然环境条件与效用[20]。关于经典 Costanza 的生态服务价值理论和其他研究者的相关成果，以谢高地等的研究为例，根据中国的实际情况，采用调查问卷的形式，征询国内学者对价值系数的建议。根据调查表提出的建议，在 Costanza 研究结果的基础上，将 17 类生态系统服务重新修改成 9 类[21]，最终得出了 2002 年[22]、2007 年、2015 年[23]的生态服务价值当量表。测算生态服务功能的生态价值可以采取多种方法，针对其不同的特点可采用不同的方法，测算结果差异也比较大，表 1 为国内外部分研究者的研究成果。

另一种针对城市生态空间的房地产价值法，常用于评估城市生态空间价值。房地产价值法属于环境经济学中的内涵资产定价法，利用房地产价值法可以合理计算城市生态景观这些非市场物品的价值。通过对国内外文献的查阅发现，公园绿地对房产增值系数一般在 10%以内[19]。例如，北京市建城区公园绿地能够促进 12.56 万 hm^2 土地升值，增值的总价值为 55.02 亿元/a，约合单位面积公园绿地增值 43.79 万元/（$hm^2·a$）（夏宾，2012）。由于各地房地产价格存在较大差异，城市生态空间的绝对价值量也存在较大差异。表 2 为国内外房地产价值法的部分研究成果。

表 1 各土地利用类型生态服务价值系数汇总 单位：元/（$hm^2·a$）

序号	土地利用类型					
	建设用地	农田	草地	林地	水体	参考文献
1	494.01	764	2 025.00	16 658.00	7 033.00	Costanza 等[5]
2	624.25	3 547.89	5 241.00	12 628.69	20 366.69	谢高地等[2]
3	0	23 103.00	3 586.00	49 269.00	71 179.00	李波等[6]
4	−120 000.00	23 200.00	2 080.00	4 910.00	25 400.00	段瑞娟等[7]

表 2 国内外房地产价值法的研究汇总

序号	研究对象	结论	参考文献
1	北京市建城区公园绿地	公园地产每平方米价格比周围非公园地产平均高出 10%以上，单位面积公园绿地增值 43.79 万元/（$hm^2·a$），北京市公园绿地对房产增值效应的平均最大影响距离 1 376 m	夏宾等[19]
2	北京城市公共绿地	距离公园 850～1 604 m 的住宅物业价值销售价格上涨 0.5%～14.1%。每公顷公共绿地的平均收益为人民币 16 万元	张彪等[27]
3	俄勒冈州波特兰的两个地区公园	将公园娱乐质量提高 30%，使 5～10 mi① 外的房屋的房产价值增加 0.04%～0.06%	Kent [28]
4	加利福尼亚阿尔马诺湖泊	每增加 1 ft② 房价减少 108～119 美元，有湖景的住宅相对于无湖景住宅价格要高 3 100 美元，在湖泊周边的住宅要比非湖泊周边住宅价值高 209 000 美元	Loomis [29]

①1 mi=1.609 km。

②1 ft=0.305 m。

2 研究方法

2.1 内涵资产定价法

根据环境经济学中的内涵资产定价法，人们赋予环境的价值可以从他们购买的具有环境属性的商品的价格中推断，应用城市绿地对周边房地产价格的影响，评估城市生态空间的生态价值。内涵资产定价法的一般步骤为：通过回归分析获得模型的参数估计，得到属性的隐含价格，并由此来估算环境改善的效益。因为消费者对属性的支付意愿是从住宅价格间接得到的[18]。表 3 为内涵资产定价法常用的三种函数形式[18]。

表 3　内涵资产定价法的三种主要函数形式

表达式名称	表达式
线性模型	$P=a_0+\sum a_i \times C_i+\xi$
半对数模型	$\ln P=a_0+\sum(a_i \times C_i)+\xi$
对数模型	$\ln P=a_0+\sum(a_i \times \ln C_i)+\xi$

注：P 表示房屋单位面积价格；a_i表示对应各种影响因子 C_i的系数；a_0表示常量；ξ表示误差项。

2.2　多种环境经济学方法结合

生态系统的生态服务功能有产品供给、气候调节、固碳释氧、水质净化、大气环境净化、水流动调节、土壤保护、防风固沙、文化服务等。仅靠内涵资产定价法还无法完全表达上述生态功能的价值。为了给出了不同生态系统的生态服务功能的价值量，根据生态环境部环境规划院生态环境经济核算研究中心的《中国经济生态生产总值（GEEP）核算研究报告 2015——“两山”理论的价值实证》中计算出的我国不同生态系统的生态服务价值总量（表 4），将土地利用类型分为林地、草地、水体、农田、城市 5 类，并根据环境保护部《全国生态功能区划（2015）》提供的全国不同生态系统的面积，计算得出各生态系统单位面积生态服务价值（表 5）。表 4 和表 5 中数据都是 2015 年的数据。

表 4　不同生态系统的生态服务价值量　　单位：亿元

指标	林地	草地	水体	农田	城市
产品供给	1 376.5	30 220.9	38 270.6	53 604.3	—
气候调节	80 280.9	34 360.8	202 530.5	0.0	0.0
固碳功能	18 056.6	6 917.0	102.0	—	1 159.9
释氧功能	21 081.9	8 076.0	1 190.8	—	1 354.2
水质净化功能	—	—	2 302.8	—	—
大气环境净化	198.5	100.7	24.8	196.8	39.3
水流动调节	53 870.8	18 467.0	35 246.3	—	—
土壤保护功能	23 588.1	7 003.5	1 053.2	7 036.2	1 335.4
防风固沙功能	346.8	1 435.6	56.4	223.9	27.9
文化服务功能	—	—	—	—	—
价值量总和	198 800.1	106 581.5	280 777.4	61 061.2	3 916.7

表 5　不同土地利用类型单位面积生态服务价值　　单位：万元/hm^2

土地利用类型	林地	草地	水体	农田	城市
单位面积生态服务价值	10.42	3.76	78.87	3.36	1.54

但是这种计算方法，无法获得城市内部生态空间的生态服务价值，结合上述房地产价值法，不仅可以得到最终不同土地利用类型对应的生态服务价值，还能进一步分解出城市内部生态空间的价值量。

3 案例研究

本文选取北京和衡水两个城市为例，根据前人的研究成果[19,27]，结合房价同比率房价同比率变化得出各地城市绿地价值（表 6）。在 5 类土地利用类型划分的基础上，将城市进一步划分为除绿地外的建设用地和城区绿地，并将城区绿地细分为以草坪为主的城区绿地、以人造水景为主的城区绿地、林灌草结合的城区绿地、以林地为主的城区绿地四类。根据表 7 中生态服务价值评估方法和房地产价值法结合的两种方法分别计算北京、衡水中心城区及其变化剧烈部分的生态服务价值。

表 6 根据房价同比率变化得出各地城市绿地价值

城市	房价平均值/（元/m^2）	根据房地产价值估算的城市绿地价值/（万元/hm^2）
北京（2012 年）	25 108	16[27]～43.79[19]
北京（2018 年）	58 752	37.44～102.47
衡水（2018 年）	7 864	4.96～13.57
北京（2003 年）	3 702	2.36～6.46
衡水（2003 年）	2 254	1.44～3.98

表 7 不同土地利用类型单位面积生态服务价值汇总　　单位：万元/hm^2

土地利用类型		除绿地外的建设用地	农田	林地	水体	城区绿地			
						以草坪为主的城区绿地	以人造水景为主的城区绿地	林灌草结合的城区绿地	以林地为主的城区绿地
生态服务价值评估方法和房地产价值法结合	北京（2012 年）	1.54	3.36	10.42	78.87	16～43.79			
	北京（2003 年）					2.36～6.46			
	北京（2018 年）					37.44～102.47			
	衡水（2007 年）					1.44～3.98			
	衡水（2018 年）					4.96～13.57			

在时间和预算受限制的情况下，我们采用价值转移法来评估生态服务价值[30]。结合表 5 生态服务价值的估算结果和表 6 房地产价值法的计算结果，由于不同地区不同时期的房地产价格不同，城区绿地的商品价值会有比较大的差别，例如，以 2018 年北京为例，非绿地建设用地、农田、林地、水体、城区绿地的价值比例关系为 1∶2∶7∶51∶（24～67）；以 2018 年的衡水为例，非绿地建设用地、农田、林地、水体、城区绿地的价值比例关系为 1∶2∶7∶51∶（3～9）。

3.1 北京生态系统生态服务价值

根据表 8 以及《北京城市总体规划（2004—2020 年）》中提供的图 1、图 2，我们可以得出除绿地外的建设用地、城区绿地面积增加，农田、水体面积减少。相比 2003 年，2020

年除绿地外的建设用地面积增加量为 98.09 hm^2，其土地类型变化率为 17.91%。农田面积减少量为 261.63 hm^2，其土地类型变化率为 85.42%。水体面积 2020 年减少量为 5.07 hm^2，其土地类型变化率为 51.73%。城区绿地增加总量为 168.61 hm^2，其土地类型变化率为 76.25%。

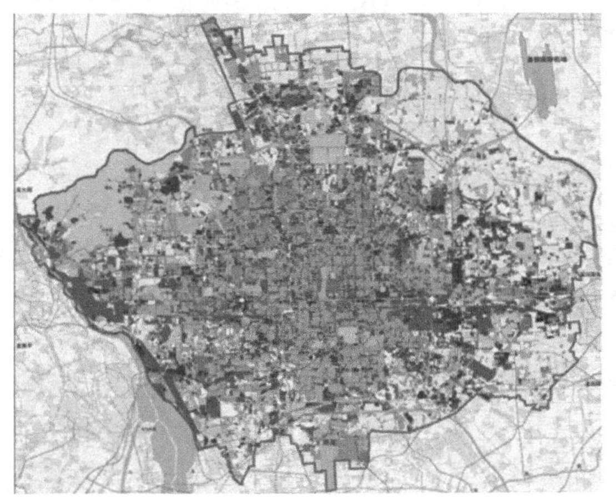

图 1　2003 年北京土地利用图

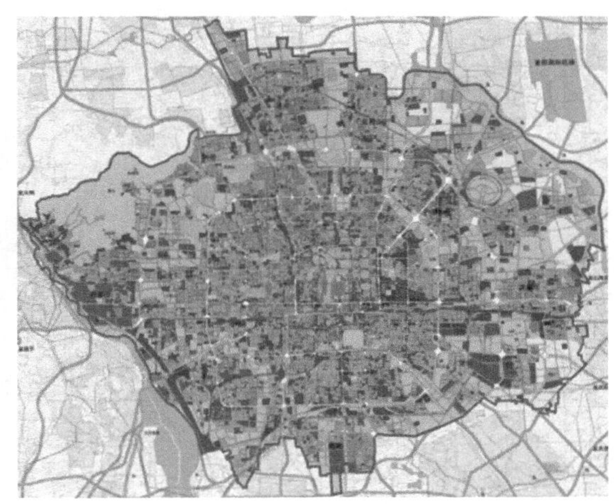

图 2　2020 年北京土地利用规划图

表 8　北京中心城区各土地利用类型面积　单位：km^2

土地利用类型年份	除绿地外的建设用地	农田	水体	以林地为主的城区绿地	林灌草结合的城区绿地	以人造水景为主的城区绿地	总和
2003 年（基准年）	547.76	306.30	9.80	75.45	104.10	41.59	1 085.00
2020 年（规划年）	645.85	44.67	4.73	80.33	262.31	47.11	1 085.00

表 9　北京中心城区不同土地利用类型生态系统生态服务价值　单位：10^6 元

土地利用类型		除绿地外的建设用地	农田	水体	城区绿地			总价值
					以林地为主的城区绿地	林灌草结合的城区绿地	以人造水景为主的城区绿地	
生态服务价值评估方法和房地产价值法结合	2003 年（基准年）	843.55	1 029.17	786.19	521.89～2 517.79			3 180.80～5 176.70
	2020 年（规划年）	994.61	150.09	837.04	14 592.24～39 937.68			16 573.98～41 919.42

根据生态服务价值评估方法和房地产价值法结合计算得出的规划年生态服务总价值增加。除绿地外的建设用地规划年比基准年生态系统生态服务价值增加 0.1%，农田规划年比基准年减少 85.4%，水体规划年比基准年增加 6.5%，城区绿地规划年比基准年增加 1 486.2%～2 696.0%。其中，农田的生态服务价值急剧减少，城区绿地的生态服务价值急

剧增加。规划年比基准年生态系统生态服务总价值增加 421.1%～709.8%。

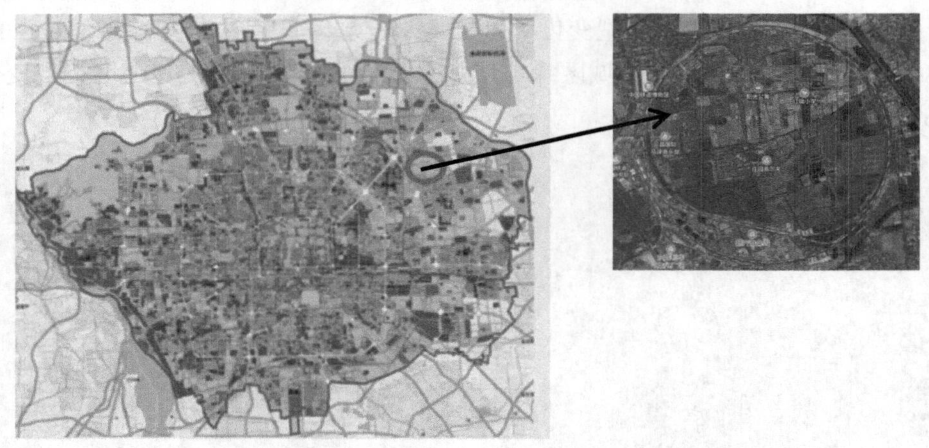

图 3　北京中心城区变化剧烈区域

将图 1 和图 2 对比，我们可以看出图 3 圈选区域中，农田急剧减少，城区绿地显著增加，水体显著减少，变化极其剧烈。因此，我们选取此区域进一步分析。

从表 10 中可以看出，北京中心城区圈选部分的现状和规划年生态服务总价值差距较大。虽然现状中，以人造水景为主的城区绿地的增多稍微平衡了一下生态服务总价值，但其绿化量远远没有达到规划年要求，所以现状的生态服务价值相对于 2003 年是增加的，但没有规划年的生态服务价值高。除绿地外的建设用地规划年比现状年生态系统生态服务价值减少 4.1%，城区绿地规划年比现状年增加 38.5%。规划年比现状年生态系统生态服务总价值应该多 35.6%～37.4%。

表 10　北京中心城区变化剧烈典型区域不同土地利用类型生态系统生态服务价值

单位：10^6 元

<table>
<tr><th colspan="2" rowspan="2">土地利用类型</th><th rowspan="2">除绿地外的建设用地</th><th rowspan="2">农田</th><th colspan="2">城区绿地</th><th rowspan="2">总价值</th></tr>
<tr><th>以人造水景为主的城区绿地</th><th>林灌草结合的城区绿地</th></tr>
<tr><td rowspan="3">生态服务价值评估方法和房地产价值法结合</td><td>2003 年（基准年）</td><td>0.94</td><td>8.54</td><td colspan="2">1.60～4.38</td><td>11.08～14.58</td></tr>
<tr><td>2018 年（遥感卫星图片现状）</td><td>2.86</td><td>0.00</td><td colspan="2">73.78～201.93</td><td>76.64～204.79</td></tr>
<tr><td>2020 年（规划年）</td><td>1.69</td><td>0.00</td><td colspan="2">102.20～279.70</td><td>103.89～281.39</td></tr>
</table>

3.2 衡水生态系统生态服务价值

根据表 11 以及《衡水市城市总体规划（2008—2020 年）》中提供的图 4、图 5，我们可以得出除绿地外的建设用地、城区绿地面积增加，农田、水体面积减少。相比 2007 年，2020 年除绿地外的建设用地面积增加量为 4 556.57 hm^2，其土地类型变化率为 52.90%。农田面积减少量为 17 471.74 hm^2，其土地类型变化率为 63.95%。水体面积 2020 年减少量为 42.95 hm^2，其土地类型变化率为 2.17%。城区绿地增加总量为 12 958.12 hm^2，其土地类型变化率为 15 216.20%。

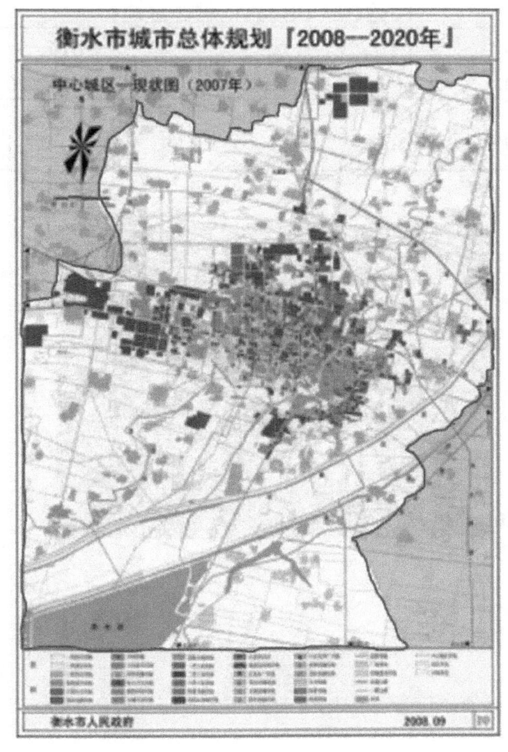

图 4　2007 年衡水土地利用图

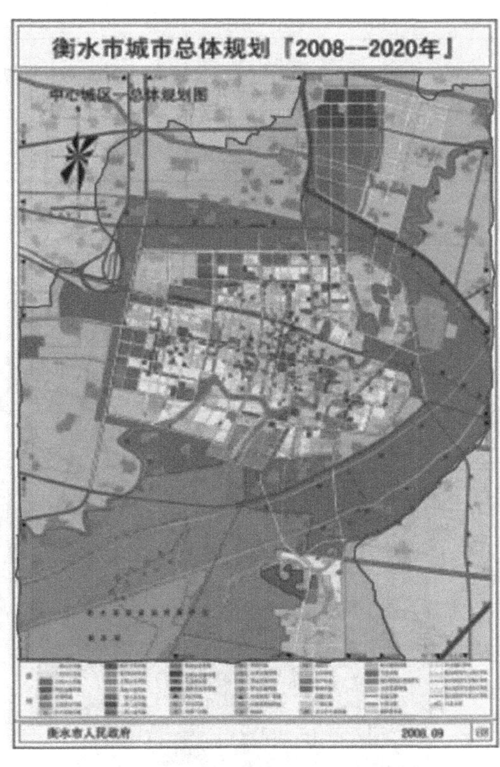

图 5　2020 年衡水土地利用规划图

表 11　衡水中心城区各土地利用类型面积　　单位：hm^2

土地利用类型	除绿地外的建设用地	农田	水体	以人造水景为主的城区绿地	林灌草结合的城区绿地	总和
2007 年（基准年）	8 613.81	27 319.76	1 981.27	15.71	69.45	38 000.00
2020 年（规划年）	13 170.38	9 848.02	1 938.32	5 417.21	7 626.07	38 000.00

通过观察表 12 得出，根据生态服务价值评估方法和房地产价值法结合计算得出的规划年生态服务总价值增加。其中，农田的生态服务价值急剧减少，城区绿地的生态服务价值急剧增加。除绿地外的建设用地规划年比基准年生态系统生态服务价值增加 52.9%，农田规划年比基准年减少 64.0%，水体规划年比基准年减少 2.2%，城区绿地规划年比基准年增加 521.1%～52 497.6%。规划年比基准年生态系统生态服务总价值增加 3.6%～46.7%。

表 12　衡水中心城区不同土地利用类型生态系统生态服务价值　　单位：10^6 元

<table>
<tr><th colspan="2" rowspan="2">土地利用类型</th><th rowspan="2">除绿地外的建设用地</th><th rowspan="2">农田</th><th rowspan="2">水体</th><th colspan="2">城区绿地</th><th rowspan="2">总价值</th></tr>
<tr><th>林灌草结合的城区绿地</th><th>以人造水景为主的城区绿地</th></tr>
<tr><td rowspan="2">生态服务价值评估方法和房地产价值法结合</td><td>2007 年（基准年）</td><td>132.65</td><td>917.94</td><td>1 562.63</td><td colspan="2">1.23～3.39</td><td>2 614.45～2 612.66</td></tr>
<tr><td>2020 年（规划年）</td><td>202.82</td><td>330.89</td><td>1 528.75</td><td colspan="2">646.95～1 769.97</td><td>2 709.41～3 832.44</td></tr>
</table>

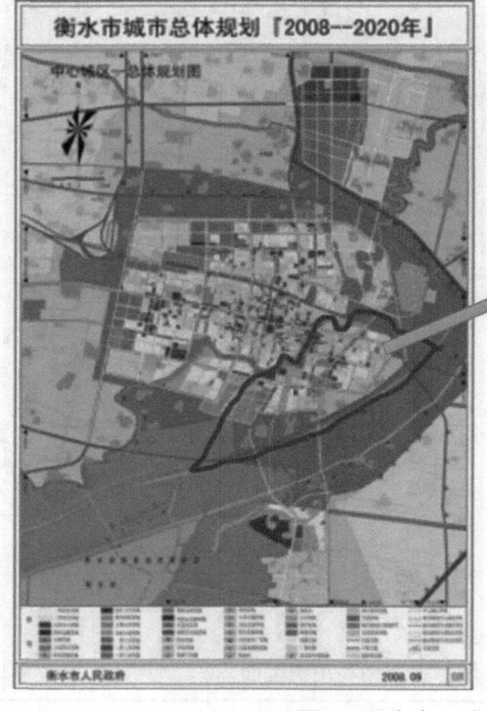

图 6　北京中心城区变化剧烈区域

将图 4 和图 5 对比，同样选取变化剧烈的地块。我们可以看出图 6 圈选区域中，农田急剧减少，城区绿地显著增加，除绿地外的建设用地明显增加，变化极其剧烈。因此，我们选取此区域进一步分析。

从表 13 中可以看出，衡水中心城区圈选部分的现状的生态服务价值相对于 2003 年是增加的，但没有规划年的生态服务价值高。现状年和规划年生态服务总价值差距较大。原因在于建设用地造楼太多，城区绿地建设太少，没有达到规划年要求的绿化量。除绿地外的建设用地规划年比现状年生态系统生态服务价值减少 51.6%，农田规划年比现状年增加 56.0%，水体规划年比现状年减少 40.0%，城区绿地规划年比现状年增加 305.0%。现状年比规划年生态系统生态服务总价值少 33.6%～110.7%。

表 13　衡水中心城区变化剧烈典型区域不同土地利用类型生态系统生态服务价值

单位：10^6 元

土地利用类型		除绿地外的建设用地	农田	水体	林灌草结合的城区绿地	总价值
生态服务价值评估方法和房地产价值法结合	2003 年（基准年）	68.52	152.91	103.98	1.32～3.64	326.73～329.05
	2018 年（遥感卫星图片现状）	116.52	10.09	95.01	61.34～167.82	282.96～389.44
	2020 年（规划年）	56.45	16.04	57.04	248.42～679.64	377.95～809.17

通过比较北京市和衡水市的研究结果，我们发现北京规划年较之于基准年生态服务总价值增加较大，增加比例为 421.1%～709.8%，主要体现在城区绿地价值量增加较大。而衡水规划年较之于基准年生态服务总价值增加较小，增加比例为 3.6%～46.7%。同时，比较现状年和基准年，也可以发现北京市现状年比基准年的生态服务价值增量也大于衡水市。可以看出，北京作为我国首都，社会经济较为发达，居民对生态空间（城市绿化）的要求较高，有更多的资金来支持城市绿化的发展，因此规划年较之于基准年城区绿地量增加较大，能具有较高的城市绿化率。

4　结论和讨论

（1）城市用地中水体和林地的生态服务价值较高，应因地制宜地多发展水体和林地为主的城市生态空间。

建设用地、农田、林地、水体、城区绿地（包括草坪、灌木、林地和景观水体）的价值比例关系。由于不同地区不同时期的房地产价格不同，生态空间美学价值估值主观相差很大等原因，城区绿地的产品提供功能的价值会有比较大的差别，例如，2018 年北京的非绿地建设用地、农田、林地、水体、城区绿地的价值比例关系为 1∶2∶7∶51∶（24～67）。虽然这些研究结果不同，但基本上都是水体、林地的生态服务价值较高。

（2）目前存在的问题多显示城镇建设用地的现状发展高于当初规划目标，而城市绿地的现状发展低于规划目标，造成城市生态空间价值虽有增加但仍低于规划值。

选取北京、衡水中心城区两处典型地块，结果显示起始基准年份至现状年、规划年生态服务总价值均有增加。这说明随着政府对生态环境的重视和人民生活水平的提高，城市生态空间得到了扩展，生态服务价值得到了提高。但还是存在一些问题，其中农田的生态服务价值减少明显，虽然城区绿地的生态服务价值明显增加，但实际现状的城市生态空间的生态服务总价值的增加量都小于之前的规划，主要是由于非绿地的建设用地的增加量大于规划量，但是城市绿地的增加量小于规划量。

总结上述研究，我们发现不同计算方法得出的城市绿地生态价值结果不稳定，这也在一定程度上预示着有必要进一步优化城市绿地建设，在提高美学价值的同时更好地兼顾生态服务价值。尽量减少用纯经济学方法估算城市生态空间价值，应用经济方法中的直接或间接市场法去评估生态空间价值用于城市规划的占补平衡，可能会存在一些问题。生态空间的生态服务价值一般包括生产功能、调节和净化功能以及美学文化功能，目前的经济学理论和方法只能应用直接或间接市场法或者意愿调查法去评价生产功能和美学文化功能，而其调节和净化环境的功能评价很难用纯经济学研究方法来解决，需要有生态和环境科学的基础研究支持，而这方面的研究仍比较薄弱，不能支持后续的经济学评价，城市生态空间和自然生态空间生态功能差异性的研究是支持城市生态空间划定量化评估的关键技术，是未来要深入研究的重要方面。

参考文献

[1] Daily G C．Nature's service：societal dependence on natural ecosystems[M]．Washington DC：Island Press，1997．DOI：10.1071/pc000274.

[2] 王小莉，高振斌，苏婧，等. 区域生态系统服务价值评估方法比较与案例分析[J]. 环境工程技术学报，2018，8（2）：212-220.

[3] 曾勇，蒲富永. 环境价值评估方法[J]. 三峡环境与生态，2000，22（2）：29-32.

[4] Groot R S D，Alkemade R，Braat L，et al. Challenges in integrating the concept of ecosystem services and values in landscape planning，management and decision making[J]. Ecological Complexity，2010，7（3）：260-272. DOI：10.1016/ j.ecocom.2009.10.006.

[5] Boyd J，Banzhaf S. What are ecosystem services？ The need for standardized environmental accounting units[J]. Ecological Economics，2007，63（2-3）：616-626. DOI：10.1016/j.ecolecon.2007.01.002.

[6] Costanza R，D'Arge R，De Groot R，et al. The value of ecosystem services：putting the issues in perspective[J]. Reserrch of Environmental Science，1998，25（1）：67-72. DOI：10.1016/S0921-8009（98）00019-6.

[7] De Groot R，Brander L，Sander V D P，et al. Global estimates of the value of ecosystems and their services in monetary units[J]. Reserrch of Environmental Science，2012，1（1）：50-61. DOI：10.1016/j.ecoser.2012.07.005.

[8] Braat L C，De Groot R. The ecosystem services agenda：bridging the worlds of natural science and economics，conservation and development，and public and private policy[J]. Reserrch of Environmental Science，2012，1（1）：4-15. DOI：10.1016/j.ecoser.2012.07.011.

[9] Costanza R，Koshik I，Braat L C. The authorship structure of "ecosystem services" as a transdisciplinary field of scholarship[J]. Reserrch of Environmental Science，2012，1（1）：16-25. DOI：10.1016/j.ecoser.2012.06.002.

[10] 管青春，郝晋珉，石雪洁，等. 中国生态用地及生态系统服务价值变化研究[J]. 自然资源学报，2018，33（2）：195-207.

[11] De Groot R S，Wilson M A，Boumans R M J. A typology for the classification，description and valuation of ecosystem functions，goods and services Ecological Economics，2002（41），pp. 393-408. DOI:

10.1016/S0921-8009（02）00089-7.

[12] Song X P. Global Estimates of Ecosystem Service Value and Change：Taking Into Account Uncertainties in Satellite-based Land Cover Data[J]. Ecological Economics，2018，143：227-235. DOI：10.1016/j.ecolecon.2017.07.019.

[13] Changes in the global value of ecosystem services[J]. Global Environmental Change，2014，26：152-158. DOI：10.1016/j.gloenvcha.2014.04.002.

[14] Bateman I J，Harwood A R，Mace G M，et al. Bringing ecosystem services into economic decision-making：land use in the United Kingdom[J]. Science，2013，341（6141）：45-50. DOI：10.1126/science.1234379.

[15] Boumans R，Costanza R，Farley J，et al. Modeling the dynamics of the integrated earth system and the value of global ecosystem services using the GUMBO model[J]. Ecological Economics，2002，41（3）：529-560. DOI：10.1016/S0921-8009（02）00098-8.

[16] Burkhard B，Crossman N，Nedkov S，et al. Mapping and modelling ecosystem services for science，policy and practice[J]. Ecosystem Services，2013，4：1-3. DOI：10.1016/j.ecoser.2013.04.005.

[17] Rosen S. Hedonic Prices and Implicit Markets：Product Differentiation in Pure Competition[J]. Journal of Political Economy，1974，82（1）：34-55. DOI：10.1086/260169.

[18] 王德，黄万枢. Hedonic 住宅价格法及其应用[J]. 城市规划，2005，29（3）：62-71.

[19] 夏宾，张彪，谢高地，等. 北京建城区公园绿地的房产增值效应评估[J]. 资源科学，2012，34（7）：1347-1353.

[20] 刘玉龙，马俊杰，金学林，等. 生态系统服务功能价值评估方法综述[J]. 中国人口·资源与环境，2005，15（1）：88-92.

[21] 谢高地，甄霖，鲁春霞，等. 一个基于专家知识的生态系统服务价值化方法[J]. 自然资源学报，2008（05）：911-919.

[22] 谢高地，鲁春霞，冷允法，等. 青藏高原生态资产的价值评估[J]. 自然资源学报，2003，18（2）：189-196.

[23] 谢高地，张彩霞，张雷明，等. 基于单位面积价值当量因子的生态系统服务价值化方法改进[J]. 自然资源学报，2015，30（8）：1243-1254.

[24] Costanza R，D'Arge R，Groot R D，et al. The value of the world's ecosystem services and natural capital 1[J]. World Environment，1997，25（1）：3-15. DOI：10.1038/387253a0.

[25] 李波，宋晓媛，谢花林，等. 北京市平谷区生态系统服务价值动态[J]. 应用生态学报，2008，19（10）：2251-2258.

[26] 段瑞娟，郝晋珉，张洁瑕. 北京区位土地利用与生态服务价值变化研究[J]. 农业工程学报，2006，22（9）：21-28.

[27] 张彪，谢高地，夏宾，等. 北京城市公共绿地对房地产价值的影响研究（英文）[J]. 资源与生态学报（英文版），2012，3（3）：243-252.

[28] Kent F K. Integrating property value and local recreation models to value ecosystem services from regional parks[J]. Landscape and Urban Planning，2012，108（2-4）. DOI：10.1016/j.landurbplan.2012.08.002.

[29] Loomis J. Estimating the benefits of maintaining adequate lake levels to homeowners using the hedonic property method[J]. Water Resources Research，2003，39（9）：21-26. DOI：10.1029/2002wr001799.

[30] Brouwer R. Environmental value transfer：state of the art and future prospects[J]. Ecological Economics，2000，32（1）：137-152. DOI：10.1016/S0921-8009（99）00070-1.

环境规制与中国利用外商直接投资——文献综述[①]

A Survey of Literature on China's Environmental Regulation and FDI Inflow

夏良科
（宁波大学商学院，宁波　315211）

摘　要　本文梳理了中国环境规制与引进外资相关的实证研究文献，结果发现，国内外学者对于该问题的研究逐渐微观化、研究方法逐渐空间化、规范化。虽然不同的学者对同一问题得出的结论不尽相同，甚至截然相反，但是大多数文献都支持“污染天堂假说”，最少在中国引进外资初期这一假说是成立的；而且，经济发展越落后的地区，这一结论也越显著。政治经济学模型分析的结论和实证检验也证明，FDI 一定程度上也影响着我国部分地区环境政策的执行度，导致我国单纯的环境立法对于环境污染的改善程度可能十分有限。环境规制测度方法的差别和忽视内生性问题可能是导致研究结果差异的重要原因。

关键词　命令与控制　环境税　排污权交易　政策协同创新

Abstract　This paper reviews the empirical literature on China's environmental regulation and FDI inflow. The results show that the research both by domestic and foreign scholars are turn eyes on microdata and the methods are gradually spatialized and standardized. Although different scholars have come to different conclusions on the same issue, or even quite the opposite, most of the literature supports the "pollution paradise hypothesis" in China, which holds true at least at the beginning of the introduction of FDI in China; moreover, the more backward the economic development, the more significant the conclusion is. The empirical research of the political economics model also indicates that FDI affects the implementation of environmental policies in some areas of China, which may lead to the limited improvement of environment performance in China's environmental legislation. Differences in environmental regulation measures and treatment of endogenous problems may be important reasons leading to various results.

Keywords　Command and control, Taxation, Tradable permits, Collaborative implementation

① 作者感谢国家自然科学基金面上项目（编号：71673153）、浙江省自然科学基金项目（批准号：LY15G030007）和中国博士后基金项目（编号：2016M591576）的资助。

改革开放以来，中国经济以惊人的速度增长了 30 余年，但是生态环境恶化的速度同样令人惊讶；并且，已经开始为环境恶化付出愈来愈重的代价。公开的数据显示，2012 年全国有 32 个省控地表水断面为劣Ⅴ类，而近年来蔓延至全国 20 多个省份、100 多个大中型城市的雾霾更是让全国上下都意识到了环境治理的必要性和紧迫性。根据世界银行、原环保总局及其他一些科研机构的评估，20 世纪 90 年代以来中国每年因污染造成的经济损失都高达千亿美元以上，占 GDP 比重少则 3%～4%，多则达到 11%；亚洲开发银行估算，中国仅空气污染每年造成的经济损失，基于疾病成本估算就相当于 GDP 的 1.2%。

作为支撑我国经济持续增长的重要引擎，对外贸易与引进外资也将我国变成了一个贸易大国和世界工厂。就引进外资而言，中国引进外资总量长期位居世界前列，而在引进的外资中，制造业占据了半壁江山。而制造业的大发展，往往被认为是导致环境污染的主要原因之一。在新近公布的《中共中央关于制定国民经济和社会发展第十三个五年规划的建议》也特别指出，要支持绿色清洁生产，推进传统制造业绿色改造，推动建立绿色低碳循环发展产业体系。可以预期，未来环境管制力度将会明显加大，而制造业的节能减排则是重点的管制对象。

一个自然而然的问题是：环境治理力度的加大，对于制造业的现有外资企业会产生怎样的影响？对未来利用外资会有怎样的潜在作用？近年来，部分外资企业，甚至是一些著名外资企业关停中国业务的报道时常见诸报端；关于“外资撤离”的争论愈演愈烈，乃至《人民日报》《光明日报》《证券时报》等都对此都发表了专门的说明文章。现有的研究发现，外商直接投资（FDI）与东道国环境污染之间是相互影响、相互依存的关系。一方面，FDI 可能扮演“天使”与“魔鬼”的双重角色：FDI 可能利用中国部分地区环境规制弱，引资心切，而转移“污染”产业；也可能引入先进的环境处理技术或绿色管理经验，甚至通过外溢效应提升整个行业内企业污染排放的改善。另一方面，东道国环境治理力度的加大可能导致部分高污染性外资企业撤离，也可能吸引更多低污染、高技术的外资企业入驻，进而有利于东道国产业结构的转型与升级。本文拟对环境规制与中国利用外资的相关实证研究做一个详细的梳理，通过对基本理论模型、实证方法和主要研究结论的梳理和比较，以期对该问题形成一个较为清晰的总结。

1 环境规制强度的测度

现有研究中，对于环境规则变量的测度多种多样。聂飞等[4]用“三废”综合利用产品价值占 GDP 比重表示；王孝松等[7]使用地方政府向每个污染企业收取的平均排污费用（万元）来衡量。张宇等[10]基于各地区历年单位产值的环境污染立案数量来衡量政府的污染管制强度，并利用该地区的水污染排放相对技术水平进行修正，其内在逻辑认为污染控制技术相对先进的地区会有更严格的政府管制。廖显春等[6]选用排污费收入总额作为指标对环境规制进行度量，原因是该指标直接反映环境规制的执行程度：排污费收取越高，环境规制执行越严格。同时，为了检查经验估计的稳健性，本文还选择工业污染治理投资额作为衡量环境规制的替代指标。还有的研究直接以各种代表性污染物的排放量，例如，废水、废尘与二氧化硫的排放量的大小等作为环境规制力度的强弱。然而，朱平芳等[24]指出，不加处理地将这些指标放入回归方程将带来两个问题：第一，由于不同污染物的排放量可能是高度相关的，在一个方程中同时包含它们将产生共线性问题；第二，若将这些指标简单加总成为一个变量后进行回归，将面临各污染物计量难以横向可比的问题。为此，他们提出了一个解决办法，即定义一个相对指标：

定义城市 i 第 l 种污染的相对排放水平：

$$px_{li}=\frac{p_{li}}{\frac{1}{n}\sum_{j=1}^{n}p_{lj}},l=1,2,3$$

式中，p_{li}——城市 i 第 l 种污染单位 GDP 的排放量，污染排放绝对数量/真实 GDP。

p_{li} 的数值越大并超过 1，表示城市 i 第 l 种污染物的排放水平在全国范围内越是相对的高。由于本身 px_{li} 是一个无量纲的变量，因此进行如下加总平均是有意义的：

$$px_i=(px_{1i}+px_{2i}+px_{3i})/3$$

于文超[3]也给出了类似的计算方法，作者在工业废水、SO_2、烟尘 3 种污染物排放密度的基础上，定义 wuran_{kit} 表示第 k 种污染物的排放密度（等于污染物绝对排放量除以工业增加值的实际值），value_{jt} 表示城市 j 在年份 t 的工业增加值。regu_{kit} 的数值越大表示城市 i 第 k 种污染物在年份 t 的相对排放水平越高。最后，我们使用三种污染物相对排放水平的算术平均值衡量城市总体环境管制水平。

$$\text{regu}_{kit}=\frac{\text{wuran}_{kit}}{\sum_{j=1}^{n}(\text{value}_{jt}/\sum_{j=1}^{n}\text{value}_{jt})\times\text{wuran}_{kjt}}$$

$$\text{regu}_{it}=(\text{regu}_{1it}+\text{regu}_{2it}+\text{regu}_{3it})/3$$

上一个式子得出的是城市 i 的相对排放水平，分母是用各地增加值比重作为权数加权得出全国的排放密度。

傅京燕等[27]给出另一种计算方法，而且这一方法得到不少学者的认可并借鉴。该方法选择废水达标率、二氧化硫去除率、烟尘去除率、粉尘去除率和固体废物综合利用率 5 个单项指标作为基础指标，来测度行业层面的环境规制水平，具体的算法如下：

首先，将各个单项指标标准化去量纲：

$$\text{UE}_{ij}^{s}=[\text{UE}_{ij}-\text{Min}(\text{UE}_j)]/[\text{Max}(\text{UE}_j)-\text{Min}(\text{UE}_j)]$$

式中，UE——指标的原始值；

Max（UE）、Min（UE）——主要污染物 j 指标在所有行业中每年的最大值和最小值。

其次，计算各评价指标的调整系数（W_j）。不同行业间“三废”的污染排放比重相差较大，对同一行业，不同污染物的排放程度也存在差别。故通过对各指标值权重进行调整，给每个行业“三废”指标赋予不同权重，从而反映各行业主要污染物治理力度的变化。

$$W_j = \frac{E_j}{\sum E_j} / \frac{O_i}{\sum O_i} = \frac{E_j}{O_i}\frac{\sum O_i}{\sum E_j} = \mathrm{UE}_{ij} / \overline{\mathrm{UE}_j}$$

式中，W_j——某行业 i 污染物 j（j=1，2，…，n）的排放 E_{ij} 占全国同类污染排放总量与产值占比的比值，即行业 i 某污染物 j 的单位产值排放与该污染物单位产值排放全国平均水平之比。

最后，利用各单项指标的标准化值和平均权重，计算出各评价指标的环境规制与总的环境规制：

$$S_i = \frac{1}{n}\sum_{j=1}^{q} W_j \times \mathrm{UE}_{ij}^{s}\ ;\ \mathrm{ERS} = \sum_{i=1}^{p} S_i$$

原毅军等[11]扩展了环境规制的含义，引入了环境非正式规制指标。该文对正式规制指标的定义在傅京燕等[27]方法的基础上做了改动，选取各省份废水排放达标率、二氧化硫去除率、烟粉尘去除率和固体废物综合利用率 4 个单项指标构建正式环境规制强度的综合测量体系，构建方法类似。选取收入水平、受教育程度、人口密度和年龄结构等一系列指标以综合度量各省份的非正式规制强度。

2 中国环境规制对 FDI 的影响

现有对 FDI 与环境问题的研究主要分为两块：一是环境规制与 FDI 的关系，基本的理论为：“污染天堂”（pollution haven）、“竞次理论”（race to the bottom）、“竞好理论”（race to the top）、“污染光环”（pollution halo）；二是 FDI 如何影响东道国的环境，主要的理论有“污染光环效应”“环境波特假说”等，作用途径主要有：规模效应、结构效应和技术效应；研究的视角主要是站在发达国家的角度，分析发展中东道国环境规制水平的差异对本国（或其他发达经济体）企业海外投资的影响。近年来国内外学者对中国相关问题的研究逐渐增多，为此，我们主要关注在华 FDI 与我国环境之间的关系。

2.1 “污染天堂”（pollution haven）理论

“污染天堂”理论最早由 Walter and Ugelow[43]提出，并经 Baumol and Oates[30]等论证成为相对完善的理论。该理论认为，由于发达国家的环境标准相对较高，为了降低环境成本，污染密集型企业倾向于将其企业建立在环境标准相对较低的国家或地区；这些国家或地区除了环境标准外，如果其他各方面条件都相同，那么低环境标准的国家或地区便成为污染的天堂。其后，大量的文献利用各个不同国家和地区的数据，对“污染天堂”理论进行了检验，但是肯定和否定的结果都存在，有的研究还认为“污染天堂”理论在解释企业跨国投资中的作用不大[36]。从对中国的研究来看，虽然肯定和否定的结论也都存在，但是，支持中国存在“污染天堂”效应的占据多数。

早期的研究，夏友富[28]认为外商确实通过直接投资渠道将国外淘汰的、严重污染环境的、禁止使用的产品、技术和设备转移到中国；Ljungwall 和 Linde-Rahr[40]基于 1987—1998 年我国省际层面数据的研究结果显示，经济发展落后地区更倾向于以牺牲环境为代价来吸引 FDI；应瑞瑶等[1]、张宇等[10]均发现同样的证据。李国平等[15]基于 2005—2010 年中国 37 个工业行业的面板数据，发现环境规制对工业行业引进外资具有一定的负向效应，且在考虑企业规模、市场化水平、行业利润等因素后，这种效应更为明显，这也为“污染天堂”假说的成立提供了间接证据。侯伟丽等[13]认为我国区域间环境管制力度差异已成为引导污染密集型产业转移的重要因素，不同区域间的“污染避难所”效应加大。史青[16]不仅发现我国宽松的环境政策确实是吸引 FDI 的重要原因，而且认为之前的实证研究大大低估了这一影响。

相反，许和连等[20]运用空间计量经济学方法研究了中国不同区域 FDI 与环境污染的关系发现，目前 FDI 高值集聚区一般是我国环境污染的低值集聚区，FDI 低值集聚区却是我国环境污染的高值集聚区。因此，FDI 在地理上的集群有利于改善我国的环境污染，从整体上来说“污染天堂假说”在中国并不成立。曾贤刚[26]、谢申祥等[21]则都认为没有足够证据表明“污染天堂假说”成立。

叶宏庆等[12]的研究则更为深入，结果发现外资进入中国在一定程度上存在“污染天堂”现象；经济分权在提高地方政府发展经济的同时扭曲了引资竞争；不同模式下的 FDI 选址决策差异显著，合资、合作企业关注投资成本，独资企业看重投资地的人力资源及市场化水平等。Dean 等[35]在收集 1993—1996 年 2 886 家外资制造企业调查数据基础上的研究结果显示，中国低水平的环境管制仅对港澳台的外资具有吸引力，而对来源于 OECD 国家的外资没有影响，并认为这可被来源地不同的外资企业的技术差距所解释。Cole 等[31]基于 1998—2004 年省级面板数据的研究也找到了类似的证据。

2.2 “污染光环”（pollution halo）效应

“污染天堂”理论和“竞次理论”都认为东道国倾向于降低环境标准或者停止提高环境标准，以增加对 FDI 的吸引力，其结果是外资流入增加，环境污染加剧；相反，“污染光环”效应则认为与当地企业相比，外资企业往往执行统一的环境标准，并且采用较为清洁和先进的生产方法，有利于污染排放的减少[32]。还有的研究认为，跨国公司对发展中国家的 FDI 能引进先进的清洁生产技术，通过示范效应、竞争效应和学习效应三种渠道而产生的技术溢出，能提高当地企业生产过程中的资源使用效率，从而有利于改善投资所在地的环境[37,39]。

Liang[38]则利用中国 260 个主要城市的面板数据，从产业结构调整的角度对外商直接投资与环境污染的关系进行研究，发现外资企业的技术扩散提高了资源的使用效率，从而降低了环境污染。张学刚等[23]通过构建联立方程研究发现，外资对我国环境产生了消极的规模效应、积极的结构效应与环境技术效应、不明显的管制效应，但总体来看外资有利于我国工业二氧化硫污染的治理。许和连等[20]发现外资在地理上的集群有利于改善中国的环境污染，白俊红等[5]对省级层面数据分析也支持这一论断。盛斌等[22]将 FDI 对东道国的环境影响分解为规模效应、结构效应和技术效应，基于 2001—2009 年 36 个工业行业数据，发现 FDI 无论是在总体上还是分行业上都有利于减少我国工业的污染排放，其主要原因在于 FDI 通过技术引进与扩散带来的正向技术效应超过了负向的规模效应与结构效应。

上述理论论述的是东道国的环境规制水平高低会影响该国吸收 FDI 的潜力，虽然大部分的研究都认为发展中国家相对较低的环境标准，是导致发达国家企业在发展中国家投资的重要因素。然而，也有少量的研究发现，东道国环境标准高的国家，反而有利于吸引 FDI。比如，Baomin[29]发现如果 FDI 发生在两个小国之间，FDI 会提高在东道国的排放标准，结果导致“竞优”效应；相反，如果市场规模足够大，FDI 则不会愿意单独提升排放标准。

3 FDI 对中国环境规制的影响

作为一个事物的两个方面，FDI 有时候还会对东道国的环境标准产生重要影响，产生这种影响的原因可能源于东道国为了吸引外资而主动降低本国的环境标准（即所谓的“竞次理论”）；也可能源于外资企业与东道国讨价还价，甚至是借助腐败等非正式手段获取更低的环境标准，实际上，很多的理论与实证研究都印证了这一观点。

“竞次理论”指的是发展中国家或地区间为了争夺 FDI 常常“一争到底”，竞相制定较低的环境规制，进而达到吸引 FDI 的目的，因而会加剧东道国的污染和环境恶化[41]。Daniel[34]在总结已有文献关于“逐底竞赛”的各种理论预测与经验证据的基础上指出，如果“竞次理论”效应确实存在，那么以下假说也应该成立：首先，FDI 的流入量与当地环境规制程度具有显著的负相关性，这一点是该理论的核心所在。其次，当某国降低环境规制标准以吸引外资时，其他开放型经济也会采取竞相降低标准的策略。朱平芳等[24]利用中国 277 个城市面板数据，发现环境“逐底效应”在 FDI 水平最高的城市间明显弱化，而这一效应在 FDI 中高水平的城市间最为显著；张中元等[17]也认为 FDI 会影响东道国环境政策的制定。沙文兵[18]利用中国省际面板数据发现 FDI 对中国生态环境具有明显的负面效应，且这种负面效应呈现出东高西低的梯度特征。廖显春等[19]发现外资企业确实将污染型企业转移至中国环境标准执行较低的地区，这一结果支持了“污染天堂假说”。此外，由于地方政府倾向于降低社会福利权重，从而加剧了腐败程度，造成“逐底竞赛”，导致资本错置。同样是利用省际层面的面板数据，王孝松等[7]发现地方政府降低环境规制水平的确能够吸引更多的 FDI，出于辖区利益最大化的目标，地方政府有动机降低环境规制水平；考察环境规制策略性的空间计量模型显示，地方政府之间的环境政策博弈的确存在着“竞次”特征。

另一篇重要的论文 Cole 等[33]详细考察了 FDI 影响东道国环境制定的机制，认为一方面，外资会增加贿赂数额以要求更低的环境标准，这种“贿赂效应”会导致环境标准降低；另外，在不完全竞争市场下，政府为刺激产出和增加消费者剩余，即政府要考虑居民的“福利效应”，制定的环境标准往往不是最优的，一般将其降低到最优水平之下，FDI 的增多加大了竞争力度，得到同样的产出不再需要把环境标准降低到以前的水平，这种“福利效应”会导致环境标准上升。因此，FDI 对环境政策的作用取决于“贿赂效应”和“福利效应”的相对大小。

4 主要实证研究方法

当前实证研究文献所用的模型相对简单，大多研究均是把 FDI 的变量或者环境规制变量作为被解释变量，引入系列控制变量进行回归分析，从变量的系数即显著性水平推断环境规制水平对 FDI 作用的方向和大小；或是 FDI 对环境规制作用的大小和方向；同理，从控制变量的系数推断各影响因素的作用。但是，不同的文献中使用的回归方法却存在较大的差异。一个明显的趋势是，近年来很少利用截面数据和简单时间序列回归分析方法研究该问题，绝大多数的研究都是基于面板数据模型。虽然依旧有不少的研究采用单纯的固定效应或随机效应模型[3,8,25]，但是工具变量法、联立方程模型[4,10]与空间计量模型[7]的应用越来越多。

朱平芳等[24]认为几乎所有的文献在实证分析中均假设扰动项服从同方差，并普遍采用极大似然与广义矩等其他均值回归（mean regression）方法对模型进行估计。鉴于中国地域辽阔，东部、中部、西部自然地理环境、初始资源禀赋、历史文化因素差异很大，可以预期的是，环境规制“竞次效应”在各地方政府间将难以呈现同质分布的特点。由于广义矩或其他传统的均值回归方法无法反映各关键参数在整个样本上的异质性分布，据此得出的结论将具有一定的局限性。为此，他们参考 Su 等提出的基于空间自回归模型的分位数回归方法，这种方法的优点：一是可以克服因各个城市差异而可能存在的个体异质性而导致极大似然估计的结果的弱化；二是由于极大似然估计量得到的参数是在样本分布上的平均水平而无法揭示参数在样本分布不同分位点上的变化路径问题。许和连等[20]则采用时空地理加权回归（GTWR），这种估计方法既可以克服截面 GWR 回归的大样本容量要求，尽量减少回归结果的随机性和偶然性，也能够从动态的角度观察到在时间和空间推移的双重作用下不同省域的经济行为对环境污染的影响差异。

综合以上研究发现，东道国环境规制与吸引 FDI 之间存在双向的因果关系，这一发现表明，在对该问题进行实证研究中，无论是研究环境规制对 FDI 的影响，还是相反，都必须考虑内生性的问题。而在对相关文献的梳理中发现，很多的研究仅仅是利用简单的面板数据回归，没有对变量的内生性进行必要的检验，更没有采取控制内生性的措施，这或许也是导致实证研究结果难于统一的原因之一。

5 结论与未来研究方向建议

自20世纪80年代“污染天堂理论”提出以来，国内外大量学者对该理论进行了检验与扩展。本文梳理了FDI与环境，尤其是与环境规制相关的理论和实证研究，主要聚焦于中国引进FDI的环境经济学问题。综合来看，国内外学者对于中国引进外资的环境效应研究视角众多，研究的数据逐渐微观化，研究的方法逐渐空间化、规范化。虽然不同的学者对同一问题得出的结论都不尽相同，甚至得出了相反的结论，我们发现，中国引进外资的现实支持“污染天堂理论”，最少在引进外资初期这一假说是成立的；而且，经济发展越落后的地方，这一结论也越显著。同时，政治经济学模型分析的结论和实证检验也证明，FDI一定程度上也影响着我国部分地区环境政策的执行度，其结果是导致我国单纯的环境立法对于环境污染的改善程度可能十分有限。Wang 等[42]指出，中国企业实际上在与当地环保部门的排污博弈中拥有很强的谈判能力，导致书面环境立法得不到完全执行。包群等[14]认为单纯的环保立法并不能显著地抑制当地污染排放；相反，只有在环保执法力度严格或是当地污染相对严重的省份，通过环保立法才能起到明显的环境改善效果。这一结果在考虑了不同污染物形式、立法效果的滞后作用以及选择不同参照组后仍然稳健。

FDI与中国环境规制问题的特殊性在于中国的特色，这在一定程度上会导致国家和地区的目标有时候发生偏离；中国现行的财税体制可能又会加剧这一偏离。国内仅有少数学者已经关注到这一问题，并从政治经济学的视角进行了理论探索，但是相关模型的构建主要还是基于西方学者的分析框架[7,24]，结合当前我国现实情况的理论分析很少。当前，我国已经基本取消了所有对外资企业的优惠政策，而未来要顺利推进传统制造业绿色改造，建立绿色低碳循环发展产业体系，研究如何有效利用外资，以更好地服务于这一过程显然具有很强的现实意义。但是，在我们的文献梳理过程中，仅有少量学者关注到了环境规制对区级产业转移的作用；另外，有关环境规制对于外资企业产业重构现象却未见相关研究出现，这应该是学者未来需要着力研究的方向。

参考文献

[1] 张成. 内资和外资：谁更有利于环境保护——来自我国工业部门面板数据的经验分析[J]. 国际贸易问题，2011（2）：98-106.

[2] 应瑞瑶，周力. 外商直接投资、工业污染与环境规制——基于中国数据的计量经济学分析[J]. 财贸经济，2006（1）：76-81.

[3] 于文超. FDI、环境管制与产业结构升级——基于城市面板数据的实证研究[J]. 产业经济评论，2015（1）：39-47.

[4] 聂飞，刘海云. FDI、环境污染与经济增长的相关性研究——基于动态联立方程模型的实证检验[J]. 国际贸易问题，2015（2）：72-83.

[5] 白俊红，吕晓红. FDI 质量与中国环境污染的改善[J]. 国际贸易问题，2015（8）：72-83.

[6] 廖显春，夏恩龙. 为什么中国会对 FDI 具有吸引力？——基于环境规制与腐败程度视角[J]. 世界经济研究，2015（1）：112-119.

[7] 王孝松，李博，翟光宇. 引资竞争与地方政府环境规制[J]. 国际贸易问题，2015（8）：51-61.

[8] 韩永辉，邹建华. 引资转型、FDI 质量与环境污染——来自珠三角九市的经验证据[J]. 国际贸易问题，2015（7）：108-117.

[9] 聂飞，刘海云. 中国对外直接投资与国内制造业转移——基于动态空间杜宾模型的实证研究[J]. 经济学家，2015（7）：35-44.

[10] 张宇，蒋殿春. FDI、政府监管与中国水污染——基于产业结构与技术进步分解指标的实证检验[J]. 经济学（季刊），2014，13（1）：491-514.

[11] 原毅军，谢荣辉. 环境规制的产业结构调整效应研究——基于中国省际面板数据的实证检验[J]. 中国工业经济，2014（8）：57-69.

[12] 叶宏庆，宋一弘. 环境污染、政府规制与引资竞争[J]. 亚太经济，2014（3）：98-104.

[13] 侯伟丽，方浪，刘硕. “污染避难所”在中国是否存在？——环境管制与污染密集型产业区际转移的实证研究[J]. 经济评论，2013（4）：65-72.

[14] 包群，邵敏，杨大利. 环境管制抑制了污染排放吗？[J]. 经济研究，2013（12）：42-54.

[15] 李国平等. 环境规制、FDI 与“污染避难所”效应——中国工业行业异质性视角的经验分析[J]. 科学学与科学技术管理，2013（10）：122-129.

[16] 史青. 外商直接投资、环境规制与环境污染——基于政府廉洁度的视角[J]. 财贸经济，2013（1）：93-103.

[17] 张中元，赵国庆. FDI、环境规制与技术进步——基于中国省级数据的实证分析[J]. 数量经济技术经济研究，2012（4）：19-32.

[18] 沙文兵，石涛. 外商直接投资的环境效应——基于中国省级面板数据的实证分析[J]. 世界经济研究，2006（6）：76-81.

[19] 廖显春，夏恩龙. 为什么中国会对 FDI 具有吸引力？——基于环境规制与腐败程度视角[J]. 世界经济研究，2015（1）：112-119.

[20] 许和连，邓玉萍. 经济增长、FDI 与环境污染——基于空间异质性模型研究[J]. 财经科学，2012（9）：57-64.

[21] 谢申祥，王孝松，黄保亮. 经济增长、外商直接投资方式与我国的二氧化硫排放——基于 2003—2009 年省际面板数据的分析[J]. 世界经济研究，2012（4）：64-70.

[22] 盛斌，吕越. 外国直接投资对中国环境的影响——来自工业行业面板数据的实证研究[J]. 中国社会科学，2012（5）：54-75.

[23] 张学刚. FDI 影响环境的机理与效应——基于中国制造行业的数据研究[J]. 国际贸易问题，2011（6）：150-158.

[24] 朱平芳，张征宇，姜国麟. FDI 与环境规制：基于地方分权视角的实证研究[J]. 经济研究，2011（6）：133-145.

[25] 耿强，孙成浩，傅坦. 环境管制程度对 FDI 区位选择影响的实证分析[J]. 南方经济，2010（6）：39-50.

[26] 曾贤刚. 环境规制、外商直接投资与“污染避难所”假说——基于中国30个省份面板数据的实证研究[J]. 经济理论与经济管理，2010（11）：65-71.

[27] 傅京燕，李丽莎. 环境规制、要素禀赋与产业国际竞争力的实证研究——基于中国制造业的面板数据[J]. 管理世界，2010（10）：87-98.

[28] 夏友富. 外商投资中国污染密集产业现状、后果及其对策研究[J]. 管理世界，1999（3）：109-123.

[29] Baomin D，et al. FDI and environmental regulation：pollution haven or a race to the top [J]. Journal of Regulatory Economics，2012，41（2）：216-237.

[30] Baumol W J，Oates W E. The theory of environmental policy [M]. Cambridge University Press，1988.

[31] Cole M A，Elliott R，Zhang J，Environmental Regulation，Anti-corruption，Government Efficiency and FDI Location in China：A Province Level Analysis. Department of Economics，University of Birmingham，Working Paper，2007.

[32] Chudnovsky D，Lopez A. Globalization and developing countries：Foreign direct investment and growth and sustainable human development [M]. UN，1999.

[33] Cole M A，Elliott R J R，Fredriksson P G. Endogenous Pollution Havens：Does FDI Influence Environmental Regulations？ [J]. Scandinavian Journal of Economics，2006，108（1）：157-178.

[34] Daniel W D. The Race to the Bottom Hypothesis：An Empirical and Theoretical Review. Working Paper，2006.

[35] Dean J M，Lovely M E，Wang H. Are Foreign Investors attracted to Weak Environmental Regulations. World Bank Policy Research Working Paper，2005.

[36] Erdogan A M. Foreign direct investment and environmental regulations：a survey [J]. Journal of Economic Surveys，2014，28（5）：943-955.

[37] Eskeland G S，Harrison A E. Moving to greener pastures？ Multinationals and the pollution haven hypothesis [J]. Journal of Development Economics，2003，70（1）：1-23.

[38] Liang F H. Does Foreign Direct Investment Harm the Host Country's Environment？ Evidence from China[J]. Social Science Electronic Publishing，2006.

[39] Letchumanan R，Kodama F. Reconciling the conflict between the pollution-haven hypothesis and an emerging trajectory of international technology transfer [J]. Research Policy，2000，29（1）：59-79.

[40] Ljungwall C，Linde-Rahr M. Environmental Policy and the Location of FDI in China[M]. CCER Working Paper，2005.

[41] Ren S，Yuan B，Ma X，et al. International trade，FDI（foreign direct investment） and embodied CO_2 emissions：A case study of China's industrial sectors [J]. China Economic Review，2014，28：123-134.

[42] Wang H，Mamingi N，Laplante B，et al. Incomplete Enforcement of Pollution Regulation：Bargaining Power of Chinese Factories，Environmental & Resource Economics，2003，24（3），245-262.

[43] Walter I，Ugelow J. Environmental Policies in Developing Countries[J]. Ambio，1979（8）：102-109.

京津冀城市群绿色发展内涵与政策研究

Research on the Connotation and Policy of Green Development of Beijing-Tianjin-Hebei City Group

李云燕[1]　黄姗[2]

（北京工业大学 经济与管理学院，北京 100124）

摘　要　近年来，粗放的经济发展方式给京津冀城市群带来了许多环境问题，严重制约了京津冀城市群协同发展的步伐。为从根本上改善京津冀城市群的环境质量，实现绿色发展，本文深入剖析了京津冀城市群的绿色发展竞争力，即绿色资本竞争力、绿色演进竞争力和绿色行为竞争力，随后分析了京津冀城市群绿色发展面临的机遇与挑战，并得出积极转变发展方式，坚持协同发展、绿色发展，是破解经济发展与环境保护矛盾，建设世界级城市群的必由之路的结论。在此基础上，提出搭建城市群协同创新平台、建立城市群产业转移双向利益诱导机制等实现绿色发展的政策建议。

关键词　京津冀城市群　绿色发展　协同发展　绿色发展竞争力

Abstract　In recent years, extensive economic development has brought many environmental problems to the Beijing-Tianjin-Hebei urban agglomeration, which has seriously restricted the pace of coordinated development of the Beijing-Tianjin-Hebei urban agglomeration. In order to fundamentally improve the environmental quality of the Beijing-Tianjin-Hebei urban agglomeration and achieve green development, this paper deeply analyzes the green development competitiveness of the Beijing-Tianjin-Hebei urban agglomeration, namely, green capital competitiveness, green evolution competitiveness and green behavior competitiveness. It analyzes the opportunities and challenges faced by the green development of the Beijing-Tianjin-Hebei urban agglomeration, and concludes that actively transforming the development mode and adhering to coordinated development and green development is the only way to break the contradiction between economic development and environmental protection and build a world-class urban agglomeration. On this basis, it puts forward the policy recommendations for building

1 李云燕，北京工业大学经济与管理学院教授，博士生导师，研究方向：环境经济与管理。联系方式：北京市朝阳区平乐园 100 号，邮编 100124，电话：13651216699，E-mail：yunyanli@126. com。

2 黄姗，北京工业大学经济与管理学院硕士研究生，研究方向：环境经济与管理。

a coordinated innovation platform for urban agglomerations and establishing a two-way interest-inducing mechanism for urban agglomeration industrial transfer.

Keywords Beijing-Tianjin-Hebei city group，Green development，Coordinated development，Green development competitiveness

京津冀城市群是我国主要的人口聚集区和经济核心地带。随着京津冀城市群协同发展战略上升为国家战略、2022 年冬奥会成功申办等重大部署的推进和重大成就的取得，该区域的环境治理问题再次成为国家和社会关注的热点问题。近些年来，京津冀城市群的资源环境状况一直不尽如人意，“雾霾锁城”、水环境恶化与水资源短缺问题依然严重，距离“大气十条”“水十条”和生态文明建设目标的要求仍存在较大差距[1]。粗放的经济发展方式给京津冀城市群带来了许多环境问题，严重制约了区域环境质量的改善，粗放的城市化模式降低了区域环境承载能力。以上种种资源环境问题已经严重影响到京津冀城市群协同发展的步伐，除了生态环境承载力先天脆弱以外，这些问题的产生也与城市群的发展方式密不可分。为了从根本上解决经济发展同生态环境之间的矛盾，国家提出了创新、协调、绿色、开放、共享五大发展理念，其中，绿色发展是实现永续发展的必要条件。要想实现从根本上改善京津冀城市群的环境质量，就必须深入剖析以往发展模式对环境造成的影响。积极转变发展方式，坚持协同发展、绿色发展，是破解经济发展与环境保护矛盾，建设世界级城市群的必由之路。因此，针对京津冀城市群绿色发展的研究就显得尤为必要。

1　绿色发展理念与京津冀城市群协同发展战略

绿色发展理念与可持续发展思想一脉相承[2]，两者都是发展模式的有益探索。经过 20 多年的研究与实践，绿色发展内涵由一元演进到多元、由简单演进到复杂。最早期的绿色发展理念源于英国环境经济学家大卫·皮尔斯（David Pierce） 1989 年的著作《绿色经济的蓝图》，“绿色经济”一词的提出拉开了绿色发展探索的序幕，这一时期的绿色发展以环境保护为核心[3,4]。随着可持续发展理念和对绿色发展认识的加深，绿色发展由早期集中关注生态环境过渡到“经济-生态”协调统一[5,6]，并将生态保护视为经济发展的一个内在因素[7]，而不再将其单纯地局限于环境治理。2010 年，联合国开发计划署强调了“绿色经济带来人类幸福感和社会的公平”的内涵解释[8]，并于 2012 年在联合国发展大会上将“公平”和“包容性”变成与传统经济学中“效率”一词同等重要的基本理念。自此，绿色发展呈现出复合系统的研究趋势，理论得以有效扩展，并逐步形成了“经济-环境-社会”全面协调的理论框架[9,10]。

在党的十八大上，第一次单篇论述了生态文明建设，创造性地提出了“建设美丽中国”的目标，并将生态文明建设纳入中国特色社会主义“五位一体”的总布局。党的十八届五中全会首次提出了“绿色发展”的科学发展新理念，在全社会产生了强烈的反响和共鸣，成为新的理论亮点和理论创新点。这些都彰显了国家对生态文明建设和环境保护的强烈决心，是“绿水青山就是金山银山”这一科学发展理念的突出体现。“绿色发展”实质上就是把环境问题纳入了发展的考虑因素之中，要求我们时刻牢记发展经济的同时尊重自然规律，按照自然规律办事。习近平总书记曾强调：“要牢固树立生态红线观念。在生态环境保护问题上，就是要不能越雷池一步，否则就应该受到惩罚。”

自党的十八大以来，无论是提出京津冀城市群协同发展战略，还是疏解北京非首都功能，再到建设雄安新区，以习近平同志为核心的党中央以高超的政治智慧、宏阔的战略格局、强烈的历史使命感，筹划部署、把脉导向。绿色发展思想对于京津冀城市群的发展至关重要。绿色发展理念的贯彻和落实将会把京津冀协同发展战略带上一条科学的可持续发展道路。因此，在推进京津冀城市群协同发展的过程中，我们必须要贯彻和落实绿色发展理念，让绿色发展成为京津冀城市群协同发展困境的重要突破口。

2 京津冀城市群绿色发展竞争力分析

如今，城市群发展不再仅指经济的增长，还包括区域形象、区域环境和区域生活质量等更高层次的问题，城市群竞争力的提高就是城市群发展能力的提升。在当前的时代背景下，绿色发展已成为一种趋势，区域之间的较量将以绿色发展为前提，因此，绿色发展竞争力是一个城市群的核心竞争力。

绿色竞争力分析框架是基于循环经济理论、生态协调发展理论、可持续发展理论、区域竞争力理论等理论基础构建的一种分析城市群发展能力的方法[11]。绿色发展竞争力是指一个国家或地区在政府、企业和个人的共同努力下，通过对自身的绿色资本进行合理开发利用，在经济增长的同时完成本国或本地区内经济结构优化升级，谋求绿色经济、社会效益，实现经济、社会与环境和谐共生的局面，并在此过程中更具有竞争优势的一种综合能力。绿色发展竞争力由绿色资本竞争力、绿色演进竞争力以及绿色行为竞争力三个层次相互协作，共同构成。

本节运用绿色竞争力分析框架，在考虑地区、资源禀赋、区域经济结构的基础上，对京津冀城市群绿色发展竞争力进行分析。

2.1 京津冀城市群绿色资本竞争力分析

绿色资本竞争力是一个国家或地区由于自身拥有的绿色资本，而相较于其他国家或地区更易争夺资源和市场的一种能力。自然资源和生态环境构成的绿色资本是区域发展的物质基础。在自然资源方面，北京较天津相对匮乏，天津较河北相对匮乏；在生态环境方面，北京生态环境状况远好于河北，而略次于天津。综合以上两点，河北的绿色资本竞争力优于天津，天津的绿色资本竞争力优于北京。

2.2 京津冀城市群绿色演进竞争力分析

绿色演进竞争力是一个国家或地区更容易实现在经济绿色增长的同时完成经济结构优化升级的一种能力。绿色演进竞争力由产业发展、技术进步以及区域所处的发展阶段共同决定。北京、天津所处发展阶段一致，二者皆远领先于河北；由于所处发展阶段较为领先，北京、天津在产业发展方面较河北具有很强的竞争优势；北京的技术进步不如天津但却远优于河北。综合产业发展、技术进步以及区域所处的发展阶段这三点因素，在绿色演进竞争力方面，天津远高于河北，而略低于北京。

2.3 京津冀城市群绿色行为竞争力分析

绿色行为竞争力是一个国家或地区以更符合绿色发展理念的方式开展活动，从而更易吸引资源、争夺市场的一种能力。绿色行为竞争力由居民行为、政府行为、企业行为共同决定。北京在绿色行为竞争力方面较河北和天津具有很强的竞争优势，并呈现出不断上升的趋势，这主要取决于人们的理性消费观念和绿色出行习惯等居民行为以及企业污染物排放强度降低等企业行为，并且企业降低污染物排放强度的行为受到政府监管力度加强的影响。

综合以上三方面的分析结果，北京市绿色发展竞争优势在于产业结构与行业结构的优化升级情况较好，所处发展阶段较为成熟，经济发展水平较为发达，技术进步方面较佳，居民、企业行为力度较强，但自然资源较少；天津市绿色发展竞争优势在于产业发展情况较好，所处发展阶段较为靠前，居民行为力度较强，但是自然资源较少，企业、政府行为力度不够；河北绿色发展竞争优势在于自然资源较为丰富，然而河北的产业发展情况较差，所处发展阶段较为落后，技术进步方面较为落后，居民、政府以及企业行为力度欠缺。

3 京津冀城市群绿色发展面临的机遇与挑战

3.1 京津冀城市群绿色发展面临的机遇

3.1.1 北京所面临的发展机遇

作为我国的首都，北京市在发展过程中长期承担着过多的非首都功能，人口急剧膨胀、交通异常拥堵、资源和能源匮乏、生态破坏等问题不断涌现，严重影响了北京各项首都功能的发挥。在《京津冀协同发展规划纲要》中，将北京市的未来发展方向定位为："全国政治中心、文化中心、国际交往中心、科技创新中心。"精准的定位和规划将会决定北京未来的发展道路和发展模式。有序疏解北京的非首都功能为北京在未来沿着绿色发展道路前进提供了前所未有的机遇。可以预见，在未来的发展过程中，北京的非首都功能将逐步得到疏解，"大城市病"将得到进一步的治疗。北京在走绿色发展道路的过程中，将会进一步朝着缓解人口急剧膨胀、改善交通拥堵状况、促进人与生态环境和谐共生的方向大步前进。

3.1.2 天津所面临的发展机遇

天津作为京津冀城市群的门户和北方重要的出海口，地理位置十分优越。《京津冀协同发展规划纲要》中将天津市的未来发展方向定位为："全国先进制造研发基地、北方国际航运核心区、金融创新运营示范区、改革开放先行区"。在京津冀协同发展的国家战略之下，天津的城市定位为未来天津的发展做出了规划和指引。天津在走绿色发展道路的过程中将面临诸多的历史性机遇，应充分发挥自己在总装制造、研发和港口运输等方面的优势，抓住京津冀协同发展的历史机遇期，进一步在教育、医疗、高科技产业等技术密集型产业成为首都功能的集中承接区[12]。

3.1.3　河北所面临的发展机遇

京津冀协同发展战略给河北的发展带来了前所未有的战略机遇，河北必将搭上京津冀协同发展的快车，进入产业转型升级、协同与绿色发展的新阶段。在《京津冀协同发展规划纲要》中，河北未来的发展方向定位为“全国现代商贸物流重要基地、产业转型升级试验区、新型城镇化与城乡统筹示范区、京津冀生态环境支撑区”。这一定位将会为河北未来的发展带来前所未有的历史机遇。河北在今后的发展中一定要紧紧抓住建设京津冀生态环境支撑区这一功能定位，花大力气改善河北的生态环境。必须要坚决地化解过剩产能，优化产业发展方向，大力发展高端绿色化产业，大力发展风能、太阳能以及生物质能等多种新能源，进一步实施山水林田湖草系统治理和修复工程，携手京津，对绿色发展中所遇到的生态环境问题建立联防联控机制，让京津冀在绿色发展中能够做到山更绿、水更清、地更净、湖海更美、空气更清新，使绿色发展的成果能够惠及广大人民群众。

2017 年 4 月 1 日，中共中央、国务院决定在京津冀核心腹地设立雄安新区。这是以习近平同志为核心的党中央站在国家战略的角度所作出的一项重大历史性抉择。雄安新区环抱白洋淀，具有生态资源优势，区域承载力相对较强，新区的设立必将会带动河北省中南部地区更快发展。

3.2　京津冀城市群绿色发展面临的挑战

3.2.1　将绿色发展理念落实到城市群发展战略中

科学的发展理念和发展思路能否得到落实对于推进京津冀城市群协同发展至关重要。京津冀城市群协同发展的方向就是要走绿色的可持续发展之路。这一点在推进京津冀协同发展这一伟大实践的过程中必须得到贯彻落实。北京、天津和河北三地在深刻融入京津冀城市群协同发展国家战略的道路上必须坚持绿色和可持续发展理念，坚决挣脱传统发展模式的禁锢。如果在发展的过程中始终固守传统的发展思路，摆脱不了传统发展模式中单纯以经济增长为目标的桎梏，那我们所走出的必然不是绿色发展之路，也必然不是可持续的发展路径。

3.2.2　正确处理政府与市场的关系

在推进京津冀城市群绿色发展的过程中，正确处理政府与市场的关系是非常重要的一环。以往我们在经济发展的过程中，经常出现不能正确处理政府与市场之间关系的情况。不是单一强调政府的调控作用就是片面夸大了市场的调节作用。能否正确认识和处理政府与市场的关系，决定了京津冀城市群绿色发展的实效。充分调动政府的创新能力以推进京津冀城市群绿色发展体制机制建设，同时最大限度地发挥市场在资源配置过程中的决定性作用，这对京津冀城市群绿色目标的实现具有重要意义。

3.2.3　正确定位区域间政府的关系和各自的作用

京津冀城市群协同发展中必须面临的一个现实问题便是如何理顺区域政府之间的关系，以及如何正确定位各自在京津冀城市群协同发展之中的作用。从现实的情况来看，京津冀区域并列存在三个省级政府，其中两个是直辖市，其中一个是国家的首都，也就是中央政府的所在地。这三个并列存在的省级政府各自管辖着不同的区域，同时，这三个省级政府在财政和审批等方面所拥有的权利也存在差异。因此，在京津冀区域体制上，必然存在一种区域政府相互独立的现实情况。这种现实情况是客观存在的，这就迫切要求区域政府各自要从思想上彻底打破思维局限，真正将京津冀绿色协同发展作为一个整体规划来对待，作为“一盘棋”来下。这一点关乎京津冀协同发展这一国家战略的全局。

4 京津冀城市群绿色发展的政策建议

4.1 搭建城市群协同创新平台

推进落实京津冀城市群全面创新改革试验方案，构筑京津冀城市群协同创新共同体，立足共建，着眼共享，着力推进建设共建园区、共创基地、共搭平台、共设基金、共同攻关等五种合作模式，开展创新资源（知识产权、人才流动、激励机制、市场准入等方面）协同性改革试验，争创具有示范带动作用的城市群协同创新平台。

以北京为中心打造国家自主创新重要源头和原始创新主要策源地，天津以建设国家自主创新示范区和全国产业创新中心为基础，强化中关村示范区创新引领示范作用，不断完善“一区多园”统筹发展布局。推动天津滨海-中关村科技园区、中关村保定创新中心、中关村海淀园秦皇岛分园等各分园建设，争取中关村自主创新相关先行先试政策向京津冀城市群适度拓展，构建富有活力的创新生态系统[13]。

组建一批城市群产业技术创新战略联盟，推动创新资源开放共享。围绕传统产业的绿色转型、战略性新兴产业创新发展、绿色循环低碳产业发展、节能环保产业成长、清洁能源开发利用等领域实施协同创新工程，支持各类创新主体开展核心、关键和共性技术联合攻关和集成应用。健全科技成果转化应用激励机制，提高创新成果资本化、产业化的效率。

4.2 统一城市群绿色发展相关的政策和标准体系

京津冀城市群有必要统一动态地调整相关的绿色发展标准。一是根据需要适当严格冶金、水泥等高耗能、高污染行业能耗和排放的限制标准；二是扩大实行节能减排降耗标准的行业范围；三是加快制定和实施绿色产品、生产设备、绿色企业标准和标识等。

建立城市群能源综合利用的排放标准。随着循环利用和综合利用技术的发展，单项指标往往不能反映企业的能耗和污染物排放水平，应加快制定资源综合利用最终排放标准。不能简单地根据煤耗标准考核企业，而应考核其最终排放和能源利用效率。

4.3 建立城市群产业转移双向利益诱导机制

城市群产业转移（无论是企业还是生产要素）过程中，不能过多依靠行政强制力，必须遵循市场对资源配置的决定性作用，但是可以通过政策设计建立针对产业转移的双向利益诱导机制。例如，企业项目转移可依据《京津冀产业转移指南》确定的产业发展布局，在重点疏解某产业的城市，可对有移出意愿的企业，在法律规定范围内出台一些转移奖励政策；而在鼓励承接某产业的城市，可对有移入意向的企业，相应出台若干鼓励性政策，实施双向奖励政策，引导企业产业转移更加高效的完成。又如，对技术要素转移，城市群可以共同制定技术要素输出地、承接地的配套优惠政策，推动企业、研究院所异地设立科技成果转化试验区（如石家庄的“中国硅谷”、保定的“中国电谷”、秦皇岛的“中国数谷”等），促进京津的高新产业技术成果在城市群的相关产业聚集区转化为现实生产力，将知识技术转化为物质资本。

4.4 积极发展绿色金融创新服务体系

绿色金融在我国起步不久，京津冀城市群需要努力建设金融创新运营示范区，加快推动绿色金融的探索和应用。一是进一步完善价格和财税体系，提高绿色经济、绿色产业、绿色生产经营活动的收益，或者加大企业进行非绿色经济活动的环境污染成本；增加绿色经济活动、投资项目的现金流和竞争力。二是财政政策与绿色金融相结合，通过信贷贴息或风险补偿等方式，发挥“杠杆”的作用，促进资金投向绿色经济、绿色产业、绿色项目。三是绿色信贷与国家节能减排、循环经济专项基金相结合，信贷优先支持绿色发展项目。四是积极探索各种绿色金融工具的运用，包括绿色贷款、绿色债券、绿色保险、绿色基金、绿色证书交易等，用市场手段实现有效率的绿色发展。

参考文献

[1] 张惠远，刘煜杰，张强，等. 京津冀区域环境形势及绿色发展路径分析[J]. 环境保护，2017，45（12）：9-13.

[2] 佟贺丰，杨阳，王静宜，等. 中国绿色经济发展展望：基于系统动力学模型的情景分析[J]. 中国软科学，2015（6）：20-34.

[3] Jacobs M. The green economy：Environment sustainable development and the politics of the future[M]. Massachusetts：Pluto Press，1991.

[4] 吴晓青. 云南经济发展的战略性选择：建设绿色经济强省[J]. 生态经济，1999（6）：1-6.

[5] 崔如波. 绿色经济：21 世纪持续经济的主导形态[J]. 社会科学研究，2002（4）：47-50.

[6] 王金南，李晓亮，葛察忠. 中国绿色经济发展现状与展望[J]. 环境保护，2009（5）：53-56.

[7] 黄志斌，姚灿，王新. 绿色发展理论基本概念及其相互关系辨析[J]. 自然辩证法研究，2015，33（8）：108-113.

[8] UNEP. Green economy：Developing countries success stories. http：//www.unep.org/pdf/green economy success stories pdf，2016-08-12.

[9] 刘纪远，邓祥征，刘卫东，等. 中国西部绿色发展概念框架[J]. 中国人口·资源与环境，2013，24（10）：1-7.

[10] 胡鞍钢，周绍杰. 绿色发展：功能界定、机制分析与发展战略[J]. 中国人口·资源与环境，2014，24（1）：14-20.

[11] 吴程锦. 京津冀地区绿色发展竞争力评价研究[D]. 保定：河北大学，2017.

[12] 路召飞. 马克思主义生态观视域下京津冀绿色发展研究[D]. 石家庄：河北科技大学，2018.

[13] 牛桂敏.健全京津冀城市群协同绿色发展保障机制[J]. 经济与管理，2017，31（4）：17-19.

现代文明进程的迷途与现代经济发展的歧路

Analysis on the Dead Ends of Modern Civilization and the Questionable Path of Modern Economic Progress

顾学宁
（南京财经大学经济学院，南京 210047）

摘　要　伴随着科学技术的持续进步和市场经济全球化的迅猛发展，人类文明以及人类发展前景却越来越黯淡。出路究竟何在，中国经济发展的现实意义究竟何在？中华文明的复兴能否再一次引领人类文明走出迷误？

关键词　文明进程　经济发展　中华文明　中国道路

Abstract　With the continuous progress of science and technology and the rapid development of market economy globalization, mankind civilization and its prospects have been receding. We've made a dreadful historical mistake. Then, where is the way out? What is the practical significance of China's economic development? We all want to know what actually happened. Would the revival of Chinese civilization eventually correct the direction of human civilization?

Keywords　Civilization process，Economic development，Chinese civilization，Chinaism

一个自然过程是各种事件的过程，一个历史过程则是各种思想的过程。①

——Robin George Collingwood，1946

在现代英语里，“文明”（civilization）包含两方面的意思：一是人类社会的发展进程（progress and stages），二是人类社会的理想状态（ideal state），本文所述及的“文明”是后一种含义。“civilization”（文明）一词本为“civil”，源自由希腊文转化来的拉丁语“civis”（公民），“civilization”则由16世纪法语的“civilisé”（“有教养”）而来，该词又来自拉丁语“civilis”（“有教养”），与此相关的另一个词是“civitas”（“社群”“城邦”“国家”）②；

① [英]柯林·武德. 历史的观念[M]. 北京：中国社会科学出版社，1986：245.

② George C，On the Scottish Origin of “Civilization”//Federici Silvia. Enduring Western Civilization：The Construction of the Concept of Western Civilization and Its “Others”. Westport，CT，and London：Praeger. 1995，13-36，114-151.

其意明显不同于汉语原本的“文明”。

1 现代“文明”吗？

在1707年苏格兰与英格兰合并后出生的苏格兰人弗格森（Adam Ferguson，1723—1816）是苏格兰由部族社群走向现代社会的亲历者，这位“现代社会学之父”在其《论市民社会史》（*An Essay on the History of Civil Society*，1767）中第一次使用“civilization”，意思是“市民化”，特指苏格兰高地的英格兰化，即苏格兰转向市民社会。从构词法的角度看，在今天使用范围最广泛的英语中，“文明”（civilization）的原始意思为城市生活以及市民社会所限定，其实质就是整个社会的现代化；我想，这大概也就是弗格森的本意了①。“文明”的这一含义也随着英格兰人对大清帝国的远征而为中国人接受，例如原本握在西人手里的一根拐棍与洪七公掌中的打狗棒并无形式上的多大不同，但到了1842年以后的中国竟成了“文明棍”，“文明”，即棍乎？！中国文明被这个“棍”抽打至今、残害至今！“文明棍”一词的出现及其高频率使用乃至被赋予的词外之意就很能体现汉语原本意思上的文明含义的逐渐蜕化、汲空以至不为人知，而上海本地人干脆直呼“文明棍”为“司的克”（stick）②，仿佛真的就更接近“文明”了。难怪有人如此顽固——“我宁可失去整个世界，也不愿失去这根拐棍”。③

“不仅仅是个体从幼年向成年发展，而且是物种本身从粗鲁走向文明。”④从此，这个词就成了野蛮或粗鲁的反义词，并成为启蒙时代追求进步的特征；并且，将非市民化的社会排除在文明社会之外，这就是为什么凭着“船坚炮利”打到中国来的西方文明人会视中华民族为野蛮民族，而只有雨果（Victor Hugo，1802—1885）会反唇相讥这些文明人才是真正的野蛮人⑤！

---

① 这也是我更愿意将弗格森一生中最受欢迎的著述 *The History of Civil Society* 译为《论市民社会史》的缘故。下文中引用的该书中译本译之为《文明社会史论》，也无不可。

② “洋式的手杖刚传到上海的时候，上海人有三句口号：‘眼上克罗克，嘴里茄力克，手里司的克’！有了这三克，俨然外国绅士，大可以高视阔步了。”（引自 王力. 王力全集·龙虫并雕斋琐语·第二十三卷[M]. 北京：中华书局，2015：118-119. ）而所谓“外国绅士”者以及“外国绅士”的效仿者也就有了专门的称呼：文明人，其中的褒贬大概兼而有之。“茄力克”是Garrick牌香烟的音译，是20世纪初中国市场上最好的纸烟，成为身份优越的象征，由英美烟公司（British American Tobacco Company）出品。英美烟公司是美国的美利坚烟草公司（American Tobacco Company）和英国的帝国烟草公司（Imperial Tobacco Company）于1902年9月29日在伦敦成立的跨国企业；20世纪上半叶中国销售的纸烟近2/3为该公司在华生产。英美烟草集团目前是全球最为国际化的烟草公司，其业务遍及180 多个国家和地区。英美烟草中国公司（现译名）是英美烟草集团旗下子公司。至今，英美烟草中国公司在中国各主要城市皆设有办事处。“克罗克”是Crookes高级眼镜镜片的音译，该镜片为英国人克罗克斯发明，能吸收紫外线和红外线。

在20世纪70年代末实施改革开放之前，中国现代化程度最高的城市一直是上海，而在50年代之前，上海还是外国人最为集中的城市。

1945年9月2日，在日本投降书上第一个签字的日本外相重光葵就是拄着“文明棍”登上停泊在东京湾的美国战列舰“密苏里号”的；在准备签字时，重光葵的“文明棍”滑落在甲板。

③ [英]柯南·道尔. 福尔摩斯探案全集·中[M]. 丁钟华，译. 北京：群众出版社，1981：635.
“拐棍”原译“手杖”，本处改译。

④ Ferguson Adam (1767). An Essay on the History of Civil Society. 8th. William Fry，1819.

⑤ 雨果在《就英法联军远征中国给巴特勒上尉的信》（1861年11月25日）中写道：“有一天，两个来自欧洲的强盗闯进了圆明园。”“我们欧洲人是文明人，中国人在我们眼中是野蛮人。这就是文明对野蛮所干的事情。”“将受到历史制裁的这两个强盗，一个叫法兰西，另一个叫英吉利。”（语文·八年级上册[M]. 北京：人民教育出版社，2008. ）

“一次次地，我们看到，群众不惜牺牲他们的生命、财产、良心和美德，以换取这种最甜美的欢乐，作为胜利者、专制者和暴君统治其他民族（或至少认为自己统治着其他民族）。”原因是，西方世界遗传了追求“美德”的古希腊人的做派，“由于最深刻的嫉妒，而将每一个同伴都看作一个平等的竞争对手，随时准备扑向他的猎物，把他们全都置于自己的统治下，这就是每一个真正的希腊贵族的无耻的秘密。”①看透西方文明本质的尼采却依然拒绝博爱，甚至还要为此召唤战争，“他带着某种狂喜预言将要有一个大战时代”！而“男人应当训练来战争，女人应当训练来供战士娱乐。其余一概是愚蠢。”②这是尼采自己的偏狭，还是文明自身的现实？！不幸的事实是，在尼采去世 14 年后，第一次世界大战爆发。好在并不是所有人都喜欢尼采，罗素干脆说：“我厌恶尼采”③！

“在文明国家中，以人道为基础的美德得到比以自我克制和对激情的控制为基础的那些美德更多的培养。在野蛮和未开化的国家中，情况完全相反——自我克制的美德得到比有关人道的那些美德更多的培养。”④ “文明人”凭借着技术的优势在近代对中国的征服和攫取、在世界各地的杀戮和掠夺，也与亚当·斯密（Adam Smith，1723—1790）的说法沾不上边，他们手中的“文明棍”之所以变成了杀人越货的刀枪，难道是因为他们生来就获得了更多有关“人道”的“培养”？！以至于文明人干出了连他们眼中的“野蛮人”也干不出来的无以尽书的罪恶？！（图 1）

图 1　文明的冲突，还是人性的沉沦？

图左：2017 年 8 月 12 日，美国弗吉尼亚州夏洛茨维尔爆发极右翼团体与反极右翼抗议者的冲突，“一辆汽车冲撞反极右翼抗议者，造成一人死亡、19 人受伤。”⑤

图右：2017 年 8 月 17 日，西班牙巴塞罗那兰布拉斯步行街发生汽车袭击人群事件，造成 14 人死亡、100 余人受伤。第二天在同一条街上，“大批西班牙极右翼抗议者举行游行示威活动，他们高喊反对移民和穆斯林的口号”。“与此同时，数百名反法西斯抗议者也走上街头，举行反示威活动。双方多次大打出手……”⑥那些伸张并维护“自由、平等、博爱”普世价值的国家是不是正在远离他们的声张？还是依然保持着曾经到处得逞过故态复萌？

---

① [德]尼采・朝霞[M]. 田立年，译. 上海：华东师范大学出版社，2007：226，243-244.

② [英]罗素. 西方哲学史·下卷[M]. 马元德，译. 北京：商务印书馆，1982：315-316.

③ [英]罗素. 西方哲学史·下卷[M]. 马元德，译. 北京：商务印书馆，1982：326.

为反对越南战争，1967 年 5 月罗素与萨特（Jean-Paul Sartre，1905—1980）组建反战民间法庭——罗素法庭也称罗素-萨特法庭、国际战争罪法庭（The Russell Tribunal，Russell-Sartre Tribunal，the International War Crimes Tribunal）。在罗素去世（1970 年 2 月 2 日）前两天，他还发表声明谴责以色列袭击埃及和巴勒斯坦难民营。

④ [英]斯密. 道德情操论[M]. 蒋自强，等译. 北京：商务印书馆，1997：259.

⑤ 美国弗州极右翼游行酿冲突多人死伤 特朗普表态引不满. 2017-08-13. http：//www. sohu. com/a/164240986_313745?_f=index_pagerecom_8.

⑥ 西班牙：极右翼和反法西斯抗议者巴塞罗那街头爆发冲突. 2017-08-19. http：//www. kankanews. com/a/2017-08-19/0038118856. shtml.

“西方国家的普世主义日益把它引向同其他文明的冲突，最严重的是同伊斯兰和中国的冲突；在区域层面的断层线上的战争，很大程度上是穆斯林同非穆斯林的战争”。“迈克尔·迪布丁的小说（死亡环礁湖）中的威尼斯民族主义煽动者，用一个不祥的世界观为这一新时期做了很好的表述：‘如果没有真正的敌人，也就没有真正的朋友。除非我们憎恨非我族类，我们便不可能爱我族类。这些是我们在一个世纪之后正在痛苦地重新发现的古老真理和更加充满情感的奢谈。那些否定它们的人也否定他们的家庭、他们的遗产、他们的文化、他们的出生权，以及他们本身！他们不能轻易地得到原谅。’”[①]

亨廷顿（Samuel Phillips Huntington，1927—2008）自己的看法是：“在正在显现的世界中，属于不同文明的国家和集团之间的关系不仅不会是紧密的，反而常常会是对抗性的。但是，某些文明之间的关系比其他文明更具有产生冲突的倾向。在微观层面上，最强烈的断层线是在伊斯兰国家与其东正教、印度、非洲和西方基督教邻国之间。在宏观层面上，最主要的分裂是在西方和非西方之间，在以穆斯林和亚洲社会为一方，以西方为另一方之间，存在着最为严重的冲突。未来的危险冲突可能会在西方的傲慢、伊斯兰国家的不宽容和中国的武断的相互作用下发生。”[②]

亨廷顿认为，“冷战”之后的世界冲突将不再是意识形态的而是不同文明之间的，现实似乎在不断证明着亨廷顿在1993年的论断，但这却不是亨廷顿的本意[③]。而类似的恐怖袭击在中国的出现，是否更值得国人警醒：岂非数千年来中国人养成的“温良恭俭让”也被现代化了[④]？

“现代化有别于西方化，它既未产生任何有意义的普世文明，也未产生非西方社会的西方化。”“非西方文明一般正在重新肯定自己的文化价值”，“从一个文明转变为另一个文明的努力没有获得成功”。[⑤]但亨廷顿似乎并没有真正意识到，文明的本质是道德伦理也就是人性的提升，而不是相反；另外，中国正面临着固有文明以及传统美德在现代化面前崩毁的巨大危机以及相随而来的无尽苦果。

---

① [美]亨廷顿. 文明的冲突与世界秩序的重建[M]. 周琪，等译. 北京：新华出版社，1998：4-5.

② [美]亨廷顿. 文明的冲突与世界秩序的重建[M]. 周琪，等译. 北京：新华出版社，1998：199.

③ 亨廷顿1993年发表在美国《外交》杂志夏季号上的论文的最后一句话是：“对于可确定的未来，将不会只有一个普世的文明，而会有一个多文明的世界，每一种文明都不得不去学着与其它文明和平共处。”（Huntington S P. The Clash of Civilizations？Foreign Affairs，Summer 1993.）值得注意的是，文章的标题《文明的冲突？》有一个问号。“然而，不同文明集团之间的关系几乎从来就不是紧密的，它们通常是冷淡的并且常常是充满敌意的。”（[美]亨廷顿. 文明的冲突与世界秩序的重建[M]. 周琪，等译. 北京：新华出版社，1998：228.）

④ 网络可谓最先进并且不断进步的现代化技术，然而，再先进的技术也是人类制造以供人类使用，如何制造以及如何使用也就不是单纯的技术问题。“最近……先是讲述‘慰安妇’老人生存现状的纪录片《二十二》吸引大批观众走进影院，悲情触摸那段充满伤痛的历史；继而纪录片中老人们的截图竟然被制作成‘表情包’在网络上出现，引发集体愤怒。”（张凡. 别让对历史的铭记毁于“表情包”[N]. 人民日报，2017-08-24（05）网络竟成了一些人公然将国家耻辱与民族伤痛拿来“取乐不求余”（李白《拟古十二首》）的“笑料”，镜照出的只能是这些人礼义廉耻尽失而丧心病狂至极的丑恶。“国有四维，一维绝则倾，二维绝则危，三维绝则覆，四维绝则灭...... 何谓四维。一曰礼，二曰义，三曰廉，四曰耻……”（《管子·牧民》）“欧阳修论曰：‘礼义廉耻，国之四维。四维不张，国乃灭亡。’礼义，治人之大法；廉耻，立人之大节。”（司马光《资治通鉴》卷第二百九十一）

⑤ [美]亨廷顿. 文明的冲突与世界秩序的重建[M]. 周琪，等译. 北京：新华出版社，1998：4-5.

与斯密同龄同名亦同业甚至可谓同志而身世、经历迥然有别的弗格森却与斯密的愿望大相径庭，早在强盗们动手之前 100 多年就想到了："文明人"恰恰偏好斗争、竞争乃至无任何人道可言的战争！"一个没和其他人争斗过的人，对于人类一半的情感就一无所知。""没有国家间的竞争，没有战争，文明社会本身就很难找到一个目标，或者说一种形式。""人类不仅在自己的生活环境中可以找到龃龉和分歧的根源，而且，似乎他们心里早就种下了仇恨的种子。他们总是很欣然地接受互相敌对的机会。"①在弗格森眼里，市民社会中的"文明人"，他们的所谓"文明"并没有在人性的美好上面获得提升。我愿意相信，弗格森在彼时彼刻所说的如此卑劣的人类是不包括中国人在内的，至少是当时的中国人。

斯密写作的目的与弗格森并无二致，都是要实现理想的"文明社会"。为此，他几乎毕其一生于道德哲学的研究，也就是寻求"文明社会"的支撑点之所在。在他看来，这个支撑点由包含诚实、谨慎、自制、正义和仁慈等在内的个人美德铸就。"当我们考虑任何个人的品质时，我们当然要从两个不同的角度来考察它：第一，它对那个人自己的幸福所能产生的影响；第二，它对其他人的幸福所能产生的影响。"②

可以看出，这些个人美德只存在于人和人之间，几乎没有层次或者说只是平面的、平行的；然而，就是这一面，西方文明既未善始恐怕也难善终，"随着现代时期的起始，大约在公元 1500 年……400 多年里，西方的民主国家——英国、法国、西班牙、奥地利、普鲁士、德国和美国以及其他国家在西方文明内构成了一个多极的国际体系，并且彼此相互影响、竞争和开战。同时，西方民族也扩张、征服、殖民，或决定性地影响所有其他文明。"③这种影响也就是如亨廷顿所担忧的始作俑于西方文明的"文明的冲突"。

2 中国"文明"的现代意义

相较于中国文明的和谐宗旨以及传统伦理的和睦内核，西方文明及其伦理道德显然缺失了内涵的丰富性和外延的广泛性以及通贯古今的一致性和万物一体的普适性及其立体感④。

伦理的本义是指事物的天然条理及内在秩序，儒家则以之推及与人相关的一切领域及其相互间的关系与关联的确定——"天、地、君、亲、师"。

伦理者，人伦之理也。"伦理"一词在古汉语中首见于《礼记·乐记》："凡音者，生于

① [英]弗格林. 文明社会史论[M]. 林本椿，王绍祥，译. 沈阳：辽宁教育出版社，1999：22-26.

② [英]斯密. 道德情操论[M]. 蒋自强，等译. 北京：商务印书馆，1997：271.

③ [美]亨廷顿. 文明的冲突与世界秩序的重建[M]. 周琪，等译. 北京：新华出版社，1998：5.

④ 斯密认为伦理道德因时而变，因地而异："不同时代和不同国家的不同情况，容易使生活在这些时代和国家中的大多数人形成不同的性格，人们怎样看各种品质，认为各种品质应在多大程度上受到责备或称赞，也随国家和时代的不同而不同。"（[英]斯密. 道德情操论[M]. 蒋自强，等译. 北京：商务印书馆，1997：259.）

人心者也；乐者，通伦理者也。”[①]人伦“合于天伦”。[②]儒家以伦理表达人与人以及人与自然的关系及其原则：“天、地、君、亲、师”谓之五天伦，“君臣、父子、兄弟、夫妻、朋友”谓之五人伦，“忠、孝、悌、让、信”则为处理人伦的规则。

显然，中国人首先要处理好个人与自然的关系：“天地”；其次处理好个人与国家的关系；再次才是处理好个人与个人之间的关系；最后是处理好自我的内在修养。而实质上天地人（君臣、父子、兄弟、夫妻、朋友）三者同而为一，亦可谓“三位一体”。正是因为中国人能够长期的坚守不渝，中国社会及其文明才能够长存至今。从亚里士多德到亚当·斯密，西方的道德体系之中，至少缺失了人类如何与自然和谐相处的命题和原则。

1866 年，刚刚剿灭太平天国的曾国藩，便将朝天宫[③]改为文庙，并迁江宁府学于此，其用意不可谓不深远，尤其是为朝天宫东西两侧牌坊所题 “道贯古今”“德配天地”可以见出（图 2），——何谓“道贯古今”，正是说孔子的追求不变，而学子们更当慎思追远，踵接圣贤，发扬光大；又何谓“德配天地”，岂非行大自然法则于人世之中？！

图 2　中国人的道德观及其彰显：牌坊（顾学宁摄影）

“孔子……的哲学，以及他向弟子们传授的教义，都是最早的由中国社会变迁所引发的思想反映。”在最一般的意思上，中国文明最广泛意思上的最高代表是儒家，而儒家的最高代表是孔子，文庙是遍及中国各地祭祀和纪念孔子以及官方主办教育的所在地。图左牌坊额铭：“道贯古今”，图右牌坊额铭：“德配天地”。树立牌坊，就是树立道德。显然，

① “音律，发自人心；乐理，通于常情。”[《说文》：“生于心，有节于外。谓之音。”《礼记·乐记》：“声成文，谓之音。”《正韵》：伦者，常也。伦理即常理，又有“伦常”。《周礼·冬官考工记》：“析干必伦。”（“剖开木材一定顺其纹理。”）]“是故，知声而不知音者，禽兽是也；知音而不知乐者，众庶是也。唯君子为能知乐。是故审声以知音，审音以知乐，审乐以知政，而治道备矣。是故不知声者，不可与言音；不知音者不可与言乐。知乐，则几于礼矣。礼乐皆得，谓之有德。德者得也。”（《礼记·乐记》）“商君违礼义，弃伦理。”（贾谊《新书·时变》）“正家之道在于正伦理，笃恩义。”（《朱子语类》卷七二）

② “合乎自然的道理。”（《庄子·刻意》）天伦，天之常态，即天理，自然秩序；“天有常道。”（“大自然自有定律。”《荀子·天论》）。又如“悌乃知序，序乃伦。”（《逸周书》）。

③ 朝天宫，位于南京市秦淮区冶山，是江南地区现存建筑等级最高、面积最大、保存最完整的古建筑群。朝天宫之名，得自朱元璋御赐。清咸丰年间，朝天宫毁于太平天国战火，曾国藩重新修葺。

身为晚清儒学领袖的曾国藩是用这八个字来评价中国人道德的化身——孔子（图 3）的。

图 3　孔子行教像

吴道子（约 680—759）所绘《孔子行教像》石刻拓本，现存于山东曲阜孔庙。画面右上方题："德侔天地，道冠古今，删述六经，垂宪万世"；亦可见曾国藩题南京朝天宫牌坊系从吴道子所题化出而又另有深意。吴道子强调的是孔子之无与伦比，而曾国藩则要求于后学明晓任重道远。"他一直在使社会行为的伦理准则得以复兴"，"孔子则打算为他那个时代普遍流行于中国的社会行为建立规范。""我们这一代人中，半数以上人受到佛陀的直接影响，1/3 以上的人受到孔子的影响。"①

尽管斯密也已认识到："虽然我们有效的善良行为很少能超出自己国家的社会范围，我们的好意却没有什么界限，而可以遍及茫茫世界上的一切生物。我们想象不出有任何单纯而有知觉的生物，对他们的幸福，我们不衷心企盼，对他们的不幸当我们设身处地想象这种不幸时，我们不感到某种程度的厌恶。而想到有害的（虽然是有知觉的）生物，则自然而然地会激起我们的憎恨；但在这种情况下，我们对它怀有的恶意实际上是我们普施万

① [英]汤因比. 人类与大地母亲·上卷. [M]. 徐波，译. 上海：上海人民出版社，2001：192，193，190.

物的仁慈所起的作用。这是我们对另一些单纯而有知觉的生物——它们的幸福为它的恶意所妨害——身上的不幸和怨恨感到同情的结果。”①

但他却最终没明白，在一个被他论证为“以个人收益最大化”②为目的的社会，试图建立一套理论体系用以说明作为自然的人和作为社会的人和谐一致并能够将人性的美好“普施万物”③的任何努力终将无补于事、无济于事。殊不知“好利多诈而危，权谋倾覆幽险而尽亡矣。”④

斯密更不可能预知，在他的经济学说最为普及也是现代化程度最高的国家“普施万物的仁慈所起的作用”究竟如何？数年前，诺贝尔经济学奖获得者斯蒂格利茨在题为《1%有、1%治、1%享》的文章中揭示：“美国上层1%的人现在每年拿走将近1/4的国民收入。以财富而不是收入来看，这塔尖的1%控制了40%的财富。”“前1%的上层阶级拥有最好的房子、最好的教育、最好的医生和最好的生活方式，但有一点他们似乎还没能用金钱买到：理解他们的命运和另外99%的人生活息息相关。纵观历史，这是前1%的人最后所学的。只是太晚了。”⑤

而在另一位社会学家迈克尔·曼（Michael Mann，1942—）看来，文明是由有组织的、人口稠密的定居点也就是城市所特有的对自然、乡村以及其他人群的控制能力。⑥这也确实道出了西方文明的本质：竞争、争斗与征服、毁坏。中国的历史却有另一番不同的写照——毛泽东在《论持久战》中评价“宋公及楚人战于泓”⑦：“我们不是宋襄公，不要那种蠢猪式的仁义道德。我们要……争取自己的胜利。”⑧我看宋襄公并不愚蠢，而是恪守礼仪的典范，正如2 000多年之后的阿莫须人之所为，他们不但拒绝服兵役，而且在遭受无端伤害之时，依然能够“克己复礼”⑨。“风物长宜放眼量”⑩，历

---

① [英]斯密. 道德情操论[M]. 蒋自强，等译. 北京：商务印书馆，1997：303-304.

② “把资本用来支持产业的人，既以牟取利润为唯一目的，他自然总会努力使他用其资本所支持的产业的生产物能具有最大价值，换言之，能交换最大数量的货币或其它货物。”（[英]斯密. 国民财富的性质和原因的研究[M]. 郭大力，王亚南，译. 北京：商务印书馆，1974：27. ）在斯密看来，支配人类行为的原发动机是人皆有之的自爱并与同情心相伴随，然而，人在本能上又是自私的，总是在自爱心的引导下追求自己的利益、沉缅于“对财富的追求”，从而妨碍同情心的充分发挥。

③ [英]斯密. 道德情操论[M]. 蒋自强，等译. 北京：商务印书馆，1997：303.

④ 荀子《天论》。

⑤ Stiglitz J E. Of the 1%，by the 1%，for the 1%. Vanity Fair，May，2011.

⑥ Mann，Michael. The Sources of Social Power: Volume 1，A History of Power from the Beginning to AD 1760，Cambridge University Press，1986：34-41.

⑦ 《左传·子鱼论战》。

⑧ 毛泽东. 毛泽东选集·第2卷[M]. 北京：人民出版社，1991：492.

⑨ “2006年10月2日，宾夕法尼亚州兰开斯特县一所社区学校内发生枪击事件，造成5名女生死亡，凶手饮弹自尽。”（过去十年美国发生的主要校园枪击案. 2015-10-02. http：//news. xinhuanet. com/world/2015-10/02/c_128287060. htm. ）在痛失孩子的当晚，阿米什人（Amish）的代表就到了凶手家中，安慰他的遗孀和孩子，还成立了基金会帮助他的家人。参加凶手葬礼的有一半都是阿米什人，他们用具体的行动，表达对凶手的宽恕和对他家人的宽慰”（最发达国家中的世外桃源——特立独行的阿米什人(Amish). 2009-10-13. http：//bbs. etjy. com/thread-176027-1-1. html. ）

⑩ 毛泽东《七律·和柳亚子先生》。

史是公允的。[①]如果我们嘲笑宋襄公，又何异于嘲笑中华民族的传统美德——仁义呢？被AlphaGo 打败的李世石与宋襄公的心绪并不一样，却也不无心心相印之言："面对毫无感情的对手是非常难受的事情，这让我有种再也不想跟它比赛的感觉。"[②] 无情便无义，孔孟之仁义是以人类独有的情感为生发之根的。

中国的历史进程表达的是以精耕农业[③]与美丽文字标志着自己独特的文明成就；显然，城市的发展是中国文明发达的结果，而不是其导因。并且，如前所说，中国文明从一开始就追求着美善，并致力于将自己的国度建设成普天之下人皆向往的乐土[④]。

终极关怀是宗教的意义，形而上学则是哲学的核心；西学以为这两者决定了人类精神的高度。雅斯贝斯（Karl Jaspers，1883—1969）注意到，公元前 500 年前后，在北纬 25°～35°区域内，不同地域的人类都有了对人类自身的终极思考，其杰出的代表在古希腊是毕达哥拉斯和苏格拉底，在中国是老子和孔子，在印度是释迦牟尼以及小亚细亚的琐罗亚斯德及"以赛亚第二"。他们不约而同地以理智的、道德的方式解释人世和自然界，达到了从未有过的思维高度和思想超越。与此同时，未经这一觉悟过程的其他文明社会都相继解体了，无论曾经多么辉煌；雅斯贝斯把他的这一发现称之人类文明的轴心时代（the Axial Age）[⑤]。

卡特和戴尔这两位土壤科学家指出了文明衰败的原因在于生存环境的恶化——人类的自我毁坏[⑥]；那么，人类为什么要做这样自毁前程、自掘坟墓的愚蠢之事呢？

弗格森的答案是，"人类除了美德别无依靠……没有一个国家的内部衰亡不是由于国民的邪恶行径造成的。"[⑦]

穷根掘源，无论是否具备专门的知识，所谓危机，在人看来，世间一切危机只在对人

---

① "君子大其不鼓不成列，临大事而不忘大礼，有君而无臣，以为虽文王之战，亦不过此也。"（《公羊传·僖公二十二年》）"襄公之时，修行仁义，欲为盟主……襄公既败于泓，而君子或以为多，伤中国阙礼义，曜之也，宋襄之有礼让也。"（司马迁《史记·卷三十八·宋微子世家第八》）宋襄公虽然失败了，但道义在他那里。文明是什么？可以超乎道义否？"乐以治内而为同，礼以修外而为异；同则和亲，异则畏敬；和亲则无怨，畏敬则不争。揖让而天下治者，礼乐之谓也。二者并行，合为一体。""故象天地而制礼乐，所以通神明，立人伦，正情性，节万事者也。"（班固《汉书·礼乐志第二》）。

② 李世石：我再也不想跟 AlphaGo 下棋了. 2016-06-27. http：//tech. ifeng. com/a/20160627/41629067_0. shtml.

③ [美]富兰克林. H. 金. 四千年农夫[M]. 程存旺，石嫣，译. 北京：东方出版社，2011.
富兰克林 · H. 金称中国（包括日本、朝鲜）农业为"永续农业"（《四千年农夫》的副标题为"Permanent Agriculture in China，Korea and Japan"）并倡议西方世界，学习东方这一具有"永续"发展能力的农业生产方式。

④ "逝将去女，适彼乐土。"（《诗·魏风·硕鼠》）"阖境晏然，遂成乐土。"（王若虚《赠昭毅大将军高公墓碣》）

⑤ Jaspers Karl. The Origin and Goal of History. NH & London：Yale Univ. Press，1953：51-59.
"由于这五位先觉者的同时代性，他们所共同生活的这个时期，被卡尔·雅斯贝斯称作轴心时代，即一个人类历史在此发生转折的时代。如前所述，直至今日人类以这些楷模不断地影响着自己，并且还会同样地影响着未来，即使他们的教诲不再成为戒律，他们的学说不再作为信条。就此而论，他们的出现，的确是一个转折点。"（[英]汤因比. 人类与大地母亲·上卷. [M]. 徐波，译. 上海：上海人民出版社，2001：191. ）

⑥ "人类只是大自然的子孙，不是大自然的主人……必须使自己的行为符合自然规律。当他们试图打破自然法则时，通常只会破坏自身赖以生存的自然环境。一旦环境迅速恶化，人类文明也就随之衰落了。"（[美]卡特，[美]戴尔. 表土与人类文明[M]. 庄崚，鱼姗玲，译. 北京：中国环境科学出版社，1987：3. ）

⑦ [英]弗格森. 文明社会史论[M]. 林本椿，王绍祥，译. 沈阳：辽宁教育出版社，1999：308.

而言是危害时才称为危机；显然，反命题就是，这些危机的真正制造者除了人类还会有谁？！人是一切危机的根源，而人的危机，本质上就是道德的危机。弗格森所要讨论的正是：为什么人类本性中顽固地存在着“敌对或者冲突的种子”？他还只是说是人与人、人群与人群、国家与国家，还未涉及人类之外的世界。不过，他的自问自答依然适用于我们的命题及其解释。弗格森看到了，每当人类的道德水准开始下降时，危机就已经在迫近人类了；此之谓“在德不在险。”[①]真正的危机都是人类自己制造的：一切危机的根源乃是人类的道德危机所塑成，这一特征其实就是现代社会的症结之所在。“我们的道德和传统——它们不仅提供给我们文明，甚至也提供给我们生命……”[②]

联合国环境规划署1997年发表的《关于环境伦理的汉城宣言》明确指出——

“我们必须认识到：现在全球环境危机，是由于我们的贪婪、过度的利己主义以及认为科学技术可以解决一切的盲目自满造成的，换句话说，是我们的价值体系导致了这一场危机。如果我们再不对我们的价值观和信仰进行反思，其结果将是环境质量的进一步恶化，甚至最终导致全球生命支持系统的崩溃。”[③]

一旦丧失了美德，一个社会不是突然崩溃就是日渐败落，而最为重要的美德便是公益精神。公益精神的衰弱，必然导致“人类要么变得贪婪、狡诈、野蛮、动辄侵犯他人的权利，要么奴颜婢膝、唯利是图、卑鄙无耻，随时想交出自己的权利。”[④]弗格森深刻揭示出现代商业社会与生俱来的缺陷，又遑论文明哉！

3　现代文明的出路

卢梭恰恰反对的正是这样的社会，“出自造物主之手的东西，都是好的，而一到了人的手里，就全变坏了。”[⑤]为此他断言：“文明即彻底堕落”，更彻底的是卢梭的想法——腐朽的并非只是寄生的贵族们的法国，还包括以理性、艺术和科学为标榜的启蒙时代[⑥]。

还是雨果伟大，他深刻洞见着未来——

在人与动物、花草及所有造物的关系中，存在着一种完整而伟大的伦理，这种伦理虽然尚未被人发现，但它最终将会被人们所认识，并成为人类伦理的延伸和补充……毫无疑问，使人与人的关系文明化是头等大事……但是，使人与自然的关系文明化也是必不可少的。在这方面，所有工作都有待我们从头做起。[⑦]

---

① “‘昔三苗氏，左洞庭，右彭蠡；德义不修，禹灭之。夏桀之居，左河济，右泰华，伊阙在其南，羊肠在其北；修政不仁，汤放之。商纣之国，左孟门，右太行，常山在其北，大河经其南；修政不德，武王杀之。由此观之，在德不在险。若君不修德，舟中之人皆敌国也！’武侯曰：‘善。’”（司马光《资治通鉴周纪一》）险：险要形势。

② [英]哈耶克. 致命的自负[M]. 冯克利，等译. 北京：中国社会科学出版社，2000：159.

③ 转引自 徐嵩龄. 环境伦理学进展：评论与阐释[M]. 北京：社会科学文献出版社，1999：59.

④ [英]弗格森. 文明社会史论[M]. 林本椿，王绍祥，译. 沈阳：辽宁教育出版社，1999：263.

⑤ [英]卢梭. 爱弥儿[M]. 李平沤，译. 北京：商务印书馆，2001：5.

⑥ “Civilization is thoroughly corrupting. ”（Hicks，Stephen. Explaining Postmodernism：Skepticism and Socialism from Rousseau to Foucault Tempe，AZ：Scholargy Press，2004：92. ）

⑦ [美]罗尔斯顿. 环境伦理学[M]. 杨通进，译. 北京：中国社会科学出版社，2000：扉页.

史怀泽似乎听到了一个多世纪之前的声音，这位身世与法国有着不解之缘的当世人类最为杰出的思考者并不只有东郭先生般的济物情怀——他会绕过脚下的昆虫，将路上的蚯蚓放回泥土。1962 年，卡逊夫人将自己的呕心沥血之作《寂静的春天》献给了这位博爱厚仁的长者，并在他的名下引了一句话："人类已经失去了预见和自制的能力，它将随着毁灭地球而完结"。①

卡逊夫人是伟大的孤胆英雄，确实，农作物因为她的抗争而减少了 DDT 的使用，可是，杀虫剂仍然时时刻刻在威胁着人类②，而喷施农田的农药总量更是与时俱增并且是倍增的（图 4、图 5）。

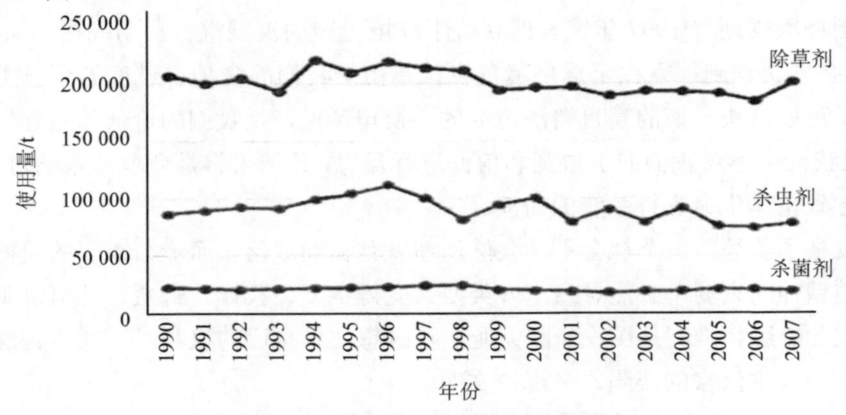

图 4　1990—2007 年美国农药使用量

美国是世界上农药使用量最大的国家之一，年使用量在 30 万 t 左右，其中农业用途约占 80%。除草剂用量最大，每年使用量在 20 万 t 左右；杀虫剂用量近年略有下降，2000

① [美]卡逊. 寂静的春天[M]. 吕瑞兰，李长生，译. 长春：吉林人民出版社者. 1997：扉页.

② "荷兰食品安全部门 8 月 3 日公布了对 180 家被怀疑有'毒鸡蛋'问题农场的检查结果，其中 147 家农场的鸡蛋含有杀虫剂氟虫腈成分。""荷兰全国有近 1000 家蛋鸡养殖场，每年出产多达 110 亿枚鸡蛋，逾半数出口，其中大量销往德国。7 月 22 日，德国暂停从荷兰进口鸡蛋。据保守估计，已进入德国的有毒鸡蛋高达 290 万枚。到目前为止，已在德国 12 个联邦州发现荷兰有毒鸡蛋。""很多欧洲民众表示，在这次毒鸡蛋事件过程中，荷兰有关部门不仅监管缺位，而且对公众健康不负责任，在强大的舆论压力下才彻底公布这一丑闻。" [任彦. "毒鸡蛋"风波敲响欧洲食品安全警钟[N]. 人民日报，2017-08-05（11）]"近年来欧洲发生过不少类似的食品安全事件，据欧洲食品安全网站新报道，从 2013 年 1 月到 2016 年 12 月底，欧洲各国已先后发生数百起食品中毒事件，其中经媒体披露的比较严重的食物中毒事件也不在少数。这也说明食品安全是全球性问题，需要各国共同努力。""氟虫腈是一种杀虫剂，可杀灭跳蚤、螨和虱，被世界卫生组织列为"对人类有中度毒性"的化学品。欧盟法律规定，氟虫腈不得用于人类食品产业链中的畜禽。 世界卫生组织表示，大量进食含有高浓度氟虫腈的食品，会损害肝脏、甲状腺和肾脏。"（"毒鸡蛋"事件引发荷兰比利时口水战，欧洲缘何发生这样的食品安全问题？2017-08-10. http：//news. ifeng. com/a/20170810/51605841_0. shtml. ）"在欧洲，有毒食品的销售和生产变得日益猖獗"，"2011 年初，以德国下萨克森州为主的数千家农场被关闭，原因是他们使用的动物饲料中发现了有毒物质二噁英。德国有关当局称，这些有毒饲料被用于喂养鸡和猪，从而造成了鸡蛋、鸡肉和部分猪肉的污染。部分受到污染的产品已经出口至英国、捷克、荷兰和波兰。""'假冒、有毒食品与饮料，严重危害人类的健康与安全。'欧洲刑警组织曾表示，有毒食品的盛行，与全球食品价格飙升有关。'全球执法机构的调查没有停止，希望找出倒卖有毒食品背后更大的犯罪网络'。"（老鼠屎、毒橄榄：欧洲食品丑闻频发，不只有毒鸡蛋. 2017-08-11. http：//www. chinanews. com/gj/2017/08-11/8301970. shtml）

年以前，每年杀虫剂使用量在 10 万 t 左右，近几年，每年杀虫剂用量约在 7.5 万 t；杀菌剂用量相对较少，年度间无明显变化，每年使用量约在 2 万 t。美国主要通过降低农产品中农药残留限量标准，对农药品种开展再评价等手段来减少或限制农药使用带来的风险。1996—2006 年，美国国家环保局（EPA）通过提高安全标准，取消或限制了 270 种农药的使用。①

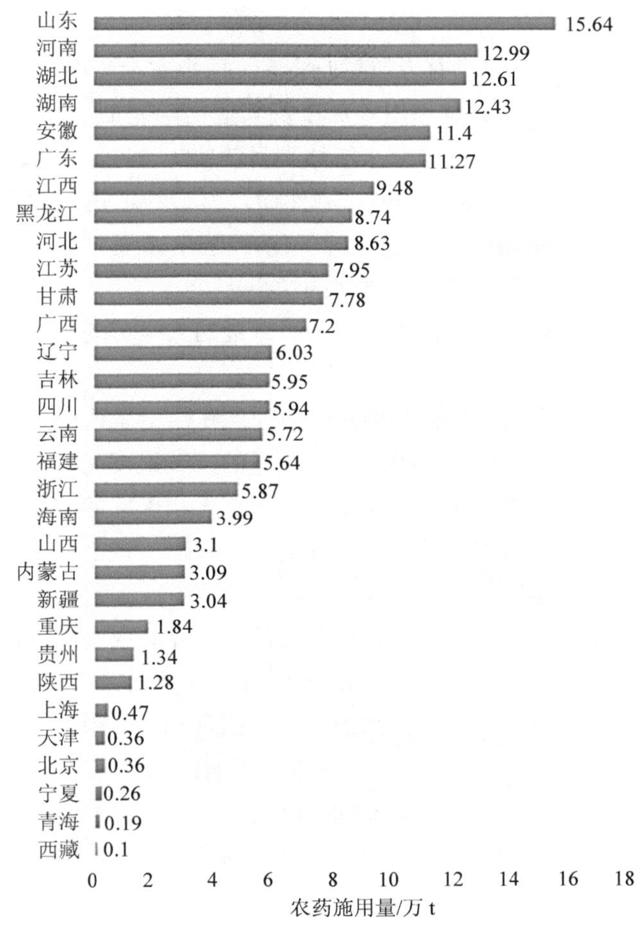

图 5 2014 年中国各省份农药施用量

中国农药年产 347 万 t，哪省用最多？

20 世纪 90 年代至今，中国的农药使用量“突飞猛进”，从 1991 年的 76.53 万 t 增至 2014 年的 180.69 万 t。

农药按其“功效”可分为：除草剂、杀虫剂、杀鼠剂、杀菌剂等。全球农业生产每年要使用约 350 万 t 的农药，其中，中国、美国、阿根廷占到了 70%，仅中国就占世界农药

① 图文来源：朱春雨，杨峻，张楠. 全球主要国家近年农药使用量变化趋势分析. 2017-06-14. http: //www. agroinfo. com. cn/ other_detail_4168. html.

使用总量的约一半，2014 年中国农药使用量为 180.69 万 t。

《科学》根据 2005—2009 年的数据测算，就每公顷耕地上的农药使用量而言，美国使用 2.2 kg 的农药，法国使用 2.9 kg，英国使用 3 kg，中国使用 10.3 kg，约为美国的 4.7 倍。

在过去 20 多年里，美国、德国的农药使用量比较稳定，英国减少了 44%，法国减少了 38%，日本减少了 32%，意大利减少了 26%，越南减少了 24%，中国的农药使用量增加了 136.1%。[①]

通常，没有人愿意吃药，更没有人愿意吃毒药。而事实上，我们却每天都在吃喝毒药，生产者只顾眼前的增产增收而大量使用农药以及其他化学制剂。“我们冒着极大的危险竭力把大自然改造得适合我们心意，但却未能达到目的!这确实是一个令人痛心的讽刺。”[②]

“出售时要获得利润，成了唯一动力。”[③]然而，财富的追逐者们是不会考虑到人类只有和自然界取得一致才能享用并保有财富。“政治经济学家说：劳动是一切财富的源泉。其实，劳动和自然界在一起它才是一切财富的源泉。”[④]

今天，我们看到的事实却是，原本创造文明奇迹的人类劳动却成了人类自掘坟墓的自绝行为！

“生存还是毁灭，这是一个值得考虑的问题”！[⑤]解铃还需系铃人，人类行为的错乱是指引行为的精神的错乱所致。标志人类的精神境界的唯一量度是人类的道德水准。哈姆莱特的困境正在于此，他面对的人只是仪表堂堂！而个人和国家的前景又是如此迷茫，一时无措可施的哈姆莱特选择了阿 Q 的做法：“可是在我看来，这个泥土塑成的生命算得了什么？人类不能使我发生兴趣”[⑥]！

而今天的人类却没有选择的余地和彷徨的可能，世界的现实困境已经没有给我们留下任何退缩的余地，唯一的出路只能是即刻的挺身而出以及须臾不可或待的行动：“亟拯斯民于水火，切扶大厦之将倾”[⑦]，“障百川而东之，回狂澜于既倒”[⑧]！

文明的本质，不过就是人性的光辉，也就是光明的伦理道德观念长主人心、长约人为。著有《印度思想家的世界观》的史怀泽（Albert Schweitzer，1875—1965）对东方传统价值观予以崇高的评价。他说：“中国和印度的伦理学原则上确定了人对动物的义务和责任。”在《文明的哲学》（*The Philosophy of Civilization*，1923）中，史怀泽认为世界危机根源于

---

① 图文来源：躺在农药水中的中国人，占到了世界农药使用总量的约一半！农药利用效率真的刻不容缓. 2017-06-11 10：37. http：//baijiahao. baidu. com/s?id=1569873965344753.

② [美]卡逊. 寂静的春天[M]. 吕瑞兰，李长生，译. 长春：吉林人民出版社，1997：214.

③ [德]马克思，恩格斯. 马克思恩格斯选集·第 3 卷[M]. 中共中央马克思恩格斯列宁斯大林著作编译局. 北京：人民出版社，1972：519-520.

④ [德]马克思，恩格斯. 马克思恩格斯全集·第 20 卷[M]. 中共中央马克思恩格斯列宁斯大林著作编译局. 北京：人民出版社，1974：509.

⑤ [英]莎士比亚. 莎士比亚全集·九[M]. 朱生豪，等译. 北京：人民文学出版社，1978：63.

⑥ [英]莎士比亚. 莎士比亚全集·九[M]. 朱生豪，等译. 北京：人民文学出版社，1978：49.

⑦ 孙中山. 孙中山全集·第一卷[M]. 北京：中华书局，1981：19.

⑧ 韩愈《进学解》。

人类丢弃了标志文明的道德伦理所致，而挽救之法也唯有"浪子回头"——"一言以蔽之，人类在每一个领域所有的进步，其行为及其观念都应有助于走向精神完善的个体的每一个进步"。

伦理本身是从尊重他人存在的愿望出发的，就像一个人对自己所做的那样。在史怀泽看来，在大多数情况下，世界宗教哲学的原理都已被否定。至少，宗教是形成西方世界伦理道德的原始基础。宗教的真正意义是提供人类行为的准则，最为广泛地规范人们的行为并将人类行为的不良程度降低到最低。

4　结论

文明是什么？人类的良知、良能与良行而已。[①]总之，就是能够顺天应人，善待万物。

虽然人类在发明和知识上不断地取得进展，但是精神生活似乎不仅没有超越过去，甚至在逐渐消失。"由于技术的迅猛进步，最可怕地毁灭生命的能力已成为当今人类面临的厄运。"

今天的人类不得不接受这样一个客观现实：人只是大自然的构成部分，而不是大自然的主宰并且没有能力主宰却有能力毁坏。今天的人类不得不重新树立真正的理性以及行动的智慧来发动新的启蒙——以道德完善作为生命的首要意义；今天的人类必须选择创造新文明及其道德结构——立足于普遍生命价值的生态文明——尊重生命。重新确立人类新的世界观和价值观，彻底抛弃人类自身一直证明着的并不明智的冲动和信条，为每一个人以及每一个生物服务。把尊重所有生命视为文明的最高准则和人类道德的最高境界。事实上，现实的人类伦理正是与此相对立的。人类只有真正能够超越个体利益、局部利益并服从整体利益、共同利益，才能既是理智的，又是道德的。在孟子看来，人的本质在人心，人心有四端，即"是非之心""恻隐之心""羞恶之心""恭敬之心"；而史怀泽以"敬畏生命"的伦理重新定义了善与恶。我们所要努力于此的正是将之扩展至整个生物界、整个自然界，这也符合亚里士多德视维护共同体的共同利益为"道德的合理性"；如是，也才是真正的人的本质的彻底实现。而不再如亚当•斯密在《道德情操论》中所说："毫无疑问，每个人生来首先和主要关心自己"——把改善自身生活条件看作"人生的伟大目标"。[②]一个无我的世界，才是真正美善的世界，这是作为伦理学教授的亚当•斯密所没有意识到的。无可置疑，人类的自律自省是不可须臾止息的；一旦失去了这样的自律自省，人类的道德境界开始跌落。

"天覆无外，地载兼爱。"[③]道德的意义就在于人类能够控制自身的思想和行为以无害于社会、无害他类，而不是遵循"在人类社会这个大棋盘上每个棋子都有它自己的行动原

① "人之所不学而能者，其良能也；所不虑而知者，其良知也。"（《孟子•尽心上》）
② [英]亚当•斯密. 道德情操论[M]. 蒋自强，等译. 北京：商务印书馆，1997：101-102.
③ 董仲舒《春秋繁露•深察名号》。

则”①。

如果我们还没有能力解决自身的问题，其他的问题又有何意义，尤其是把人类的问题带向外太空②？！甚至是改变人类的天然构造！

人类错误的奋斗，一定是人类道德认知的迷误或者是人类精神的不健全所致。

毫不夸张地说，现代社会中的每一个人从肉体到灵魂都已或残或废，如果不是，又何至于整个地球的居民如此广泛而持久地关注生态环境以及文明趋向？而实际上，人类的这一根本危机只有人类自己能够促成，人类根本就是自己最大的敌人！谁说人类没有天敌，他自己就是。

为利益驱使的人，越有可能获得利益；而越是能够逐取利益，越受社会追捧；越受社会追捧，则越感个人赢得竞争成功；越感个人成功，则越自以为是；越自以为是，则无往而不可为。而新古典经济学认为，企业家获得的超额利润正是对其“冒险活动”的奖赏，是为企业家报酬！正是“由于这种自以为是，促使自己从事许多轻率的有时具有毁灭性后果的冒险活动。”③亚当·斯密只是在说一个人的失败，其实，也就是在说全人类的失败。

“在这一种抑郁的心境之下，仿佛负载万物的大地，这一座美好的框架，只是一个不毛的荒岬；这个覆盖众生的苍穹，这一顶壮丽的帐幕，这个金黄色的火球点缀着的庄严的屋宇，只是一大堆污浊的瘴气的集合。”④

作为莎士比亚的同胞，汤因比怀着无比的怅惘在其最后一部著作——《人类与大地母亲》一书的最后以如下的话与人类诀别——

人类将会杀害大地母亲，抑或将使她得到拯救？如果滥用日益增长的技术力量，人类将置大地母亲于死地；如果克服了那导致自我毁灭的放肆的贪欲，人类则能够使她重返青春，而人类的贪欲正在使伟大母亲的生命之果——包括人类在内的一切生命创造物付出代价。何去何从，这就是今天人类所面临的斯芬克斯之谜。

参考文献

[1] [英]柯林武德. 历史的观念[M]. 北京：中国社会科学出版社，1986.

[2] [德]尼采. 朝霞[M]. 田立年，译. 上海：华东师范大学出版社，2007.

[3] [英]罗素. 西方哲学史·下卷[M]. 马元德，译. 北京：商务印书馆，1982.

[4] [英]斯密. 道德情操论[M]. 蒋自强，等译. 北京：商务印书馆，1997.

[5] [美]亨廷顿. 文明的冲突与世界秩序的重建[M]. 周琪，等译. 北京：新华出版社，1998.

[6] 管仲. 管子.

[7] 司马光. 资治通鉴.

---

① [英]亚当·斯密. 道德情操论[M]. 蒋自强，等译. 北京：商务印书馆，1997：302.

② 科学家们提出一个在太阳系寻找外星生命的新计划. 2017-07-22. http：//www. cnbeta. com/articles/science/634161. htm.

③ [英]斯密. 道德情操论[M]. 蒋自强，等译. 北京：商务印书馆 1997：327.

④ [英]莎士比亚. 莎士比亚全集·九[M]. 朱生豪，等译. 北京：人民文学出版社，1978：49.

[8] [英]弗格森. 文明社会史论[M]. 林本椿，王绍祥，译. 沈阳：辽宁教育出版社，1999.

[9] [英]汤因比. 人类与大地母亲·上卷. [M]. 徐波，译. 上海：上海人民出版社， 2001.

[10] [英]斯密. 国民财富的性质和原因的研究[M]. 郭大力，王亚南，译. 北京：商务印书馆，1974.

[11] 毛泽东. 毛泽东选集[M]. 北京：人民出版社，1991.

[12] 班固. 汉书.

[13] [美]富兰克林·H. 金. 四千年农夫[M]. 程存旺，石嫣，译. 北京：东方出版社，2011.

[14] [美]卡特，[美]戴尔. 表土与人类文明[M]. 庄崚，鱼姗玲，译. 北京：中国环境科学出版社，1987.

[15] [英]哈耶克. 致命的自负[M]. 冯克利，等译. 北京：中国社会科学出版社，2000.

[16] [英]卢梭. 爱弥儿[M]. 李平沤，译. 北京：商务印书馆，2001.

[17] [美]罗尔斯顿. 环境伦理学 [M]. 杨通进，译. 北京：中国社会科学出版社，2000：扉页.

[18] [美]卡逊. 寂静的春天[M]. 吕瑞兰，李长生，译. 长春：吉林人民出版社，1997.

[19] [德]马克思，恩格斯. 马克思恩格斯选集[M]. 中共中央马克思恩格斯列宁斯大林著作编译局，译. 北京：人民出版社，1972.

[20] [德]马克思，恩格斯. 马克思恩格斯全集·第 20 卷[M]. 中共中央马克思恩格斯列宁斯大林著作编译局，译. 北京：人民出版社，1974.

[21] [英]莎士比亚. 莎士比亚全集·九[M]. 朱生豪，等译. 北京：人民文学出版社，1978.

[22] 孙中山. 孙中山全集·第一卷[M]. 北京：中华书局. 1981.

[23] George C. Caffentzis. On the Scottish Origin of “Civilization”//Federici，Silvia Enduring Western Civilization：The Construction of the Concept of Western Civilization and Its "Others". Westport，CT，and London：Praeger，1995.

[24] Jaspers K. The Origin and Goal of History[M]. NH & London：Yale Univ. Press，1953.

[25] Civilization is thoroughly corrupting//Hicks Explaining Postmodernism：Skepticism and Socialism from Rousseau to Foucault Tempe[M]. AZ：Scholargy Press，2004.

生态福利经济学研究——述评及展望

Research on Ecological Welfare Economics: Review and Prospects

徐大伟[1] 冯浩[1] 徐佳若[2]

（1 大连理工大学管理与经济学部，大连 116024;

2 大连理工大学商学院，盘锦 124221）

摘 要 20世纪60年代后期兴起的全球生态环保运动，带动了生态经济学的蓬勃发展。近年来，全球经济的发展使人们对生态福祉有了前所未有的广泛关注。于是，在传统福利经济学注重经济利益和社会效益的基础上，纳入了对生态要素的考量，即产生了生态福利经济学。生态福利已经成为全球性研究热点，生态福利经济学正在逐步演变为一门独立的学科。这为当今国内外开展的生态治理及生态文明建设提供了理论研究基础。为此，本文基于对国际上生态福利经济学研究成果的回顾，分别从生态福利概念内涵、生态福利的指标与测量以及生态福利绩效评价等方面进行梳理和述评，以总结生态福利经济学的研究脉络和最新国际动态。

关键词 生态福利 生态经济学 福利经济学 生态福利指标 生态福利绩效

Abstract The global ecology movement engaged in the late 1960s has promoted the flourishing development of ecological economics. In recent years, ecological welfare has attached significant attention with the rapid development of global economy. Therefore, ecological welfare economics is produced after incorporating ecological elements into welfare economics, which used to focus on economic interests and social benefits. Ecological welfare has become a global research hotspot, and ecological welfare economics is gradually evolving into an independent discipline. It provides a theoretical basis for ecological governance and ecological civilization construction. Then, after reviewed the scientific literatures, we present a comprehensive review of ecological welfare from the concept of ecological welfare definition, indicators and measurement of ecological welfare, and evaluation of

---

1 徐大伟，大连理工大学管理与经济学部，邮政编码：116024，E-mail：xudawei@dlut. edu. cn。

冯浩，大连理工大学管理与经济学部，邮政编码：116024，E-mail：staticfh@dlut. edu. cn

2 徐佳若，大连理工大学商学院，邮政编码：124221，Email：1294230613@qq. ccom。

项目来源：国家自然基金面上项目“辽东湾海域多源跨界生态环境利益补偿机制研究”（编号：71974024）；中央高校基本科研业务费资助项目“中国特色社会主义生态福利理论研究”（编号：DUT18RW214）。

ecological well-being performance. And then summarizing the research context and latest international developments of ecological welfare economics.

Keywords Ecological welfare, Ecological economics, Welfare economics, Ecological welfare indicators, Ecological well-being performance

20 世纪 60—70 年代美国爆发了以生态观为主旨的群众性的生态环保运动，这次规模空前的运动原因在于人们对持续加剧的生态破坏和环境污染的不满和恐慌。这导致了全球生态运动（ecology movement）的兴起，是一次由价值所驱动的社会运动。此后，随着经济社会的不断发展和进步，生态保护与生态治理在发达国家以及新兴发展中国家日渐兴起，社会经济发展过程中生态环境给公民所带来的福利引起了人们的广泛关注。21 世纪初，在传统生态经济学和福利经济学的发展基础上，逐步诞生了生态福利经济学。这一经济学的分支是继对生态系统服务支付（PES）的研究之后，将生态要素纳入福利经济学的理论框架内形成的。究其根源在于生态系统作为人类社会生存和发展的基本要素，不论从人的生理还是心理具有必不可少的需求与渴望，本质上源于生态系统的服务功能。而在人类随着社会经济和生活水平的逐步改善，人类本身对良好生态环境产生了越来越大的需求。近年来，在联合国可持续发展目标（sustainable development goals）的倡导下，人类社会力图以综合方式彻底解决社会经济和生态环境的可持续发展问题。为此，关于生态福利①的研究越来越受到国内外广大学者的重视，其研究成果主要集中在以下几个方面：生态福利概念、内涵与范畴、理论根源、生态福利指标与测量、生态福利绩效评价与经济社会发展。

1 生态福利的概念内涵及其理论根源

1.1 生态福利的概念与内涵

“生态（Eco-）”源于古希腊文 οικos，本意指的是家抑或是我们所处的环境。生物在其所处的自然生态环境下生存和发展的状况就是生态，简言之，生态是所有生物生存状况及其与周边环境的互动关系。在现实社会中生态有好有坏，尤其在西方工业革命之后，随着现代工业的发展和生产技术的进步，环境污染逐步加重，使良好的生态环境成为稀缺品。而随着世界各国对政府服务职能的重新定义，以及近年来所倡导的公共治理运动的兴起，现代人逐步认识到良好的生态环境是人类社会生存发展的基本保障和福利要素。于是，人们重新开始认识“福利”这一概念。福利（welfare），一般泛指所有公民均能享受的待遇，即幸福和利益。福利在现代社会中被认为是一种基本权利和保障。而随着生态环境保护运动的兴起，人类开始在温饱的基础之上，逐步关注“吃、穿、住、行”等基本社会经济保障因素之外的“空气、水体、植被”等非经济因素的生态环境。

① 本文将“生态福祉”“生态红利”“生态效益”纳入“生态福利”这一概念的广泛定义中。

在上述背景下，国际上对生态福利进行了相关概念的理论探索研究，其中对福利的理解和研究呈现明显的几个阶段。亚当·斯密提出了经济福利论，认为福利主要是指自由市场的经济福利。庇古（A.C Pigou）对福利概念进行了规范与系统的阐述[1]。此后，卡尔多、希克斯、伯格森、萨缪尔森等知名经济学家相继运用“序数效用论”“帕累托最优”“补偿原理”“社会福利函数”等理论分析工具对社会福利进行了研究。随着生态环境保护日益受到人们的重视，福利不仅局限于经济利益和社会效益两个方面，有部分学者在生态治理和环境保护的基础上提出了生态福利的概念。

Bicknell 等[2]认为生态足迹不代表经济和社会福利，但是反映了生态福利。Brown[3]认为生态福利是公民消耗生态环境资源所获得的福祉以及居民幸福感。Lemieux[4]则认为对自然环境的体验以及公民生态意识决定了生态福利。Grouzet [5]指出生态福利是人与生态系统之间的和谐关系，这种关系使得当代和后代人对环境资源进行成功的管理、分配和可持续性发展。Kim[6]将生态福利定义为生态系统所提供的服务，这种服务无论社会经济状况如何都能促进公民健康和保障居民安全。Zhang 等[7]认为生态福利是生态系统和资源环境赋予人的追求美好生活和实现更高价值的一种自由、机会和能力。

1.2 生态福利经济学的理论根源

从经济学的发展史来看，经济学理论分支的融合呈现交叉发展的态势。关于生态福利的研究应从庇古的福利经济学理论着手，西方福利经济学的创始人庇古在其著作《福利经济学》中论述了经济福利的有关概念，以及经济福利与国民收入之间的关系。生态福利经济学可以说是在当代生态经济学和福利经济学理论融合基础上产生的。从生态经济学的理论研究视角，生态福利的理论研究应该源于 20 世纪 70 年代 Daly 的研究，之后 Costanza[8]在 *Nature* 中发表的“The value of the world's ecosystem services and natural capital”一文，首次对生态系统的服务价值进行了分析研究，揭示了生态福利的价值根源。Sen[9]认为早期关于福利的概念主要侧重对社会公平性的解释，没有涉及和考量自然生态的要素，随着社会经济的全面发展，生态福利必将纳入福利体系，并构建更加完善的生态福利指标，随后国内外学者将生态环境指标融入新福利经济学理论研究体系中。

关于生态福利的研究源于人类关于生态系统服务价值的理论研究。生态新系统的功能及其所提供的服务是人类赖以生存、经济社会不断发展和进步的基本要素。在 Costanza 对生态系统服务价值进行研究之前，传统的福利经济思想认为福利呈现了个人或集体的偏好，是基于对一定商品或服务的消费而产生的效用。Daly[10]首次指出通过计算单位自然资源消耗所产生的福利水平的提高来衡量世界经济个体的可持续发展状态和能力，具体表示为服务与吞吐量的比值，即人类从生态系统中获得的总效用或总福利同人类在生态系统中获得的低熵的能源和物质以及最后向生态系统排放的高熵的废弃物总量的比值。在 Sen 的自由发展观的基础上，Giovannini 等[11]认为人类福利包括个人福利和社会福利。Eigenraam 等[12]认为生态系统生产总值是整个生态系统内，生态系统产品和服务的净流量。

本文认为，近年来随着生态经济学和福利经济学的理论研究，两个经济学分支交叉融合从而形成了崭新的生态福利经济学。这为经济学家解释现代社会人类更加关注生态环境给人类社会创造良好福利的现实经济问题带来了理论上的贡献与突破。在对生态福利概念研究的基础上，Wilson[13]认为生态福利的影响因素是复杂多样的。Lubchenco[14]认为人类在自身与自然界的长期实践过程中，不断地认识了自然、生态与环境，并逐步发现了生态与环境的价值所在。Lindeman M[15]研究认为生态福利（包括动物福利和环境保护的福利）、政治价值观和宗教信仰这三个新标准是可靠和有效的工具。McKibbin 等[16]认为可持续发展是经济利益和环境利益相互协调的最终途径。Kopmann 等[17]指出生态系统的功能缺陷和生物多样性的丧失对地区居民生态福利的影响具有溢出效应。Nica 等[18]研究了共享经济对生态福利和社会关系的影响。Caillon 等[19]认为人类社会和生态福利是一个相互关联的系统，可有效解决人类和生态福祉中的复杂关系和反馈，能够克服人与自然之间的矛盾，有助于检测和测量人类福祉。

2 生态福利的指标与测量

对于生态福利的衡量一直以来没有一个在实践中可以量化和对比的科学指标，而且生态福利没有明确的测算模型和方法。生态福利的测量方法可以从统计学、心理学、经济学以及管理学等多个学科进行探讨，而其测量的前提是对生态福利的指标确认与体系建设。

在福利测度方法上，Andrew Sharp[20]、Nick Donovan[21]和 Stefan Bergheim[22]等以学科发展与知识结构为基础，从福利组织化、福利指标及其测量、GDP 拓展等不同方面进行了比较系统的探索和分析。阿马蒂亚·森认为现有的福利水平测度方法侧重社会公平性的衡量，缺乏对生态环境要素的涉及与考虑，而伴随着经济的快速发展和社会文明的不断进步，生态福利势必要纳入已有的福利测量中，以此构建和完善科学的福利测度体系。通过对现有文献的梳理可以发现，用以测度生态福利水平的指标主要有两大类：客观福利指标和主观福利指标。

2.1 客观福利指标

目前测度福利水平领域内应用比较广泛的客观指标主要包括三种：第一种是以 GDP 为基础进行调整和改进的弱可持续福利指标；第二种是诸如出生时预期寿命这种单一性指标；第三种是综合性指标，其中人类发展指数（human development index，HDI）是最典型、应用也最广泛的代表。

2.1.1 以 GDP 为基础的改进指标

长期以来，GDP 被当作衡量人类福利水平的重要指标，但是随着经济社会的进步和发展，人们意识到使用 GDP 作为衡量经济社会进步的指标会对政府决策产生误导作用[23]。实际上，GDP 是市场经济活动的指标，衡量的是经济福利而非整体福利水平[24]。H. Daly 和 J. Cobb[25]提出了可持续经济福利指数（index of sustainable economic welfare，ISEW），从个人消费出发，加上非防护性开支及其资产构成，扣除了相应的防护费用、环境损害费用和自然资产的折旧。1995 年美国公共政策研究室“Redefining Progress”提出了新的衡量标准，也就是 ISEW 的派生指标 GPI（genuine progress indicator），不仅考虑了志愿活动闲暇等非市场活动的福利贡献，还扣除了防御支出、社会成本、环境资产和自然资源的消耗[26]。ISEW/GPI 在可持续发展经济学的研究中应用广泛，“福利门槛”假说就是根据 ISEW/GPI 提出来的并由此引发了广泛的学术和政策讨论[27,28]。Lawn 等[29]提出了可持续净收益指标体系（SNBI），其中囊括了扣除自然资本耗费之后资本的净收益和国际贸易的区域影响等内容。

生态经济学家 Hannon 于 1985 年首次提出“生态系统生产总值”（gross ecosystem product，GEP）的概念，在测算生态系统产品和服务价值的基础之上，利用 GEP 指标对生态系统的健康程度进行衡量和表征[30]。相对于 GDP 而言，GEP 指标最重要的改进在于通过测算和计量生态系统产品和服务的相关价值，进而科学系统地反映出生态系统的价值。Costanza 认为 GEP 是一个综合指标，其核算的原则是对生态系统某一特定时期内，生态系统的功能、生态系统的状况和生态修复能力等方面的信息进行综合性的评价。

此外，各国学者为弥补 GDP 核算方法存在的局限性进而改进并提出了国民净福利（net national welfare，NNW）、绿色 GDP、经济福利（measure of economic welfare，MEW）等指标。

2.1.2 综合性指标

第二类综合性福利指标的典型代表是联合国开发计划署（UNDP）在《1990 年人文发展报告》中提出的基于 Amartya Sen 的可行能力理论的人类发展指数（human development index，HDI）[31]。HDI 的三个分项指标分别是预期寿命指数（life expectancy index，LEI）、收入指数（income index，II）和教育指数（education index，EI）。

（1）预期寿命指数

$$\mathrm{LEI}=\frac{\mathrm{LEB_{actual}}-\mathrm{LEB_{min}}}{\mathrm{LEB_{max}}-\mathrm{LEB_{min}}} \tag{1}$$

式中，$\mathrm{LEB_{actual}}$——当年的预期寿命的实际值；

$\mathrm{LEB_{max}}$ —— 历史上可以观察到的预期寿命的最大值（包括当年的值）；

$\mathrm{LEB_{min}}$——设定的值，表示预期寿命的最小值。

（2）教育指数

$$\mathrm{EI}=\frac{(\mathrm{MYSI}\times\mathrm{EYSI})^{1/2}_{\mathrm{actual}}-0}{(\mathrm{MYSI}\times\mathrm{EYSI})_{\max}-0} \tag{2}$$

式中，MYSI —— 人口平均受教育年限指数；

EYSI —— 人口预期受教育年限指数。

其中，MYSI 为人口平均受教育年限指数，计算公式为

$$\mathrm{MYSI}=\frac{\mathrm{MYS}}{\mathrm{MYS_{ob}}} \tag{3}$$

式中，MYS —— 人口平均受教育年限，即本年度 25 岁及以上的人口在其一生中接受教育年数的平均值；

MYS_{ob} —— 该年份人口平均受教育年限的参考值。

其中，EYSI 为人口预期受教育年限指数，计算公式为

$$\mathrm{EYSI}=\frac{\mathrm{EYS}}{\mathrm{EYS_{ob}}} \tag{4}$$

式中，EYS —— 人口预期受教育年限，即本年度出生儿童在其一生中接受教育年数的期望值（包括复读），是各级教育（初等教育、中等教育、高等教育等）中特定年龄入学率的总和；

EYS_{ob} —— 该年份人口预期受教育年限的参考值（最大以 18 年计，这相当于在大多数国家获得硕士学位所需的时间之和）。

（3）收入指数

$$\mathrm{II}=\frac{\ln\left(\mathrm{GNIPC_{actual}}\right)-\ln\left(\mathrm{GNIPC_{min}}\right)}{\ln\left(\mathrm{GNIPC_{max}}\right)-\ln\left(\mathrm{GNIPC_{min}}\right)} \tag{5}$$

式中，$GNIPC_{actual}$ —— 人均国民收入（gross national income per capita，GNIPC）的实际值；

$GNIPC_{max}$ —— 人均国民收入的最大值；

$GNIPC_{min}$ —— 人均国民收入的最小值。

HDI 的计算公式如下，即上述三个分项指数的几何平均数：

$$\mathrm{HDI}=\left(\mathrm{LEI}\times\mathrm{EI}\times\mathrm{II}\right)^{1/3} \tag{6}$$

此外，Lars Osberg 等（1998）提出了经济福利指数（index of economic well-being，IEWB），该指标区别于传统的福利研究的指标，其中涵盖了人均有效消费、贫富差距、社会生产性资源净累计存量以及经济安全水平等量化指标[32]。

2.1.3　单一性指标

单一性福利测度指标主要包括出生时预期寿命、婴儿死亡率。单一性指标具有很强的客观性和可比性，相比综合性指标更容易获取。出生时预期寿命是指一定的年龄别死亡率条件下，活到某个确切年龄之后，平均还能继续生存的年数。出生时预期寿命的影响因素可以概括为遗传因素、生活条件、体制、医疗卫生服务水平以及人口受教育水平，而这四个指标均受生态环境的影响和制约。婴儿死亡率（infant mortality rate，IMR）指的是婴儿出生后不满周岁死亡人数与出生人数的比值。

2.2　主观福利指标

除了上述客观指标外，国际上部分学者还采用主观指标来测度生态福利水平。Veenhoven（2002）指出，相比于客观福利指标，主观福利指标的评价是更综合性的，客观福利更多的是为提高福利水平或生活质量的投入与产出的对比，相对而言，主观福利更多地体现了人们真实切身的福利感受[33]。

20 世纪 70 年代最早由不丹国王提出的国民幸福指数（GNH），衡量一个国家或地区居民生活水平、社会公平性、发展机会等方面的状况[34]。德国联邦环境部与 2008 年支持的一项福利和可持续的会计研究中，将国家福利指数（national welfare index，NWI）和区域福利指数（regional welfare Index，RWI）作为综合福利的单一指标[35]。英国智库 New Economics Foundation（NEF）构建了幸福星球指数（happy planet index，HPI），该指数将生态资源与人类福利有机结合，其公式如下：

$$\text{HPI}=\frac{\text{生活满意度}\times\text{预期寿命}}{\text{人均生态足迹}}=\frac{\text{幸福生活年限}}{\text{人均生态足迹}} \tag{7}$$

Yew-Kwang Ng（2008）指出 HPI 并没有将生态破坏的负外部性影响考虑在内，为此，其提出了更为完善的衡量指标——环境友好型幸福国家指数（environmentally responsible nation index，ERHNI）[36]。该指数统计意义表示为经过调整的幸福生活年限和人均环境外部成本之差。Knight 等[37]将盖洛普世界民调中微观个体“生活满意度”的平均值作为衡量一国福利水平的指标。

主观福利指标反映了接受访问者对自身需求或者偏好满足情况的主观评估，其优势在于测量福利水平的直接性，但局限性也比较明显，即人们通常会受相对地位、享乐适应、文化差异、宗教信仰、信息不对称等方面因素的影响，容易导致自我报告和福利水平数据出现偏差的现象。

3 生态福利绩效概念及其指标构建

3.1 生态福利绩效的概念与内涵

当今社会，生态福利绩效是在绿色经济理论研究背景下提出来的并得到了发展，其中绿色经济是对传统的注重生态经济效率思维方式的突破。绿色经济思维强调经济是作为社会发展和福利水平提高的载体，如何高效利用稀缺的自然资源，在生态极限内提高人类福利水平是生态福利绩效追求的目标。生态福利绩效是指社会福利价值量与生态资源消耗的实物量之间的比值，能够呈现单位生态资源消耗的福利产出水平，即生态福利产生的效率。前文提到 Daly 提出的利用服务与吞吐量的比值来计算单位消耗所带来的福利水平，但是并没有形成可以计量和具有可比性的指标，而且生态资源吞吐量这一指标尚未形成明确的测算方法。Rees[38]首次提出了生态足迹的概念，后来被学界公认为衡量人类自然消耗或者人类活动对生态环境影响的重要指标，此后对于生态福利绩效的研究才得以开展，而目前研究依旧处于初步探索阶段。生态福利绩效可以呈现出人类福利与生态资源消耗的比值及相对变化趋势，包含了人类社会、经济活动以及生态系统等方面大量信息。生态福利绩效概念的基础是福利的价值量和生态资源消耗的实物量之间的比值变化，分析生态福利绩效变化趋势并对其进行时间序列分析能够测量人类福利水平和生态资源消耗的脱钩程度，进一步分析经济转型以及绿色发展的效果和能级。这是基于强可持续理论而建立的生态福利绩效的测量工具，打破了传统弱可持续发展理论以为寻求生态经济效率的局限。

3.2　生态福利绩效指构建与测度方法

Zhu D[39]提出了生态福利绩效的概念，并定义生态福利绩效为自然消耗转化为福利水平的效率，用来衡量国家或地区的可持续发展能力。基于绿色经济理论，具体的生态福利绩效指数为社会福利水平与生态资源消耗的比值。其中人类发展指数（HDI）用来反映社会福利的水平，生态足迹（EF）衡量生态资源负荷程度。Dietz T 等[40]认为福利生态强度可以代表生态福利绩效，即福利生态强度是人均生态足迹与出生时预期寿命的比值，并且利用 58 个国家的面板数据进行实证分析，其结论是人均 GDP 和生态福利绩效呈“U”形曲线。Jorgenson 等[41]利用 45 个国家的面板数据，对生态福利与经济增长之间的关系进行了研究，结果表明经济增长并未造民生态福利强度的降低。而 Zhu D[39]针对生态福利和经济增长的研究表明，两者之间呈现了倒“U”形关系，认为经济绩效和现阶段产出水平下的福利绩效对于生态福利绩效持续提高产生了严重的制约作用。Verhofstradt 等[42]指出生态足迹能够反映生态资源的消耗量，进而利用 Flanders 的问卷设计和调查研究，对生态足迹与人类主管福利之间的关系进行了分析。

此外，国内外一些学者对环境福利、生态补偿绩效、环境福利绩效、环境治理效率以及绿色发展福利等问题进行了探索研究。James Boyd[43]提倡持续定义的记账单位来衡量自然对人类福利的贡献，认为这些相同的记账单位为衡量政府保护环境市场的环境绩效提供了一个架构。Toba Daniel[44]从多维度的可持续发展视角出发，认为如果我们接受后代不会因自然资本的损失而得到补偿，考虑到这并非完全被人力资本所取代，可持续发展的主要功能必须在环境方面进行量化，因为货币表达并不是全面的，针对社会福利问题需要重新调整国内生产总值的环境评估。

4　生态福利经济学研究展望

近年来，全球生态环境治理以及经济社会可持续发展的客观需求促使人类社会反思传统经济发展模式，并对生态福利有了崭新的现实渴望。在此背景下，在传统福利经济学注重经济利益和社会效益的基础上，纳入了对生态要素的考量，于是产生了生态福利经济学。目前，生态福利已经成为全球性研究热点之一，为经济学的理论发展开辟了新的方向。为此，本文在梳理和分析国际上生态福利经济学研究成果的基础上，分别从生态福利概念内涵、生态福利的指标与测量以及生态福利绩效评价等方面进行梳理和评述，以总结生态福利经济学的研究脉络和最新国际动态。

与众多新理论体系的产生背景一样，生态福利经济学的诞生为现代经济学的理论研究注入了新的活力，必将影响到生态经济学与福利经济学未来的研究方向。首先，生态福利的提出使得福利不再只局限于经济利益和社会效益，弥补了传统福利经济学理论的不足，为传统福利经济学提供了新的研究方向；其次，为实现社会经济增长与生态福利改善提供了理论研究的切入点。当今世界各国社会经济发展与生态环境保护密不可分，人类社会可持续发展需要建立在优良的生态环境基础之上，并使生态福利改善真正成为推动经济转型升级的动力；再次，可以更好地为研究人类社会福利构成要素以及衡量公民福利水平提供新的理论分析工具。生态福利是社会福利和居民福祉的重要组成部分，但是目前学界对生态福利的概念和定义尚未达成一致，这也使得现阶段的生态福利指标各有侧重，而生态福利经济学的发展能够推动生态福利的理论拓展与科学测量；最后，为国内外生态治理与生态文明建设以实现生态优先、绿色发展的经济转变方式提供理论依据与实践指导。

生态福利是指自然生态系统通过其服务功能的改善给人类社会带来的一种福利，是一种公共产品。生态福利衡量的是人类从生态系统中获得的福利水平。鉴于我国现阶段存在的生态系统破坏重、生态治理投入高、生态福利绩效低等现实问题，亟待开展中国特色社会主义生态福利理论的系统性研究。因此，生态福利理论的基础性、系统性、应用性研究对于我国生态文明建设乃至人类社会经济的绿色、可持续发展具有重要的现实指导意义。在当今国内外开展的生态治理及生态文明建设背景下，生态福利经济学是在现代生态经济学和福利经济学理论基础之上融合产生的，为经济学理论研究提供了新的发展方向。未来关于生态福利经济学的研究应充分结合生态经济学和福利经济学思想，对生态福利的基础理论进行交叉学科分析，为我国新时代美丽中国的生态文明建设提供了理论研究基础。

参考文献

[1] Pigou A. The economics of welfare[M]. Routledge，2017.

[2] Bicknell K B，Ball R J，Cullen R，et al. New methodology for the ecological footprint with an application to the New Zealand economy[J]. Ecological economics，1998，27（2）：149-160.

[3] Brown K W，Kasser T. Are psychological and ecological well-being compatible？ The role of values，mindfulness，and lifestyle[J]. Social Indicators Research，2005，74（2）：349-368.

[4] Lemieux C J，Eagles P F J，Slocombe D S，et al. Human health and well-being motivations and benefits associated with protected area experiences：An opportunity for transforming policy and management in Canada[J]. Parks，2012，18（1）：71-85.

[5] Grouzet F M E，Lee E S. Ecological well-being[J]. Encyclopedia of quality of life and well-being research，2014：1784-1787.

[6] Kim Y G. A Study on the Distributive Equity of Neighborhood Urban Park in Seoul Viewed from Green Welfare[J]. Journal of the Korean Institute of Landscape Architecture，2014，42（3）：76-89.

[7] Zhang S，Zhu D，Shi Q，et al. Which countries are more ecologically efficient in improving human well-being？ An application of the index of ecological well-being performance[J]. Resources，Conservation and Recycling，2018，129：112-119.

[8] Costanza R，d'Arge R，De Groot R，et al. The value of the world's ecosystem services and natural capital[J]. nature，1997，387（6630）：253-260.

[9] Sen A. Collective choice and social welfare：Expanded edition[M]. Penguin UK，2017.

[10] Daly H E. The Word Dynamics of Economic Growth：the Economics of the Steady State[J]. American Economic Review，1974，64（2）：15-23.

[11] Giovannini E，Hall J，Morrone A，et al. A Framework to Measure the Progress of Societies[R]. OECD Statistics Working Paper，2011.

[12] Eigenraam M，Chua J，Hasker J. Land and ecosystem services：measurement and accounting in practice[C]//18th Meeting of the London Group on Environmental Accounting，Ottawa，Canada. 2012：4-13.

[13] Wilson K B. Ecological dynamics and human welfare：a case study of population，health and nutrition in Zimbabwe[D]. University of London，1990.

[14] Lubchenco J. Entering the century of the environment：a new social contract for science[J]. Science，1998，279（5350）：491-497.

[15] Lindeman M，Väänänen M. Measurement of ethical food choice motives[J]. Appetite，2000，34（1）：55-59.

[16] McKibbin W J，Wilcoxen P J. The role of economics in climate change policy[J]. Journal of Economic perspectives，2002，16（2）：107-129.

[17] Kopmann A，Rehdanz K. A human well-being approach for assessing the value of natural land areas[J]. Ecological Economics，2013，93：20-33.

[18] Nica E，Potcovaru A M. The social sustainability of the sharing economy[J]. Economics，Management and Financial Markets，2015，10（4）：69.

[19] Caillon S，Cullman G，Verschuuren B，et al. Moving beyond the human–nature dichotomy through biocultural approaches：including ecological well-being in resilience indicators[J]. Ecology and Society，2017，22（4）.

[20] Sharpe A. A survey of indicators of economic and social well-being[M]. Ottawa：Centre for the Study of Living Standards，1999.

[21] Donovan N，Halpern D，Sargeant R. Life satisfaction：The state of knowledge and implications for government[M]. Cabinet Office，Strategy Unit，2002.

[22] Bergheim S，Schneider S. Measures of well-being[J]. There is more to it than GDP. Deutsche Bank Research，Frankfurt，2006.

[23] Stiglitz J E，Sen A，Fitoussi J P. Mismeasuring our lives：Why GDP doesn't add up[M]. The New Press，2010.

[24] Costanza R，de Groot R，Sutton P，et al. Changes in the global value of ecosystem services[J]. Global Environmental Change，2014，26：152-158.

[25] Cobb C W，Daly H. The index for sustainable economic welfare[J]. Daly，HE，Cobb，JB（Eds），1989.

[26] Cobb C，Halstead T，Rowe J. The genuine progress indicator[J]. Redefining Progress，San Francisco，CA，1995..

[27] Max-Neef M. Economic growth and quality of life：a threshold hypothesis[J]. Ecological Economics，1995，15（2）：115-118.

[28] Kubiszewski I，Costanza R，Franco C，et al. Beyond GDP：Measuring and achieving global genuine progress[J]. Ecological Economics，2013，93：57-68.

[29] Lawn P A，Sanders R D. Has Australia surpassed its optimal macroeconomic scale？ Finding out with the aid of benefit and cost accounts and a sustainable net benefit index[J]. Ecological Economics，1999，28（2）：213-229.

[30] Hannon B. Ecosystem flow analysis[J]. Can. Bull. Fish. Aquat. Sci，1985，213：97-118.

[31] UNDP. The Human Development concept[R]. 2010. Retrieved 29 July 2011.

[32] Osberg L，Sharpe A. An index of economic well-being for Canada[R], 1998.

[33] Veenhoven R. Why social policy needs subjective indicators[J]. Social Indicators Research，2002，58（1-3）：33-46.

[34] Burns G W. Gross National Happiness：A gift from Bhutan to the world[M]//Positive psychology as social change. Springer，Dordrecht，2011：73-87.

[35] Held B，Rodenhäuser D，Diefenbacher H，et al. The National and Regional Welfare Index（NWI/RWI）：Redefining Progress in Germany[J]. Ecological Economics，2018，145：391-400.

[36] Ng Y K. Environmentally responsible happy nation index：Towards an internationally acceptable national success indicator[J]. Social Indicators Research，2008，85（3）：425-446.

[37] Knight K W，Rosa E A. The environmental efficiency of well-being：A cross-national analysis[J]. Social Science Research，2011，40（3）：931-949.

[38] Rees W E. Ecological footprints and appropriated carrying capacity：what urban economics leaves out[J]. Environment and Urbanization，1992，4（2）：121-130.

[39] Zhu D，Zhang S，Sutton D B. Linking Daly's Proposition to policymaking for sustainable development：indicators and pathways[J]. Journal of Cleaner Production，2015，102：333-341.

[40] Dietz T，Rosa E A，York R. Environmentally efficient well-being：Is there a Kuznets curve？[J]. Applied Geography，2012，32（1）：21-28.

[41] Jorgenson A K，Alekseyko A，Giedraitis V. Energy consumption，human well-being and economic development in central and eastern European nations：A cautionary tale of sustainability[J]. Energy Policy，2014，66：419-427.

[42] Verhofstadt E，Van Ootegem L，Defloor B，et al. Linking individuals' ecological footprint to their subjective well-being[J]. Ecological Economics，2016，127：80-89.

[43] Boyd J，Banzhaf S. What are ecosystem services？ The need for standardized environmental accounting units[J]. Ecological Economics，2007，63（2-3）：616-626.

[44] Daniel T，Dalia S，Luminita V，et al. Natural dimension of sustainable development and economic and ecological integration in the evaluation of social welfare[J]. Wseas Transactions on Environment and Development，2011，7（1）：13-22.

第二篇
高质量发展下的环境经济政策方法与模型创新

- 环境规制是否阻碍了小企业的进入?
- 立足高质量发展的能源绿色转型环境效益评估
- 基于区域发展阶段特征的绿色发展评价研究——以全国 31 个省份为例
- 环境治理下的寻租行为分析及应对策略
- 太原市出租车电动车改造的经济成本与环境效益的研究
- 环境规制强度对污染密集型制造业技术创新的影响
- 基于动态投入产出模型的河北省低碳发展路径研究
- 煤炭企业环境成本核算体系研究
- 生态资源租值耗散原因的考察——过度攫取与保护不足
- 中国脱硫电价政策的经济分析

环境规制是否阻碍了小企业的进入？

Can Environmental Regulation Hinder the Entry of Small Enterprises？

李光勤[1,2]　陆施予[2,3]
（1 上海财经大学城市与区域科学学院/财经研究所；
2 上海财经大学公共经济与管理学院；3 浙江农林大学暨阳学院）

摘　要　考察环境规制是否对小企业进入具有阻碍作用，构建 2003—2010 年和 2012—2015 年两组面板数据，采用固定效应模型和工具变量等估计方法进行估计。研究发现：环境规制整体上对小企业进入具有显著的正向影响，但是环境规制对不同类型的创新型小企业影响机制并不一样。2012—2015 年的数据发现环境规制促进了产品创新型小企业进入，但对具有研发投资和具有研究机制的创新型小企业不具有显著影响。本研究从企业进入视角研究环境规制的影响作用，拓展国内对环境规制和企业进入这一研究领域，为环境友好型社会的经济发展提供实践参考价值。

关键词　环境规制　企业进入　产品创新　工具变量

Abstract　Examine whether environmental regulation hinders the entry of small businesses. Construct two sets of panel data for the year of 2003-2010 and 2012-2015，using fixed-effects model and instrumental variables. Environmental regulation has a significant positive impact on the entry of small enterprises as a whole，while its impact on different types of innovative small enterprises is not the same. The data from the year of 2012 to 2015 indicates that environmental regulation has facilitated the entry of Small Enterprises of product innovation，but did not have a significant impact on innovative Small Enterprises within R&D investment and research mechanisms. Study the Impact of Environmental Regulation from the perspective of business entry. Expand domestic research on environmental regulation and business entry，and provide practical reference value for the economic development of the environmental friendly society

Keywords　Environmental regulation，Business entry，Product innovation，Instrumental variables

1 第一作者简介：李光勤（1979—），上海财经大学博士，浙江农林大学副教授，主要研究方向为环境经济、城市经济与区域经济；
2 通信作者简介：陆施予，上海财经大学博士、浙江农林大学讲师，主要研究方向：环境经济与财政分权。通信地址：浙江省诸暨市浦阳路 77 号。邮政编码：311800 ，联系电话：18767115622，E-mail：zjfcligq@126. com

近年来，中国粗放型经济的快速发展，环境污染、资源耗竭、生态破坏等问题日益凸显，严重困扰到人民群众的身体健康和国家经济的可持续发展。据 2013 年亚洲开发银行和清华大学的报告，中国 500 个城市中仅有 1%达到世界卫生组织空气质量标准，全球空气污染 10 大城市中国占 7 个[1]。环境问题具有典型的外部性问题，仅依靠市场的“无形之手”难以得到有效控制和解决，需要政府“有形之手”出台一系列环境规制政策。从中国的实践来看，政府高度重视环境规制政策的出台和落实，据 2015 年的《环境统计年报》的统计，截至 2015 年年底，我国已颁布有关环保的地方性法规 414 项、地方政府规章 407 项，建立了较为完善的环境规制政策体系。为进一步贯彻落实“绿水青山就是金山银山”的发展理念和加快各经济主体的健康发展，2016 年，工业和信息化部发布的《促进小企业发展规划（2016—2010 年）》强调“推动小企业绿色发展，运用法律、经济、技术等手段，促进高污染、高能耗和资源浪费严重的小企业落后产能退出”。企业进入或退出是市场优胜劣汰的竞争结果，在不合规小企业纷纷退出市场的过程中，小企业的进入显得尤为重要。小企业是中国推动经济发展、缓解就业压力、促进市场繁荣的核心力量，如何更好地为新创企业创造良好的营商环境，环境规制是否会对新创企业形成阻碍作用是中国企业健康发展面临的一项重要问题。

环境规制对企业发展的重要作用是不言而喻的，其作用可直接体现在环境规制对企业生产率[2-4]、投资[5]、环境绩效[6]和就业[7,8]等方面的影响。环境规制对企业发展、产业绩效的影响，不仅表现在成本增加的直接效应，还包括企业进入、资源配置等间接效应[9]。Acs 等[10]采用美国 1978—1980 年 247 个 4 分位制造业数据比较了小企业和大企业的净进入，发现影响小企业进入和大企业进入的因素在一定程度上存在差异，比如资本密度会阻止最小企业的进入，但对较大企业的进入没有明显影响。Becker 等[11]指出法律法规会对企业引入的新设施要求更严格，尤其是资本密集型企业，如果企业不享受监管豁免，遵守不对称会阻止小企业的进入。吴晗等[12]通过 2005—2009 年中国 30 个地区 24 个分行业数据研究在金融制度下的银行市场结构与企业进入的内在联系，发现中小银行市场份额的提升有利于中小企业进入，但不影响大企业进入。产业内外的各种因素都会对企业进入产生促进和阻碍作用，其中环境制度等产业以外影响小企业进入的因素不可忽视。总体来看，现有文献对于环境规制如何影响企业进入的研究相对较少，尤其是针对中国的数据，以及中国小企业数据的研究更少。

本文利用中国 30 个省级面板数据，研究发现环境规制并不能阻碍小企业的进入，而且针对有产品创新的企业反而有促进作用。与已有文献相比，本文的贡献在于：第一，从环境规制视角，以中国检验实证分析了政策制度对小企业进入的影响，这为分析和解释近年来小企业进入的不断增长提供了一个新的理论视角；第二，采用工具变量方法，识别出环境规制与企业进入的因果关系，进一步证实研究结论的可靠性；第三，根据企业异质性特征，将企业细分为研究投入企业、创新活动企业和创新产品企业，分析了环境规制对不同类型企业的进入产生的演变规律，以期为企业有效进入提供可参照的基础。

1 文献评述与假说提出

1.1 文献评述

环境规制与经济增长之间的关系较为复杂，现有三种代表性的观点。第一种观点是基于“遵循成本”效应，认为在环境规制的约束下，企业负担的生产成本会增加，形成遵循成本，从而不利于经济增长[13-16]。遵循成本的产生一方面会直接导致利润率和生产率的下降，另一方面会间接挤占企业其他生产性、盈利性投资，抑制企业生产能力和盈利能力，最终降低企业的竞争力[17]。第二种观点认为存在“创新补偿”效应，即“波特假说”。合理设置的环境规制会刺激企业加大研发投入和创新管理，有助于提升企业生产效率和市场竞争力，从而形成“创新补偿”效应，弥补或甚至超过遵循成本，促进经济增长[18,19]。第三种观点则认为环境规制对经济增长的影响是不确定的，受到产业特点、环境壁垒、市场竞争、时间维度等因素的影响[3,20]，环境规制对经济增长的影响是非线性的。

目前，关于影响企业进入的因素研究主要集中于广告投放、资本需求、经济规模、产业集中度、研发密度、利润率等方面[21-24]。除了产业内各种因素会对企业进入产生促进和阻碍作用，金融制度、税收激励、环境规制等产业以外影响企业进入的因素不可忽视[25,26]。Pashigian[27]利用 1972—1977 年 319 个 4 分位行业数据，发现受环境规制的影响，行业中的企业规模在扩大，但企业数量在减少，这意味着相比大型企业，环境规制降低了小企业的竞争力和存活率。一般进入壁垒理论的预测结果和经验证据认为环境规制会使小企业处于不利地位，从而阻碍小企业组建[28]。Dean 等[29]研究了 1977—1987 年 170 个制造业的新业务形成，发现环境规制对大型企业的建立没有影响，而对部分小企业的建立有阻碍作用，使得小企业进入者的单位成本处于劣势。Becker 等[11]选取美国污染治理费用和支出（pollution abatement costs and expenditures）数据库中 1974—2005 年 5 个时间段的各项污染治理费用和支出的年度数据，共 321 526 个观测值，研究了环境规制强度对企业进入规模的影响，发现环境规制力度的加强会增加企业成立的规模，不利于小规模企业进入。然而，结合新的数据和长期调控效果，Ringleb 等[30]指出，由于环境规制存在遵从不对称、执法不对称和法定不对称，小企业逃避法律责任的能力有可能会鼓励“危险”行业小企业的形成和进入。现存危险行业的公司会试图通过剥离出新的小公司来隐藏和规避自身与环境法规相关的责任，避免支付损害赔偿金等。Becker 等[31]专注于空气污染治理对小企业经营影响的研究，发现 1962—1992 年四类高污染行业的小企业进入数量是增加的。

环境规制对企业技术创新影响的作用不是单一的，一方面环境规制会促进企业创新活动的开展[32,33]，另一方面也会挤出企业用于创新活动的资金，从而抑制技术创新活动。一部分学者专注于研究环境规制对技术创新影响的差异性，从区域经济水平[34,35]、行业异质性[36,37]、企业规模[11]、环境规制类型[38]等视角研究环境对技术创新的影响。蒋伏心等[39]研究了 2004—2011 年江苏省环境规制对技术创新的影响，发现不仅存在补偿和抵消这类直接效应，还有通过对外直接投资、企业规模等因素产生的间接效应。童伟伟等[40]利用世界银行 2005 年的中国制造业企业的调查数据，发现环境规制显著促进企业研发投入，但其显著性在不同区域间的程度不同，其中中西部无显著影响。

通过对目前文献的梳理可知，国外学者对环境规制如何影响企业进入的问题已展开研究，但得到的结果并不一致；国内学者在研究环境规制对企业发展问题的过程中，更专注于环境规制与企业研发创新之间的关系，忽视了企业进入是体现经济发展的这一事实。技术创新是环境规制和企业进入之间关系的重要纽带，是实现环境改善和企业发展“双赢”结果的前提条件。鉴于此，有必要考察环境规制对企业进入的影响，并进一步研究环境规制影响企业进入的内在机制。本文的研究不仅有助于拓展国内对环境规制和企业进入这一研究领域，而且能为环境友好型社会的经济发展提供实践参考价值。

1.2 理论假说

过去 30 余年的中国经济高速度增长过程中，小企业的贡献不容忽视，特别是针对中国转移农村剩余劳动力过程中，小企业更起着至关重要的作用[41,42]。据《工业和信息化部关于印发促进中小企业发展规划（2016—2020 年）的通知》（工信部规〔2016〕223 号）的报告中，指出中小工业企业占工业企业总数的 97.4%，提供了 80%以上的城镇就业岗位。虽然近年来环境规制力度越来越大[43]，但对于中国经济增长的基本面没有改变，特别是在“大众创业、万众创新”（“两创”）的时代背景下，民众的创业热情得到空间的激发，新创企业不断出现。制度环境对具有中国独特的创业环境起着重要的规范效应[44]，不完善的制度环境会给新创企业带来阻碍和挑战[45]，作为制度环境的具体表现形式，环境规制的加强在一定程度上意味着政府制度的完善和市场公平的推进，这对小企业的进入并不会形成阻碍。据此，本文提出：

假设 1：随着环境规制强度的加强，小企业的增长率并不会下降。

虽然环境规制使污染的负外部性内化导致企业成本上升，但是设计恰当的环境规制所带来创新效应的正向作用要大于成本增加所导致的负向作用。创新效应是实现环境保护与企业经济绩效的重要决定因素，除了可以降低污染治理成本，还能通过新产品开发和生产过程改进来提高生产效率和利润率[46]。通过设置绿色进入壁垒，环境规制在一定程度上给创新型企业创造了良好的氛围，鼓励企业积极参与创新活动、加入环保市场。在“两创”的时代背景下，中小企业在进入的过程中更多地转向以创新型企业，从而形成小企业“铺天盖地”、大企业“顶天立地”的发展格局。从影响对象上来看，环境规制对污染型、高耗能企业的影响较大，而不是创新型企业[47]。按难易程度划分，创新可以划分为工艺创新、产品创新、技术创新，而对应的创新型企业，可以划分为产品创新企业、有研究和开发经费的企业、有创发机构的企业三种类型。蒋为[48]认为环境规制会促进企业的研发倾向与研发投资，并首先体现在产品创新型企业上。因此，当环境规制越强，进行创新活动的中小企业进入市场的动力越强，而首先体现在产品创新型小企业上。据此，本文提出：

假设 2：环境规制强度越强，创新型小企业的增长率越高，且主要体现在产品创新型小企业上。

2　计量模型与数据说明

2.1　计量模型

本文的核心问题是环境规制对企业进入的影响作用，模型设定如下：

$$\mathrm{gr}_{it} = \alpha + \beta \times \mathrm{er}_{it} + \lambda \times X + \mu_i + \nu_t + \xi_{it} \tag{1}$$

式中，i —— 地区；

t —— 年份；

gr —— 企业进入，我们用小企业增长率表示；

er —— 环境规制；

X —— 影响企业进入的一系列控制变量矩阵；

λ —— 各控制变量的系数矩阵；

μ，ν —— 分别代表时间固定效应和地区固定效应，用于控制时间和地区异质性特征的因素；

β —— 本文关心的系数，如果系数显著为正，假设 1 得证，环境规制力度越强，更多的小企业进入，即环境规制促进小企业进入。

式（1）只考察了环境规制对小企业增长率的影响，没有考虑环境规制对具有不同技术创新活动的小企业进入的影响。为了验证环境规制对不同创新型小企业的影响（假设 2），说明环境规制对小企业进入的影响机制。我们将有创新活动的小企业分为有 R&D 活动、研发机构和创新产品三种类型，下面的三个计量模型可分别考察环境规制对具有这三类创新小企业进入的影响：

$$\mathrm{gr\_rd}_{it} = \alpha + \beta_1 \times \mathrm{er}_{it} + \lambda \times X + \mu_i + \nu_t + \xi_{it} \tag{2}$$

$$\mathrm{gr\_ri}_{it} = \alpha + \beta_2 \times \mathrm{er}_{it} + \lambda \times X + \mu_i + \nu_t + \xi_{it} \tag{3}$$

$$\mathrm{gr\_np}_{it} = \alpha + \beta_3 \times \mathrm{er}_{it} + \lambda \times X + \mu_i + \nu_t + \xi_{it} \tag{4}$$

式中，gr_rd、gr_ri、gr_np —— 分别代表有 R&D 活动的小企业增长率、具有研发机构的小企业增长率和拥有新产品的小企业增长率；

β_1、β_2、β_3 —— 分别是核心解释变量的系数，其中β_3显著为正，则假设 2 得以验证。

2.2　变量说明

被解释变量：企业增长率（gr）。衡量企业进入的方式一般有纯进入和净进入两种[24]。纯进入方式是以新进入企业的数目为衡量标准，可以更好地体现某一地区在某一时间的企业进入情况，但存在数据不可得性的问题。因此，出于数据可获得性，采用后者，即企业净增长率来衡量。具体来说，从 2002 年开始，《中国工业统计年鉴》有每个省大型企业、中型企业和小型企业的数量统计，可以直接计算每年小企业的增长率。需要说明的是，《中国工业统计年鉴》对企业的统计口径在 2011 年经过一次调整，2010 年采用全口径统计工业企业数据，但 2011 年采用营业收入达到 2 000 万元以上的企业进入统计，这导致数据并不连续。但幸运的是，在 2011 年后，《工业企业科技活动统计年鉴》针对各个省的所有工业企业、大型企业和中型企业进行了详细的统计，通过简单的计算，可以得到每年的小企业数量。同时，该统计年鉴还对有科技活动的企业进行了统计，最新数据为 2016 年，这为我们提供了 2012—2015 年的小企业数据和具有创新活动的小企业数据。因此，我们得到两个面板数据，其中面板 1 为 2003—2010 年，被解释变量为 gr1；面板 2 为 2012—2015 年，被解释变量为 gr2、gr_rd、gr_ir、gr_np。

核心解释变量：环境规制强度（er）。由于环境规制措施的直接数据较难获取，国内外学者主要采用以下 3 种不同的指标来衡量环境规制强度：第一，采用人均 GDP 或人均收入水平作为环境规制的替代指标，即收入水平越高，环境规制越严格[49,50]；第二，从环境规制的效果视角，采用单位产出的污染排放量作为指标来衡量企业遵守环境规制的程度[51,52]；第三，从企业的投入和实施视角，将单位产出的污染治理成本作为代理变量[53,54]，这是因为严格的环境规制会增加企业的污染治理成本，用污染治理成本能较好地反映企业面临的环境规制强度。本文借鉴多数学者采用的第三种方法，企业为执行、落实环境规制而发生的支出与成本作为衡量指标，即单位工业增长值中污染治理成本的比重来表示（er1）[35]。其中，考虑到工业污染治理投资的完成情况可以更好地体现一个地区在环境管理上的付出和落实，污染治理成本采用各省市污染治理投资完成额来代替。同时采用对单位第二产业增加值中污染治理成本所占比重（er2）进行稳健检验。考虑到内生性问题，文章后来采用 PITI 指数作为 er1 和 er2 的工具变量。

其他控制变量。平均企业资本量（ln asset），采用小企业的资产总额除以小企业总数量，再取自然对数。根据 Kessides[21]、杨天宇等[24]，企业平均资本量可以表示企业进入的规模门槛，平均企业资本量越大，意味着企业的进入门槛越高，预期估计系数为负。企业利润率（profit），采用利润总额占主营业务收入的比重来表示。高额的利润率是吸引企业进入的必要条件，预期其估计系数为正。企业出口率（export），利用出口价值占主营业务收入的比重来表示。出口率越高，企业进入的积极性越高，预期其估计系数为正。城市化率（urb），采用每个地区常住人口占总人口的比重来表示。城市化率越高，说明城市发展水平越高，而城市各项基础设施的提供是企业进入的先决条件，预期为正。地区人均 GDP（ln pgdp）和地区人均消费（ln pcom），以 2000 年为基期，分别通过价格平减指数进行调整，得到真实的地区人均 GDP 和地区人均消费，并取自然对数。用以说明地区的经济发展水平和消费能力，经济发展水平和消费能力均会促进企业的进入，预期为正。税收负担（tax），利用各省主营业务税金和附加费用占销售产值的比重来衡量企业层面的税收负担，预期为负。此外，我们还控制了年份固定效应（i.year）和地区固定效应（i.city），用于捕获那些随时间和城市变化的因素。

2.3 数据说明

本文所使用的数据为 2002—2016 年的年度统计数据，来源于《中国工业统计年鉴》《中国区域经济统计年鉴》《工业企业科技活动统计年鉴》《中国环境年鉴》。《中国工业统计年鉴》在 2012 年之前名字为《中国工业经济统计年鉴》，其中缺失 2004 年的数据，我们通过《中国经济普查年鉴》进行补充。由于西藏部分统计指标缺失，本文选取除西藏以外的 30 个省份。由于本文重点关注环境规制对小企业增长率的影响，在样本选择上未将大中型企业纳入研究范围，得到的原始数据共含 390 个样本数据。表 1 报告了本文中主要变量的描述性统计。考虑到企业进入之前，需要对现有企业的经营表现和市场经济的宏观形势进行了解和判断，我们将企业层面的变量和地区层面的变量直接滞后一期。表 1 为所有变量的描述性统计表。本研究有两个面板数据：第一个面板数据为 2002—2010 年；第二个面板数据为 2011—2015 年，由于被解释变量为小企业的增长率，最后我们的数据分别为 2003—2010 年和 2012—2015 年，样本量分别为 240 和 120，总样本量为 360（不含 2011 年的样本）。

表 1　描述性统计表

变量		变量定义	样本数	均值	标准差	最小值	最大值
被解释变量	gr1	小企业进入数量的增长率（2003—2010）/%	240	10.766	12.476	−28.009	63.859
	gr2	小企业进入数量的增长率（2012—2015）/%	120	6.863	8.286	−21.134	36.863
	gr_rd	有 R&D 的小企业增长率（2012—2015）/%	120	27.008	26.744	−28.289	139.720
	gr_ri	有研发机构的小企业增长率（2012—2015）/%	120	24.512	34.361	−28.571	180
	gr_np	有创新产品的小企业增长率（2012—2015）/%	120	17.800	22.933	−36.842	90
核心解释变量	er1	环境规制指标 1/%	360	0.448	0.352	0.068	2.855
	er2	环境规制指标 2/%	360	0.375	0.285	0.057	2.221
工具变量	piti	PITI 指数省域平均值（2012—2015）	120	38.040	17.288	26.884	67.964
企业变量	ln asset1	平均企业资本量（2003—2010）	240	8.108	0.368	7.214	9.212
	profit1	企业利润率（2003—2010）/%	240	4.612	2.205	−0.340	13.288
	export1	企业出口率（2003—2010）/%	240	7.944	8.555	−7.895	46.192
	ln asset2	平均企业资本量（2012—2015）	120	9.280	0.462	8.525	10.765
	profit2	企业利润率（2012—2015）/%	120	0.455	2.194	0.028	17.122
	export2	企业出口率（2012—2015）/%	120	0.128	0.500	0.003	3.356
地区变量	ln pgdp	地区人均 GDP	360	9.797	0.681	8.048	11.251
	ln pcom	地区人均消费	360	8.716	0.721	6.981	10.446
	urb	城市化率/%	360	0.483	0.148	0.139	0.896
	tax	税收负担/%	360	0.847	0.434	0.179	3.566

注：被解释变量（gr1）和控制变量（ln asset1、profit1、export1）的数据来自《中国工业统计年鉴》，被解释变量（gr2、gr_rd、gr_ri、gr_np）和控制变量（ln asset2、profit2、export2）数据来自《工业企业科技活动统计年鉴》。同时，由于数据来自不同的统计渠道，某些变量的样本存在差异。

3 计量模型与数据说明

3.1 基准回归

表 2 报告了基准回归的 OLS 估计结果，Hausman 检验结果表明，应该采用面板数据固定效应模型的估计结果。第（1）列和第（2）列汇报在不考虑其他控制变量的情况下，2003—2010 年 er1 对小企业增长率具有高度显著的正向影响，系数分别为 9.807 和 9.021，说明环境治理成本占到工业增长值的比重每增加 1%，小企业将净增长 9.02%～9.81%。第（3）列和第（4）列汇报了 2012—2015 年的估计结果，与前两列的正向效果一致，但只有第（4）列在 20%的水平下显著，系数为 3.697，说明在 2012—2015 年，环境治理成本占到工业增长值的比重每增加 1%，小企业将净增长 3.7%。整体上看，这两个面板数据说明环境规制并不是阻碍小企业的进入，反而又促进了小企业的增长。

表 2 基准回归

解释变量	被解释变量：gr1		被解释变量：gr2	
	（1）	（2）	（3）	（4）
er1	9.807***	9.021***	2.966	3.697
	（3.190）	（3.224）	（0.866）	（1.284）
ln asset1/ ln asset2		5.160		22.423**
		（0.816）		（2.354）
profit1/ profit2		0.250		−0.339
		（0.385）		（−0.762）
export1/ export2		0.573***		3.774***
		（4.268）		（3.243）
urb		−20.758***		−20.773
		（−2.880）		（−0.149）
ln pgdp		−11.070		29.131
		（−0.852）		（1.183）
ln pcom		−10.294		−29.730
		（−0.595）		（−0.821）
tax		0.132		−0.902
		（0.073）		（−0.338）
常数项	3.426	148.555*	8.042***	−211.992
	（1.504）	（2.006）	（8.230）	（−0.885）
年份固定	Y	Y	Y	Y
省份固定	Y	Y	Y	Y
F	15.472	17.560	8.078	28.645
（P）	（0.000）	（0.000）	（0.000）	（0.000）
Adj_R^2	0.408	0.463	0.308	0.395
N	240	240	120	120

注：“*、**、***”分别代表 10%、5%、1%的显著性水平，系数下括号内为 t 统计值，中括号内为伴随概率，Y 表示控制了相应的固定效应，下文各表同。

控制变量中，ln asset1 的系数为正，但不显著；ln asset2 系数在 1%水平上显著为正，说明平均企业资本量对小企业进入的影响是正向的，这与我们的预测相反。本文认为出现该现象的原因在于，虽然平均企业资本量的提高会增加企业进入的门槛，但是对于小企业，尤其是近五年来的小企业，平均企业资本量提高所带来的规模经济和区域经济对小企业进入的吸引力更大。通过资源分享和技术创新，小企业进入受到的阻力可以得到缓解，小企业进入的增长率会提高。profit1 的系数为正，但不显著；profit2 的系数为正，在 10%的水平上显著，说明利润率越高，小企业进入增长率就越高，但其影响并不大。export1 系数在 1%水平上显著为正，这说明出口率的增加对小企业进入的正向作用非常明显。然而，export2 的系数为负，并不显著。export1 系数和 export2 系数之间存在的差异，可能是因为自“十二五”规划颁布以来，企业进入转型突破期，对出口的依赖减弱。urb 对 gr1 的系数为负，并在 1%水平上显著，说明城市化率与企业进入紧密相关，随着城市化率的上升，小企业进入的增长率下降。ln pgdp 和 ln pcom 对 gr1、gr2 的系数与预期不一致，说明新创小企业可能对本地区的经济发展水平和消费水平并不看重。tax 对 gr1、gr2 与预期不一致，说明税收负担对新创小企业并无显著的影响。

3.2 稳健性检验

本部分的稳健性检验主要从两个方面进行，首先更换环境规制的度量方法，其次是改变样本量方法考察环境规制对企业进入的影响。

首先，我们用单位工业增加值中污染治理投资的比重衡量环境规制，考虑到环境规制的对象不局限于制造业，我们采用相对宽泛的单位第二产业增加值中污染治理投资的比重（er2）进行稳健检验。表 3 汇报了估计结果，四个模型的估计结果和基准回归的估计结果基本一致。对于核心变量的估计结果，第（1）列和第（2）列汇报了 er2 对小企业增长率具有高度显著的正向影响，系数比基准回归的系数要约大一些。第（3）列和第（4）列汇报的 er2 系数为正，但不显著。从控制变量来看，出口率指标在第（2）列为正，并高度显著，而在第（4）列为负，并不显著；城市化率在第（2）列为负且高度显著，而在第（4）列为正，并不显著。其他控制变量的结果也稳定，平均企业资本量越大、企业利润率越高、出口率越高，小企业进入的增长率越大，而地区人均 GDP、地区人均消费、税收负担对小企业进入的影响不显著。

其次，考虑到东北三省的特殊性，将东北三省的样本删掉后进行稳健性检验。东北作为老工业基础，近年来出现东北现象，即人才外流、资本外流、企业外迁，经济甚至出现负增长。那么东北地区的小企业增长率将不同于其他地区。因此，本部分在不考虑东北三省的情况下，考察环境规制对小企业增长率的影响。表 4 汇报了在控制其他变量的情况下，去除东北三省后的估计结果。四个模型分别汇报了两种环境规制对小企业进入的影响，其结果和表 2、表 3 的结果基本一致，但系数有一定的变化，说明东北现象的确存在，但对全国平均水平的影响并不大。

表 3　稳定性检验：环境规制指标 2 对小企业进入的影响

解释变量	被解释变量：gr1		被解释变量：gr2	
	（1）	（2）	（3）	（4）
er2	11.348***	10.377***	4.511	5.474
	（2.972）	（3.023）	（0.951）	（1.383）
ln asset1/ln asset2		5.075		22.032**
		（0.807）		（2.245）
profit1/profit2		0.250		0.741**
		（0.378）		（2.120）
export1/export2		0.572***		−2.793
		（4.246）		（−1.043）
urb		−20.653***		3.926
		（−2.895）		（0.026）
ln pgdp		−11.400		30.633
		（−0.878）		（1.213）
ln pcom		−10.528		−37.813
		（−0.611）		（−0.988）
tax		0.102		−1.227
		（0.056）		（−0.460）
常数项	3.674	154.342**	7.837***	−161.853
	（1.618）	（2.089）	（7.330）	（−0.621）
年份固定	Y	Y	Y	Y
省份固定	Y	Y	Y	Y
F	15.540	17.330	8.116	28.179
（P）	（0.000）	（0.000）	（0.000）	（0.000）
Adj_R^2	0.406	0.461	0.311	0.396
N	240	240	120	120

表 4　稳定性检验：排除东北三省估计

解释变量	被解释变量：gr1		被解释变量：gr2	
	（1）	（2）	（3）	（4）
er1	9.021***		3.697	
	（3.224）		（1.284）	
er2		10.377***		5.001
		（3.023）		（1.253）
ln asset1/ln asset2	5.160	5.075	22.423**	22.318**
	（0.816）	（0.807）	（2.354）	（2.336）
profit1/profit2	0.250	0.250	−0.339	−0.306
	（0.385）	（0.378）	（−0.762）	（−0.714）
export1/export2	0.573***	0.572***	3.774***	3.409***
	（4.268）	（4.246）	（3.243）	（3.443）

解释变量	被解释变量：gr1		被解释变量：gr2	
	（1）	（2）	（3）	（4）
urb	−20.758***	−20.653***	−20.773	−17.586
	（−2.880）	（−2.895）	（−0.149）	（−0.126）
ln pgdp	−11.070	−11.400	29.131	28.947
	（−0.852）	（−0.878）	（1.183）	（1.178）
ln pcom	−10.294	−10.528	−29.730	−29.122
	（−0.595）	（−0.611）	（−0.821）	（−0.809）
tax	0.132	0.102	−0.902	−0.952
	（0.073）	（0.056）	（−0.338）	（−0.358）
常数项	148.555*	154.342**	−211.992	−216.444
	（2.006）	（2.089）	（−0.885）	（−0.902）
年份固定	Y	Y	Y	Y
省份固定	Y	Y	Y	Y
F	17.560	17.330	64.691	62.729
（*P*）	（0.000）	（0.000）	（0.000）	（0.000）
Adj_R^2	0.463	0.461	0.379	0.380
N	240	240	120	120

第（1）列和第（2）列城市化率的系数在 1%水平上为负，同时第（3）列和第（4）列城市化率的系数也为负，但不显著，说明东北三省非常态的城市经济发展对我们的研究产生了干扰，在去除东北三省数据后，估计结果和我们预期一致。其他控制变量的估计结果与表 2、表 3 基本一致，其中平均企业资本量、企业利润率对小企业进入的正向影响存在显著性提升。

3.3　工具变量

从表 4 的结果可以看出，环境规制对小企业的进入并没有形成阻碍作用，而在某些年份还存在促进作用。但是，上述模型并没有将可能影响小企业进入的因素考虑周全，即存在遗漏变量的问题；同时，还可能存在联立因果关系的情况，随着对某一些行业的环境规制加强，可能会导致其他行业的新进小企业快速增长，也可能使得被规制领域的小企业（也可能是大中型企业）转向不在规制范围的相近领域（开始以小企业身份进入），这时环境规制可能会让相近行业也纳入规制范围，即环境规制导致小企业增长，而小企业的增长也会导致环境规制的加强。由于遗漏变量和联立性，产生内生性问题，这种内生性会让基准回归的估计结果有偏，而工具变量法是解决内生性的一个有效方法。

公众环境研究中心作为一个环境非政府组织，致力于推进环境信息公开，从 2008 年开始公布全国 113 个城市（2013 年以后增加到 120 个城市）的污染源监管信息公开指数（PITI）。从 PITI 涉及的城市来看，分布于中国的东部（52 个城市）、中部（31 个城市）、西部（30 个城市）地区。从 GDP 的大小来看，GDP 值最低的城市只有 156 亿元人民币，而最高的城市 GDP 达到万亿元规模。这说明该统计下的城市分布较为分散，并不是只考虑一些特大城市和大城市，基本能代表中国城市在污染源监管的基本情况。由于 PITI 并没有针对每个省份的污染源监管信息公开进行测算，我们的方法是按省份把各城市的 PITI 指数分组，计算每个省份各城市 PITI 的平均值，用这个平均值作为各个省份的 PITI 指数。已有研究采用这个指数分析了其与城市环境污染之间的关系[55]，PITI 的得分越高，其环境规制越严格，但是 PITI 指数对于小企业并不重要，只有当这个企业规模足够大，或者其污染较为严重时，才会引起环境非政府组织的关注，所以小企业的进入并不受 PITI 指数影响。因此我们可以认为，PITI 指数会影响环境规制，但并不会对小企业进入产生影响，采用 PITI 作为环境规制的工具变量是合理的。由于 PITI 指数只从 2008 年起有记录，不能作为本研究第一个面板（2003—2010）的工具变量，工具变量的估计主要针对第二个面板数据（2012—2015）。考虑到 PITI 指数是针对上一年的政府环境信息公开进行的评价，因此我们在回归分析中直接采用滞后一期的 PITI。

表 5 汇报了采用工具变量的估计结果，第一阶段的各个模型的 F 值均处于接近 10 或者 10 以上，说明工具变量估计结果是可信的，其他 PITI 对 er1 和 er2 的影响系数均高度显著为正，数据变化非常小，说明 PITI 对 er1 和 er2 的影响较为稳定。第二阶段的估计系数中，无论控制变量是否加入，er1 和 er2 的系数均高度显著为正，说明采用工具变量后，环境规制在 2012—2015 年同样促进了小企业的进入，并且其系数的增加，说明影响程度更大。第（2）列和第（4）列的控制变量中，结果基本一致，小企业平均资产和出口率对企业进入具有促进作用，而利润率具有负向影响，城市化和地区人均 GDP 的影响系数为正，地区消费水平和税负的系数为负，但均不显著。

表 5　工具变量估计

解释变量	被解释变量：gr2			
	（1）	（2）	（3）	（4）
er1	23.346***	24.211***		
	（4.073）	（3.967）		
er2			30.611***	31.550***
			（4.129）	（3.992）
ln asset2		25.070***		24.298***
		（2.867）		（2.801）
profit2		−2.432*		−2.130
		（−1.761）		（−1.590）
export2		11.838**		9.185*
		（2.067）		（1.686）
urb		133.369		146.804
		（0.820）		（0.903）
ln pgdp		34.911		33.500
		（1.129）		（1.091）

<table>
<tr><td rowspan="2">解释变量</td><td colspan="4">被解释变量：gr2</td></tr>
<tr><td>（1）</td><td>（2）</td><td>（3）</td><td>（4）</td></tr>
<tr><td rowspan="2">ln pcom</td><td></td><td>−26.416</td><td></td><td>−22.724</td></tr>
<tr><td></td><td>（−0.764）</td><td></td><td>（−0.661）</td></tr>
<tr><td rowspan="2">tax</td><td></td><td>−1.075</td><td></td><td>−1.378</td></tr>
<tr><td></td><td>（−0.282）</td><td></td><td>（−0.364）</td></tr>
<tr><td rowspan="2">常数项</td><td>2.233</td><td>−413.050</td><td>1.757</td><td>−432.433</td></tr>
<tr><td>（1.097）</td><td>（−1.300）</td><td>（0.836）</td><td>（−1.366）</td></tr>
<tr><td>N</td><td>240</td><td>240</td><td>120</td><td>120</td></tr>
<tr><td>Wald chi2</td><td>168.621</td><td>189.272</td><td>173.355</td><td>191.656</td></tr>
<tr><td>（P）</td><td>（0.000）</td><td>（0.000）</td><td>（0.000）</td><td>（0.000）</td></tr>
<tr><td>Adj_R^2</td><td>0.202</td><td>0.061</td><td>0.203</td><td>0.097</td></tr>
<tr><td colspan="5">第一阶段</td></tr>
<tr><td rowspan="2">解释变量</td><td colspan="2">被解释变量：er1</td><td colspan="2">被解释变量：er2</td></tr>
<tr><td>（1）</td><td>（2）</td><td>（1）</td><td>（2）</td></tr>
<tr><td rowspan="2">PITI</td><td>0.027***</td><td>0.026***</td><td>0.021***</td><td>0.020***</td></tr>
<tr><td>（6.931）</td><td>（6.470）</td><td>（7.010）</td><td>（6.544）</td></tr>
<tr><td>F</td><td>19.947</td><td>8.976</td><td>21.069</td><td>9.209</td></tr>
<tr><td>控制变量</td><td>Y</td><td>Y</td><td>Y</td><td>Y</td></tr>
<tr><td>年份固定</td><td>Y</td><td>Y</td><td>Y</td><td>Y</td></tr>
<tr><td>省份固定</td><td>Y</td><td>Y</td><td>Y</td><td>Y</td></tr>
</table>

4　进一步讨论

从第三部分的结果可以看出，2003—2010 年，环境规制并不能阻碍小企业的进入，采用工具变量法对 2012—2015 年的样本估计结果也有同样的结论。由于 2011 年后的《工业企业科技活动统计年鉴》中的数据可以计算出不断创新类型的小企业增长率，下面我们对不同创新类型的小企业增长率进行详细分析。具体来说，根据数据的可获得性，我们可以得到 2012—2015 年具有 R&D 活动、有研发机构和有新产品三种小企业的数据，下面我们分别考虑环境规制对这三种小企业的增长率的影响，从而得到环境规制对小企业的影响的具体机制。

表 6 汇报了 OLS 方法下的估计结果。第（1）列和第（2）列的 er1 系数为负且不显著，说明环境规制对具有 R&D 活动或研发机构的小企业的进入增长率的作用是负面的，但不明显。可能的原因是，环境规制作为进入壁垒在一定程度上加大了企业的成本，同时，技术创新是一项具有高风险特征的活动，进行 R&D 投入或设立研发机构对于企业来说仅仅只是一个开始，投入产出比的未知性很高，因此环境规制力度越强，具备 R&D 投入或设立研发机构能力的小企业进入的反而越少。第（3）列的核心变量系数在 1%水平上显著为正，说明环境规制越严厉，具有新产品企业的增长率越高。可能的原因是：①产品创新相对于拥有研发活动和设立研发机构来说，相对容易一些，从而小企业更趋向于选择产品创

新为应对环境规制的一个手段；②受环境规制的压力，小企业会因为规模劣势而减少进入，而拥有新产品的小企业具备反击的能力，杨天宇等[24]指出小企业倾向于通过产品创新来弥补自身的规模劣势。因此，对于拥有新产品的小企业，在环境规制对技术创新的“补偿”效应下，环境规制力度越强，拥有新产品的小企业进入增长率越高。

表6 环境规制对企业进入的影响机制分析

解释变量	gr_rd （1）	gr_ri （2）	gr_np （3）	gr_rd （4）	gr_ri （5）	gr_np （6）
er1	−1.784	−0.417	27.913***			
	（−0.162）	（−0.033）	（3.758）			
er2				−3.983	−2.653	35.303***
				（−0.247）	（−0.145）	（3.252）
ln asset2	91.394*	149.709*	7.044	91.327*	149.565*	6.075
	（1.752）	（2.029）	（0.300）	（1.759）	（2.036）	（0.261）
profit2	0.354	−2.732	9.028***	0.446	−2.592	9.448***
	（0.205）	（−1.133）	（9.744）	（0.261）	（−1.093）	（9.689）
export2	4.582	40.559***	−57.947***	4.417	40.145***	−61.240***
	（0.763）	（5.626）	（−13.633）	（0.807）	（6.183）	（−14.851）
urb	−135.762	-1.9×10^3**	−930.830*	−147.016	-1.9×10^3**	−921.971*
	（−0.312）	（−2.217）	（−1.933）	（−0.333）	（−2.218）	（−1.904）
ln pgdp	190.934**	284.604*	141.379**	190.753**	284.266*	139.568**
	（2.111）	（1.981）	（2.326）	（2.108）	（1.984）	（2.250）
ln pcom	9.407	150.157	218.327**	8.736	149.585	222.325**
	（0.089）	（0.987）	（2.137）	（0.082）	（0.987）	（2.163）
tax_b	−0.044	−12.594	1.993	0.005	−12.555	1.660
	（−0.003）	（−1.258）	（0.171）	（0.000）	（−1.249）	（0.141）
常数项	-2.8×10^3**	-4.6×10^3**	-3.0×10^3***	-2.8×10^3**	-4.6×10^3**	-3.0×10^3***
	（−2.148）	（−2.466）	（−3.941）	（−2.150）	（−2.477）	（−3.932）
年份固定	Y	Y	Y	Y	Y	Y
省份固定	Y	Y	Y	Y	Y	Y
F	219.429	146.071	1832.255	219.182	144.746	1 901.168
（*P*）	（0.000）	（0.000）	（0.000）	（0.000）	（0.000）	（0.000）
Adj_R^2	0.143	0.281	0.316	0.143	0.281	0.312
N	120	120	120	120	120	120

控制变量中，ln asset2 对 gr_rd 和 gr_ri 的影响系数为正，且通过 10%的显著性检验，说明资产门槛越高，具有 R&D 活动或研发机构的小企业越趋向于进入，说明这两类企业的资本实力更大，但是 ln asset2 对 gr_np 对于具有产品创新的小企业影响并不显著。profit2 在前两个模型并不显著，但第三个模型里显著为正，说明前两类小企业一开始并不看重利润率，而第三类小企业对企业非常看重。出口对三类企业均具有显著的正向影响。地区人

均 GDP 会促进这三类小企业进入的作用并在不同程度上显著为正。这可能的原因是，地区人均 GDP 越高，地区的整体经济社会环境更友好，人们对“大众创业、万众创新”的认知更深入，对科技创新企业的进入更鼓励，因而企业进入的增长率会提升。

5　主要结论与建议

环境规制与经济增长的关系，已有文献进行了较多的研究，主要认为环境规制导致技术进步[56]、产业升级[57]等促进经济增长，但并没有从企业进入这一路径进行研究。本文正是从这个角度出发，采用小企业的增长率作为企业进入的度量指标，从 2003—2010 年和 2012—2015 年两个时间段出发，考察环境规制对小企业进入的影响机制。结果发现：2003—2010 年环境规制对小企业进入具有显著的促进作用，2012—2015 年的环境规制对小企业进入具有正向作用，采用工具变量估计后，这种正向作用变得非常显著；文章还发现环境规制对不同类型的创新型小企业影响机制并不一样，对仅仅进行产品创新的小企业具有促进作用，但对具有研发投资和具有研究机制的创新型小企业具有不显著的阻碍作用，说明小企业存在通过创新来规避环境规制的影响，但主要采用较为初级的创新方式。

环境规制与经济发展是否具有“双赢”效应，本文从环境规制与小企业进入的关系得到经验证据。本文的政策含义主要体现在：首先，我们应该正确对待环境规制，首先认识到环境规制并非针对每个行业每个企业都是不利的，严格的环境规制只会对规制的行业产业阻碍作用，但是可以让被规制的企业改变经营范围，从而选择其他行业进行创业；其次，当企业面对严格的环境规制时，需要采用一定的措施来规避环境规制给企业带来的不利影响，而创新是一种有效的途径；企业在选择创新方式时，应遵循创新从易到难的规制，选择从产品创新出发，进而再投入研究与开发经费（通过自主研发或者寻求合作），最后才是建立自己的创新研究部门。

参考文献

[1] 张庆丰，罗伯特 • 克鲁克斯. 迈向环境可持续的未来：中华人民共和国国家环境分析[M].《迈向环境可持续的未来》翻译组，译. 北京：中国财政经济出版社，2012.

[2] Berman E，Bui LT. Environmental Regulation and Productivity：Evidence from Oil Refineries[J].Review of Economics and Statistics，2001，83（3）：498-510.

[3] Shadbegian R J，Gray W B. Pollution Abatement Expenditures and Plant-level Productivity：A Production Function Approach [J]，Ecological Economics，2005，54（2-3）：196-208.

[4] 王杰，刘斌. 环境规制与企业全要素生产率——基于中国工业企业数据的经验分析[J]. 中国工业经济，2014（3）：44-56.

[5] List J A，Co C Y. The Effects of Environmental Regulations on Foreign Direct Investment [J].Journal of Environmental Economics & Management，2000，40（1）：1-20.

[6] Laplante B，Rilstone P. Environmental Inspections and Emissions of the Pulp and Paper Industry in

Quebec[J].Journal of Environmental Economics & Management，1996，31（1）：19-36.

[7] Morgenstern R D，Pizer W A，Shih S H. Jobs Versus the Environment：An Industry-Level Perspective[J].Journal of Environmental Economics and Management，2002，43（3）：412-436.

[8] Walker W R. Environmental Regulation and Labor Reallocation：Evidence from the Clean Air Act[J].American Economic Review，2011，101（3）：442-447.

[9] 马海良，黄德春，姚惠泽. 技术创新、产业绩效与环境规制——基于长三角的实证分析[J]. 软科学，2012，26（1）：1-5.

[10] Acs Z J，Audretsch D B. Innovation in Large and Small Firms：An Empirical Analysis [J].American Economic Review，1988，23（1）：109-112.

[11] Becker R A，Jr C P，Shadbegian R J. Do environmental regulations disproportionately affect small businesses？ Evidence from the Pollution Abatement Costs and Expenditures Survey[J]. Journal of Environmental Economics and Management，2013，66（3）：523-538.

[12] 吴晗，段文斌. 银行业市场结构、融资依赖与中国制造业企业进入——最优金融结构理论视角下的经验分析[J]. 财贸经济，2015，36（5）：72-83.

[13] Barbera A J，Mcconnell V D. The Impact of Environmental Regulations on Industry Productivity：Direct and Indirect Effects [J]. Journal of Environmental Economics & Management，1990，18（1）：50-65.

[14] Freeman A M，Haveman R H，Kneese A V. Economics of Environmental Policy[J].Nature，1973，376（6539）：444-447.

[15] Gollop F M，Roberts M J. Environmental Regulations and Productivity Growth：The Case of Fossil-Fueled Electric Power Generation [J].Journal of Political Economy，1983，91（4）：654-674.

[16] 李钢，董敏杰，沈可挺. 强化环境管制政策对中国经济的影响——基于 CGE 模型的评估[J]. 中国工业经济，2012（11）：5-17.

[17] Walley N，Whitehead B. It's not Easy being Green [J]. Harvard Business Review，1994，72（3）：46-51.

[18] Brunnermeier S B，Cohen M A. Determinants of Environmental Innovation in US Manufacturing Industries [J]. Journal of Environmental Economics & Management，2003，45（2）：278-293.

[19] Porter M E，Claas V D L. Toward a New Conception of the Environment-Competitiveness Relationship[J].Journal of Economic Perspectives，1995，9（4）：97-118.

[20] 熊艳. 基于省际数据的环境规制与经济增长关系[J]. 中国人口·资源与环境，2011，21（5）：126-131.

[21] Kessides I N. Advertising，Sunk Costs，and Barriers to Entry [J].Review of Economics & Statistics，1986，68（1）：84-95.

[22] Orr D. The Determinants of Entry：A Study of the Canadian Manufacturing Industries [J].Review of Economics and Statistics，1974，56（1）：58-66.

[23] 黄健柏，陈伟刚，江飞涛. 企业进入与行业利润率——对中国钢铁产业的实证研究[J]. 中国工业经济，2006（8）：13-21.

[24] 杨天宇，张蕾. 中国制造业企业进入和退出行为的影响因素分析[J]. 管理世界，2009（6）：82-86.

[25] 贾俊雪. 税收激励、企业有效平均税率与企业进入[J]. 经济研究，2014（7）：94-109.

[26] 李俊青，刘帅光，刘鹏飞. 金融契约执行效率、企业进入与产品市场竞争[J]. 经济研究，2017（3）：138-152.

[27] Pashigian B P. The Effect of Environmental Regulation on Optimal Plant Size and Factor Shares [J].The Journal of Law and Economics，1984，27（1）：1-28.

[28] Bartel A P，Thomas L G. Direct and Indirect Effects of Regulation：a New look at OSHA's Impact[J]. Journal of Law & Economics，1985，28（1）：1.

[29] Dean T J，Brown R L，Stango V. Environmental Regulation as a Barrier to the Formation of Small Manufacturing Establishments：A Longitudinal Examination [J].Journal of Environmental Economics and Management，2000，40（1）：56-75.

[30] Ringleb A H，Wiggins S N. Liability and Large-Scale，Long-Term Hazards[J]. Journal of Political Economy，，1990，98（3）：574-595.

[31] Becker R，Henderson J V. Effects of Air Quality Regulation on Decisions of Firms in Polluting Industries[J]. Population Studies，1997，31（1）：43-57.

[32] Jaffe A B，Palmer K. Environmental Regulation and Innovation：A Panel Data Study[J]. NBER Working Papers，1997，79（4）：610-619.

[33] Lanjouw J O，Mody A. Innovation and the International Diffusion of Environmentally Responsive Technology[J]. Research Policy，1996，25（4）：549-571.

[34] 李平，慕绣如. 环境规制技术创新效应差异性分析[J]. 科技进步与对策，2013，30（6）：97-102.

[35] 王国印，王动. 波特假说、环境规制与企业技术创新——对中东部地区的比较分析[J]. 中国软科学，2011（1）：100-112.

[36] 李阳，党兴华，韩先锋，等. 环境规制对技术创新长短期影响的异质性效应——基于价值链视角的两阶段分析[J]. 科学学研究，2014，32（6）：937-949.

[37] 张峰，宋晓娜，薛惠锋，等. 环境规制、技术进步与工业用水强度的脱钩关系与动态响应[J]. 中国人口·资源与环境，2017（11）：196-204.

[38] 张平，张鹏鹏，蔡国庆. 不同类型环境规制对企业技术创新影响比较研究[J]. 中国人口·资源与环境，2016，26（4）：8-13.

[39] 蒋伏心，王竹君，白俊红. 环境规制对技术创新影响的双重效应——基于江苏制造业动态面板数据的实证研究[J]. 中国工业经济，2013（7）.

[40] 童伟伟，张建民，Dong Weiwei，等. 环境规制能促进技术创新吗——基于中国制造业企业数据的再检验[J]. 财经科学，2012（11）：66-74.

[41] 尚增健. 我国中小企业成长性的实证研究[J]. 财贸经济，2002（9）：13-16.

[42] 周天勇，张弥. 经济运行与增长中的中小企业作用机理[J]. 经济研究，2002（4）：76-83.

[43] 傅京燕. 产业特征、环境规制与大气污染排放的实证研究——以广东省制造业为例[J]. 中国人口·资源与环境，2009，19（2）：73-77.

[44]蔡莉，单标安，朱秀梅，等. 创业研究回顾与资源视角下的研究框架构建——基于扎根思想的编码与提炼[J]. 管理世界，2011（12）：160-169.

[45] Li H，Zhang Y. The Role of Managers' Political Networking and Functional Experience in New Venture Performance：Evidence from China's Transition Economy[J]. Strategic Management Journal，2007，28（8）：791-804.

[46] Magat W A. The Effects of Environmental Regulation on Innovation [J].Law & Contemporary Problems，，1979，43（1）：4-25.

[47] 李娜，伍世代，代中强，等. 扩大开放与环境规制对我国产业结构升级的影响[J]. 经济地理，2016（11）：109-113.

[48] 蒋为. 环境规制是否影响了中国制造业企业研发创新？——基于微观数据的实证研究[J]. 财经研究，2015，41（2）：76-87.

[49] Antweiler W，Copeland B R，Taylor M S. Is Free Trade Good for the Environment？[J].American Economic Review，2001，91（4）：877-908.

[50] 陆旸. 环境规制影响了污染密集型商品的贸易比较优势吗？[J]. 经济研究，2009（4）：28-40.

[51] Domazlicky B R，Weber W L. Does Environmental Protection Lead to Slower Productivity Growth in the Chemical Industry？ [J].Environmental & Resource Economics，2004，28（3）：301-324.

[52] 赵细康. 环境保护与产业国际竞争力[M].北京：中国社会科学出版社，2003.

[53] Cole M A，Elliott R J R. Do Environmental Regulations Influence Trade Patterns？ Testing Old and New Trade Theories[J].The World Economy，2003，26（8）：1163-1186.

[54] 李小平，卢现祥，陶小琴. 环境规制强度是否影响了中国工业行业的贸易比较优势[J].世界经济，2012（4）：62-66.

[55] Li G，He Q，Shao S，et al. Environmental Non-governmental Organizations and Urban Environmental Governance：Evidence from China[J].Journal of Environmental Management，2017，206：1296.

[56] 宋马林，王舒鸿. 环境规制、技术进步与经济增长[J]. 经济研究，2013（3）：122-134.

[57] 赵卓，王亚丽. 环境规制、产业升级与经济增长：一个文献综述[J]. 贵州商业高等专科学校学报，2016，29（4）：42-49.

立足高质量发展的能源绿色转型环境效益评估*

Environmental Benefit Assessment for Green Transformation of Energy System Based on High Quality Development

谭雪[1] 金艳鸣[1] 闫晓卿[2] 赵秋莉[1] 徐峻[2] 陈迪[3] 石磊[3]
（1 国网能源研究院有限公司，北京 102209；2 中国环境科学研究院，北京 100012，；
3 中国人民大学环境学院，北京 100872）

摘 要 新时代经济发展的基本特征是我国经济已由高速增长阶段转向高质量发展阶段。支撑高质量经济发展，我国能源革命的目标即是实现能源质量的跨越，绿色发展是实现能源高质量和可持续发展的必然选择。本文通过构建电能替代潜力评估模型，分析中国及主要地区的电能替代潜力；基于情景分析结果，运用区域空气质量模型估算清洁能源快速发展和电能替代实施下的减排效益，从而量化分析能源电力绿色发展的环境效益。

关键词 绿色发展 清洁能源 电能替代 效益评估

Abstract In new era, economic development's basic feature is that China's economy has shifted from a high-speed growth stage to a high-quality development stage in China. In order to support high-quality economic development, the goal of China's energy revolution is to achieve a leap in energy quality and establish a high-quality energy system. Obviously, green development is an excellent choice for high-quality and sustainable development of energy. This paper analyzes the potential of electric energy substitution in China and major regions by constructing an electric energy alternative potential assessment model. Then, based on the results of the scenario analysis, we used the CAMx model to estimate the emission reduction effects of clean energy and electrical energy alternatives to quantify and analyze the environmental benefits of green development.

Keywords Green development, Clean energy, Electric energy substitution, Benefit evaluation

1 第一作者简介：谭雪（1988—），经济学博士，经济师，国网能源研究院能源战略与规划研究所。长期从事能源经济与管理、能源政策、电力环保领域的研究，主要包括能源战略与规划、能源政策分析、能源革命综合效益评估、绿色电网发展等方面，作为项目负责人或主要参与人承担政府部门、公司系统及院内主要研究课题 10 余项，多项研究成果获得国家及公司奖励。地址：北京市昌平区北七家镇未来科学城北区国家电网公司，邮编 102209，E-mail：tanxue@sgeri.sgcc.com. cn，联系电话：18813195365。
2 通信作者简介：石磊，副教授，博士生导师，主要从事环境经济与管理方面研究；E-mail：shil@ruc. edu. cn。

习近平总书记在党的十九大报告中指出："我们要建设的现代化是人与自然和谐共生的现代化，既要创造更多物质财富和精神财富以满足人民日益增长的美好生活需要，也要提供更多优质生态产品以满足人民日益增长的优美生态环境需要。"破解可持续发展与生态保护之间的制约，立足我国高质量发展目标，能源转型发展至关重要[1]。能源高质量发展以服务人民日益增长的美好生活需要、实现可持续发展为目标，以清洁低碳、安全高效为主要特征，以优化能源结构、优化资源配置、提效增质保量为抓手，是涵盖能源开发、生产、配置和消费的重大变革，是现代能源系统取代传统能源系统的过程。清洁低碳的实现一方面依靠非化石能源转化为电力使用，另一方面通过传统化石能源发电利用、集中脱碳；安全高效同样需要充分依赖电力传输方便、利用高效、调节灵活、控制智能的特征。开启新一轮电气化进程、进一步提升电气化水平，是目前能源转型发展的必然选择[2-3]。

电力绿色发展是破解能源高质量发展难题的必然选择，是深入推进能源生产和消费革命的有力抓手。与传统能源生产和消费方式下的电气化相比，在能源生产环节，体现为越来越多的风能、太阳能等新能源通过转换成电力得到开发利用；在终端消费环节，体现为电能对化石能源的深度替代[4]。从电力生产利用全过程来看，火电排放的污染物可以集中处理，火电厂脱硫率可达到 90%以上，脱硝率可达 80%以上，除尘率可达 99%以上[5]。从能源终端利用效率来看，电能终端利用效率最高，可达 90%以上，远高于散烧煤、直燃油的利用效率。2016 年 5 月，国家发改委、能源局等部委联合发布《关于推进电能替代的指导意见》，明确要求逐步扩大电能替代范围，全面推进北方居民采暖、生产制造领域、交通运输领域和电力供应与消费等 4 个领域的电能替代，实现能源终端消费环节替代散烧煤、燃油消费约 1.3 亿 t 标煤，带动电煤占煤炭消费比重提高约 1.9%，带动电能占终端能源消费比重提高约 1.5%，促进电能消费比重达到 27%。

因此，探寻评估能源系统绿色转型的环境效益的科学方法并量化分析其环境效益是十分必要的。本文首先构建多区域电能替代潜力评估模型，对"十三五"及中长期电能替代规模和潜力进行预测；其次构建不同情景假定，利用自主研发的 GESP-IV 软件进行优化求解，确定常规电源与清洁电源装机的结构和布局；最后利用区域空气质量模型进行测算，量化分析再电气化对于中国和重点地区的环境影响和减排效益。

1 研究方法

1.1 多区域电能替代潜力评估模型

基于已有学者研究[6,7]，本文考虑技术、经济成本、政策要求及用户等影响因素，基于学习曲线方法，对电能替代的未来成本发展趋势进行预估；基于技术扩散模型进行电能替代潜力分析，结合近十年来各类电能替代技术类别及其应用规模的变化，预测我国电能替代技术的理论可替代量；最后，构建基于多影响因素的多区域电能替代潜力分析模型。电能替代潜力评估方法与分析框架如图 1 所示。

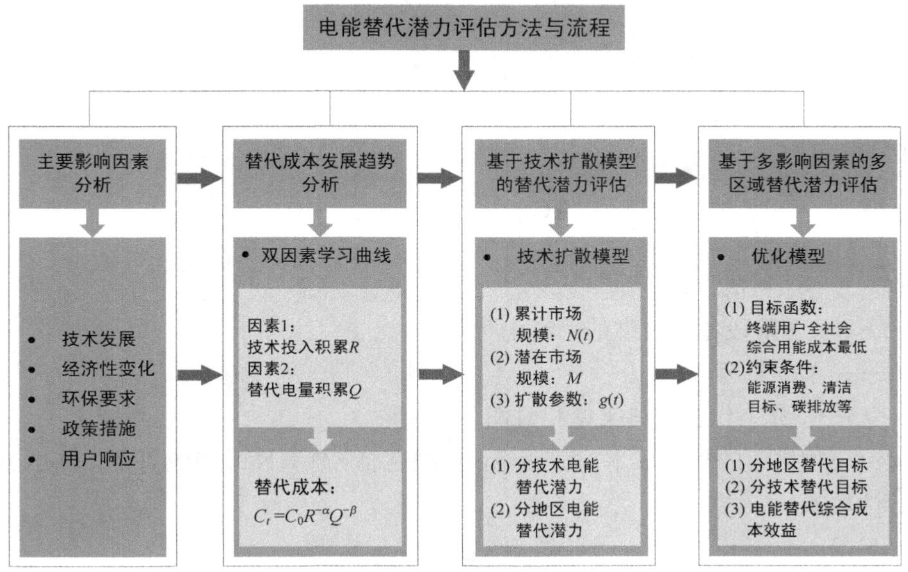

图 1　电能替代潜力评估方法与分析框架

（1）目标函数

基于多影响因素的多区域电能替代潜力评估模型的目标函数为总成本最小化。

$$\min \mathrm{TC}=\mathrm{FC}+\mathrm{OMC}+\mathrm{RC}+\mathrm{FK}+\mathrm{EC}-\mathrm{RV}-\mathrm{AV} \tag{1}$$

式中，TC —— 全国多区域开展电能替代的系统成本；

FC —— 煤改电设备、原有燃煤设备的环保改造等固定设备投资成本；

OMC —— 设备运行和员工维护成本；

RC —— 燃料成本；

FK —— 排污收费和罚款成本；

EC —— 环境污染物排放的外部成本；

RV —— 设备残值回收收益；

AV —— 产品增值收益（如电窑炉产品质量提高后的增值收益）。

固定设备投资成本如下：

$$\mathrm{FC}=\mathrm{INV}(y)+\mathrm{SB}(y) \tag{2}$$

式中，INV —— 投资成本；

SB —— 投资相关的税收和补贴。

设备运行和员工维护成本 OMC 如下：

$$\mathrm{OMC}=\mathrm{FIX}(y)+\mathrm{TSB}(y)+\mathrm{VAC}(y) \tag{3}$$

式中，FIX —— 固定运行费用；

TSB —— 与固定运行费用相关的税收和补贴；

VAC —— 可变年运行维护费用。

燃料成本如下：

$$RC = \sum_{k} ET_{k,t} \times P_{k,t} \tag{4}$$

式中，RC —— 燃料成本；

ET —— 各阶段各种类型的燃料消费量；

P —— 单位燃料成本；

k，t —— 分别代表燃料类型和时间。

环境污染物排放的外部成本如下所示，主要包括 SO_2、NO_x、$PM_{2.5}$ 和 CO_2 排放带来的环境外部性成本。

$$EC = \sum_{i} (ES_i \times K_i) \tag{5}$$

式中，EC —— 外部成本；

ES —— 大气污染物排放量；

K —— 排放单位大气污染物的外部成本；

i —— 污染物类型，包括 SO_2、NO_x、$PM_{2.5}$ 和 CO_2 等。

排放单位大气污染物的外部成本取值一方面参考了国内外研究机构对大气污染物负外部性的评估值，同时参考了国内对主要污染物排放的收费和罚金标准。例如，SO_2、NO_x 排污收费标准为 10 元/kg。根据国家发展改革委、环境保护部颁布的《燃煤发电机组环保电价及环保设施运行监管办法》（发改价格〔2014〕536 号），燃煤发电机组 SO_2、NO_x、烟尘排放浓度小时均值超过限值要求仍执行环保电价的，由政府价格主管部门没收超限值时段的环保电价款；超过限值 1 倍及以上的，并处超限值时段环保电价 5 倍以下罚款。

（2）约束条件

优化模型的约束条件包括：

1）规划期能源消费量约束。基于经济可行性，规划采用煤改电和未采用煤改电技术的能源消费量应不超过国家设定的能源消费约束目标。

$$\sum_{i,r,t} QE_{i,r,t} \cdot XE_{i,r,t} + \sum_{r,f,t} QC_{r,f,t} \leqslant TNE_{r,f,t} \quad ,\forall i,r,f,t \tag{6}$$

式中，$QE_{i,r,t}$ —— 在 t 规划期内第 r 地区的第 i 种煤改电技术的发电量；

$XE_{i,r,t}$ —— 单位煤耗；

$QC_{r,f,t}$ —— 第 f 种能源消费量；

$TNE_{r,f,t}$ —— 国家设定的能源消费约束目标。

2）各地区煤炭消费总量和散烧煤消费量约束。该约束确保各地区煤炭消费总量小于等于国家分配的限额，即：

$$\sum_{i,r,t}\mathrm{QE}_{i,r,t}\cdot\mathrm{XE}_{i,r,t}+\sum_{r,g,t}\mathrm{QM}_{r,g,t}\leqslant\mathrm{TQC}_{r,t}\quad,\forall i,r,g,t \tag{7}$$

式中，$\mathrm{QM}_{r,g,t}$ —— 第 r 地区的第 g 种用途的散烧煤消费量；

$\mathrm{TQC}_{r,t}$ —— 依据政策规定在 t 规划期内第 r 地区的煤炭总量约束。

3）清洁能源发展目标。该约束确保非化石能源的占比在 2020 年和 2030 年分别达到国家设定的占比目标（15%和 20%），即：

$$\mathrm{RE}_{2020}/\mathrm{TE}_{2020}\geqslant 15\% \tag{8}$$

$$\mathrm{RE}_{2030}/\mathrm{TE}_{2030}\geqslant 20\% \tag{9}$$

式中，RE_{2020}、TE_{2020} —— 分别为 2020 年非化石能源消费量和一次能源消费总量；

$\mathrm{R}_{\mathrm{E}2030}$、$\mathrm{TE}_{2030}$ —— 分别为 2030 年非化石能源消费量和一次能源消费总量；

15%、20% —— 分别为国家制定的 2020 年和 2030 年的非化石能源占比目标。

4）各地区历年能源消费量约束。该约束确保各地区能源供应量能够满足各阶段、各地区的用户用能需求，即：

$$\mathrm{EP}_{r,t}+\mathrm{EI}_{r,t}-\mathrm{EO}_{r,t}\geqslant\mathrm{ED}_{r,t}\quad,\forall r,t \tag{10}$$

式中，EP —— 该地区能源生产量；

EI、EO —— 分别为能源输入量和输出量；

ED —— 能源需求量；

r、t —— 分别代表地区和时间。

5）各地区历年用能设备容量约束。该约束确保各地区、各阶段的能源系统供应总容量不小于用户用能负荷需求，即：

$$\sum\mathrm{CC}_{r,t}\times(1+b_{r,t})\leqslant\mathrm{CE}_{r,t}\quad,\forall r,t \tag{11}$$

式中，CC —— 用户用能负荷需求（如用电容量、最大供暖负荷需求等）；

b —— 备用系数；

CE —— 能源系统供应总容量；

r、t —— 分别代表地区和时间。

6）环境污染物排放总量约束。该约束确保在满足能源消费需求的前提下，能源系统产生的污染物排放在国家制定的环保控制范围之内，即：

$$\mathrm{ENV}(t,\ e)\leqslant\mathrm{ENV\_Limit}\,(t,\ e) \tag{12}$$

式中，ENV —— 某一时间的总排放量；

ENV_Limit —— 全国和各地区国民经济和社会发展规划纲要等各级政府设定的大气污染物排放上限。

除了对某一年的排放量施加约束之外，模型也可以约束排放总量。此外，模型还可以通过设定排放税对排放量进行约束。排放税的设定，会增加某些产生排放的技术成本，进而增加系统总成本。

7）碳减排约束。该约束确保在满足能源消费需求的前提下，能源系统产生的二氧化碳排放满足国家设定的近中期目标。本课题主要核算能源排放产生的二氧化碳，同时考虑了技术进步（如 CCS 技术应用）对碳排放的影响。分别考虑电力系统和非电能源系统，约束我国能源系统二氧化碳排放量小于我国温室气体排放限值。

$$\sum_{k=1}^{3}\mathrm{ECM}_{k,t}\cdot\mathrm{EHCC}_{k,t}\cdot\zeta_k^E\cdot\left(1-\mathrm{CCS}_t\right)+\sum_{i=1}^{6}\mathrm{DF}_{it}\cdot\zeta_k\leqslant\mathrm{PLC}_t \tag{13}$$

式中，$\mathrm{ECM}_{k,t}$ —— 在规划期 t 内，第 k 种电源的能源消费总量折算后的煤耗；

$\mathrm{EHCC}_{k,t}$ —— 第 k 种电源的单位二氧化碳排放量；

CCS_t —— 二氧化碳去除率；

ζ_k^E —— 不同电源的二氧化碳排放因子，依据已有研究[12-13]，单位煤电的排放因子为 0.8～1.0 kg CO_2eq/（kW·h），燃气发电的排放因子在 0.36～0.58 kg CO_2eq/（kW·h）；陆上风电的综合排放均值约为 8.58 g CO_2eq/（kW·h），水能约为 22.84 g CO_2eq/（kW·h），光伏发电的排放因子为 26～217 g CO_2eq/（kW·h）；

$\mathrm{DF}_{i,t}$ —— 发电以外的第 i 种能源（如天然气、焦炭、成品油等）的消费量；

ζ_k —— 不同能源二氧化碳排放系数；

PLC_t —— 规划期内 t 二氧化碳的排放上限。

$$1-\left(\mathrm{PPLC}_{2020}/\mathrm{PPLC}_{2005}\right)\geqslant\mathrm{ratio}_{2020} \tag{14}$$

$$1-\left(\mathrm{PPLC}_{2030}/\mathrm{PPLC}_{2005}\right)\geqslant\mathrm{ratio}_{2030} \tag{15}$$

式中，PPLC_{2005} —— 2005 年单位 GDP 碳排放量；

PPLC_{2020}、PPLC_{2030} —— 分别为 2020 年和 2030 年单位 GDP 碳排放量；

ratio_{2020}、ratio_{2030} —— 分别为 2020 年和 2030 年单位 GDP 碳排放相比 2005 年单位 GDP 碳排放的减排比例。

1.2 区域空气质量模型

研究中的污染来源贡献采用现今较通用的区域空气质量模型 CAMx 和它配备的源排放示踪技术进行模拟计算获得。CAMx 模式所使用的源示踪技术最早是 Yarwood 等应用于 CAMx 的臭氧源示踪技术（OSAT）的，之后扩展到颗粒物上（PSAT）。PSAT 技术是 CAMx 模式中计算几种不同特定排放源对目标区域污染浓度的技术方法，这项数值技术不仅可以分析目标区域（即受体区域）的颗粒物的不同来源，而且可以针对不同类型的来源贡献，方法简单应用广泛[8-10]。CAMx 模式中源示踪技术所使用的算法如下：

在模式模拟的一个时间步长下，有化学反应 $A\rightarrow B$ 或 $A\leftrightarrow B$，在整个模拟区域内还是受

体区域，保证物种 A、B 不同源区的示踪物种总和与 A、B 的质量浓度相同。即

$$A=\sum a_i \qquad B=\sum b_i \tag{16}$$

式中，a_i —— 第 i 个源区的被标记的物种 A 的质量浓度；

A —— 物种 A 的总质量浓度；

b_i —— 第 i 个源区的被标记的物种 B 的质量浓度；

B —— 物种 B 的总质量浓度。

CAMx 的颗粒物示踪技术的主要算法是利用下面的迭代关系。

$$a_i(t+\Delta t)=a_i(t)+\Delta A\frac{w_i a_i}{\sum w_i a_i} \tag{17}$$

$$b_i(t+\Delta t)=b_i(t)+\Delta B\frac{w_i a_i}{\sum w_i a_i} \tag{18}$$

式中，a_i（$t+\Delta t$） —— 被标记的第 i 个源区的物种 a 的 $t+\Delta t$ 时刻的质量浓度；

a_i（t） —— 被标记的第 i 个源区的物种 a 的 t 时刻的质量浓度；

ΔA —— 物种 A 在 Δt 时刻内的质量浓度的变化量；

W_i —— 衡量物种 A 参与化学反应活性的权重系数。

在可逆反应中，被标记的化学反应也需达到平衡。

PSAT 技术不仅可以在一次解析过程包括硫酸盐、硝酸盐、铵盐、颗粒态汞、SOA、六种一次颗粒物（元素碳、一次有机碳、细模态土壤颗粒物、其他类别细模态颗粒物、粗模态土壤颗粒物、其他粗模态颗粒物）的所有物种，而且可示踪出污染物的传输范围，并且针对不同物种采用不同源区、不同行业标记的方法，这样更有效地帮助监管部门制定最有效、最低成本的 $PM_{2.5}$、O_3 的控制策略。PSAT 在标记物种过程中，颗粒物发生化学转化时，其地理属性并不改变，因此能较好记录污染物来源贡献，并且 PSAT 在计算化学转化时采用不同的计算源分配方法，能有效地规避非线性化学的影响，简化了计算步骤，方法简单易行。

2 电能替代减排效益评估

2.1 情景假定

本文设定基准情景是在我国经济向中高速转型背景下，电力需求增速较慢，深入推进火电落后产能淘汰。2020 年，我国煤电装机规模大约为 11 亿 kW，2030 年煤电装机规模约为 10.8 亿 kW。在淘汰落后产能措施的实施下，我国煤电装机增长主要来源于西北地区，其余地区煤电装机增速较缓。在此情景下，中国电煤消费需求从 2015 年的 11.4 亿 t 标煤上升到 2020 年的 13.6 亿 t 标煤，达峰后到 2030 年将降至 9.8 亿 t 标煤。

绿色转型情景是考虑水电、核电、风电、太阳能发电等更为快速，煤电发展速度减缓；同时，在能源消费端，我国主要在工业领域、交通运输领域、商业领域、居民生活领域等

开展以电代煤，由此减少散烧煤以及工业小锅炉的污染排放。在此情景下，清洁能源替代效应显现，各个地区的电煤消费需求大幅度下降，在 2020 年中国煤电装机规模约为 10.6 亿 kW，2030 年中国煤电装机规模约为 10.1 亿 kW。

根据电力系统成本最小化目标，本文利用电力系统整体优化规划（GESP-IV）软件进行优化求解[11]，确定合理的常规电源与分布式电源装机结构和布局，跨区电力流规模和流向，从而计算不同地区能源电力系统发展的减排效益。电力流总体格局与清洁能源加速情景一致，仍呈现“西电东送”“北电南供”的总体格局。但随着全社会用电量增长和西部、北部清洁能源加快开发，中远期电力流规模大于基准情景。

2.2 电能替代潜力评估

基于多区域电能替代潜力评估模型，考虑经济性和技术可行性等综合因素，中国推进以电代煤的重点领域主要包括推进家庭及餐饮行业的电气化、实施电采暖、推广电锅炉，即推广热泵、电采暖、电锅炉等电能替代技术，淘汰燃煤小锅炉，减少直燃煤，如图 2 所示。

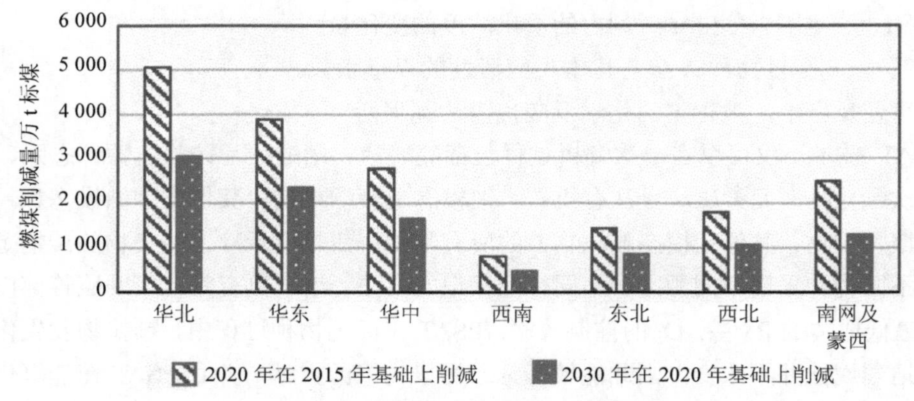

图 2 未来各地区其他行业①用煤削减量

参考国内外有关环境污染物的治理成本，以及地区经济发展、环保要求和排污收费标准的差异，将燃煤污染物排放的外部成本内部化，按现行能源消费价格水平，以及投资、财税和补贴等政策条件，并按 2015 年环保部针对燃煤电厂单位超排污染物的平均罚款水平收取散烧煤、中小工业锅炉和窑炉等燃煤用户的排污费，根据国网能源研究院报告《“十三五”电能替代规划发展研究》成果，2020 年全国“以电代煤”环保可行潜力②约 10 225 亿 kW·h。

结合国内外电能替代主流技术发展水平，通过对主要行业能源消费特点及生产工艺的

①本文考虑其他行业为工业、交通业。

②考虑不同地区的用能特点和结构，通过制定更严格的强制环保政策标准，并对项目建设一次投入及运行给予一定经济补贴等措施，可推动社会实施“以电代煤”的替代电量潜力。

研究，在考虑国家已出台有关政策和现行电价水平下，以电代油潜力主要体现在交通领域。交通运输领域电动车、轨道交通、港口岸电、机场桥载 APU 替代四个技术领域电能替代潜力如表 1 所示。

表 1　我国交通领域电能替代的主要技术、技术经济性及潜力　　单位：亿 kW·h

运输方式	主要技术	技术可行性	经济性	环保性	全国替代潜力	
					“十三五”	2020—2030 年
公路	电动汽车	优	一般	优	343	1 875
	低速电动车	优	优	优	628	1 012
	轨道交通	优	差	优	302	781
铁路	电气化铁路	优	优	优	52	233
水路	岸电技术	优	一般	优	160	192
航空	机场桥载设备	优	优	优	8	17
合计					1 493	4 110

2.3　电能替代减排效益评估

在绿色转型情景下，电力行业不仅自身实现净零排放，而且通过电能替代促进其他行业减少散烧煤污染排放。如图 3 所示，相比 2015 年，2020 年全国其他行业 SO_2、NO_x 和 $PM_{2.5}$ 等污染物下降幅度分别达到 34%、30%和 19%；2030 年全国其他行业 SO_2、NO_x 和 $PM_{2.5}$ 下降幅度分别达到 42%、36%和 26%。

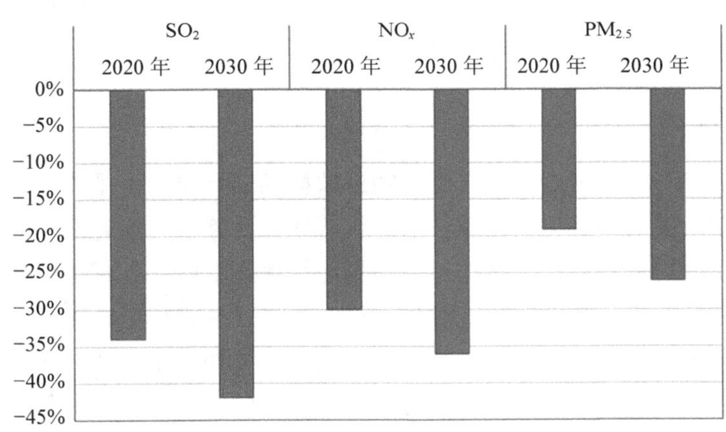

图 3　相比 2015 年，2020 年和 2030 年绿色转型情景下全国主要污染物排放变化

从重点地区来看，以京津冀地区和长三角地区为例，未来这些地区再电气化水平和规模不断提升，交通领域与工业领域的电动汽车和电锅炉使用率不断提高，电气化水平将高于全国平均水平。在此背景下，实施电能替代减排效果最为明显，相比 2015 年，2020 年京津冀其他行业 SO_2 浓度降低 38%，NO_x 浓度降低 29%，$PM_{2.5}$ 排放浓度降低 25%；2030

年 SO_2 浓度降低 4.6%，NO_x 浓度降低 40%，$PM_{2.5}$ 排放浓度降低 30%。长三角地区，2020 年和 2030 年其他行业 SO_2 浓度降低分别达到 46%和 50%，NO_x 浓度降低 30%和 52%，$PM_{2.5}$ 浓度降低 23%和 40%。

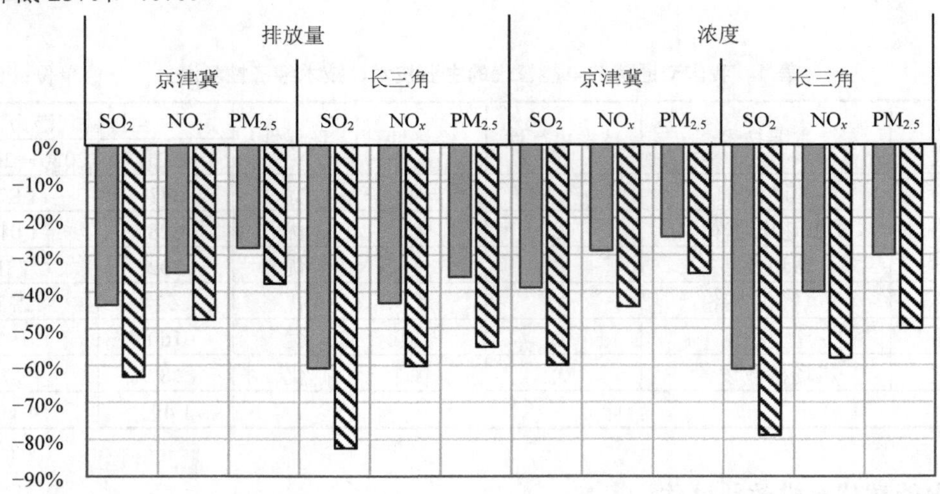

图 4　相比 2015 年，2020 年和 2030 年绿色转型情景下京津冀和长三角地区主要污染物排放变化

从模拟结果来看，由于高污染、低架源直接排放的散烧煤被大量替代，相应的能源需求由超低排放的煤电和清洁能源发电来满足。因此，能源电力绿色转型对全国灰霾治理的积极作用远大于节能改造和实施超低排放等电力行业自身减排举措。

3　结论及建议

近年来，国家不断加强对火电厂污染物排放标准的要求，在排放标准和监管趋严的约束下，末端治理效果显著且见效迅速，但是随着环保设施应用的普遍性、减排边际成本的上升、技术研发的周期等原因，末端治理的经济性逐渐下降，其减排空间有限。但是，优化资源配置和能源结构，利用清洁能源替代化石能源是改善环境、应对气候变化的重要支点，以清洁能源替代化石能源消费能够促进大气污染物和温室气体减排。电能是清洁的二次能源，电能终端利用效率远高于其他能源形式，与燃煤锅炉、窑炉和居民散烧煤炭、石油相比，提高电气化水平能明显提高能源利用效率，以电替代散烧煤、直燃油，能够有力节约煤炭消耗，减少污染物和温室气体排放。可见，提高发电用煤比重、实施电能替代、减少散烧煤是推进能源绿色转型的有效途径。

因此，应以电为中心优化能源生产与消费方式，减少散烧煤，提高发电用煤比重，加快推进电能替代战略在全国范围内实施，提高全社会电气化水平，稳步推进能源系统绿色转型电网是能源转型的中间环节，用户深度参与系统调节需要强大的电网技术做支撑，这是新能源大规模开发利用的关键，也是再电气化的有效手段。要发挥电网的能源转换枢纽和基础平台作用，研究提出并加快实施“再电气化”，提高新能源输送比例，加快清洁供暖、电能替代推广力度，促进新能源消纳，从而促进能源体系向“清洁低碳”转型，助力构建绿色环保的生产和生活方式，以支撑高质量发展和美丽中国建设。

参考文献

[1] 王志轩. 中国电力需求侧管理变革[J]. 新能源经贸观察，2018（9）：27-34.

[2] 潘敬东. 推动电网高质量发展 加快再电气化进程和能源清洁低碳转型[N]. 国家电网报，2018-03-29（6）.

[3] 彭源长. 再电气化引领能源清洁发展[N]. 中国电力报，2018-03-20（4）.

[4] 舒印彪. 加快再电气化进程 促进能源生产和消费革命[J]. 国家电网，2018（4）：38-39.

[5] 中国电力企业联合会. 中国电力行业年度发展报告 2018[M]. 北京：中国市场出版社，2018.

[6] 黄祖伟. 多情景下的电能替代潜力分析[J]. 低碳世界，2017（29）：27-28.

[7] 夏怀健，林海英，张文，等. 基于多模型的区域电能替代发展潜力研究[J]. 科技管理研究，2018，38（4）：241-246.

[8] Han Feng，Xu Jun，He Youjiang，et al. Vertical structure of foggy haze over the Beijing-Tianjin-Hebei area in January 2013[J]. Atmospheric Environment，2016（139）：192-204.

[9] 杜晓惠，徐峻，刘厚凤，等. 重污染天气下电力行业排放对京津冀地区 $PM_{2.5}$ 的贡献[J]. 环境科学研究，2016，29（4）：475-482.

[10] 杜晓惠. 基于源示踪技术评估电力布局优化对区域空气质量的影响[D]. 济南：山东师范大学，2016.

[11] 谭雪，刘俊，郑宽，等. 新一轮能源革命下中国电网发展趋势和定位分析[J]. 中国电力，2018（10）：1-6.

基于区域发展阶段特征的绿色发展评价研究——以全国31个省份为例

Research for Green Development Assessment Based on the characteristics of regional development stage: Taking the 31 Provinces in China as an Example

吴大磊[1] 杨 琳 赵细康

摘 要 本文提出一种基于区域发展阶段特征的绿色发展评价方法，该方法将区域经济发展阶段性（以人均GDP来表征）这一影响地区资源利用和污染物排放水平的重要变量考虑其中，并结合环境库兹涅茨曲线假说，构建区域发展阶段与资源利用和污染排放之间关系的绿色发展评价方法，该方法力图使得评价结果能反映出处于不同经济发展阶段地区致力于绿色发展的努力程度，其评价过程和结果更能反映绿色发展的内涵要义。本文利用该方法对全国31个省份的绿色发展水平进行了测评，结果显示，广东、福建以821分和818分位居前两位，浙江、海南、吉林、陕西、北京、云南、重庆、四川等省份分列全国第3至第10位。

关键词 绿色发展评价 区域发展阶段特征 EKC曲线 全国

Abstract This paper proposes a green development evaluation method based on the characteristics of regional development stage, which considers the regional economic development stage (characterized by per capita GDP), which is an important variables affecting regional resource utilization and pollutant emissions. This method build a green development evaluation model of the relationship between regional development stage and resource utilization and pollution Emission. This method seeks to make the evaluation results reflect the efforts of green development in different economic development stages. The evaluation process and results can better reflect the connotation of green development. This paper uses this method to evaluate the green development level of 31 provinces and cities nationwide. The results show that Guangdong and Fujian rank first and second, which scores are 821 and 818, Zhejiang, Hainan,

---

1 作者简介：吴大磊，男，1984年1月生，博士，经济学副研究员，主要从事环境经济与政策研究，现任职于广东省社会科学院环境与发展研究所。地址：广东省广州市天河区天河北路618号；邮编：510635。

Jilin, Shanxi, Beijing, Yunnan, Chongqing and Sichuan are ranked 3 to 10 in the country.

Keywords Green development evaluation, Characteristics of regional development stage, Environmental Kuznets Curve, China

1992 年在巴西里约热内卢召开的联合国环境与发展大会提出的着力于实现经济社会发展与环境保护目标并重和共赢的环境友好型绿色发展，已逐步成为当今世界主导性的绿色发展理论话语和范式。从绿色发展的概念内涵看，其与均衡发展、低冲击发展、协调发展、节约发展、清洁发展、循环发展、低碳发展、生态发展、可持续发展等概念具有相关性。本文认为，绿色发展在本质上是一种资源节约与环境友好的发展方式，前者要求人类实现发展对自然的最小开发与利用，后者要求人类实现发展对自然的最小冲击与破坏。可以看出，绿色发展这种模式是相对于“高消耗、高污染、高冲击、低收益”的传统发展模式而言的。这一新的发展模式不仅要求实现发展与保护之间的协调，更要求实现发展与保护的“双赢”，既要“金山银山”，也要“绿水青山”。

为架起从理论到实践的桥梁，国内外学者开始通过建立绿色发展评价指标体系的方法，来定量研究和评价国家、区域和行业等各层面绿色发展水平，以评估和诊断相关政策是否合理、路径方向是否朝着绿色发展的目标迈进。当前，有关区域绿色发展的评价思维均是在同一时点、用同一标准对处在不同发展阶段地区的绿色绩效（如资源利用效率、污染排放水平等）进行评价。这种基于同一时点的共时性评价思维由于忽略了区域发展阶段的异质性，使得处在不同发展阶段地区致力于绿色发展的努力程度难以体现出来。许多实证研究发现，不同收入水平的资源利用和污染排放往往具有典型的阶段性特征，呈现出环境库兹涅茨曲线（Environmental Kuznets Curve，EKC）假说所揭示的倒“U”形变化特征（Grossman and Krueger，1991）。即那些人均收入水平越过了一定门槛的地区，其资源利用效率往往较高，污染排放水平会相对较低。如果简单用高收入地区的绿色发展标准来衡量低收入地区，则低收入地区的绿色发展无论如何努力，也难以超越高收入地区的水平。绿色发展评价的目的在于揭示一个地区环境与发展的协调程度，在于反映后发地区避免重蹈先发地区“先污染后治理”覆辙的努力程度。在目前国际社会应对气候变化的谈判中，发达国家与发展中国家关于承担温室气体减排责任的争议，最大的焦点正是双方的发展阶段差异。“共同但有区别的责任”也因此成为大多数国家参与应对全球气候变化的共识。从维护国家利益的角度，更应当采用基于区域发展阶段特征的评价思维进行跨国别、跨区域的绿色发展、低碳发展的评价。因此，有必要对当前区域绿色发展的评价思路进行调整，对评价方法进行完善与优化。

1 文献回顾

大体上，现有绿色发展的评价沿着以下四条路径展开[9]：一是建立绿色国民经济核算体系。这类评价主要针对传统国民经济核算体系和 GDP 存在对经济绩效衡量扭曲的缺陷，尤其是不能反映经济活动的资源环境代价，包括资源损耗和环境破坏而衍生或开发的。这类评价方法以联合国提出的环境经济账户（SEEA），以及各国在此基础上衍生的相关系列评价为代表[2,7]。二是建立绿色全要素生产率（green total factor productivity，GTFP）评估方法或绿色发展绩效评估方法（green development performance index，GDPI）。该方法将国家或区域内所有的生产视为整体，考虑所有的投入因素（包括资本劳动、资源使用）和所有的产出因素（包括经济产出和污染物排放）后得到的总投入和总产出的比率。三是建立绿色发展综合评价指数。这类指数通常是首先构建由若干核心指标组成的多层级指标体系，然后再根据各级指标的重要性程度，赋予其相应权重，进而加权综合形成无量纲的综合评价指数。这类评价方法简单易操作，结果简单明了，尤其受到政府和社会的广泛欢迎[4,5]。四是构建多维度的评价指标体系。该类评价方法通过一系列核心指标从各角度反映评价对象绿色发展情况，但不对各指标进行加权。这类评价方法以 OECD 的绿色增长战略框架、联合国环境规划署（United Nation Environment Programme，UNEP）的绿色经济衡量框架、联合国亚太经济与社会理事会生态效率指标体系（UNESCAP）（UNESCAP，2009）及各国在此基础上衍生的各种指标体系为代表。

已有研究使得绿色发展评价的方法逐步丰富与完善，但仍有不足。例如，限于数据可得性及计算方法的复杂性，传统国民经济核算体系的评价方法在应用层面操作难度较大，应用范围有限；绿色全要素生产率评价方法对于 DEA 模型的使用并没有达成共识；基于不同模型的研究对绿色全要素生产率评估的结果也不尽相同[1]。指数化评价方法日益增多，但限于数据可得性与可靠性，较难在指标选择和评价方法上实现创新。多维度指标体系的评价方法无法从总体上评价绿色发展水平。更为重要的是，现有绿色发展的评价均是基于共时性视角，即在同一时点比较不同评价对象的绿色发展水平，而忽略了评价对象具有重要的区域发展阶段性。基于上述考虑，本文在参考现有绿色发展评价的基础上，尝试建立一种基于区域发展阶段性特征的绿色发展评价方法，将评价对象的区域发展的阶段特征纳入评价范畴，从而为绿色发展的评价提供一种新视角。

2 方法与数据

2.1 评价原理

许多实证研究发现，不同收入水平的资源利用和污染排放具有典型的阶段性特征。比如，关于经济增长和能源强度间的关系，Anadon[12]、Ang[13]、Garcia-Cerrutti[14]等研究发现，经济增长和能源强度间呈倒“U”形关系，即随着一国经济的发展，能源强度通常会经过一个长期且快速的增长阶段，然后开始下降，最终将回归到一个较低强度的能源消费模式，并且中国的能源消费也具有类似的变化特征[11]。关于污染排放与经济发展的关系，环境库兹涅茨曲线（Environmental Kuznets Curve，EKC）假说认为，污染物排放变化与发展阶段（通常以人均收入来衡量）紧密相关，即随着人均收入的增长，污染物排放呈现出先升高后降低的倒“U”形变化趋势[15]。EKC 理论揭示了环境污染排放变化具有典型的阶段性特征，这一现象在我国全国、省市及行业尺度也获得了验证[6,8,10]。鉴于经济发展阶段与资源利用和污染排放之间具有这种倒“U 形关系，本文以 EKC 假说为基础，以全国 31 个省份为案例，采用基于区域发展阶段特征的视角来构建绿色发展评价体系，将相同发展阶段下（以人均 GDP 来衡量）不同评价对象资源利用和污染排放的绩效水平与基准水平（代表全国各省市历史的平均排放水平）的差距作为评价依据。

2.2　计算过程

具体步骤如下：

步骤一：建立基准曲线。利用全国 31 个省份的历史数据，包括人均 GDP、资源消耗与污染物排放相关指标（2010—2016 年），通过选择合适的回归模型，构建各指标的基准曲线 C_j。其中，β为常数项，x 为人均 GDP，C_j 为 j 污染物人均排放水平、污染排放强度或资源消耗强度。其中，式（1）为人均污染排放水平的基准曲线方程，式（2）为污染排放强度或资源消耗强度的基准曲线方程。

$$C_j=\beta_0+\beta_1 x+\beta_2 x^2 \tag{1}$$

或

$$C_j=\beta_0 e^{\beta_1 x} \tag{2}$$

步骤二：计算 U 值。计算 i 省份 2016 年 j 污染物人均排放水平（或污染排放强度或资源消耗强度）与基准曲线的偏离度（$U_{i,j}$）。即：

$$U_{i,j}=\left[P_{i,j}-C_j\left(g_i\right)\right]/C_j\left(g_i\right) \tag{3}$$

式中，$U_{i,j}$ —— i 省份 j 污染物人均排放水平（或污染排放强度或资源消耗强度）与基准曲线之间的偏离度；

$P_{i,j}$ —— 2016 年 i 省份 j 污染物人均排放水平（或污染排放强度或资源消耗强度）；

$C_j(g_i)$ —— j 污染物或资源的基准曲线上 i 省份人均 GDP（g_i）对应的人均污染排放水平（或污染排放强度或资源消耗强度）。

步骤三：计算绿色发展指数。根据各省份各污染物 U 值及其权重，综合计算各省份绿色发展指数。即：

$$\mathrm{GDI}_i=\sum \bar{U}_{i,j} Q_j \tag{4}$$

式中，GDI_i —— i 省份绿色发展指数；

$\bar{U}_{i,j}$ —— 标准化后的 i 省份 j 污染物 U 值；

Q_j —— j 污染物的权重系数。

另外，在计算过程中，本文对基础数据进行了异常值筛选和数据的转换，以提高模型构建的显著性。

上述计算过程可简化为如图 1 所示（以人均污染排放水平为例）：

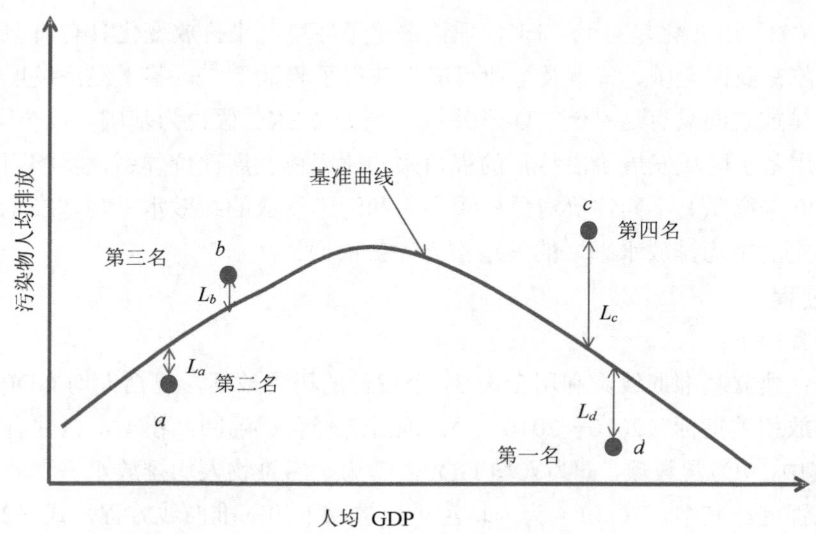

图 1　绿色发展指数计算原理示意图

图 1 显示，a、b、c、d 为四个处于不同发展阶段的省份，L_a、L_b、L_c、L_d 分别为四个省份污染物人均排放量和基准曲线的偏离程度（其中，L_b、L_c 为正偏离，L_a、L_d 为负偏离）。虽然存在绝对值 $L_c>L_d>L_b>L_a$，但若按偏离方向和幅度来衡量，四个省份该污染物 U 值排序有 $U_d>U_a>U_b>U_c$。

从以上评价原理可以看出，一个地区各污染物人均排放水平（或单位 GDP 污染排放或资源消耗水平）与基准曲线的偏离程度，可以反映出该地区经济发展与生态环境保护之间的协调程度，存在负偏离说明该地区某污染物人均排放水平（单位 GDP 污染排放或资源消耗水平）优于全国各地在该发展阶段时的历史平均水平（即基准曲线值）。负偏离越大，说明绿色发展程度越高；反之，则说明绿色发展程度越低。由此，可描绘出一个地区绿色发展水平的路径，即只有沿着"基准曲线"（相当于所在省份或者国家的平均轨迹）向下不断偏移的路径来追求经济的增长，才有可能做到经济增长和生态环境保护的"协调"与"双赢"。

2.3　指标体系与数据来源

本文从资源节约和环境友好两大维度构建指标体系，分别选取单位 GDP 能耗、单位 GDP 土地消耗（土地消耗以城市建设用地面积来表示）和单位 GDP 水耗三个指标来衡量资源节约水平；选取化学需氧量、氨氮、二氧化硫、氮氧化物 4 种污染物的人均排放和单位 GDP 排放，以及 $PM_{2.5}$ 年均浓度来衡量环境友好水平。

为确保评价指标体系权重的科学性，本文设计了《基于区域发展阶段特征的中国省域绿色发展指数评价指标体系 AHP 法赋权专家问卷》，并选取政府部门、科研机构和企业三类群体作为 AHP 法赋权问卷发放对象，有效问卷结果经数据信息电子化，利用专业计量软件计算出各级指标权重（表 1）。

表 1　基于区域发展阶段特征的绿色发展指数评价指标体系和权重体系

一级指标	权重	二级指标	权重
资源节约	0.455	单位 GDP 能耗	0.401
		单位 GDP 土地消耗	0.323
		单位 GDP 水耗	0.276
环境友好	0.545	$PM_{2.5}$ 年均浓度	0.325
		单位 GDP 化学需氧量排放	0.114
		单位 GDP 氨氮排放	0.112
		单位 GDP 二氧化硫排放	0.111
		单位 GDP 氮氧化物排放	0.108
		人均 GDP 化学需氧量排放	0.061
		人均 GDP 氨氮排放	0.058
		人均 GDP 二氧化硫排放	0.055
		人均 GDP 氮氧化物排放	0.056

指标体系中 12 个指标数据来自相关年份《中国统计年鉴》《中国城市统计年鉴》《中国水资源公报》等。指数评价中涉及的 GDP 和人均 GDP 均以 2010 年为不变价，涉及的人口指标为常住人口数。为使计算结果更直观，本文将绿色发展指数结果统一转换成千分制。

3　结果与分析

3.1　总体结果

根据本文提出的评价方法和指标体系，可以计算出 2016 年度全国 31 个省份基于区域发展特征的绿色发展指数得分结果。广东、福建以 821 分和 818 分位居前两位，浙江、海南、吉林、陕西、北京、云南、重庆、四川分列第 3 至 10 位，这些省份绿色发展指数得分在 770～800 分。湖南、山东、湖北、上海、广西、辽宁、河南分列第 11 至 17 位，得分在 760～770 分。

从资源节约和环境友好两个二级指标排序来看，广东、北京、福建、重庆、浙江等 5 省份位居资源节约二级指标的前 5 位；海南、福建、广东、吉林、浙江分列环境友好二级指标的前 5 位。其中，广东、福建、浙江 3 省份在资源节约和环境友好两大二级指标中均位居前 5 位，显示出这 3 个省份在绿色发展方面表现较为均衡（表 2）。

表 2　2016 年各省份总分及二级指标排名

省份	总得分排名	总得分	资源节约二级指标得分排名	环境友好二级指标得分排名
北京	7	783	2	18
天津	25	724	10	29
河北	24	725	21	25
山西	28	682	24	28
内蒙古	26	721	27	13

省份	总得分排名	总得分	资源节约二级指标得分排名	环境友好二级指标得分排名
辽宁	16	763	19	10
吉林	5	789	17	4
黑龙江	20	734	26	9
上海	14	765	6	22
江苏	18	756	12	23
浙江	3	797	5	5
安徽	19	745	18	20
福建	2	818	3	2
江西	23	727	16	26
山东	12	766	8	19
河南	17	763	9	21
湖北	13	766	15	15
湖南	11	769	13	16
广东	1	821	1	3
广西	15	764	20	8
海南	4	792	23	1
重庆	9	779	4	17
四川	10	778	11	11
贵州	21	733	22	24
云南	8	779	14	7
西藏	27	700	28	14
陕西	6	789	7	6
甘肃	22	731	25	12
青海	29	636	29	27
宁夏	30	536	30	31
新疆	31	530	31	30

3.2 分区域评价

为进一步分析各省份绿色发展指数得分分布的特征，本文绘制了 2016 年全国各省份绿色发展指数得分与 2016 年各省份人均 GDP（2010 年不变价）关系象限图（图 2）。其中，分别选取人均 GDP 均值和绿色发展指数得分均值为各象限边界范围，即图 2 中的纵横两条实线。两条象限边界线将区域分为四个象限，分别为象限Ⅰ：低收入—高水平象限（指人均收入低于均值，绿色发展指数得分高于均值）、象限Ⅱ：低收入—低水平象限（指人均收入低于均值，绿色发展指数得分低于均值）、象限Ⅲ：高收入—低水平象限（指人均收入高于均值，绿色发展指数得分低于均值）、象限Ⅳ：高收入—高水平象限（指人均收入高于均值，绿色发展指数得分高于均值）。

图2显示了全国31个省份2016年绿色发展指数得分与2016年人均GDP关系象限图。从图中可以看出，位于低收入—高水平象限的省份有 11 个，位于高收入—高水平象限的省份有 8 个，位于低收入—低水平的省份有 10 个，位于高收入—低水平的省份有 2 个。总体来看，11个省份位于低收入—高水平象限，表明低收入地区也可以获得较高绿色发展水平；10个省份位于低收入—低水平象限，表明这些地区在促进人均收入提升时，应致力于地区资源节约与环境友好型社会建设，同步促进绿色发展水平提升，向图中象限Ⅳ的区域迈进。

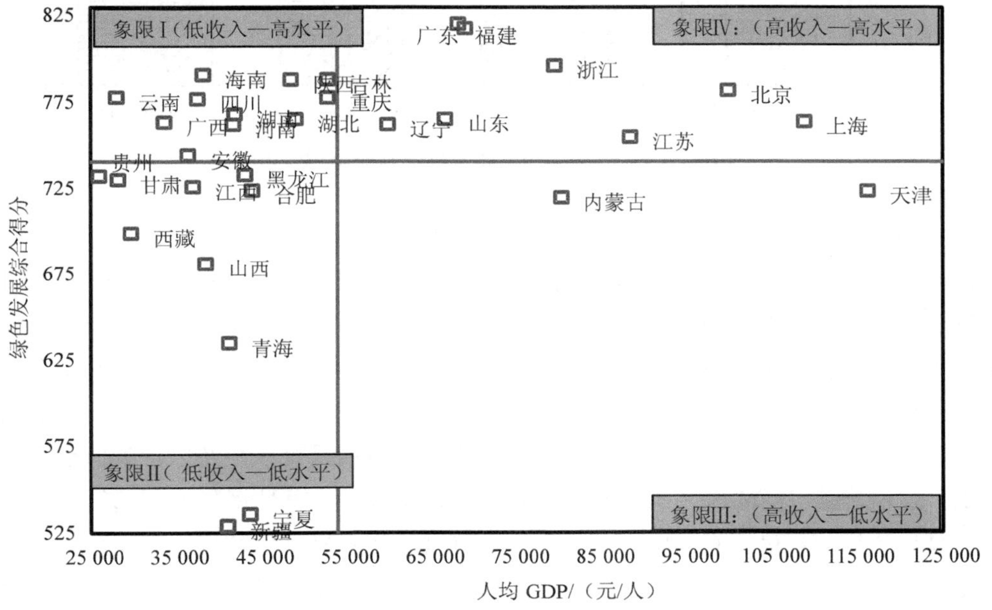

图2　2016年全国各省份人均GDP与绿色发展指数得分关系象限

本文将全国分为东北地区、东部地区、中部地区和西部地区等四大区域①。图 3 显示了四大区域绿色发展指数得分情况，可以看出，东部地区绿色发展指数平均得分最高，为775分；其次是东北地区，为762分；中部地区以742分位居其后，西部地区得分最低。另外，东部地区的资源节约二级指标平均得分位居首位，其次为中部地区；而东北地区的环境友好二级指标平均得分位居首位，其次是东部地区。

---

①东北地区包括辽宁省、吉林省、黑龙江省；东部地区包括北京市、天津市、河北省、上海市、江苏省、浙江省、福建省、山东省、广东省、海南省；中部地区包括山西省、安徽省、江西省、河南省、湖北省、湖南省；西部地区包括内蒙古自治区、广西壮族自治区、重庆市、四川省、贵州省、云南省、西藏自治区、陕西省、甘肃省、青海省、宁夏回族自治区、新疆维吾尔自治区。

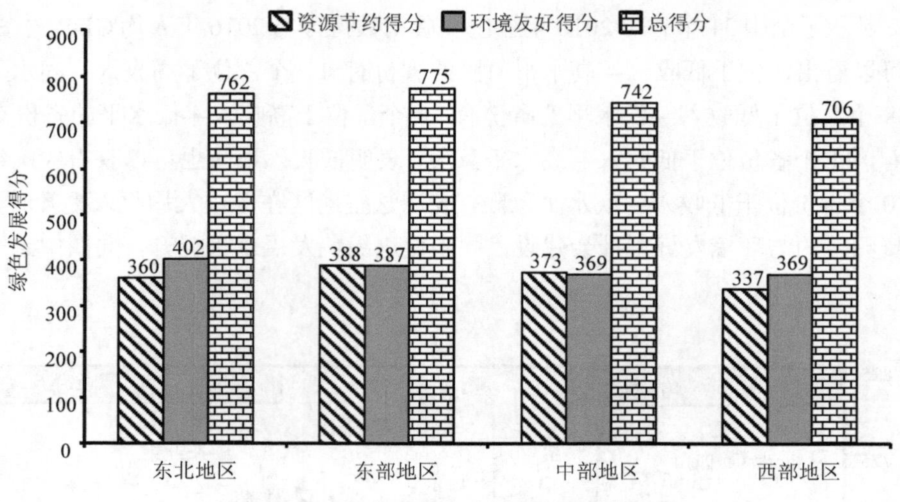

图 3　2016 年全国分区域绿色发展指数得分

3.3　分指标评价

图 4 和图 5 显示了 31 个省份 12 个指标 *U* 值（即某地某污染物与基准曲线的偏离程度）与基准曲线之间的分布情况。总体来看，大部分省份的大多数指标均位居基准曲线之下，显示出大部分省份相关指标均优于历史同期（即相同人均收入时），表明 2016 年全国在资源节约和环境友好两大领域总体上有着持续的进步。特别是人均 COD 排放、人均氨氮排放、单位 GDP COD 排放、单位 GDP 氨氮排放 4 个指标均只有 3 个及以下省份位于基准曲线之上，显示出这 4 个指标在 2016 年有着较大幅度改善。其他诸如人均二氧化硫排放、人均氮氧化物排放、单位 GDP 二氧化硫排放、单位 GDP 氮氧化物排放等 4 个指标均只有 6 个及以下省份位于基准曲线之上，显示出这 4 个指标在 2016 年也有明显改善。与之相比，单位 GDP 土耗有 23 个省份位于基准曲线之上，单位 GDP 水耗有 16 个省份位于基准曲线之上，$PM_{2.5}$ 浓度则有 15 个省份位于基准曲线之上，显示出部分省份在这些指标上仍有不小进步空间。值得注意的是，COD、氨氮、二氧化硫和氮氧化物 4 种约束性污染物的人均排放和强度排放均较历史同期有较大改善。

4　结论

本文利用环境库兹涅茨曲线理论，构建了基于地区发展阶段特征的绿色发展评价方法，并以资源节约和环境友好为二级指标，以单位 GDP 能耗等 12 个指标为三级指标构建绿色发展指数评价指标体系，对 2016 年全国 31 个省份绿色发展水平进行了客观评价。主要结论如下：

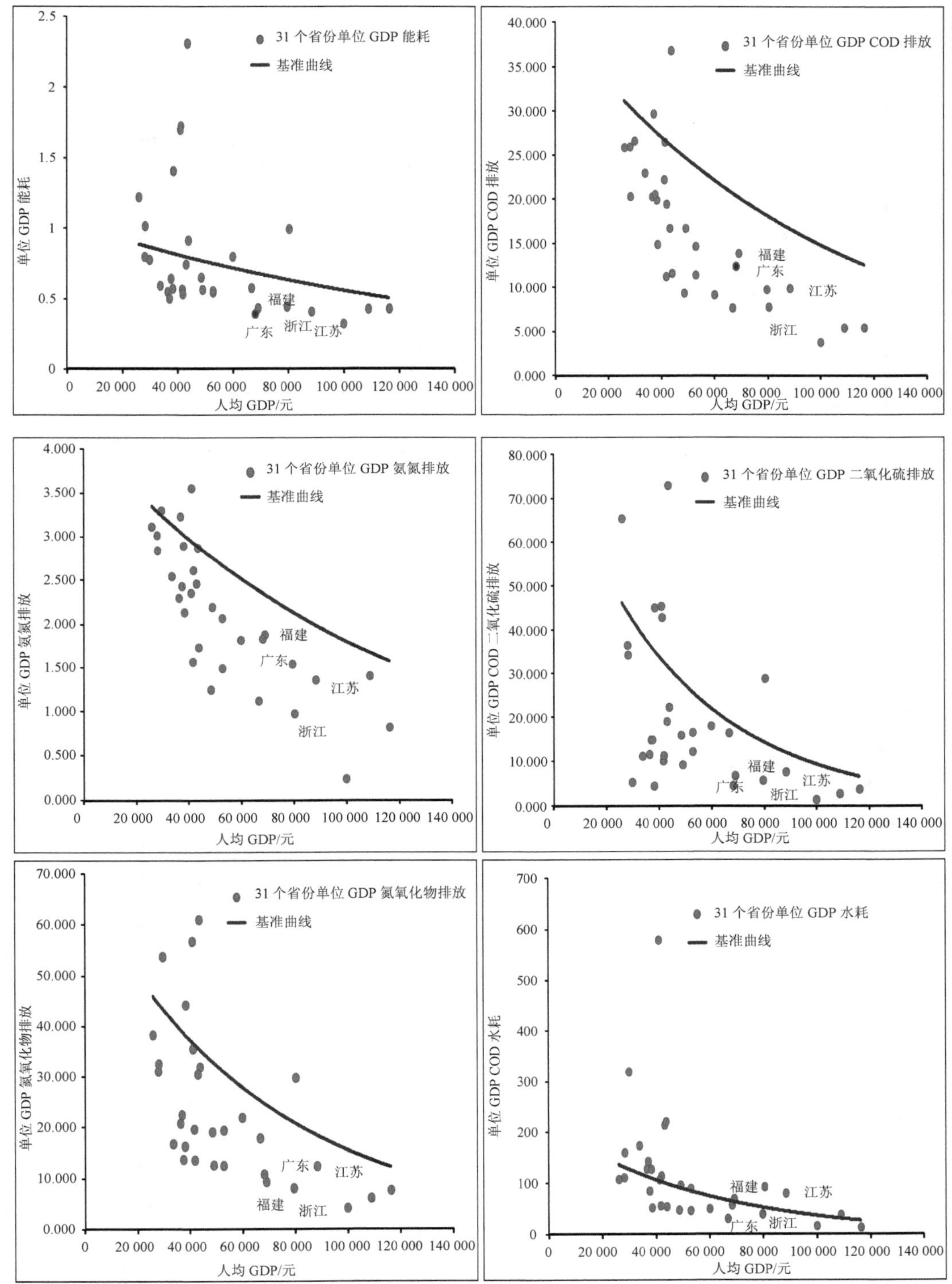

图 4　各省份各指标得分与基准曲线的偏离度（一）

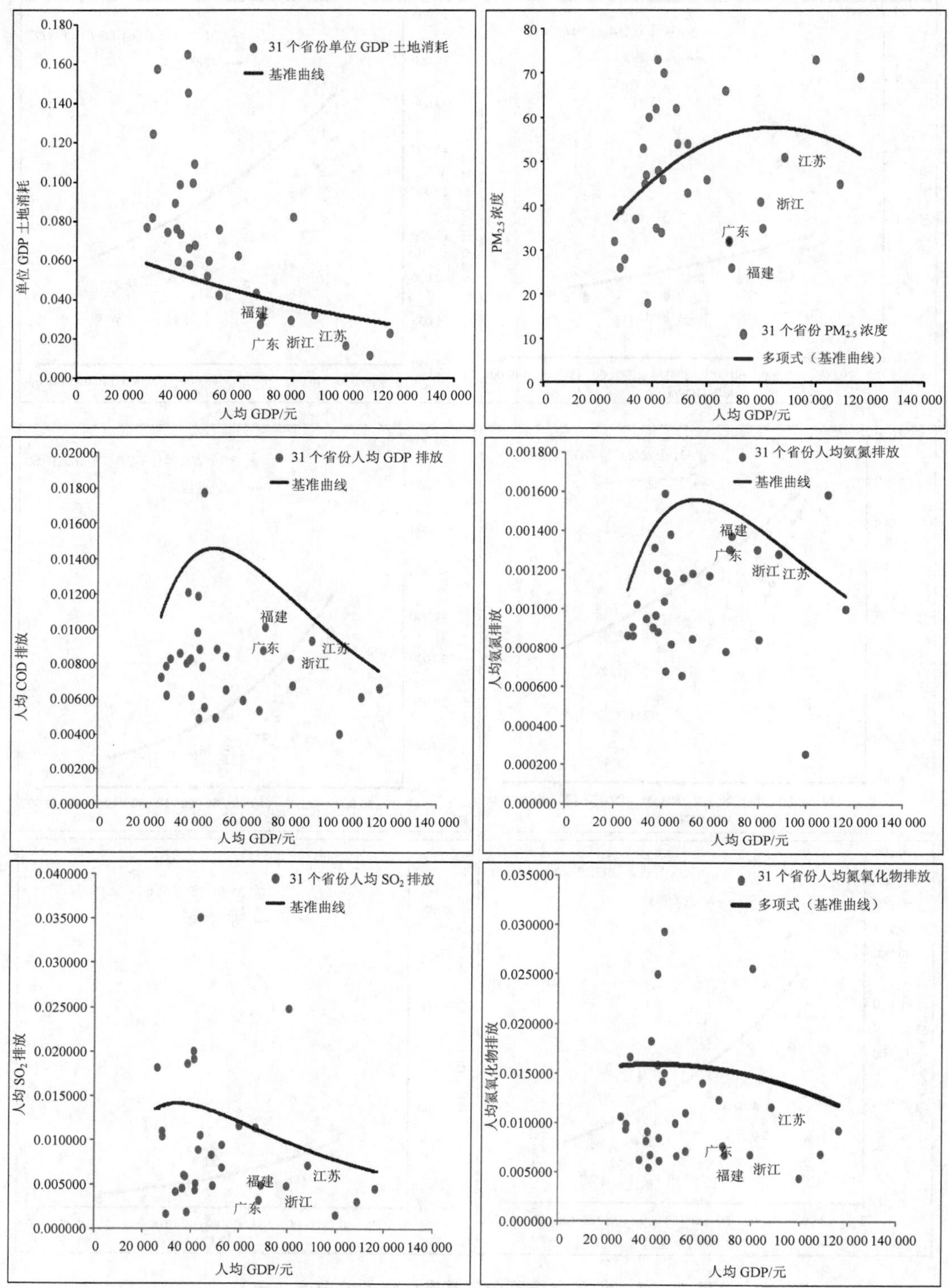

图 5 各省份各指标得分与基准曲线的偏离度（二）

（1）广东、福建以821分和818分位居前两位，浙江、海南、吉林、陕西、北京、云南、重庆、四川等省份分列全国第3至10位。

（2）广东、北京、福建、重庆、浙江等5省份位居资源节约二级指标的前5位；海南、福建、广东、吉林、浙江分列环境友好二级指标的前5位。

（3）11个省份位于低收入—高水平象限，10个省份位于低收入—低水平象限，8个省份位于高收入—高水平象限，2个省份位于高收入—低水平象限。

（4）评价结果表明，东部地区绿色发展指数平均得分最高；其次是东北地区；中部地区得分位居其后，西部地区得分最低。

（5）全国大部分省份的大多数指标位居基准曲线之下，显示出大部分省份相关指标均优于历史同期，表明2016年全国在资源节约和环境友好两大领域总体上有着持续进步。

参考文献

[1] 冯杰，张世秋. 基于DEA方法的我国省际绿色全要素生产率评估——不同模型选择的差异性探析[J]. 北京大学学报（自然科学版），2017，53（1）：151-159.

[2] 金羽，欧阳志云，林顺坤. 海南省绿色GDP核算框架的初步研究[J]. 生态经济（中文版），2008，1（3）：48-53.

[3] 雷英. 从模因论看语言的共时性与历时性[J]. 现代语文（语言研究版），2010，2010（6）：16-17.

[4] 李晓西，刘一萌，宋涛. 人类绿色发展指数的测算[J]. 中国社会科学，2014（6）：69-95.

[5] 欧阳志云，赵娟娟，桂振华，等. 中国城市的绿色发展评价[J]. 中国人口·资源与环境，2009，19（5）：11-15.

[6] 沈能，王艳. 中国农业增长与污染排放的EKC曲线检验：以农药投入为例[J]. 数理统计与管理，2016，35（4）：614-622.

[7] 张颖. 黑龙江大兴安岭森林绿色核算研究[J]. 自然资源学报，2006，21（5）：727-737.

[8] 赵淑娟，刘海英. 基于EKC曲线的黑龙江省水环境与经济发展关系研究[J]. 国土与自然资源研究，2013（2）：56-58.

[9] 赵细康，李建民，王金营，等. 环境库兹涅茨曲线及在中国的检验[J]. 南开经济研究，2005，3（3）：48-54.

[10] 赵细康，吴大磊，曾云敏. 基于区域发展阶段特征的绿色发展评价研究——以广东21地市为例[J]. 南方经济，2018（3）.

[11] 赵新刚，刘平阔. 经济增长与能源强度：基于面板平滑转换回归模型的实证分析[J]. 中国管理科学，2014，22（6）：103-113.

[12] Anadon L D，Holdren J P. Policy for energy-technology innovation[J]. Acting in Time on Energy Policy，2009，68（6）：193-241.

[13] Ang B W. Monitoring changes in economy-wide energy efficiency：from energy-GDP ratio to composite efficiency index[J]. Energy Policy，2006，34（5）：574-582.

[14] Garcia-Cerrutti L M. Estimating elastic cities of residential energy demand from panel county data using dynamic random variables models with heteroskedastic and correlated error terms[J]. Resource and Energy Economics，2000，22（4）：355-366.

[15] Grossman G M，Krueger A B. Environmental impacts of a North American free trade agreement[R]. National Bureau of Economic Research，1991.

[16] UNESCAP. Efficiency Indicators：Measuring Resource：-use Efficiency and the Impact of Economic：Activities on the Environment[R]. Working Papers，2009.

环境治理下的寻租行为分析及应对策略

Analysis and Coping Strategies of Rent-seeking Behavior under Environmental Governance

黄祥缘　曾云敏　何弦佳　李钧宇
（广东省社会科学院环境经济与政策研究中心，广州　510006）

摘　要　狭义的公共物品是指具有非竞争性和非排他性的物品。环境治理类公共物品的供给服务一直为人所诟病。本文旨在探讨环境治理下寻租行为的经济学原理，主要分为三部分：①分析产生寻租活动后社会全体福利的无谓损失远不止这一非生产性行为的成本额；②强调必须借助政府和公众角色来共同参与弥补寻租市场外部性，在三级委托代理科制上以监督成本和寻租收益的风险矩阵明确政府和公众的监管作用；③综合考虑市场、政府以及基层公众角色，探讨如何防范环境治理中的寻租行为。

关键词　公共物品　环境治理　寻租行为　风险矩阵

Abstract　Narrow public goods refer to items that are non-competitive and non-exclusive. The supply of public goods for environmental governance has been criticized by people. This paper aims to explore the economic principles of rent-seeking behavior under environmental governance. It is mainly divided into three parts：First，the analysis of the senseless loss of social welfare after the rent-seeking activity is far more than the cost of this non-productive behavior；Secondly，It is necessary to use the role of government and the public to participate in the externalization of the rent-seeking market. In the third-level agency system，the risk matrix of supervision costs and rent-seeking benefits is used to clarify the regulatory role of the government and the public. The third is to comprehensively consider the market，the government，and grassroots public role discusses how to prevent rent-seeking behavior in environmental governance.

Keywords　Public goods，Environmental governance，Rent-seeking behavior，Risk matrix

伴随着改革开放全面建设小康社会和城镇、工业现代化目标的持续推进，对于经济发展要求的能源开发力度增强和工业企业生产体量加大，“绿水青山”在社会、经济中的影响也日益为人民群众所重视。如何延缓或进而释放环境污染压力，避免寻租等非生产性活动对社会集体效用和福利造成损失逐渐成为人们关注的热点。从“盼温饱”到“盼环保”，从“求生存”到“求生态”，这是社会文明进步的重要标志。借助政府管制力量、公众共享参与对环境污染进行治理，是一国在新形势下弥补市场经济通过市场配置社会公共物品资源、解决从事环境治理类交易活动失灵现象的不二选择。但在探讨公共物品供给或者治理下，其间凸显的市场失灵外部性、个体效用非均等化以及交易活动的寻租行为对于实情要求就很容易出现与政策目标发生一定程度背离的现象。因此，强化政府责任明晰高效、鼓励公众参与共建共享的环境治理是当前该领域应予以关注和深思的重大议题。

本文分为四个部分：第一部分结合目前国内外对于环境治理类公共物品服务的研究贡献进一步探讨寻租行为产生的原因；第二、第三部分分别着重分析市场机制下社会福利对于寻租行为的无力，以及政府和公众共同参与监管的寻租博弈在环境治理过程中所发挥的重要作用；第四部分主要探求如何就进一步针对寻租博弈给出环境治理压力下的应对措施。

1 环境治理与寻租行为

就环境而言，人类工业化进程造成的自然资源开发、浪费在考量着地区或者国家的环境自净能力大小。环境污染是时代进步的产物，但在学理上是市场力量无法平衡私人与自然社会之间的成本收益导致的个人投机行为结果，也是市场对公共物品供给下的资源配置失灵的表象。广义的公共物品是指具有非竞争性（个体对物品的消费使用不会影响到此物品对其他个体的供应，即在给定的生产水平下，增加一个单位个体使用该物品的边际成本为零）或非排他性（个体无法对其他个体意图同时使用该物品做出有效的阻止行为）的物品。而在狭义上，公共物品则意指具有非排他性和非竞争性的物品（表1）。

表1　经济学原理视角下的物品分类

	排他性	非排他性
竞争性	私人物品（食物、汽车等）	公共产品（鱼资源、水资源等）
非竞争性	俱乐部物品（公园座位、卫星电视等）	公共物品（国防、空气等）

在环境污染这一公共物品讨论下，若从反面上看，某人明显不具备强有力排斥他人同时“享受污染”的权利，也无法通过付费等方式来买断对它的使用支配权。环境治理也是如此，无法拒绝无法排斥，人们总可以享受着政府或者某一个民间机构通过治理环境改善生存空间、并向人们彰显正能量的供给服务，且部分还会使环境治理成果的消费使用者能够不支付消费费用即可得到服务，即“免费搭车者”问题。例如，种花人家使周围邻居都享受到了芳香和美丽；长江上游的居民进行植树造林活动使下游居民受益，却得不到下游居民的补偿。[1]因此，要想促进稀缺资源的高效配置（包括科学合理地解决环境污染问题），

在经济活动上要最大限度地弥补市场机制的外部性不足，从而纠正市场失灵。

就环境污染和治理的成本收益分析而言，一家工厂或企业在非清洁性的粗放制造经济活动中，一项简单的经济决策就是如何使投入的显性、隐性成本小于它在产品售卖后的账面收益和名声口碑利润，即便是产生了让周边人群深恶痛绝的环境污染问题。寻租行为是指经济主体或行为主体凭借政府保护而进行的寻求财富转移的活动。布坎南在 1980 年发表的《寻求租金与寻求利润》一文中，给“寻租理论”下的定义是：“‘寻求租金’一词是要描述这样一种制度背景中的行为：在那里，个人竭力使价值最大化造成了社会浪费，而没有形成社会剩余。”[2]面对人民不断抗议的生产污染问题，在现有的技术水平和成本投入上，假设企业可选择加设污染物处理设施、向居民支付污染赔偿费用或者寻求政府保护等方式。但不管他的行为选择如何，最本质的出发点均是要使生产成本最小化，以最小的成本代价换取经济利润最大限度的增长。故若当地政府以某种政绩指标为动力鼓励工业产业化发展，会存在企业向政府寻求生产政策优惠或是直接非生产性行为的利益租金流向现象。这时，以游说和贿赂为形式，寻租行为就会冒头，企业会非法或合法不合理地获得某项生产活动的“特许”政策或者垄断权利。这对于社会的资源配置和生产效率都是一种退步的表现，会造成资源配置扭曲，影响市场经济效率竞争的优胜劣汰从而阻碍了技术和社会的进步。

在公共物品的供给中，寻租行为同样存在并影响着其供给的效率。考虑到市场经济体制、政府监管以及公众参与的严峻形势，人们对局部地区或者主要城市的环境污染程度、治理成效越来越敏感。公共物品供给服务下的寻租行为表现为一些大大小小、形态各异的“特征寻租”。对于环境治理类公共服务，张奔、戴铁军[3]认为，当存在外部性时，自发的市场通常无法解决产权不明晰的环境污染问题，这就需要政府对环境治理进行管理。而通过政府制定公共政策来制止人们花费稀缺资源对既得的经济利益转移时，寻租行为也是要求在一定的社会历史条件才能发生。洪必纲[4]指出，在纯粹市场经济的“最小政府”和纯粹计划经济的“最大政府”的两极制度下，由于上述两个条件①不能同时得到满足，因而很少会出现寻租活动。显然，寻租行为大多时候会使社会的共同福利受损，这一表现主要为寻租人会利用手头上仅有的资源对拥有一定权力禀赋的上位者采取的非生产行为，即不产生任何市场认可的交易价值。这一点都将会受到行业内对于有寻租需求的环境污染工厂企业竞争者的数量和各自偏好、市场交易过程中搜寻寻租信息中所花费的成本大小以及统一市场内信息的对称程度影响。

2 市场机制与寻租行为的福利损失

相对于正规、完备配置资源制度和体系的交易市场，寻租行为的交易性质可以类比于非正常、另类的“黑市交易”，其黑市完成交易价与行政市场定价的差别就构成了寻租者为该资源所缴纳的租金成本。从福利经济学上分析，寻租行为显然是不符合帕累托最优及

① 引文对于两个条件表述：寻租理论认为，寻租活动的产生至少要求同时满足两个前提条件：一是要有“租”的存在；二是要有相关主体的逐利动机，并且这两个条件都需要有相应的制度基础。

帕累托改进的，它的存在会造成社会福利的损失[5]。

假设某一制造工厂或企业（附带会对自然居住和生产环境产生污染）所处的市场为完全竞争市场（即圈内信息完全流通、竞争者数量众多以及各自经济主体所做的经济决策高度独立分散）。在这里，某一工厂在进行为了获得和维持符合某一额度标准的污染物排放特权时，将会耗费一定的社会生产资源和环境资源成本，则由此对社会福利所造成的无谓损失可分为两部分：一是在寻求排放特权时的全流程成本以及无谓损失；二是在获得排放特权后继续生产制造污染产品对环境所造成的损害，这一层面的损失是由社会全体成员所共同承担的。

在基于理性经济人假定上，一般的生产和消费价值观念为以更少的生产资料或消费投入要求换取等量的效用回报，即使产生了环境污染；而在对污染物控制技术层面上，要求对技术创新的投入能够换回更多的产出，这是成立的。如图 1（a）所示，理想状态下点 $D(Q^*，P^*)$是不存在任何无谓损失的市场出清点，该产品下的消费者和生产者都能得到各自最大的剩余，表明市场是可以有效地配置稀缺资源的。从结果上看，当政府因其他原因对该类污染环境型的工厂企业进行整顿管理时，过程中会有部分工厂对整顿管理人员进行寻租而获得相当于垄断的特权，对社会福利会造成图 1 中三角形 *BCD* 面积大小的无谓损失。这一经济损失从市场内单个买者和卖者的均衡上看是比较小的。但在过程上，成功寻租的工厂之所以冒着巨大的风险寻求垄断特权，是由于包括市场内众多的竞争者在内“旁敲侧击”感染的。如果寻租失败，则要花费更大的成本来通过工厂生产设备的技术创新来规避自身的污染水平，以免政府“一刀切”性质的管控整顿。也就是说，工厂采取的寻租行为所酿成的实际潜在社会福利无谓损失比图 1（a）三角形 *BCD* 面积大得多。如图 1（b）所示，在对逐渐增加排污特许标准 *Q* 要求上，各个企业主体的寻租行为所导致的社会资源浪费、效率遏制以及损失远远超过账面“纯损”，在后续的每单位产品生产上呈现更为陡峭速率的增长。

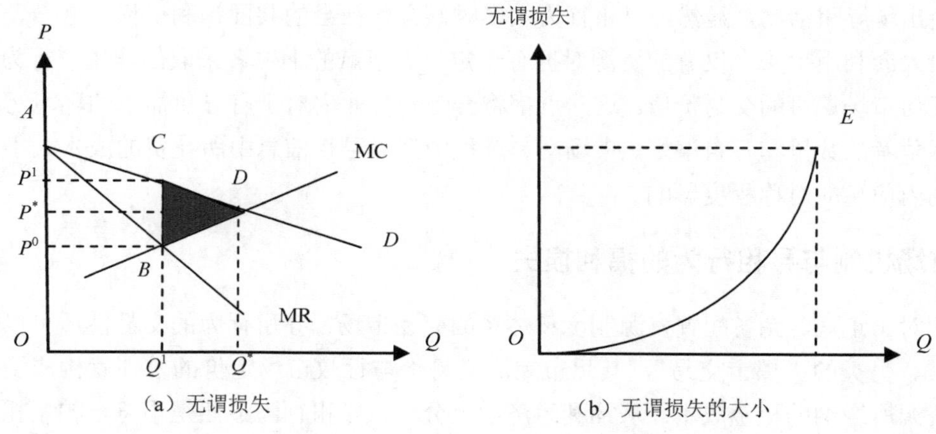

（a）无谓损失　　（b）无谓损失的大小

图 1　寻租行为对社会福利的无谓损失

3　政府与公众共同参与的寻租博弈

寻租行为是市场机制失灵的表现，这一表现是无法只依靠市场机制来有效纠正的。即使市场经济的基本机制：价格、供求、风险和竞争能够发挥很大的作用，在更好地支持市场运行的效率性和稳定性上，也离不开政府、民间组织等相关专业机构外援性做出的贡献。

对于一国政府的职责，布坎南认为“政府官员也是经济人”[6]，这样也就有存在“寻租黑市”里理性经济人双方相互交换以满足自身需求的可能。如图 2 所示，在我国国家的三级科制体制里，参考污染环境的治理，社会全体公民当家作主，以民主协商的形式与国家一起作为强烈要求整治污染环境的委托人；政府官员或公职人员担任将国家与人民委托完成一定污染防控指标的政策决策中转并贯彻的角色，即代理人；整治命令下达后，隐蔽的个人或者利益集团对于这种政策传导体制就会有钻空子的动机，会在政策中转过程以利益诱导的方式试探或者寻找政府公职人员的贯彻漏洞，即为寻租者。

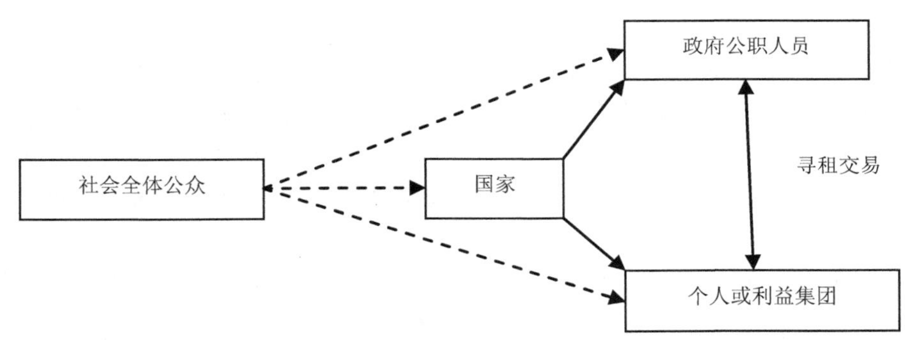

图 2　环境治理中国家三级科制的寻租关系

当然，以利益相诱时，对应也会有体制框条对其约束。不仅寻租有成本，治理寻租也有成本[7]。对于图 2，在此监督寻租的博弈中，作为委托人的国家和社会全体公民负责监督、稽查代理人（政府公职人员）的执行效率，承担并支付着一定额度的监督成本（包括人力、财力以及时间机会成本等）；以追求私利为主要目标的个体或利益集团需担负行贿等非生产性活动的寻租成本，且仅可以从寻租成功后获取政策漏洞的经济租金。则图 3 横轴的寻租收益等于所寻经济租金与寻租成本（包括贿金与寻租失败需缴纳的罚金成本等）之差。

对于图 3，这是在监督和寻租博弈中多种处理方案的成本额和收益的矩形定性分析，我们有：假设 1，风险矩阵是指污染行业的竞争者对寻租这一“安全事件”的发生可能性、导致的收益和损失以及成功一次之后所需继续实行交换寻租的频次判断；假设 2，不考虑政策传导的滞后程度；假设 3，竞争者各自对所寻经济租金有自身的高低等级判断标准，即假设该市场内竞争者是通过各自对租金的风险偏好（可按主观效用分为规避、中性及爱好）不同来衡量横轴寻租收益是否处于高中低层次。那么，将可以得到如下的区域解释[①]：

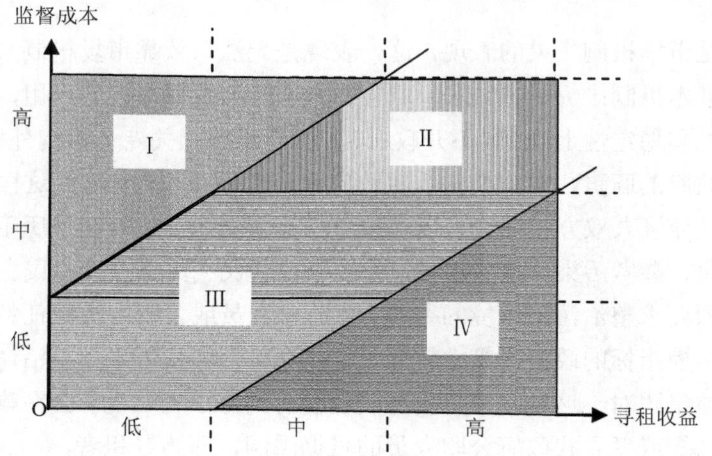

图 3 监督成本与寻租利益的风险矩阵区域关系

区域Ⅰ：在国家投以高监督成本的行业或者区域内，寻租者会认为高风险低收益，会进行寻租行为行业或地区的转移，但也有回马枪式重返的可能。虽然监督工作成效显著，但对于该成效事前的高成本付出，长时间内实际消耗的大体量成本将会使国力和部分政职人员为人民服务的政策执行效率受到限制，严重时有可能会反过来压抑住市场的运行效率。

区域Ⅱ：不可否认，这一寻租者对寻租活动收益低、风险高、安全可能性的概率判断伴随国家和公民高监督成本在现实中是可以存在的。在此，大部分风险非爱好者都会选择对监控整治服从粗放污染性的制造转型，并且相信技术革新和缴纳环保税等是很好的方法。而极度爱好寻租风险收益的个人或利益集团将会热衷于这一区域，国家在这一形势环境治理行业或者地区也投以重责重查，矛与盾两者之间的碰撞白热化，后续会较危险地开始又一轮激烈的决策和寻租博弈。

区域Ⅲ：在这一比较常见的区域内，国家与社会监察组织机构更希望看到把此情形控制在一定允许的范围内。基于对利益集团的行业和行为风险预判上，既不耗费非常巨大的监管成本，又能够得到较好且合理的成效，这对社会和全体成员是一个双赢局面。但在该区域靠近区域Ⅳ的三角处境上，同区域Ⅱ一样，会出现两者持续较量博弈的现象，这时可能发生且对社会福利有一定程度的损害。

区域Ⅳ：在明确了国家低监督投入的风险之后，这一部分的寻租者们会肆意破坏政策执行的规则，纷纷与政府公职人员进行高频次、高交易的寻租串通。这一以贿金等形式游说获得经济租金的非生产性竞争行为会严重影响市场秩序的正常运行，在污染环境产品制

① 对于Ⅰ、Ⅱ、Ⅲ、Ⅳ区域交界的三角尖形部分，本文将监督和寻租结果“一刀切”地假设选取为五五开的结果，两者互有行为成功和失败博弈发生，即寻租者的风险规避、爱好成分各占一半。

造上，将会持续降低地域内环境自净能力并使其失衡，并且会大比例加快社会全体福利的损失速率。这将是国家和社会全体人员未来都不愿意身处其中的状态。

对于环境治理这一类特殊的公共物品供给服务上，降低对个人寻租活动的监督成本，并进一步限制地方政府公职人员与利益集团的谋利串通是未来的整顿发展方向。这也就意味着未来的环境污染监督要使图 3 的区域Ⅳ最大限度地向区域Ⅲ转变，并在不可能完全将寻租活动彻底制止的前提下，最好将其保持在原点 O 与坐标（中，中）围成的区域范围内，允许弧线式地缓和向区域Ⅰ的部分转变，以政府监管、公民参与共建的方式形成有威慑力的监管体系，促使环境污染类企业选择技术革新的途径创新、高效地生产。

4　结论及应对策略

在资源配置过程中，继续坚持市场经济的决定性作用，更好地发挥政府的作用，这剂“良方”对于进一步把握我国改革新时代形势的“药效”是毋庸置疑的。而在我国体制由计划经济向市场经济的未完全成熟转变历程中，面对环境污染及其治理这类公共物品供给服务的市场失灵现象，急需政府或者公众组织作为“看得见的手”予以纠正和监督。在实现个人利益的最大化中，人们可采取的方式和手段可以多种多样、形态各异，但寻租实际是以私利利己覆盖公益利他，利用政策制度这一硬性化公共品的漏洞乘隙钻营投机，尽可能地以利换权再谋利的非生产性活动。寻租行为从根本上是与按劳分配的社会公平原则相违背的，如不施以正确的引导和监管，过分地放任权力物质化，会侵害和浪费公共资源，影响市场经济的运行效率，滋生权力腐败问题。

本文可以得到如下几个重要结论和应对策略：首先，当市场机制无法正确主导运行和配置资源时，我们必须正视寻租的市场失灵现象，并先从市场机制层面探讨其解决机制。庇古与科斯的规制理论具有里程碑意义，为人们解决市场外部性现象指明了大方向。其次，在市场主体上，合理界定环境治理类的公共权力边界，完善市场主体组织运行以肃清并培育行业的竞争环境、鼓励行业内节能减排的技术革新。因价格机制能够引导市场主体最大限度地提高资源的使用效率，合理界定公共物品资源的归属权力，以权定价、以价反映资源的供求，划拨并引导市场的正常生产性交换活动，对于发挥价格机制的基础性作用具有重要意义。再次，寻租行为是交易双方的道德坚守和利益诱惑之间的博弈，地方政府公职人员同样也是责无旁贷。政策的执行是一个动态繁杂的过程，其最优设计和最大成效需要不断探索和创新，要在加强理论学习和夯实责任意识基础上，构建作风纯洁、从政应廉的思想组织建设原则以牢固树立为人民服务的共同宗旨，避免外利腐蚀。又次，合理规范组织队伍的权力边界问题，作为委托人的国家或社会全体公民可将组织内的决策权力合理地分割成若干部分，经正常渠道和程序授予不同的“代理人”，在赋予下级适度的自由裁量权下，也要保证在政策大方向下的稳步推进，并加强激励约束机制建设。最后，在信息建设和人员体制上，拓宽就业和监管的渠道以使政府公职人员作为代理人审慎衡量值不值得参与寻租的成本收益，以另类的方式加大寻租交易失败的机会成本，减少只为追求自身利益的个人动机。实行公开执政，增加对公众的信息透明度，动态调整各有千秋的监督途径对完善和提升“高薪养廉”、租金消散机制无疑具有重大的现实意义，同时也应是广大基层政府和人民群众需要在面对国内公共物品供给服务中险象迭生的寻租行为共同探索的事业。

参考文献

[1] 徐小钦，石磊. 环境污染及治理的经济学分析[J]. 生态经济，2004（12）：91-94.

[2] 张春魁. “寻租理论”述评[J]. 学术研究，1996（9）：26-29.

[3] 张奔，戴铁军. 环境治理中寻租的经济学分析[J]. 中国市场，2010（44）：121-123.

[4] 洪必纲. 公共物品供给中的寻租治理[J]. 求索，2010（11）：77-79.

[5] 李凡. 寻租行为成本的再分析[J]. 特区经济，2007（2）：258-259.

[6] 忻林. 布坎南的政府失败理论及其对我国政府改革的启示[J]. 政治学研究，2000（3）：86-94.

[7] 贺卫. 寻租活动的经济分析[J]. 系统工程理论方法应用，1999，8（4）：28-31.

太原市出租车电动车改造的经济成本与环境效益的研究

The Study of Economic Cost and Environment Benefit of Alteration of Taxi to Electric Vehicle in Taiyuan

李晓璐　张文峰
（山西省环境规划院，太原　030000）

摘　要　机动车尾气排放是造成大气污染的重要原因之一，推广新能源汽车尤其是电动车对于移动源的减排有着重要意义。山西省太原市于 2016 年完成了全市出租车替换为比亚迪 E6 纯电动车的工作。替换后，每年累计减少 SO_2 排放为 9.95 t，NO_x 排放为 193.3 t，CO 的排放为 2 437.8 t，$PM_{2.5}$ 排放为 9.95 t，PM_{10} 排放为 9.95 t，在减少化石燃料消耗的同时，取得了较好的环境效益，且随着电网能源结构的优化，减排潜力将进一步兑现。同时，相对于传统的燃油汽车，纯电动车的百公里运行成本降低 60%以上，具有很好的经济效益。

关键词　电动车　大气污染　环境经济效益

Abstract　Vehicle exhaust emission is one of the important causes of air pollution. Marketing new energy vehicles, especially electric vehicles, is of great significance for the pollutants reduction of mobile sources. Taiyuan completed replacement of taxi by BYD E6 pure electric vehicle in 2016. After this work, the annual emission reduction of SO_2 was 9.95 tons, NO_x was 193.3 tons, CO was 2 437.8 tons, $PM_{2.5}$ was 9.95 tons, PM_{10} was 9.95 tons. While reducing fossil fuel consumption, brilliant environmental benefits are obtained. And with the optimization of the energy structure of the grid, the potential of emission reduction will be further fulfilled. Moreover, compared with the traditional fuel vehicles, the 100 km running cost of pure electric vehicles is reduced by more than 60%, which has good economic benefits.

Keywords　Electric vehicle, Air pollution, Environmental economic benefits

机动车尾气污染是空气污染的重要来源之一，机动车污染防治在大气环境保护中占有重要地位，根据相关大气污染物源解析工作，移动源在人口稠密地区如北京、上海等地对 $PM_{2.5}$ 的贡献已达到 40%以上。电动汽车是指以车载电源为动力，用电机驱动车轮行驶，具有内燃机汽车的性能，且具有电动车辆的基本特征的新能源汽车，其车载电源一般采用高效充电电池或燃料电池。纯电动汽车行驶过程中不会产生废气，与传统汽车相比对环境的影响较小。因为电力来源是多样化的，如水能、风能、太阳能、潮汐能、核能都可以高效地转化为电能，因此减小了绝大部分空气污染。同时，电动车尤其是纯电动车在行驶过程中运行平稳、噪声低，且对能源的利用率高，特别是在城市交通中堵车以及红绿灯较多时表现尤为突出。因此使用电动汽车替代传统的燃油汽车是减少移动源污染切实可行的途径。比亚迪 E6 是一款自主研发的纯电动汽车，其动力电池和启动电池均采用比亚迪自主研发生产的 ET-POWER 铁电池，不会对环境造成任何危害，其含有的所有化学物质均可在自然界中被环境以无害的方式分解吸收，能够很好地解决二次回收等环保问题，是绿色环保的电池。截至 2016 年 9 月，山西省太原市实现了全市 8 292 辆出租车“油改电”的工作，所有的出租车均替换为比亚迪 E6 纯电动车，成为全国首个也是全球首个纯电动出租车城市。该措施实施以来取得了较好的经济、环境效益，为市民出行带来便利的同时，有效地减少了大气污染物的排放。本文通过对太原市电动出租车推广后所实现的经济环境效益进行了分析，包括替换电动车后产生的减排效益、经济效益，旨在为打赢蓝天保卫战、治理移动源污染提供可行途径。

1 太原市电动车推广的环境效益

根据 2018 年《中国机动车环境管理年报》数据，2017 年全国汽车排放一氧化碳（CO）2 920.3 万 t，氮氧化物（NO_x）532.8 万 t，颗粒物（PM）48.8 万 t，碳氢化合物（CH）342.2 万 t。2017 年，我国对京津冀大气污染传输通道城市（“2+26”城市）开展了 $PM_{2.5}$ 来源解析工作，初步研究结果表明，移动源对 $PM_{2.5}$ 的贡献在 10%～50%。同时，燃油汽车在行驶过程中会排放大量的二氧化碳。二氧化碳是重要的温室气体，能引发温室效应造成全球变暖等气候现象。电动汽车在使用过程中则没有上述污染物的排放，因此推广使用电动车，可以有效减少大气污染物的排放。根据 2016 年数据，太原市的大气污染源解析结果表明，太原市的 $PM_{2.5}$ 污染中机动车尾气占比达 16%[1]，太原市 8 292 辆出租车全部更换为电动车后，仅从使用过程来看，按照国Ⅳ标准（颗粒物以国Ⅲ标准）以及《城市大气污染物排放清单编制技术手册》计算，每年预计减少的 SO_2 排放为 9.95 t，NO_x 排放为 193.3 t，CO 排放为 2437.8 t，$PM_{2.5}$ 排放为 9.95 t，PM_{10} 排放为 9.95 t。若将发电过程中排放的污染物考虑在内，则根据各地区电网能源结构的不同，减排量的结果有较大差异，可再生能源所占比例越大，减排效果越明显。由于山西火电发达，仅能实现 NO_x 的减排，约为 17 t。之后，太原市还出台了包括公交客车和私家车的相关电动车推广计划[2]。根据太原市 2017 年大气污染物排放源清单数据显示，移动源对 $PM_{2.5}$ 的贡献仅为 4%，相比之下有明显的降低。对于温室气体减排，将发电过程产生的污染物排放考虑在内，在现有的电网结构下，CO_2 减排量可达 140 万 t 以上。可以看出，在电动车推广后移动源大气污染物的排放有了一定降低，考虑到电网未来的能源结构中可再生能源占比会大幅提高，各类污染物的减排效益将进一步凸显[3,4]。

同时，由于电动机的效率远高于内燃发动机，因此使用电动汽车还可以有效减少能源的消耗量。根据电动汽车全生命周期评价研究结果，纯电动汽车的能耗相比传统燃油汽车低 50%左右[5]。化石燃料消耗量的减少也会导致污染物排放量的减少，进一步佐证了推广电动车对于节能减排的促进作用，显示出其巨大的环境效益。

2　太原市电动车推广的经济成本

太原市将传统燃油出租车均替换为比亚迪 E6 纯电动车，该车 2016 年市场价为 30.98 万元，根据山西省《电动汽车推广应用省级补贴资金管理办法》的规定，山西省对购买电动车按照同期国家补贴资金 1∶1 配套省级补贴，经国家、省、市等各级政府补贴后，比亚迪 E6 的购买单价为 8.9 万元，补贴率高达 71.27%。因此，太原市替换 8 292 辆出租车所需的投资费用：出租车经营者需投资花费 73 798.8 万元，山西省财政补贴 91 212 万元，占当年全省财政支出的 0.2%。从运行成本来看，燃油出租车油耗约为 7.25 L 汽油/100 km[3]，比亚迪 E6 纯电动车电耗约为 25 kW·h/100 km[1]，两者的运行成本比较如表 1 所示。比亚迪 E6 100 km 的运行成本降低 60%以上，优势明显。

表 1　出租车运行成本比较

车型	100 km 能耗	能源单价	100 km 花费/元
燃油出租车	7.25L 汽油/100 km	7.43/L 汽油	53.87
比亚迪 E6 纯电动车	25 kW·h/100 km	0.75 元/（kW·h）	18.75

3　结论

山西省太原市在实现出租汽车替换为电动汽车后，取得了一定的环境经济效益，仅出租车一项，每年减排 SO_2 为 9.95 t，NO_x 为 193.3 t，CO 为 2 437.8 t，$PM_{2.5}$ 为 9.95 t，PM_{10} 为 9.95 t，另有 1 605 660 t CO_2 排放量的削减。同时，替换后的电动车相对于传统燃油汽车，100 km 运行成本降低 60%以上，实现了环境效益与经济效益的双丰收。

但是，大气污染防治是一项系统性工程。电动汽车的增加带来了用电量的增加，污染物排放从汽车运行时排放转移到电厂排放，因此要想实现更大程度上的减排，还需优化电网的能源结构，增大可再生能源在电网中所占的比例。

参考文献

[1] 曹昱.基于太原经验的山西电动汽车推广规划研究[J]. 山西建筑，2017，43（29）：47-48.

[2] 解洪兴，李连飞，杨晓航，等. 太原市推广电动车的经验启示[J]. 世界环境，2017（4）：73-75.

[3] 许光清，温敏露，冯相昭，等. 城市道路车辆排放控制的协同效应评价[J]. 北京社会科学，2014（7）：82-90.

[4] 王临清，朱法华，赵秀勇. 燃煤电厂超低排放的减排潜力及其 $PM_{2.5}$ 环境效益[J]. 中国电力，2014（11）：150-151.

[5] 程薇. 美国电动汽车全生命周期碳排放远低于汽油车[J]. 石油炼制与化工，2017，48（3）：37.

环境规制强度对污染密集型制造业技术创新的影响

Research on the Effect Intensity of Environmental Regulation on Technological Innovation of Pollution-intensive Manufacturing Industry

赵莉　薛钥　胡逸群

（中国矿业大学管理学院，江苏徐州　221116）

摘　要　随着环境问题的日益凸显，学界开始关注环保对技术创新的影响。尤其在 1991 年波特假说提出以后，吸引到越来越多的学者关注该问题。本文基于波特假说的理论背景，以我国污染密集型制造业面板数据为例，构建回归模型，以研发人员数量为控制变量，深入分析了环境规制强度对我国污染密集型制造行业技术创新产生的影响。通过分析得出如下结论：环境规制对污染密集型制造行业的技术创新能力产生激励作用；加入控制变量后，环境规制对污染密集型制造行业技术创新能力的激励作用更加显著；波特假说适用于我国污染密集型制造行业。最后，本文根据污染密集型制造业行业现状，从地方政府环境规制、行业研发投入等方面提出相关的政策建议。

关键词　环境规制　污染密集型制造业　技术创新　波特假说

Abstract　As the environmental problem becomes more and more serious, the academic circles begin to pay attention to the effect of environmental protection on technological innovation. Especially since the porter hypothesis was proposed in 1991, more and more scholars have been attracted to this issue. Based on the porter hypothesis and taking the number of researchers as the control variable, this paper studies the effect of environmental regulations on technological innovation in pollution-intensive manufacturing industries. The conclusion of this paper is that environmental regulation has an incentive effect on the technological innovation ability of pollution-intensive manufacturing industry.With the addition of control variables, environmental regulation has a more significant incentive effect on the technological innovation ability of pollution-intensive manufacturing industry.The porter hypothesis is applicable to China's pollution-intensive manufacturing industry. Finally, according to the current situation of pollution-intensive manufacturing industry, this paper puts forward relevant policy Suggestions from the aspects of local government environmental regulation and industrial R&D investment.

Keywords　Environmental regulation, Pollution intensive manufacturing, Technology innovation, Porter hypothesis

改革开放以来，我国不断调整经济政策，推行新的经济体制，极大地促进了经济的快速增长，使我国从一个经济落后的国家发展成为世界经济大国。然而，伴随着经济的快速增长，我国的环境问题也日益严重。根据 2017 年度全球环境绩效指标排名，中国在 180 个国家中综合得分排名 120 位，排名十分靠后。主要原因在于，传统的资源消耗型增长路线是高投入、低回报和低效率的。“先污染、后治理”的发展模式也给中国的资源和环境带来了沉重的负担，伴随而来的便是一系列的环境污染问题。随着水污染、土壤污染、大气污染等生态问题日益恶化，并且严重威胁到了人类的生存环境，社会各界开始广泛地关注环保。学者们也开始意识到，我们必须在保证经济发展的同时注重环境的保护。为实现环保与经济的同步发展，我国实行了一系列的规制政策来促使企业重视环保问题。自 2013 年以来，我国陆续推出了“大气十条”“水十条”“土十条”，党的十八届五中全会首次提出绿色发展理念，党的十九大报告中提到 12 次“绿色”、11 次“生态环境”，都足以说明，我国为实现绿色中国梦，已开始搭建绿色屏障。

在经济飞速发展的过程当中，我国工业化进程不断推进，制造业也不断成长，成了名副其实的“世界工厂”，缔造了一个又一个经济增长奇迹。但是，随之而来的还有制造业的高污染。其中，污染密集型制造业造成的环境污染在制造行业中最为严重。学者们开始聚焦污染密集型制造业的环保状况，试图通过一定的方式减少污染密集型制造业的污染情况。另外，中国制造业一直因技术创新能力不强的问题备受诟病。尤其在中国经济进入新常态后，提升中国制造业创新能力、实现创新驱动发展，已成为制造业行业发展过程中的首要问题。因此，国家提出以资源节约和环境保护为重点的发展目标。目前，中国经济已经步入新常态，尽力协调经济发展与环保之间的关系，建设系统的绿色工业发展体系，形成可持续的竞争力，是提高制造业企业创新能力的必由之路。2015 年 5 月国务院印发的《中国制造 2025》中写道，要坚持把可持续发展作为建设制造强国的重要着力点，构建绿色制造体系，走生态文明发展路线。2018 年已进入《中国制造 2025》的实施阶段，在制造业发展的同时，保护生态环境，达到“双赢”局面，解决污染密集型制造行业的高污染已成为首要问题。

综上所述，本文聚焦污染密集型制造行业，以波特假说为理论基础，深入分析我国实行的环境规制政策对企业技术创新的影响，为我国提高管制效率以及企业提高技术创新水平提供了理论依据。

1　文献回顾与研究假设

1.1　文献回顾

随着环境问题的凸显，各界对环保问题的关注度也日益提升。学者们开始探究环保问题对企业发展带来的影响，如企业绩效、研发投入以及战略决策等。环境规制作为国家应对环保问题的重要措施，更是吸引了众多学者的关注。

环境规制指在保证经济发展的同时，政府推出以保护环境为目的的各项政策和措施的综合[1,2]。自 20 世纪 70 年代西方发达国家加大环境监管力度起，环境规制逐渐为学者们所关注。现有关环境规制的研究主要集中以下方面：第一，国际贸易，经济学家着手于环境规制对国际贸易的影响[3-5]。例如，任力和黄崇杰[5]通过扩展引力模型研究了环境规制对我国出口贸易的影响，研究发现随着环境规制强度的增加出口贸易逐渐降低，即环境规制对出口贸易产生了抑制作用，而在研究贸易伙伴环境规制强度对我国出口贸易影响时发现，发达国家呈现抑制作用，发展中国家则无影响。第二，地方政府行为，经济学家通过各地环境规制的制定和推行力度来观测地方政府的行为[6-8]。例如，李胜兰等[8]探究了环境规制对区域生态效率的影响，研究发现地方政府在制定和推行环境规制的过程中出现“模仿”行为，且都倾向于模仿较为宽松的政策，出现“逐低竞争”的现象。

1912 年熊彼特首次提出技术创新的概念，并在 1939 年将创新划分为技术创新和非技术创新。国内对技术创新的研究则相对较晚。项保华和许庆瑞[12]认为，技术创新是一个从新思想的产生到新产品出现的过程。生产者根据消费者的需求进一步完善现有产品或服务，或者创造出一种新的产品去迎合消费者需求。这一过程尤其注重新技术开发、成果实施、推广等阶段的关系[12]。胡海玲[13]认为创新能力可以使企业保持竞争优势，在急剧变化的环境中得以生存，继而推动整个国家经济的发展[13]。一方面，技术创新是企业的活力源泉，给企业带来了新的发展方向，提供了技术支持，是企业发展的基础。另一方面，技术创新可以将科研成果转化为现实生产力，同时促进新技术与经济的协同发展[14]。

随着研究的深入，学者们逐渐开始关注环境规制对企业技术创新的影响[9-11]。韩超等[9]认为，环境规制的强度对于企业的产品转换行为具有一定的诱引作用。曹慧萍等[11]通过实证分析发现，环境规制对技术创新存在促进作用，股权集中度、董事会规模负向调节作用环境规制与技术创新之间的关系。能否通过改变环境规制强度来提升企业的技术创新能力成为学者越来越关注的话题。

1.2 研究假设

不同学者在环境规制对技术创新的影响方面的研究结果也不尽相同。美国经济学家 Weitzman 在 1974 年首次对二者的关系进行研究，通过理论分析，认为与政府的指挥控制手段相比，税收等市场制度更能够促进企业进行技术创新。Chakraborty 和 Chatterjee[15]在研究印度纺织行业与其上游公司面对环境规制做出不同决策的研究时，发现上游公司会将大量资金投入到技术转移和技术升级方面，而本土企业会选择增加研发投入，总体来看，环境规制对印度纺织行业技术创新产生积极作用。Yuan[16]则通过扩展引力模型研究环境规制对中国制造业创新能力影响时，发现环境规制不仅对研发投入产生挤出效应，还对专利申请量产生抑制作用。沈能和刘凤朝[17]首次利用非线性门槛模型研究环境规制对技术创新的门槛效应，经实证研究发现我国环境规制对技术创新的影响非简单的单调曲线，而呈现出“U”形，环境规制对技术创新影响存在门槛效应，且不同区域根据经济强度不同也具有不同程度的门槛。

在有关环境规制对技术创新的影响的研究进程中，学者广泛关注的是“波特假说”。

20 世纪 60 年代，传统新古典经济学被提出，经济学家认为环境保护必然会抑制一国的经济发展。而 1991 年，Porter 在分析美国、德国、日本经济走势时，发现事实并不是向经济学家所提出的那样，在严格的环境规制中，企业的市场竞争力会随着创新能力的提升而提升，故向传统新古典经济理论提出挑战。Porter 等[18]认为新古典经济理论将企业所处的环境设为静态，但实际上是，随着经济发展，企业的生产技术和设备都在进行不断的升级和创新，环保的关键也由过程转向了结果，因此应将企业所处的环境视为动态的，从动态的视角研究环境规制对经济发展的影响。从短期来看，环保成本可能会对企业造成不利影响；但从长期来看，企业不会一直处于这种短板中，企业随着环境规制的改变对现有技术进行升级和调整，不但会降低环境成本还会因新技术而提高生产率，最终会实现环保和利润双丰收。Porter 等[18]还认为在环保和经济“双赢”的过程中，政府扮演着十分重要的角色。由于部分企业对环保成本及技术升级费用产生悲观的预期，加之市场信息的不对称，导致企业管理者无法做出最优决策，这就需要政府通过严格执行环境规制，让企业了解其中的隐性机遇，最终做出最优决策。

除此之外，制度理论也认为制度具有制约和影响组织行为的能力。学者们通常利用制度理论解释外部压力对企业技术创新的影响。池仁勇[19]认为对于企业来说，制度犹如“神话”，企业为在市场中生存获得竞争能力，而融入制度中。制度理论可分为规制压力、规范压力和认知压力。规制压力指政府通过规制的强制力对企业行为进行行政约束。规范压力又可分为企业的专业性压力和社会压力，通过道德约束驱使企业做出正确的决策。认知压力指企业产品面临消费者认知程度的压力，如果企业的新产品或新服务被公众广泛认同，那么说明其能够被公众接受和认同。基于上述分析，提出如下研究假设：

H：环境规制强度的增加会促进企业的技术创新能力

2 研究方法

2.1 行业选择与数据来源

在国外的相关研究中，大多采用减排成本和支出来度量产业污染程度，但国内的数据并未公布，因此无法将国外的衡量方式应用于国内，需结合国内的实际情况选取指标。因为废水、废气以及固体废物是企业造成环境污染的主要形式，所以较多学者选择采用三者的排放量去衡量企业造成的污染情况。

由于产业对环境的污染主要是通过排放废气、废水以及固体废物来表现的，因此，大多数研究利用各行业的废气、废水及固体废物排放量来测算行业的污染程度。本文选取制造行业中污染排放量前九的行业作为污染密集型制造行业，然后运用综合指标法进行污染程度的计算。其中，污染密集制造行业选取的是污染密集指数排名前九的行业，包括石油加工、炼焦及核燃料加工业、化学原料及化学制品制造业、化学纤维制造业、非金属矿物制品业、黑色金属冶炼及压延加工业、有色金属冶炼及压延加工业、医药制造业、橡胶和塑料制品业以及金属制品业。

本研究是以全国范围内九个污染密集型制造业行业的面板数据为基础进行的，数据来源于2006—2015年《中国环境统计年鉴》与《中国工业企业科技活动统计年鉴》。主要指标包括有效专利数、工业废水排放量、工业废气排放量、工业固体废物排放量以及研发（R&D）人员全时当量。其中，“三废”排放量用来反映环境规制强度，有效专利数用来体现企业的技术创新能力，R&D人员全时当量代表企业的科技创新人力投入。

2.2 衡量指标及测量方法

环境规制强度（ER）：目前国内外对于环境规制强度没有确定的衡量指标，一般采用代理变量的办法进行衡量。在以往的文献中，学者们通常从污染排放程度、污染排放治理投入和环境规制效果三方面来反映环境规制水平。①污染排放程度：工业废水排放达标率、各污染物减排量。②污染排放治理投入：污染治理投资总额、污染治理运行费用占工业产值的比重。③环境规制效果：人均GDP，GDP与能耗的比值。目前，多数文献都是通过污染排放程度来衡量的，原因在于相较于其他几种测量方式，污染排放程度更加简单明了。因此，本文采用污染排放程度来衡量环境规制强度。

由于不同污染物之间数据差异较大，直接加总没有意义，故参照徐敏燕等的综合指标构建方式，将工业废水排放量、工业废气排放量、工业固体废物排放量三个单项指标进行转化。具体方法为：将各行业每年工业废水排放量、工业固体废物产生量和工业废气排放量除以各行业工业总产值，解决各行业间污染物排放量差异较大的问题。综合衡量指标公式如下：

$$\mathrm{px}_{il}=\frac{p_{il}}{(1/n)\sum_{j=1}^{n}p_{il}},\quad l=1,2,3 \tag{1}$$

式中，p—— 各行业各年份的某一污染物排放量；

px—— 量纲一的某一污染物排放量；

i—— 各个行业；

l—— 各种污染物。

经过标准化处理的污染物排放量具有横向可比性，因此加总是有意义的。各行业的环境规制强度可以用经过标准化的各种污染物排放量总和来衡量。

企业技术创新能力（I）：本文采用各行业有效专利数来衡量企业的技术创新能力。除此之外，部分学者采用生产率来衡量企业的技术创新能力。由于影响生产率的因素较多，并不一定是规制强度导致的生产率的提升，因此本文采用有效专利数来衡量技术创新能力。

另外，根据李阳、于伟等关于技术创新的实证研究，创新人力资源投入是影响企业技术创新能力的主要内在因素，因此选取科技创新的人力投入为控制变量[20,21]，用以解释在考虑和不考虑控制变量两种情况下，环境规制对企业技术创新能力影响的差异。R&D人员的全时当量（L）是反映技术创新人力投入的最直观数据，因此用R&D人员全时当量进行衡量。各变量的描述性统计数据如表 1 所示。

表 1 变量描述性统计

变量指标	单位	均值	中值	最大值	最小值	标准差
I	个	5 876.41	2 805.5	37 649	117	7 236.762
ER	量纲一	3	2.812 7	8.243 0	1.550 1	1.118 5
L	人	82 330.82	70 651	258 364	12 395	58 302.17

2.3 面板数据的单位根检验和协整检验

由于本文使用的数据为面板数据，因此，在进行模型回归之前首先需要对本文所需要的面板数据进行平稳性检验，为此我们对相关变量进行了单位根检验。本文采用的单位根检验方法为 LLC、ADF-Fisher 和 PP-Fisher，具体检验结果见表 2。由数据结果可知所有变量均平稳，因此我们可以把所有变量看作平稳变量。

表 2 面板数据单位根检验

变量	LLC 检验	ADF-Fisher 检验	PP- Fisher 检验
ER	-5.32^{***}（0.000）	35.06^{***}（0.009）	47.90^{***}（0.000）
I	-9.50^{***}（0.000）	59.73^{***}（0.000）	72.37^{***}（0.000）
L	-2.12^{**}（0.020）	38.46^{***}（0.003）	45.68^{***}（0.003）

注：***、**分别表示 1%、5%的显著水平。

平稳性检验之后需要进行协整性检验，目的在于确定各变量之间是否存在长期均衡关系。由于本文实证研究时间跨度为 2006—2015 年（$T=10$），所以采用 Panel ADF-Stat 统计量和 Group ADF-Stat 统计量进行检验，同时观察 Panelρ-Stat、Panel PP-Stat、Group PP-Stat 统计量的检验结果。而 Panel ADF-Stat、Group ADF-Stat、Panelρ-Stat、Panel PP-Stat、Group PP-Stat 都在 1%的显著水平下拒绝原假设（表 3）。因此认为，环境规制与技术创新能力之间存在长期均衡关系。

表 3 环境规制与技术创新的协整检验

	检验方法	检验结果	
组内统计量	$H0$：$\rho=1$ $H1$：$(\rho_i=\rho)<1$	Panel v-Stat	−1.128 4（0.870 4）
		Panelρ-Stat	0.373 4（0.645 6）
		Panel PP - Stat	$-9.213\ 9^{***}$（0.000 0）
		Panel ADF -Stat	$-5.146\ 9^{***}$（0.000 0）
组间统计量	$H0$：$\rho=1$ $H1$：$(\rho_i=\rho)<1$	Groupρ- Stat	1.550 5（0.939 5）
		Group PP-Stat	$-8.506\ 5^{***}$（0.000 0）
		Group ADF-Stat	$-5.693\ 1^{***}$（0.000 0）

注：***表示 1%的显著水平。

2.4 回归模型

为研究环境规制对企业技术创新能力的影响，根据上文的理论分析，结合影响企业创新能力的基本因素，本文设定如下面板数据回归模型：

模型 1　$I_{it}=c+\beta_1\text{ER}_{it}+\varepsilon_{it}$

模型 2　$I_{it}=c+\beta_1\text{ER}_{it}+\beta_2L_{it}+\varepsilon_{it}$

式中，i——各个行业，i=1，2，3，…，8，9；

t——年份，t=2006，2007，…，2015；

ER——环境规制强度；

I——企业技术创新能力；

L——R&D 人员全时当量。

模型 1 是指，在未加入控制变量时，环境规制与企业创新能力之间的线性模型。模型 2 则是在考虑控制变量后，环境规制与研发人员数量对企业创新能力影响的线性模型。

各行业间的有效专利数与 R&D 人员全时当量存在较大差异，为消除异方差的影响，对数据进行取对数处理。因此，模型变为：

模型 1　$\ln I_{it}=c+\beta_1\ln\text{ER}_{it}+\varepsilon_{it}$

模型 2　$\ln I_{it}=c+\beta_1\ln\text{ER}_{it}+\beta_2\ln L_{it}+\varepsilon_{it}$

2.5 回归结果与分析

本文采用面板数据模型，通过豪斯曼检验判别使用固定效应或随机效应。使用 Eviews 8.0 进行数据分析。数据结果如表 4 所示。

表 4　污染密集型制造业环境规制强度对企业技术创新能力的影响

变量	模型 1	模型 2
常数项	8.471	-7.29^{***} （−4.89）
ER	$-0.123\,5^{*}$ （−1.73）	-0.14^{**} （−2.37）
ln I		1.43^{***} （1.69）
模型类别	随机效应	随机效应
豪斯曼检验	0	0
调整的 R^2	0.021 7	0.55

注：括号内为 t 值。***、**、*分别表示 1%、5%、10%的显著性水平。

由于污染排放量的数值越大代表环境规制强度越小，因此，由数据结果可知，在未加入控制变量时，环境规制对企业技术创新能力的回归系数为−0.123 5，即环境规制强度越大，企业的技术创新能力越强。假设成立。而加入控制变量后，环境规制对企业技术创新能力的回归系数为−0.14，正向作用更加明显。对于污染密集型制造业来说，环境规制强度的加大导致企业的生产成本增加，企业面临来自政府的压力。只有通过不断的改进生产技术，减少环境污染，满足政府的环保要求，企业才能立足，才能保证自身的竞争优势。研发人员为企业提供了劳动力保障，研发人员越多，企业进行技术创新的能力就越强。但是，考虑到当期的环境规制强度并不一定能立即对企业的创新能力产生影响，将环境规制以及人力投入进行滞后处理，再次进行回归分析，如表 5 所示。

表 5 滞后一期的污染密集型制造业环境规制强度对企业技术创新能力的影响

变量	模型 1	模型 2
常数项	8.47*** （21.55）	−5.34*** （1.55）
ER（−1）	−0.10* （−1.73）	−0.11* （0.06）
ln I（−1）		1.26*** （0.14）
模型类别	随机效应	随机效应
豪斯曼检验	0	3.97
调整的 R^2	0.02	0.50

注：括号内为 t 值。***、**、*分别表示 1%、5%、10%的显著性水平。

由回归结果可知，在考虑和未考虑控制变量的情况下，滞后一期的环境规制强度对企业技术创新能力影响的回归系数分别为−0.11 和−0.10，其结果与未考虑滞后的结果一致。假设仍然成立。这说明环境规制确实是影响企业技术创新能力的一个重要因素。一方面，环境规制强度的加大给企业带来了生存危机，迫使企业为达到规定标准不断改进技术；另一方面，环境规制强度的加大也说明了我国面临的环境问题的严重性，为企业敲响了警钟，使得企业开始逐步重视环境问题，从自身出发，减少环境污染，为我国环境的改善尽自己的一份力。

3 结论及建议

在污染密集型制造业的发展过程中，污染物的产生和排放给环境带来了巨大的压力，引起了一系列的社会问题。环境规制迫使企业直面环境带来的停产等生存问题，使得企业开始思考利益与环境的协调发展。而技术创新是企业提高生产、减少环境污染的一个重要方式。在波特假说的基础上，本文讨论了环境规制是否会对污染密集型制造业的技术创新能力起到促进作用。最终得出结论：第一，环境规制对污染密集型制造行业产生激励作用；第二，加入控制变量后，环境规制对污染密集型制造行业的激励作用更加显著；第三，波特假说适用于我国污染密集型制造行业。根据以上结论，提出如下政策建议：

（1）增加环境规制强度，实行多样化的环境规制手段。在全球环境绩效指标排名中，我国排名处于中下游的位置，说明我国目前环境问题较为严重，同时也反映了我国环境规制强度不够，环境规制手段较为单一。政府应该合理利用环境规制手段，发挥环境规制的积极作用，让企业认识到破坏环境带来的严重后果，增加企业对环保的重视程度。一方面，对于高污染行为，要制定严格的惩罚措施，如罚款、暂停生产等；另一方面，对于环保措施比较到位的企业要给予适当的补贴，以示奖励。与此同时，要综合考虑地区特性等问题，采用适宜的环境规制政策，注重环境规制手段的多样化与合理化。逐渐将末端治理转变为源头治理，直接从生产源减少污染物的产生和排放。

（2）合理利用公众力量，加强监督管理。在环境规制政策出台之后，政策的落实也是一个重要的环节。除建立专门的部门进行有效的管理监督之外，还要重视公众的力量。环境问题是与公众利益密切相关的，通过宣传等方式增强公众的环保意识，调动公众参与环保的积极性，不仅能从自身做起打造绿色生活，同时也能发挥主人公精神积极监督周边企业的环境污染状况。特别是网络的发展给公众提供了更多的途径去了解、监督违法排污现象，让污染行为高度透明化。合理利用公众的力量是环境规制政策落实的有力保障。

然而，由于不同地区的实际情况有所差别，因此本研究并不一定适用于特定区域。在以后的研究过程中可以具体考虑各地区的实际发展现状，结合地域特点进行具体的分析。

参考文献

[1] 朱允未. 环境成本、环境规制与国际分工[J]. 经济管理，2002（14）：80-85.

[2] 原毅军，刘柳.环境规制与经济增长：基于经济型规制分类的研究[J]. 经济评论，2013（1）：27-33.

[3] Tobey J A. The effects of domestic environmental policies on patterns of world trade：an empirical test[J]. Kyklos，1990（43）：191-209.

[4] Huang H，Labys W C. Environment and Trade：a review of issues and methods[J]. International journal of global environmental issues，2002，2：132-163.

[5] 任力，黄崇杰. 国内外环境规制对中国出口贸易的影响[J]. 世界经济，2015（5）：59-80.

[6] Woods N. Interstate Competition and Environmental Regulation：A Test of the Race-to-the-Bottom The- sis [J]. Sxial Science Quarterly，2006，87：174-189.

[7] 李国平，张文彬. 地方政府环境规制及其波动机理研究——基于最优契约设计视角[J]. 中国人口·资源与环境，2014（10）：24-31.

[8] 李胜兰，初善冰，申晨. 地方政府竞争——环境规制与区域生态效率[J]. 世界经济，2014（4）：88-110.

[9] 韩超，桑瑞聪. 环境规制约束下的企业产品转换与产品质量提升[J]. 中国工业经济，2018（2）：43-62.

[10] 王锋正，姜涛，郭晓川. 政府质量、环境规制与企业绿色技术创新[J]. 科研管理，2018，39（1）：26-33.

[11] 曹慧平，沙文兵. 公司治理对环境规制与技术创新关系的调节效应研究[J]. 财经论丛，2018（1）：106-113.

[12] 项保华，许庆瑞. 试论制定技术创新政策的理论基础[J]. 数量经济技术经济研究，1989（7）：52-55.

[13] 胡海玲. 环境规制、研发投入与工业企业技术创新能力[D]. 杭州：浙江工商大学，2018.

[14] 吴贵生，李纪珍. 关于产业技术创新的思考[J]. 乡镇企业科技，2000（4）：4-5.

[15] Chakraborty P，Chatterjee C. Does environmental regulation indirectly induce upstream innovation？New evidence from India[J]. Research Policy，2017，46（5）：939-955.

[16] Yuan B，Xiang Q. Environmental regulation，industrial innovation and green development of Chinese manufacturing：Based on an extended CDM model [J]. Journal of Cleaner Production，2017：176.

[17] 沈能，刘凤朝. 高强度的环境规制真能促进技术创新吗：基于波特假说的再检验[J] 科技与经济，2011（9）：49-59.

[18] Porter M A，Vander L C. Towards a New Conception of the Environment Competitiveness Relationship[J]. Journal of Economics Perspectives，1995，9（4）：97-118.

[19] 池仁勇，郑伟.企业自主创新的产学研模式研究[J]. 技术经济，2007（7）：1-4.

[20] 李阳，党兴华，韩先锋，等. 环境规制对技术创新长短期影响的异质性效应——基于价值链视角的两阶段分析[J]. 科学研究，2014（6）：937-949.

[21] 余伟，陈强，陈华. 环境规制、技术创新与经营绩效——基于37个工业行业的实证分析[J]. 科研管理，2017（2）：18-25.

基于动态投入产出模型的河北省低碳发展路径研究

Study on Low-carbon Development Path of Hebei Province Based on Dynamic Input-Output Model

徐 峰 汪雅婷

（北京化工大学经济管理学院，北京 100029）

摘 要 在中国经济新常态发展背景下，推行低碳发展是非常重要的战略措施之一。为了提高应对气候变化的能力，推动绿色低碳发展，河北省制定了到 2020 年单位生产总值二氧化碳排放比 2015 年下降 20.5%的温室气体排放控制目标以及相关实施方案。基于此现状，本文结合系统动力学和投入产出理论，构建河北省经济可持续发展综合评价模型，采用多目标动态仿真模拟方法，预测分析 2012—2020 年不同发展模式下的河北省经济发展、二氧化碳排放强度，以及产业结构调整等变化趋势，探究了不同发展模式下的河北省经济发展和二氧化碳排放的耦合机理。本文设定了基准情景、产业结构调整情景和二氧化碳总量控制情景三种不同发展情景模式。据此结果分析，为寻求河北省的绿色低碳发展路径提供参考依据。

关键词 系统动力学 投入产出模型 可持续发展 碳排放 动态模拟

Abstract Under Chinese economy "new normal development" background，the promotion of green and low-carbon development is one of the most important strategies. In order to improve the ability to cope with climate change and promote low-carbon development，Hebei Province has formulated a greenhouse gas emission control target with 20.5% reduction in carbon dioxide emissions（CO_2） per unit of GDP by 2020 compared with 2015，and established related implementation plans. This paper aims to analysis the coupling mechanism of economic development and CO_2 emission，and explore industrial structure and energy structure adjustments' impacts on sustainable development in Hebei Province under. This study combines the system dynamics and input-output theory to construct a comprehensive evaluation model for low-carbon sustainable development in Hebei Province，and adopted the multi-objective dynamic simulation method to predict and analyze the economic development of local region under different development models from 2012 to 2020. This paper sets three different development scenarios，including the baseline scenario，industrial restructuring scenario，and CO_2 total control scenario. Based on this analysis，we provide a policy-making reference for a low-carbon development path in Hebei Province.

Keywords Input-output model, Sustainable development, CO_2 emissions, Dynamic simulation

随着中国社会文明的进步，可持续发展战略的进一步落实，生态和环境效益逐渐成为与经济发展同等重要的关键因素。河北省拥有优越的地理位置，近几年来其经济呈持续稳定增长趋势，较快的经济增长背后带来的是能源的大量消耗和环境的破坏。河北省是中国产煤和消费煤炭的大省，大量消耗煤炭等化石能源产生二氧化碳，对气候变化造成影响，从而影响河北省的可持续发展。在中国经济新常态发展背景下，推行绿色低碳发展是非常重要的战略措施之一，为此河北省政府制定了相关的政策目标应对气候变化。2016 年 12 月，河北省发展和改革委员会出台《河北省应对气候变化“十三五”规划》[1]，在“十二五”期间，河北省政府在应对气候变化上取得了很多成就——产业结构低碳化加快、节能减排成效显著、森林碳汇能力增强以及增强农业适应气候变化工程等。但是控制温室气体排放任重而道远，因此河北省在“十三五”规划中制定了更加严格的温室气体减排、能源结构优化目标并为控制温室气体的排放提出相关举措。

产业结构调整作为世界各国经济发展和环境改善广泛研究的重要课题，从经济发展的角度来看，其使资源由低生产率的部门重新分配至高生产率的部门，从而促进了经济增长[1]。从环境保护的角度来看，不同产业的碳排放强度差别明显，产业结构调整是控制二氧化碳排放量的有效途径[2]，因此提倡进行产业结构调整，实现经济与环境协同发展。

本文旨在基于河北省的社会经济发展现状和“十三五”规划的政策目标，结合系统动力学和投入产出理论，探究河北省环境与经济的耦合机理，考虑河北省的社会经济、环境现状，构建综合政策评价模型，模拟现实进行仿真预测不同情景下的河北省经济发展趋势和二氧化碳排放强度，从而为实现河北省经济的可持续发展提供有效的建议。

1 文献综述

随着全球变暖成为社会关注的热点，国内外学者对如何控制碳排放，实现经济与环境协调发展等方面给予了越来越多的关注，从定性或定量的角度，利用不同的方法测算国家或地区的温室气体排放以及气候变化的影响因素与应对措施。

目前国内没有权威的碳排放统计数据，现有研究均是通过对碳排放量进行测算，目前二氧化碳排放量的测算方法主要有：①基于生产产品角度主要有两种二氧化碳排放量的计算方法，一是通过投入产出模型的测算方法，二是利用生命周期评价的测算方法[1]；②利用卡亚公式进行测算；③基于化石能源消耗量，运用《2006 年 IPCC 国家温室气体清单指南》碳排放计算公式来计算预测二氧化碳排放量。通过对比这三种二氧化碳计算方法，投入产出模型由于投入产出表的不连续性，误差较大，卡亚公式的数据获得困难，因此本文最终选择《2006 年 IPCC 国家温室气体清单指南》中的方法进行测算。在计算某一国家或地区的二氧化碳排放量中，一些学者认为二氧化碳排放量由三部分组成——能源消费碳排放量、水泥工业碳排放量和森林碳汇值[2-4]。翟石艳等[5]以广东省为例，提出区域碳排放的计算框架以及研究方法，预测了广东省 2008—2050 年能源消费碳排放量、水泥工业碳排放量和森林碳汇值。王铮等[6]计算并预测全国的能源消费、水泥生产碳排放量和森林碳汇值，较为全面地估算了中国未来的碳排放情况。赵先贵等[7]结合《2006 年 IPCC 国家温室气体清单指南》和《省级温室气体编制指南》中计算二氧化碳排放的方法，分析评价了西安市的温室气体排放情况。除此之外，还有一些学者针对碳排放量大的行业进行碳排放计算的研究，如水泥行业。其中，徐荣[8]给出了水泥生产过程中具体的二氧化碳排放公式以及熟料比例和排放因子数据，为后来学者的研究提供了重要的方法与数据。张为付等[9]采用《2006 年 IPCC 国家温室气体清单指南》的基准方法测算并预测了到 2020 年全国各省份的二氧化碳排放量以及排放强度。

随着中国生态文明建设的发展，生态与环境效益成为与经济发展同等重要的因素，因此为了减少温室气体的排放，政府大力推进运用产业结构优化升级等政策减缓温室效应。朱永彬等[10]和王铮等[6]基于需求驱动和产业部门供给，模拟分析了在消费者偏好引导下的产业结构优化方向及碳排放趋势。原毅军和谢荣辉[11]分析研究了污染减排政策与产业结构调整之间的关系；肖挺和刘华[12]分析了中国 1998—2012 年产业结构调整对中国二氧化硫排放的影响。从上述学者的研究中可以发现，产业结构调整对于污染物减排起到了有效的作用，但是他们的研究大多局限于对污染物排放影响的研究，因此对于产业结构调整对二氧化碳排放的影响需要深入的研究。

很多学者运用不同的方法对环境与经济效益进行了定量研究。其中张昭利等[13]运用投入产出模型分析贸易对中国二氧化硫排放的影响。王文举和向其凤[14]基于投入产出理论，综合运用回归分析和最优化技术计算了消费产品结构并且预测了在高、中、低的消费率与出口率组合下的生产能耗和生产碳排放。施国洪和朱敏[15]以江苏镇江为例，运用系统动力学方法建立了该市的环境经济模型，对不同的方案进行仿真模拟分析，提出该市经济发展与环境保护的相关建议。Zhou 等[16]探讨了中国二氧化碳排放的社会经济决定因素，运用时间序列模型分析 1980—2014 年中国的经济结构、能源消费结构、收入、城市化、外商直接投资以及贸易总额对二氧化碳排放量的影响。

有的学者在研究环境经济效益的过程中进行多目标规划，探讨在不同目标下经济与环境的发展。Guo 等[17]运用多目标动态模拟研究浙江省基准年到目标年的 24 个行业四种污染物和二氧化碳排放总量、排放强度以及经济发展趋势。相楠和徐峰[18]运用了多种环境经济评价方法，对京津冀地区的典型环境问题进行研究。Chang[19]建立多目标规划，得到二氧化碳排放的主要部门和达到减排目标的前提下的优化产业结构。

全球变暖导致的一系列气候问题，对人们生产生活造成了严重影响，温室效应已经成为广大学者研究的主题，如何控制温室效应是目前面临的主要问题。很多学者运用了不同的方法对环境污染与经济效益进行了定量研究，如投入产出法、系统动力学和时间序列模型等，探究环境与经济发展之间的关系，但是在他们的模拟研究中，外生地给定参数，而在本研究中则是通过对现状进行分析给定参数范围，根据模型自身来调整参数，并且前人对于二氧化碳排放与国民经济发展关系的研究较少，因此本研究旨在通过构建环境-经济模型模拟预测河北省 2012—2020 年的经济发展趋势、二氧化碳排放情况以及产业结构调整情况，为正确地制定经济、社会发展战略规划和各项经济政策提供依据。

2　模型构建

2.1　基本框架

本研究旨在以投入产出理论和系统动力学理论为基础，动态模拟预测河北省未来的经济发展趋势和二氧化碳的排放强度，综合评价河北省的经济环境情况。如图 1 所示，基于现状分析构建环境经济综合评价模型，该模型以经济发展最优化或者环境污染最小化作为目标函数。环境经济综合评价模型主要包括两个子模型——社会经济模型和环境模型。

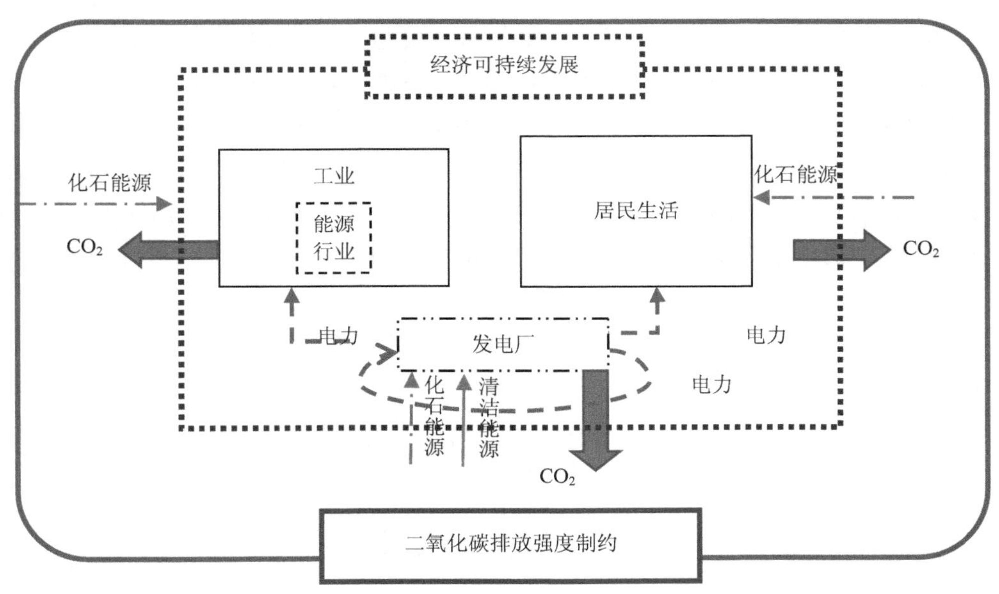

图 1　模型框架

2.2　情景设立

本研究基于河北省社会经济发展现状以及“十三五”规划中的政策目标设立情景，具体表 1 所示。

表 1　情景设立

情景	名称	情景描述	目标
基准情景	case 0	保持现有的经济发展水平	2020 年的二氧化碳排放强度比 2015 年下降 20.5%

情景	名称	情景描述	目标
产业结构调整情景	case 1	保持现有的经济发展水平，重点行业每年产值下降幅度不高于 0.5%	2020 年的二氧化碳排放强度比 2015 年下降 20.5%
二氧化碳总量控制情景	case 2-1	2020 年二氧化碳排放总量与 2015 年持平	经济可持续发展
	case 2-2	2020 年二氧化碳排放总量比 2015 年减少 10%	经济可持续发展
	case 2-3	2020 年二氧化碳排放总量比 2015 年减少 20%	经济可持续发展

2.3 模型公式

河北省环境经济评价模型的构建运用了多目标线性规划，模型由两个目标函数和多个限制条件组成。模型可具体分为两大子模型，即社会经济模型和环境模型，该模型能够动态地反映经济发展趋势和二氧化碳排放情况。

（1）目标函数

目标函数设为地区生产总值（GDP）的最大化或二氧化碳排放量的最小化，在基准情景和产业结构调整情景下，探究按照现行的经济发展趋势下二氧化碳的排放情况，因此目标设为二氧化碳排放量最小化；在二氧化碳总量控制情景下，二氧化碳排放量受到约束，目标设为地区生产总值（GDP）最大化，从而实现经济与环境的协调发展。

模拟期 t 为 9 期，基准年为 2012 年，目标年为 2020 年。基于河北省 2012 年的现实数据，设置模拟实验所需要的参数，并动态仿真模拟分析 2012—2020 年河北省经济环境变化情况。下文中的内生变量简称内生，外生变量简称外生。

$$\min\sum_{t}\mathrm{CO_2}(t) \tag{1}$$

或者，

$$\max\sum_{t}\frac{1}{(1+\rho)^{t-1}}\mathrm{GDP}(t) \tag{2}$$

$$\mathrm{GDP}(t)=\sum_{n=1}^{11}v_n\cdot X_n(t) \tag{3}$$

式中，CO_2（t）—— 河北省 t 年二氧化碳排放总量（内生）；

GDP（t）—— 河北省 t 年的国民生产总值（内生）；

X_n（t）—— 河北省第 t 年 n 行业的总产值（内生）；

n —— 本研究所采用的 11 个行业（n=1 为农业；n=2 为开采业；n=3 为纺织食品业；n=4 为木材与造纸业；n=5 为化工；n=6 为金属非金属；n=7 为仪器设备；n=8 为能源；n=9 为建筑业；n=10 为交通运输业；n=11 为服务业）；

ρ —— 社会折现率，本研究引用每年社会折现率为 0.05 的系数进行测算（外生）；

v_n —— n 行业的附加价值率（外生）。

（2）社会经济模型

社会经济模型以投入产出理论为基础，充分考虑了产业发展以及消费需求等，将产业的发展及产业间的联系作为经济发展的基础。

投入产出平衡：

本模型以投入产出模型中的产出平衡关系为基础，国民经济各行业的发展受到其他行业的制约，因此通过投入产出模型表现各行业的发展趋势。

$$X_n(t) \geqslant A_{nn} \cdot X_n(t) + C_n(t) + I_n(t) + G_n(t) + E_n(t) - M_n(t) (n = 1, \cdots, 11) \quad (4)$$

式中，$X_n(t)$ —— 河北省第 t 年 n 行业的总产值（内生）；

A_{nn} —— 直接消耗系数（外生）；

$C_n(t)$ —— 河北省第 t 年 n 行业居民消费总额（内生）；

$I_n(t)$ —— 河北省第 t 年 n 行业投资总额（内生）；

$G_n(t)$ —— 河北省第 t 年 n 行业政府支出总额（内生）；

$E_n(t)$ —— 河北省第 t 年 n 行业出口总额（内生）；

$M_n(t)$ —— 河北省第 t 年 n 行业进口总额（内生）。

人口变化：

河北省常住人口是由上一年人口数乘以自然增长率计算所得，其中本研究以 2012 年人口数量为基期，人口自然增长率根据河北省近十年的人口增长趋势计算所得平均自然增长率。

$$Z(t+1) = (1 + A_{gr}) \cdot Z(t) \quad (5)$$

式中，A_{gr} —— 河北省第 t 年人口自然增长率（外生）；

$Z(t)$ —— 河北省第 t 年的总人数（内生）。

（3）环境模型

环境模型表示伴随社会经济活动所产生的二氧化碳气体的流动，包括环境污染物质的产生和消减过程。在各行业生产和居民生活过程中会消耗大量的能源，在消耗能源的过程中会产生大量的 CO_2，因此河北省 CO_2 排放总量是由 11 个行业生产过程排放与居民生活消费排放组成的。

$$CO_2(t) = \sum_{n=1}^{11} ACE_n \cdot X_n(t) + ACE_Z \cdot Z(t) \quad (6)$$

式中，$CO_2(t)$ —— 河北省第 t 年 CO_2 排放总量（内生）；

ACE_n —— 河北省 n 行业的 CO_2 排放强度（外生）；

ACE_Z —— 居民生活的 CO_2 排放强度（外生）；

$X_n(t)$ —— 河北省第 t 年 n 行业产值（内生）；

$Z(t)$ —— 河北省第 t 年人口数量（内生）。

以上模型公式描述了河北省的经济发展构成以及二氧化碳排放量的组成，本研究采用这些公式完成河北省环境经济模型的构建，运用 LINGO 编程软件实现。

3 模拟结果分析讨论

仿真综合模拟实验可以预测在不同的情景下各行业社会经济发展趋势以及二氧化碳排放强度，通过将模拟结果与真实结果进行对比，证实了模型的有效性和可靠性，在本文的分析中，2012—2016 年的结果数据作为敏感度检验，主要分析 2016—2020 年的经济环境变化趋势。在三个主要情景模拟中，基准情景模拟经济在现行的水平发展下，二氧化碳控制能否达到河北省“十三五”规划的目标；产业结构调整情景模拟了依据河北省“十三五”规划中的相关提议，对河北省重点行业的产值进行制约下，二氧化碳控制能否达到河北省“十三五”规划的目标；总量控制情景模拟了二氧化碳总量在不同的减排率制约下，河北省的经济发展趋势以及各产业结构的变化。通过运用 LINGO 编程软件得到的结果如下：

3.1 基准情景结果分析

河北省在保持现行经济发展水平下，其经济发展趋势和二氧化碳排放强度如图 2 和图 3 所示。

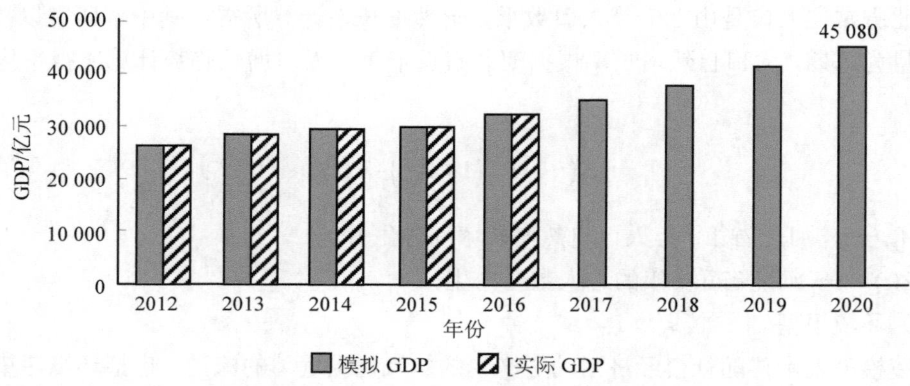

图 2 基准情景下 2012—2020 年河北省 GDP 发展趋势

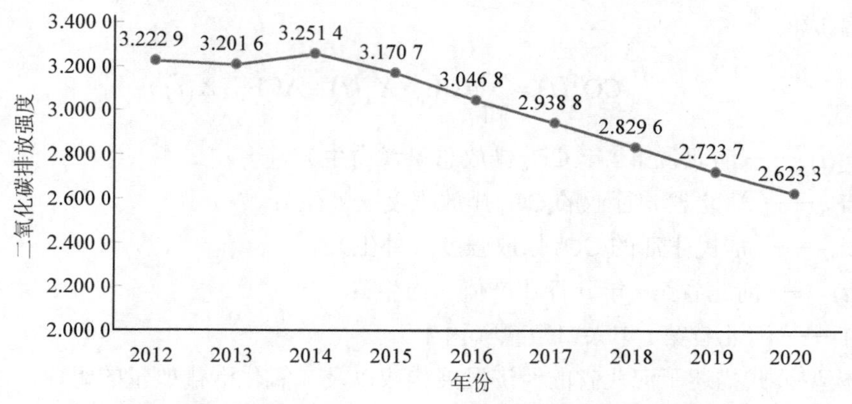

图 3 基准情景下 2012—2020 年河北省二氧化碳排放强度变化趋势

在基准情景模拟下，经济保持稳定健康的发展水平，2012—2020 年 GDP 年均增速为 8.68%，到 2020 年地区生产总值突破 4 万亿元，各行业除了开采业产值 2016—2020 年是下降的，且下降幅度为 34.39%，其他行业的产值均呈上升趋势，其中纺织食品业、仪器设备和服务业增长较快，分别增长了 74.90%、68.90%和 66.09%，但是 2020 年服务业的增加值未达到河北省地区生产总值的 45%左右，并且在基准情景模拟下，2020 年的二氧化碳排放强度比 2015 年下降了 17.26%，未达到河北省“十三五”规划中二氧化碳控制目标，因此需要进行产业结构调整。

3.2　产业结构调整情景结果分析

在基准情景模拟的基础上，本研究对重点行业——开采业、金属非金属行业和化工行业进行了产值的制约，设立产业结构调整情景，模拟结果见图 4、图 5 和图 6。当开采业、金属非金属行业和化工行业每年产值下降幅度不高于 0.5%，河北省 2012—2020 年的经济依旧保持现行的发展水平时，开采业、化工和金属非金属行业产值下降，其他行业的产值稳定增长，其中纺织食品业和服务业的产值增速最快，2020 年产值比 2016 年增长了 74.90%，仪器设备业的产值增速较快，2020 年产值比 2016 年增长了 58.38%。在产业结构调整情景下，2020 年二氧化碳排放强度相对于 2015 年下降了 27.99%，因此河北省在进行产业结构调整时，对二氧化碳排放强度高的行业产值进行约束且产值减少幅度每年不超过 0.5%，便能实现二氧化碳控制目标。

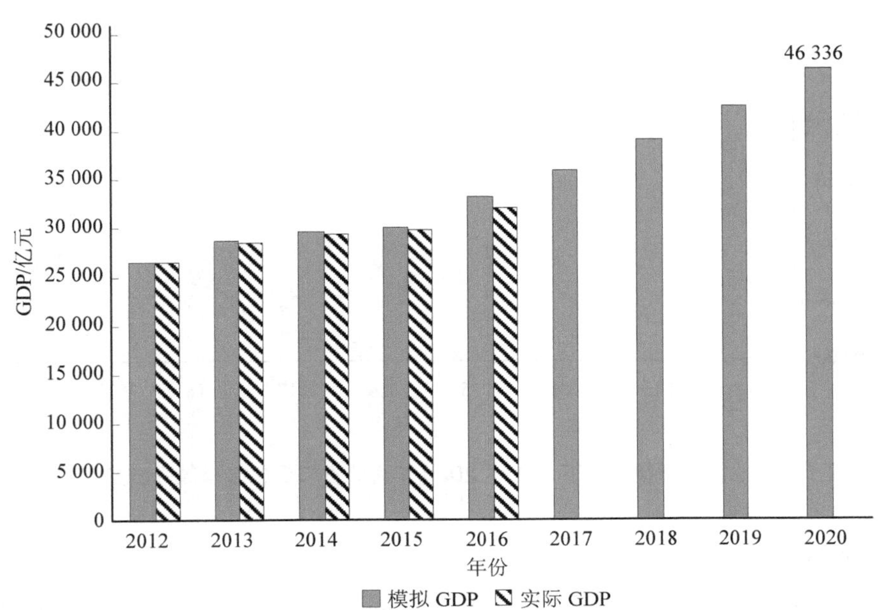

图 4　产业结构调整情景下 2012—2020 年河北省 GDP 发展趋势

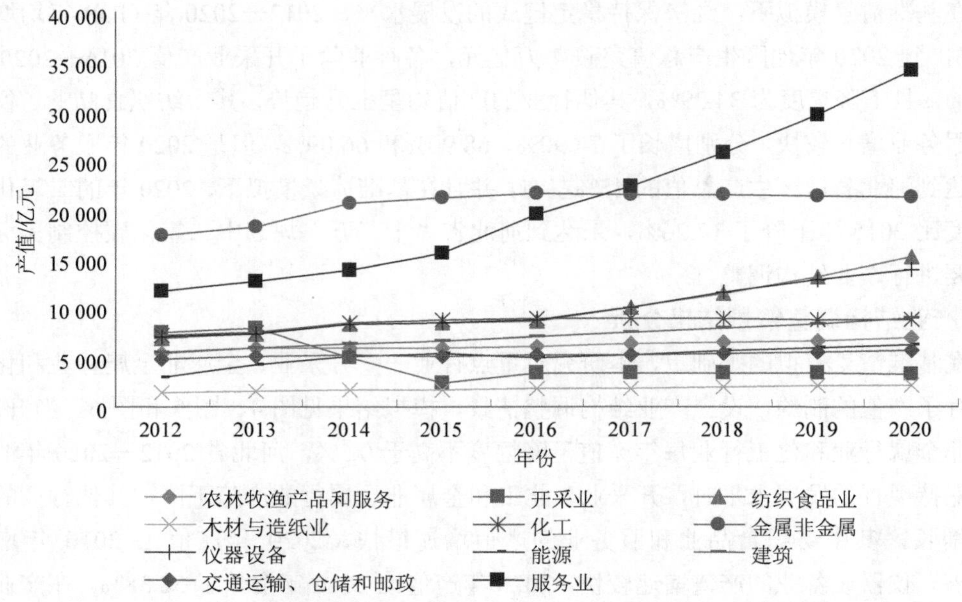

图 5　产业结构调整情景下 2012—2020 年河北省各产业发展趋势

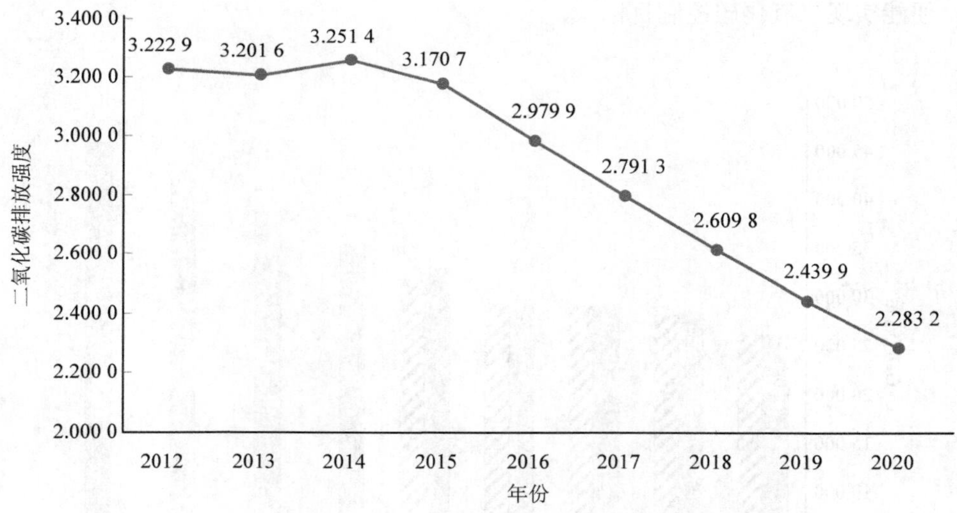

图 6　产业结构调整情景下 2012—2020 年河北省二氧化碳排放强度变化趋势

3.3　总量控制情景结果分析

河北省在进行总量控制的情景下，2012—2020 年地区生产总值发展趋势如图 7 所示。

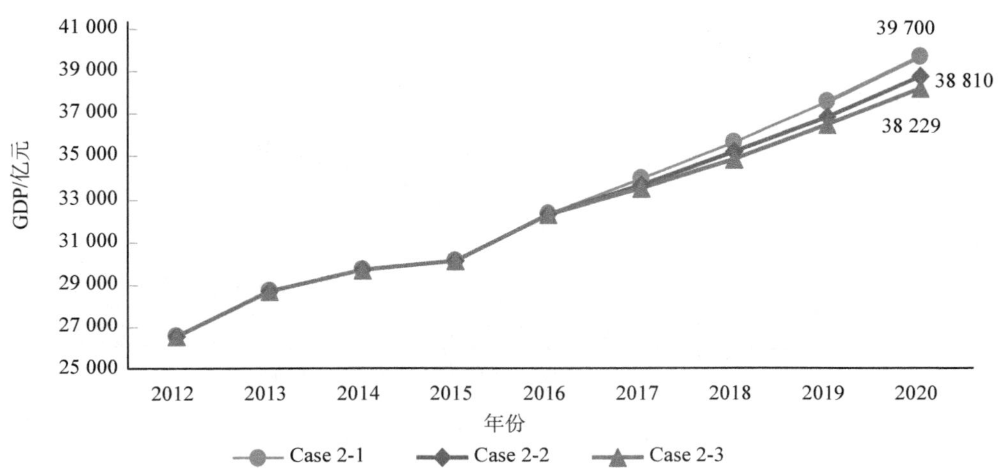

图 7　总量控制情景下 2012—2020 年河北省 GDP 发展趋势

在对二氧化碳总量控制的情景下，经济仍然能保持稳定的增长趋势，但是 GDP 年均增长速度小于 7%，并且对二氧化碳总量约束越强，对经济的影响也会越大。三种情景在二氧化碳总量约束下，各个行业的产值变化如图 8～图 10 所示。

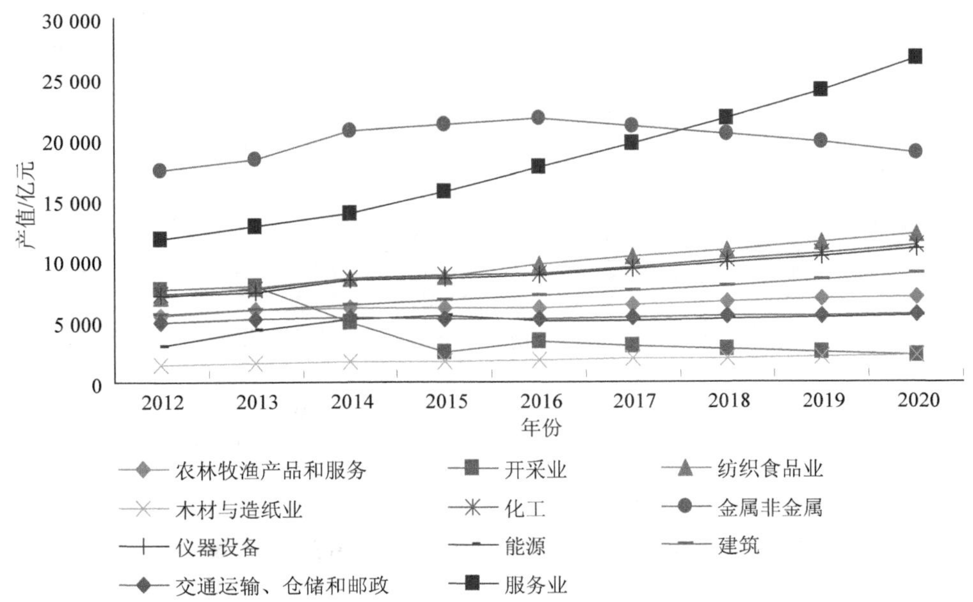

图 8　case2-1 情景下 2012—2020 年河北省各产业发展趋势

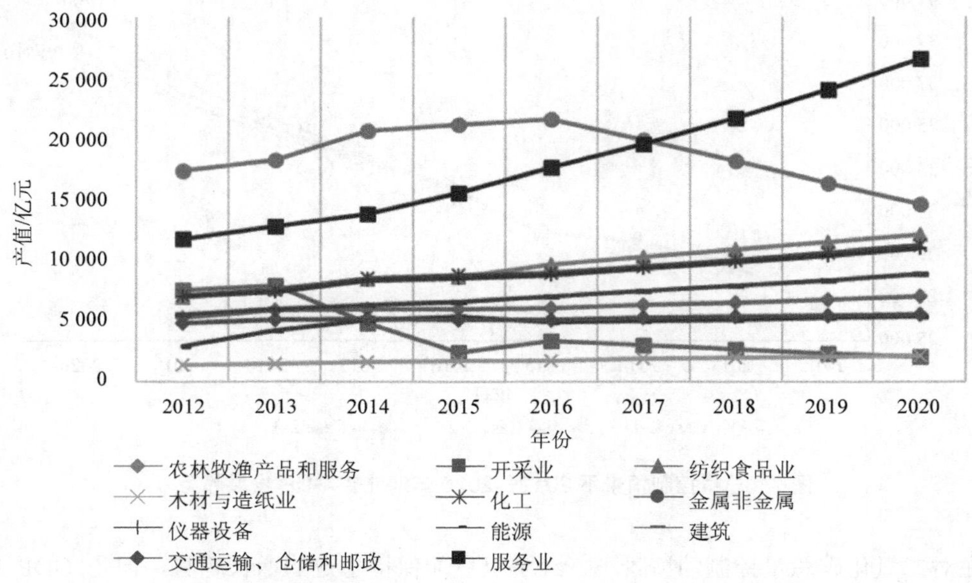

图 9 case2-2 情景下 2012—2020 年河北省各产业发展趋势

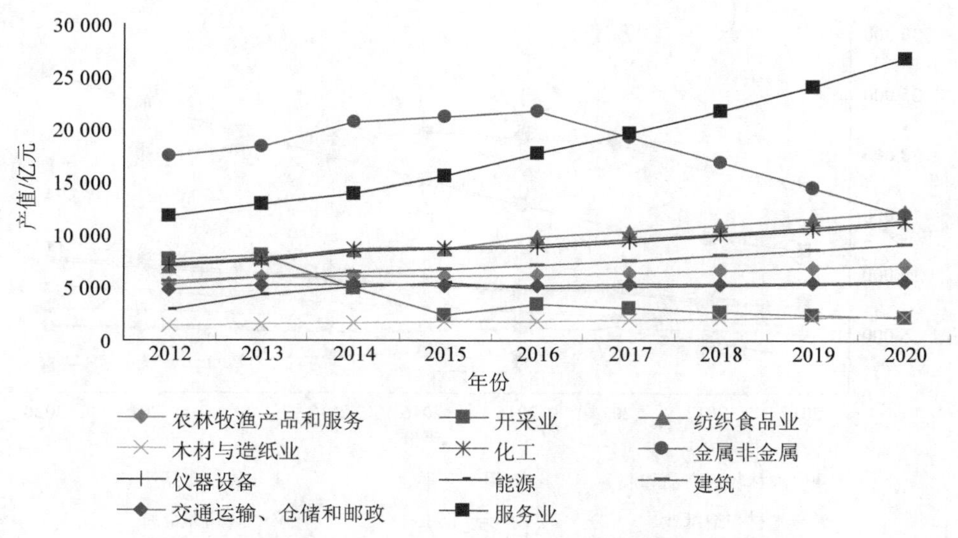

图 10 case2-3 情景下 2012—2020 年河北省各产业发展趋势

在对二氧化碳总量控制的情景模拟实验中，各个行业均能保持原有的经济发展水平，发展最快的是服务业，但是金属非金属行业的产值受到二氧化碳总量制约的影响比较大，在 2020 年二氧化碳排放总量与 2015 年持平和在 2020 年二氧化碳排放总量比 2015 年减少 10%的两种情景模拟中，金属非金属行业的产值比开采业产值下降的幅度小，但是在 2020

年二氧化碳排放总量比 2015 年下降 20%的情景模拟中，金属非金属行业的产值比开采业产值下降的幅度大。综上所述，在二氧化碳总量控制的情景中，经济增速放缓，二氧化碳排放强度高的行业牺牲其产值来发展其他行业，但是在现实情况中，牺牲产值来实现环境目标是不明智的选择，要寻求经济与环境的协同发展，就必须在投入新技术来实现二氧化碳减排的同时也不影响经济的发展。

4　结论与建议

为了响应国家生态文明建设，河北省制定了“十三五”规划以控制温室气体排放，本研究构建政策综合评价模型，模拟预测河北省 2012—2020 年的经济发展趋势和二氧化碳排放强度，为控制二氧化碳排放提供政策建议，从而实现河北省的可持续发展。通过模拟预测得到如下结论：

（1）河北省在保持现有的经济发展水平下，虽然经济能保证年均 7%的增速，并且到 2020 年突破 4 万亿元，达到经济目标，但是 2020 年服务业的增加值不到 GDP 的 45%，并且到 2020 年不能实现二氧化碳排放强度比 2015 年下降 20.5%的目标，因此需要进行产业结构调整。

（2）在对重点行业——开采业、化工和金属非金属行业的产值约束下，能实现二氧化碳强度控制目标，由于这几个行业的二氧化碳排放强度高，因此这三大行业产值的微小牺牲，将在很大程度上降低二氧化碳排放强度。

（3）通过对二氧化碳总量进行控制，经济仍然能保持较快的发展，但是需要牺牲开采业尤其是金属非金属行业的产值，因为金属非金属行业二氧化碳排放强度最大，通过服务业以及其他清洁行业带动经济的发展。

本研究基于河北省经济环境情况，模拟分析了河北省在三大情景模拟下经济发展趋势与二氧化碳排放强度，通过以上研究结论，为进一步推动河北省经济的可持续发展，提出以下建议：

（1）持续推进产业结构调整，控制排放强度高的行业，压减炼钢炼铁产能，大力发展壮大战略性新兴产业，加快发展现代服务业，扩大就业，保障人民生活幸福。

（2）引进推广低碳新工艺、新技术，对于一些高碳行业，采取补贴措施，加快低碳技术改造升级，同时加强企业的碳排放管理措施，鼓励行业编制温室气体清单，同时对重点行业树立低碳标杆，相互借鉴控制碳排放方法。

（3）各省份之间行业替代，将区域污染强度大的企业转移到某些省份，对于某些省份而言，该企业的污染相对较小；将某些省份污染排放大但相对于该区域而言污染强度小的企业迁移到该区域。通过这种方式，既能保证区域经济发展也能实现污染控制，同时也不会因为减产裁员造成大量人员失业，降低社会矛盾的产生。

参考文献

[1] 河北省发展与改革委员会.河北省应对气候变化“十三五”规划[Z]. [2016-12].

[2] Fan S. Structural Change and Economic Growth in China [J]. Review of Development Economics，2003，7（3）：360-377.

[3] Tian X，Chang M，Shi F，et al. How does industrial structure change impact carbon dioxide emissions？ A comparative analysis focusing on nine provincial regions in China [J]. Environmental Science & Policy，2014，37（3）：243-254.

[4] 朱启荣.中国出口贸易中的 CO_2 排放问题研究[J]. 中国工业经济，2010（1）：55-64.

[5] 翟石艳，王铮，马晓哲，等. 区域碳排放量的计算——以广东省为例[J]. 应用生态学报，2011，22（6）：1543-1551.

[6] 王铮，朱永彬，刘昌新，等. 最优增长路径下的中国碳排放估计[J]. 地理学报，2010，65(12)：1559-1568.

[7] 赵先贵，马彩虹，肖玲，等. 西安市温室气体排放的动态分析及等级评估[J]. 生态学报，2015，35(6)：1982-1990.

[8] 徐荣. 中国水泥工业的二氧化碳排放现状和展望[C]//中国水泥技术年会暨全国水泥技术交流大会.2012.

[9] 张为付，李逢春，胡雅蓓. 中国 CO_2 排放的省际转移与减排责任度量研究[J]. 中国工业经济，2014（3）：57-69.

[10] 朱永彬，王铮. 中国产业结构优化路径与碳排放趋势预测[J]. 地理科学进展，2014，33(12)：1579-1586.

[11] 原毅军，谢荣辉. 污染减排政策影响产业结构调整的门槛效应存在吗？[J]. 经济评论，2014（5）：75-84.

[12] 肖挺，刘华. 产业结构调整与节能减排问题的实证研究[J]. 经济学家，2014（9）：58-68.

[13] 张昭利，朱保华，任荣明，等. 贸易对中国二氧化硫污染的影响——基于投入产出的分析[J]. 经济理论与经济管理，2012（4）：66-75.

[14] 王文举，向其凤. 中国产业结构调整及其节能减排潜力评估[J]. 中国工业经济，2014（1）：44-56.

[15] 施国洪，朱敏. 系统动力学方法在环境经济学中的应用[J]. 系统工程理论与实践，2001（12）：104-110.

[16] Zhou C S，Wang S J，Feng K S. Examining the socioeconomic determinants of CO_2 emissions in China：A historical and prospective analysis [J]. Resources，Conservation and Recycling，2018，130：1-11.

[17] Guo Y，Zeng Z Z，Tian J P，et al. Uncovering the strategies of green development in a Chinese province driven by reallocating the emission caps of multiple pollutants among industries[J]. Science of the Total Environment，2017，607-608：1487-1496.

[18] 相楠，徐峰. 环境经济政策的综合评价方法与实证研究——以京津冀地区为例[M]. 北京：中国经济出版社，2017：121-180.

[19] Chang N. Changing industrial structure to reduce carbon dioxide emissions a Chinese application[J]. Journal of Cleaner Production，2014，103：40-48.

煤炭企业环境成本核算体系研究

Research on Environmental Cost Accounting System of Coal Enterprises

李萍[1]，于成学[1]，于济铭[3]，高艳[2]，邹靖[2]
（1 青海民族大学，西宁　810000；2 大连民族大学，大连　116600；
3 大连市第二十三中学，大连　116031）

摘　要　近年来由于环境污染事件频发，使当代人对环境问题的重视程度有很大程度上的提高。基于此，诸多学者在研究过程中逐渐以企业环境成本核算作为重点内容展开了一系列的分析与研究。研究表明，当前我国煤炭企业环境成本核算体系尚不完善，在具体应用过程中暴露出诸多缺陷和不足。因此，为了保证煤炭企业能够充分履行社会责任、推动环境保护与可持续理念相结合，本文以煤炭企业环境成本的确认、计量、归集与分配以及信息披露等方面为切入点，对煤炭企业现有环境成本核算体系进行了适当的调整与优化，以保证能够与当前社会发展趋势相适应。

关键词　煤炭企业　环境成本　作业成本法

Abstract　In recent years, with the frequent occurrence of environmental pollution problems, the contemporary people attach great importance to it. Based on this, many scholars have begun a series of analysis and research with the enterprise environmental cost accounting as the key content. Environmental cost accounting system is still imperfect, and many defects and deficiencies are exposed in the specific application process. Therefore, in order to ensure that coal enterprises can fully fulfill their social responsibilities and promote the combination of environmental protection and sustainable concept, environmental cost recognition, measurement, accounting and As a breakthrough point, the current environmental cost accounting system has been adjusted and optimized to ensure that it can adapt to the current social development trend.

Keywords　Coal enterprise, Environmental cost, Activity-based costing

---

基金项目：国家自然科学基金面上项目“我国环渤海优化开发区域生态安全测评研究：以辽宁沿海经济带为例”（71373035）；中央高校自主科研基金（0918/120070）；辽宁省社会科学规划基金项目“辽宁省民族地区绿色金融与绿色产业发展及路径优化研究”（L18DJY009）。

作者简介：李萍（1995—），女，山东济宁人，硕士研究生，研究方向：环境会计；于成学（1970—），男，辽宁大连人，博士，教授，研究方向：生态安全评价研究、可持续发展管理、环境管理研究；于济铭（2003—），辽宁大连人，中学生；高艳（1974—），女，辽宁大连人，本科，研究方向：经济计量；邹靖（1989—），女，吉林白山人，博士，讲师，研究方向为金融学。

1993 年联合国统计署（UNSD）制定并实施了《环境与经济综合核算体系》（SEEA），其中对环境成本的概念进行了详细的界定与说明。具体来讲，环境成本主要涉及两个方面：一是由于数量消耗和质量下降引起的自然资源价值的减退；二是在环境保护工作落实过程中产生的成本费用。这一概念的产生，既反映出当代人对环境问题的重视程度，同时也是保证经济与环境协调统一，坚持可持续发展理念的前提和基础。

近年来，煤炭资源的大规模开发利用为我国经济的发展与进步提供了充足的能源保障。但值得注意的是，煤炭资源在具体开发利用过程中对生态环境造成了严重破坏，如毁坏大面积的庄稼和土地，造成房屋坍塌、陷落以及大气污染等。通过对煤炭企业当前应用的成本核算体系进行分析，发现在实际应用过程中，企业对因环境破坏产生的物质补偿和社会责任的重视程度相对较低，缺乏对环境资源和环境成本的核算，从而导致企业在经营过程中面临较高的环境合规风险和环境纠纷风险。基于此，将煤炭企业在经营过程中产生的环境成本与企业成本核算体系相结合，既能够保证企业的平稳运行与发展，同时也与可持续发展理念相契合。

现阶段，我国煤炭企业的环境成本核算体系在实际应用过程中暴露出诸多问题和不足，给企业的经营与发展造成了严重阻碍，同时也导致了环境保护工作难以有效落实。基于此，建立一套规范、标准的环境成本核算体系不仅能够发挥会计在经济中的核算、监督职能，也能使环境成本核算发挥其在环境保护中的作用。

国外的企业发展较之于国内更早，20 世纪 70 年代，国外便对煤炭企业的营收与环境维护之间做了较为详细的研究以及探讨。1971 年，美国学者比蒙斯对于环境污染与社会资源投入方面的关系做了研究，这通常被看成国外对于环境成本研究的起点。对于煤炭企业的环境成本，国外通常以货币计量为主，其他计量单位为辅，对于企业在环境维护的成本方面有一个明确的描述。在进行环境成本的确认方面，国外很早就建立了环境成本的确认标准[1]。在煤炭企业进行环境成本的确认时，对于当下的环境维护的资金支出以及由于环境破坏所需要承担的费用，都需要计算进企业的环境成本中，对于那些有多处用途的企业资金，如在环境保护以及企业商业投资方面均有涉及的资金，首先应将这笔资金计入商业投资方面，从而避免资金流向不明确等问题。

随着改革开放，我国的经济得到了极大的发展，这必定少不了煤炭的能源支持。2004 年数据显示，我国已经是世界上最大的煤炭生产国之一，同时，我国也是世界上最大的煤炭消费国。巨大的煤炭资源消耗也推动了我国煤炭企业环境成本核算的研究发展，自 20 世纪 90 年代起，我国学者便开始了针对煤炭企业环境成本的研究。目前来说，我国煤炭企业环境成本研究主要包括以下几个观点：首先，黄静等[2]针对煤炭企业提出了煤炭资源消耗、煤炭企业环保维护成本以及生态环境破坏程度三方的综合收益；其次，朱永强认为在进行煤炭环境成本核算时，需要充分考虑预防污染的资金投入、保护环境时的资金投入以及环境破坏造成的成本损失；最后，濮津学者于 2004 年提出了著名的“九部分论”，将煤炭环境保护成本分成了九个部分，并对每个成本的特点都作出了典型的介绍。对于我国煤炭企业环境成本的计量，我国学者提出了以下几个模型，常用的模型包括净差价模型、市场最低价模型以及当前价值模型等。对于我国煤炭企业环境成本的控制方法，主要是对煤炭企业环境成本与煤炭企业营收利润进行比对，对于一些需要高环境维护成本的项目进行及时的处理[3]。

通过阅读国内外相关文献资料可知，国内外对于环境成本核算的研究已经形成了比较成熟的理论基础，但研究缺乏实用性。例如，环境成本的计量，国内外有不少学者尝试着运用数学思维建立计量模型，但这些方法对于企业而言操作起来比较困难，可操作性低。另外，我国环境成本的研究大多借鉴国外的研究成果，还没有形成完整的体系，理论与实务还未融合实践。

1　煤炭企业环境成本核算存在的问题

1.1　成本分配不合理

现阶段，煤炭企业在经营发展过程中面临的一个重要问题就是成本分配存在局限性。当前煤炭企业的成本分配方式主要以制造成本法为主，计入制造费用的环境成本如果仅按照产量或者资源消耗的方式平均分配到产品生产成本中显然是不符合要求的。由于产品类型的差异性，导致其生产过程中对环境造成的影响也存在一定差异。而采用这一分配方式会导致产品成本信息与实际情况不符，最终导致管理层在产品定价或产品研发过程中做出错误决策。

1.2　环境成本缺少单独立账

现阶段，大部分煤炭企业都不存在专门的环境成本立账。通常情况下企业仅仅在管理费用的二级科目中有所体现，如管理费用下的排污费和绿化费。而大部分环境成本费用并未单独处理而是与生产经营成本相结合，如将购买的环保设备直接作为普通固定资产进行账务处理，将环境罚款、赔偿等和一般性营业外支出不加以区分计入营业外支出中。这种方式不仅导致对环境成本信息的获取难度加大，而且不利于企业环境成本的管理控制。

1.3　环境成本信息披露不充分

在环境成本披露内容以及形式方面我国当前没有建立起一个统一的标准，虽然在新环保法的出台下政府部门对于环境成本披露一块更加充实，但当前企业环境成本信息披露的情况比较混乱、所披露的环境信息质量参差不齐。

通过对几家规模较大的煤炭企业的相关报告进行深入研究，发现企业自身年度报告或者社会责任报告通常夹杂着环境成本报告。观察这些企业的年度报告，可以发现在环境成本支出方面确实有一些具体数据的支撑，但报告中所涵盖的项目基本都是国家出台制度中明确标明的，这就造成了在环境成本信息披露上企业只是为了满足国家对环境保护的需求，而没有切实关联企业自身的发展[4]。不仅如此，企业在产品成本和环境成本披露上混淆不清，导致相关部门对企业进行监督时很难做出准确判断。

1.4　环境成本确认不全面

现阶段，煤炭企业在环境成本确认方面存在诸多不合理之处，具体表现为以下几方面：

一是环境成本确认标准尚未形成。现阶段，关于环境成本确认的方式并未形成统一的标准。由于环境成本的特殊性，其在标准定义过程中较其他会计要素相比有着明显的区别。在对环境成本的识别和判断过程中，应满足以下条件：一是与环境保护相联系；二是环境成本与企业经营现状相结合。但在企业经营过程中产生的环境成本，相关人员难以及时有效地加以识别和判断，在环境成本金额上更是有着很大的确认难度。

二是对环境成本确认为资本化或费用化存在争议。现有相关理论可概括为以下两点：第一，认为如果环境成本在未来期间不能给企业带来经济利益的流入，就不能将其资本化；第二，不管环境成本是否能够给企业带来经济利益流入，只要其能够对企业今后的生存有益，就应该将其资本化。上述两种理论观点存在较大差异，使企业环境成本确认方式的选择难度进一步提高。

三是对外部环境成本计量的重视程度相对较低。从煤炭企业环境成本的构成来看，主要包括内部环境成本和外部环境成本两方面。在具体核算过程中，企业向相关机构缴纳了部分内部环境成本，如排污费、绿化费、河道管理费等。在经营过程中往往也会涉及外部环境成本，如环境恢复治理费用、村庄搬迁费等。但在各方面因素的影响下，相关机构针对外部环境成本制定的缴纳标准相对较低，难以与环境污染造成的损失相符[3]。不仅如此，由于环境破坏而产生的机会成本，也并未在企业环境成本核算中有具体体现。

2 煤炭企业环境成本核算体系的完善

针对上述提及当前煤炭企业在环境成本核算体系上存在的问题，下面从环境成本确认、环境成本计量、环境成本归集与分配、环境信息披露四个方面给出完善措施。

2.1 环境成本确认

在环境成本的确认上可以从两个方面入手：环境成本的确认标准、环境成本的资本化与费用化。

2.1.1 环境成本的确认标准

环境成本确认标准一定要符合四项原则，分别为可靠性、可计量性、相关性和可定义性，这也是煤炭企业与一般产品企业在确认标准上存在的明显差异[5]。煤炭企业在对环境成本确认标准的制定上也需要充分结合这四项原则而定，所以环境成本标准是以传统会计成本为基础，根据环境成本的特殊性所确认的标准：

（1）成本事项是否涉及环境。环境成本确认的关键点是判断成本支出是否涉及环境。有些成本支出可以轻易判断为环境成本，如企业的排污费用、购买环保设备的支出等；部分成本与环境没有直接联系，但也属于环境成本，如环保机构人员的薪酬、特殊职工的环保补贴等。

（2）环境成本是否涉及企业经济利益的流出。企业资产缩水、负债增加、资产递耗就属于企业经济利益的流出，这会导致企业所有者权益受损。

（3）环境成本与理论标准是否相符。环境成本在符合传统会计理论确认标准的基础上，也要符合可靠性、可定义性、相关性和可计量性这四点原则。部分环境成本由于自身的特殊性和复杂性很难明确计量得出，如企业员工健康风险补偿、环境污染的治理和修复成本，这些很难在短期内计算得出，可以采取文字叙述或物理量描述的方法对这部分环境成本进行估计。

2.1.2　环境成本的资本化与费用化

在环境成本的资本化与费用化方面煤炭企业可以从以下三个方面进行改善。第一，企业相关负责人需要知道企业环境成本是具备一定潜藏性质的，如过往环境问题引发当期企业受到利益损害时，这种情况下企业所承受的损失费用和罚款费用都应该纳入环境成本费用处理；第二，对于环境方面的支出虽然在当期可能不会对企业造成直接的经济利益，但在未来年度会给企业创造经济利益，企业就应该将这部分费用进行资本化处理；第三，当企业在环境支出上带来的利益不够明确时，这部分费用应该进行费用化处理[6]。

我国目前还没有形成完善的环境成本核算体系，法律体系还不够健全，所以独立核算环境成本难度较大，基于此将其列入传统成本核算的二级科目和三级科目。表 1 为以传统成本科目为基础，对煤炭企业环境成本的确认内容。

表 1　煤炭企业环境成本科目设置明细表

<table>
<tr><th>一级科目</th><th>二级科目</th><th>三级科目</th><th>多栏式明细账目</th></tr>
<tr><td rowspan="20">固定资产、在建工程、管理费用、制造费用、销售费用等传统成本会计核算科目</td><td>环境资本性支出</td><td>按照具体的核算对象进行计量，如环保生产线、环保设备、环保专利</td><td></td></tr>
<tr><td rowspan="19">环境费用化支出</td><td rowspan="4">煤炭资源勘察成本</td><td>采矿费</td></tr>
<tr><td>地质勘测费</td></tr>
<tr><td>资源普查费</td></tr>
<tr><td>勘探技术开发支出</td></tr>
<tr><td rowspan="3">资源消耗成本</td><td>资源税</td></tr>
<tr><td>耕地占用税</td></tr>
<tr><td>能源消耗成本</td></tr>
<tr><td rowspan="2">污染物处理成本</td><td>“三废”控制设施维护费用</td></tr>
<tr><td>“三废”运输或填埋成本</td></tr>
<tr><td rowspan="6">环境损害成本</td><td>水土流失治理费</td></tr>
<tr><td>地下填充费用</td></tr>
<tr><td>排污费</td></tr>
<tr><td>绿化费</td></tr>
<tr><td>农田复垦费</td></tr>
<tr><td>环境事故赔偿金</td></tr>
<tr><td rowspan="3">环境管理成本</td><td>河道工程维护管理费</td></tr>
<tr><td>环境监测费</td></tr>
<tr><td>职工环境教育培训费</td></tr>
<tr><td>其他成本</td><td></td></tr>
</table>

2.2　环境成本计量

环境成本计量应建立在环境成本确认的基础之上，是指对环境成本具体金额的计量。

针对煤炭企业在环境成本计量上存在的问题，在相应的环境成本计量改进措施上可以从内部环境成本和外部环境成本两方面入手。

2.2.1 内部环境成本计量

煤炭企业内部环境成本是煤炭企业环保支出中的直接费用。本文具体阐述了认可度及使用率较高的内部环境成本计量法[7]，见表 2。

表 2 内部环境成本计量方法及其适用情况

环境成本分类	计量方法	说明	适用情况
内部环境成本	全额计量法	把一个会计期间和环境相关的成本均视为环境成本	根据国家规定向企业收缴的环保费以及企业未遵守要求实施的罚款，国家强制性收取，这部分支出可通过全额计量法核算
	差额计量法	用支出的全部金额除去没有环保作用的那部分金额计入环境成本	煤炭企业的部分固定资产直接与环保挂钩，因此环境成本可以视为具有环保功能资产价值减去没有环保功能的资产价值得到的数值，如环保设施成本的核算可通过该法计算
	比例计量法	按照一定比例把环境成本分摊到产品成本	经营成本与环境成本无法区分时可用此法

2.2.2 外部环境成本计量

煤炭企业的外部环境成本主要由三大污染物所致，即水污染、大气污染以及固体废物污染，具体成本较难测出，目前测算该方面成本的方法实践性不强，很难在会计实务中推行下去。本文以排污费征收的计算方法为依据，采取污染当量法来测算煤炭企业的外部环境成本。

污染当量法是依托于国家排污征收管理办法而来，基于污染当量数，运用该法可测算出企业生产经营期间所产生的环境成本。具体计算公式是：

（1）某种液体或气体污染物的环境成本：

$$C_{li}=V\times l\times t\times C_0$$

式中，C_{li} —— 液体或气体污染物的环境成本；

V —— 某种液体或气体污染物的体积；

l —— 某种液体或气体污染物的浓度；

t —— 某种液体或气体污染物的污染当量值；

C_0 —— 某种液体或气体污染物单位体积的环境污染成本。

液体或气体污染物总成本：

$$C_L=\sum_{i=1}^{n}C_{li}$$

（2）某种固体污染物的环境成本：

$$C=V\times f$$

式中，V—— 固体废物的体积；

f—— 单位体积的固体污染物环境成本。

若企业的污染物排放未达到国家规定，则需要缴纳固体废物排污费。具体来说，不同的固体废物收取的费用有所区别，如冶炼渣的收费标准为 25 元/t，粉煤灰的收费标准为 30 元/t，炉渣的收费标准为 25 元/t。若企业按照规定填埋的危险固体废物未达到国家的要求，要按照 1 000 元/t 的标准收费。

2.3 环境成本归集与分配

在实务操作当中，一部分环境成本可以直接费用化，期末时会有借方余额，代表本期直接费用化的环境成本，全额转入环境利润账户。另一部分环境成本则需要计入产品成本，待满足销售产品确认收入的条件时一并将成本结转为当期损益，期末结转到环境利润科目。如果属于第二种情况，如何将环境成本合理分配到产品成本中成为研究重点。由于作业成本法能够有效给企业提供环境成本方面的动态信息，并且能够将成本发生的动因显现出来，因此煤炭企业可以采用作业成本法对环境成本进行归集分配[8]。

采用作业成本法对环境成本进行归集和分配，能够提高产品成本的准确性。作业成本法的核心思想是作业消耗资源，产品消耗作业。而资源的耗损则最终影响了环境。因此，作业和资源成了环境成本归集过程中的两个重要媒介。在具体的实务工作中，将已经发生的环境成本的支出按照作业动因和资源动因分别归集到不同的环境成本库，如液体污染物排放作业成本库，气体污染物排放作业成本库，固体污染物排放作业成本库，环保设备投资作业成本库等，然后针对每一个环境成本库中的事项找到合适的成本动因，最后将环境成本按照一定的比率分配到每一个产品的成本中。具体方法如图 1 所示。

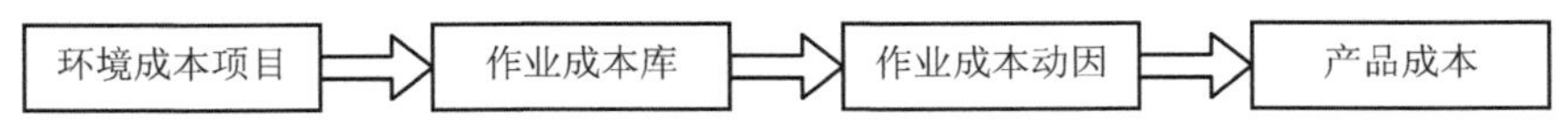

图 1 作业成本法下成本归集分配流程图

2.4 环境信息披露

在环境信息披露方面，煤炭企业主要可以从以下两个方面进行相应改进。

第一，设立单独的环境成本报表。通过对当前煤炭企业的环境成本进行分析后发现，环境成本披露基本都夹杂在财务报表之中，导致环境成本科目设置方面较为混乱[9]。虽然少数企业采取成本分析表的方式，但没有将环境成本和一般产品成本进行相应区分，报表使用者很难捕捉环境成本的真实信息数据。因此煤炭企业应该单独设立一个环境成本报表，以此真实有效地反映出企业在环境成本方面的支出状况，也能够有效计算出环境成本占据企业总支出成本的比例[10]。

第二，将社会责任报告中的内容加以完善。结合当前煤炭企业在社会责任报告的披露信息，可以发现大部分信息都起不到实质性的作用，尤其是在环境污染上企业都有刻意进行隐藏。因此对于煤炭企业而言应该完善社会责任报告，即使是一些负面信息也应该真实的进行反映，并且在文字描述的基础上结合相应的数据支撑。考虑到企业的长远发展，在社会责任报告中还应该将环境成本对企业经济方面的影响披露出来。

3 结论

本文基于环境成本核算视角分析探讨了煤炭企业环境成本核算体系存在的问题，进而从环境成本的确认、计量、归集与分配以及信息披露等方面对煤炭企业环境成本核算体系提出了相应的改进措施。

基于以上改进措施，为保障措施的有效施行，本文提出以下几条建议：

第一，设立专门独立的环境成本核算中心。煤炭企业应该设立一个独立的环境成本核算中心，该中心可以将煤炭企业生产经营过程中的环境成本专业、精确化地确认、计量，并能够根据煤炭企业自身的特点以及其环境成本信息使用者的需求，对企业环境成本信息进行披露。

第二，深化管理者对环境成本的认识。煤炭企业管理者应深刻意识到煤炭生产带来的环境污染，承担起社会责任，重视环境保护，将环境成本核算自上而下贯彻落实，并进行实时监督。

提高财务人员专业胜任能力。我国大部分煤炭企业规模较小，生产工艺水平落后，管理水平低下，财务人员专业素质较低，缺乏专业培训。为保障企业建立合理完善的环境成本核算体系，应加强对财务人员的培训，一方面加大对财务人员有关环境成本专业知识的培训；另一方面让财务人员系统学习环境保护相关知识，增强其环保意识，使其逐步重视环境成本核算。

参考文献

[1] 王芸，鲍薇. 基于矿井生命周期的煤炭企业环境成本探析[J]. 会计之友，2015（21）：81-84.

[2] 黄静，孙静芹，夏鑫. 生态补偿机制下煤炭企业环境成本控制的创新[J]. 财务与会计，2015（18）：20-21.

[3] 马兰，田永姣. 生态补偿视角下的煤炭企业环境成本核算[J]. 财会月刊，2014（14）：61-64.

[4] 冯俊华，李瑞. 煤炭企业环境成本控制的模糊综合评价[J]. 会计之友，2014（3）：53-55.

[5] 鲍薇. 煤炭企业环境成本的构成及计量研究[D]. 南昌：华东交通大学，2015.

[6] 赵海龙. 煤炭企业成本核算框架研究[J]. 管理世界，2010（3）：1-4.

[7] 张雁峰. 绿色会计视角下煤炭企业的成本核算优化研究[J]. 中国集体经济，2017（18）：49-50.

[8] 常化滨. 煤炭企业环境成本会计核算及体系构建研究[J]. 煤炭技术，2013，32（9）：289-290.

[9] 朱海静. 低碳经济视角下煤炭企业环境成本评价研究[D]. 秦皇岛：燕山大学，2013.

[10] 王佳凡. 基于产品生命周期的煤炭企业环境成本控制[J]. 商业会计，2012（2）：88-89.

生态资源租值耗散原因的考察——过度攫取与保护不足

Investigation on the Reasons for the Ecological Resources Rent Dissipation：Excessive Capture and Inadequate Protection

张文彬　马艺鸣

（西安财经学院西部能源经济与区域发展协同创新研究中心，西安　710100）

摘　要　“绿水青山就是金山银山”论断的提出为保护和增殖生态资源价值提供政策支持，社会各界也都呼吁要保护和合理利用生态资源，但现阶段生态资源的租值耗散问题尚未发生根本性改变。本文基于过度攫取和保护不足两个层面对生态资源租值耗散的原因进行理论探讨，结果表明：生态资源的使用权和收益权无论是赋予所有个体还是国家，都会造成租值耗散问题。只有把生态资源所有权和收益权等权能通过市场交易集中到一个个体手中，才能提高资源配置的效率，但这个个体不能是国家。本文从生态资源所有权和使用权两权分离的制度安排方面对增殖生态资源价值、实现效率与可持续发展的双赢提出了政策建议。

关键词　生态资源　租值耗散　过渡攫取　保护不足

Abstract　The view of “green mountain is Jinshan Yinshan” provides a policy support for the protection and proliferation of ecological resources. Although all circles of society have called for the protection and rational use of ecological resources，the problem of rent dissipation of ecological resources has not been fundamentally changed at this stage. Based on the two levels of over grabbing and inadequate protection，the paper makes a theoretical discussion on the reasons for the dissipation of renting value of ecological resources.The results show that the right to use and benefit of ecological resources are given to all individuals and countries，which will cause the problem of rent dissipation. Only concentrating the rights and interests into an individual’s hands by market transactions can improve the efficiency of resource allocation，but this individual can’t be a country. In the end，this paper puts forward policy suggestions to increase the value of ecological resources and achieve a win-win situation between efficiency and sustainable development from the system arrangement of the separation of the two rights.

Keywords　Cological resources，Rent value dissipation，Transition capture，Inadequate protection

2013 年 9 月 7 日，习近平总书记在哈萨克斯坦纳扎尔巴耶夫大学发表演讲，在谈到环境保护问题时，首次提出了“绿水青山就是金山银山”的生态保护价值观，生动形象地表达了我国大力推进生态文明建设的鲜明态度和坚定决心。近年来，我国政府密集出台了一系列有关绿色可持续发展、生态文明建设、美丽中国建设等方面的政策和制度，如中华人民共和国国民经济和社会发展“十二五”“十三五”规划与中国共产党第十八次、第十九次全国代表大会报告等重要文件中都有涉及。此外，我国还出台了一系列有关生态文明和美丽中国建设的国家级政策制度，如 2015 年 4 月中共中央、国务院印发的《关于加快推进生态文明建设的意见》、2015 年 9 月中共中央、国务院印发的《生态文明体制改革总体方案》、2016 年 12 月中办和国办印发的《生态文明建设目标评价考核办法》等。这些政策制度文件为我国生态文明建设和生态资源保护提供了顶层设计，但现阶段我国生态文明建设和生态资源保护现状与国家目标还相差甚远。以国家重点生态功能区建设为例，《关于 2017 年国家重点生态功能区县域生态环境质量监测评价与考核结果通报》指出，在 2017 年进行生态环境质量考核的 553 个县域中，生态环境“变好”的县域为 70 个，生态环境“变坏”的县域为 81 个，即便在生态环境“变好”的 70 个县域中，也仅有 10 个县域“一般变好”，60 个县域都为“稍微变好”。

学术界关于生态资源价值研究的主要成果更多地集中在定量测定方面，关于生态资源价值的测度因其采用不同的方法同样可以分为两类：一是对生态资源价值的直接测度，Westman（1977）[1]提出“自然生态的服务”，并探讨了自然生态服务价值如何评估的问题，标志着生态服务价值的科学研究被正式提出；Costanza 等[2]对生态系统服务价值的评估起到划时代的作用，他们认为生态资源价值是对生态系统给人类带来的产品与服务进行的价值度量，并通过将全球生态资源进行分类测度，采用价值当量因子法得到全球每年生态功能的经济价值约为 33 万亿美元。国内方面，谢高地等[3,4]采用与 Costanza 等相同的方法对我国的生态资源价值进行了测度。二是采用问卷方式对生态资源价值进行间接测度，Davis[5]在评估美国缅因州林地的游憩价值时，首次提出基于问卷调查的条件价值法，此后国内外学者分别基于调研问卷采用多种方法对生态资源价值进行间接评估，如市场价值法[6,7]、替代市场法[8-10]、条件价值法[11,12]和选择实验法[13,14]等方式对生态资源价值进行间接测度。此外，还有部分学者采用能值法对生态资源价值进行测度[15,16]。

关于生态资源价值定性分析主要基于产权视角，产权可以认为是所有者对资源进行处置的权利，它是一组权利的集合，主要包括所有者对资源的所有权、使用权、流转权（处置权）和收益权[17]。如果所有人对其所拥有的这组权利能够排他性的所有，则称为完全产权，如果所有人对这些权利的使用受到限制，则称为不完全产权或者产权残缺。科斯在 1937 年就揭示了完全产权也即产权清晰对市场交易的重要性[18]，但由于交易成本的存在，现实中很难存在完全清晰的产权[19]，这在中国生态资源的开发中更是明显，中国生态资源的产权不完全性突出表现在产权的公共性。在生态资源所有权上，《宪法》规定的自然资源为国家或集体所有，在资源的法律属性上属于共同所有，这一法律属性短期内很难突破。而在生态资源的使用权上，国家通过管理体系将生态资源的使用权层层委托给下级政府或下属单位，生态资源的属地化管理模式使很大一部分权力（包括使用权和决策权）掌握在地方一级政府手中，这使得生态资源产权界定的成本和交易费用异常高昂，并且始终有一部分产权处于公共域中。处于公共域中的这一部分生态资源价值称为租，其他潜在的利益主体会在边际收益大于边际成本的条件下进入公共域进行攫取，造成租值耗散[20]。实际上，处于公共域内的产权实际上是生态资源的使用权和收益权等除所有权以外的权能。因此，如无特别说明，本文所说的产权公共域指的是使用权和收益权的公共域，这里不考虑所有权问题。

现阶段对我国生态资源租值耗散问题的研究还较少，仅有的研究也是对此进行描述性分析和政策建议，缺乏对生态资源作租值耗散的理论探讨。本文通过数理模型对生态资源租值耗散产生的原因进行理论阐释，认为我国生态资源租值耗散的原因在于生态资源产权界定不清晰导致的过度攫取和保护不足，最后基于理论分析结论，设计更好的规避生态资源租值耗散的政策制度。

1　生态资源过度攫取与租值耗散

生态资源除具有普通物品的产权属性外，还具有其特殊性，主要表现在外部性方面。外部性又可分为正外部性与负外部性，生态资源的开发保护具有很强的外部性，一方面，生态资源作为全社会的共同财富，对其保护具有很强的正外部性，不仅保护者能够获得收益，其他所有利益主体都能够获得收益；另一方面，每一个利益主体对生态资源的过度开发都会对其造成破坏，给所有利益主体带来负外部性，并且这种负外部性不仅会损害当代人的利益，还将损害后代人的利益。本文通过分析生态资源利益主体的过度攫取导致的租值耗散问题，下一节将通过分析其保护不足导致的租值耗散问题。

在对生态资源过度攫取导致租值耗散的理论分析之前，先对理论分析的假设条件进行说明，第一，处于生态资源公共域中的租金是没有排他性和竞争性的，任何生态资源的利益主体都能够非排他的共同攫取。第二，利益主体 i 对处于公共域内的租金单位攫取量为 r_i（$i=1,2,\cdots,n$），被攫取的租金总量为 $R=\sum_{i=1}^{n} r_i$。第三，利益主体 i 对攫取的租金价值主观评价为 $v(R)$，并存在 $v'(R)<0$，$v''(R)<0$，也即生态资源利益主体攫取的租金价值随公共域内的租金的增加呈现递减的趋势降低。第四，利益主体 i 攫取租金的成本为 $c(R)$，并存在 $c'(R)>0$，$c''(R)>0$，也即攫取生态资源公共域内租金的成本随公共域内的租金的增加呈现递增的趋势增加。

首先讨论 n 个生态资源理性利益主体非排他性的攫取净租金 NR 最大时的均衡条件，假设此时 n 个理性的利益主体共同拥有生态资源的使用权和收益权，他们可以非排他和非竞争地攫取处于公共域中的租金，此时，生态资源租金净值最大化问题可转化为

$$\max_{r_i} \mathrm{NR}_i = r_i\left[v(R)-c(R)\right] \tag{1}$$

$$\text{s.t.}\quad R=\sum_{i=1}^{n} r_i$$

当利益主体的净租金 NR 最大时，必然存在 $\partial \mathrm{NR}_i / \partial r_i = 0$，即满足一阶条件：

$$v\left(\sum_{i=1}^{n} r_i\right)-c\left(\sum_{i=1}^{n} r_i\right)+r_i\left[v'\left(\sum_{i=1}^{n} r_i\right)-c'\left(\sum_{i=1}^{n} r_i\right)\right]=0$$

从而得到：

$$r_i=r_i^*=\left[v\left(\sum_{i=1}^{n} r_i\right)-c\left(\sum_{i=1}^{n} r_i\right)\right]\Big/\left[v'\left(\sum_{i=1}^{n} r_i\right)-c'\left(\sum_{i=1}^{n} r_i\right)\right]$$

再由 $v'(R)-c'(R)<0$、$v''(R)-c''(R)<0$ 可得：

$$\partial^2 \mathrm{NR}_i / \partial r_i^2 = 2\left[v'\left(\sum_{i=1}^{n} r_i\right)-c'\left(\sum_{i=1}^{n} r_i\right)\right]+r_i\left[v''\left(\sum_{i=1}^{n} r_i\right)-c''\left(\sum_{i=1}^{n} r_i\right)\right]<0$$

因此，r_i^* 为唯一的极大值也即最大值，再把 n 个一阶条件相加可得：

$$n\left[v(R_0)-c(R_0)\right]+R_0\left[v'(R_0)-c'(R_0)\right]=0\left(R_0=\sum_{i=1}^{n} r_i^*\right)$$

从而得到：

$$\left[v(R_0)-c(R_0)\right]+\left(R_0/n\right)\left[v'(R_0)-c'(R_0)\right]=0 \tag{2}$$

$$\mathrm{NR}_0=\sum_{i=1}^{n}\mathrm{NR}_i^*=D_0\left[v(R_0)-c(R_0)\right]\left(R_0=\sum_{i=1}^{n} r_i^*\right) \tag{3}$$

其次讨论有且仅有唯一的理性利益主体拥有整个生态资源的排他权利，即将生态资源的使用权和收益权赋予唯一的生态资源利益主体时，该主体对生态资源公共域内租金攫取的最优化问题。一个利益主体的租金攫取量等于 n 个主体之和时的最优化问题可转化为

$$\max_R \mathrm{NR}=R[v(R)-c(R)] \tag{4}$$

对上式求 R_1 的偏导数，可得唯一主体收益最大化的条件为

$$\partial \mathrm{NR}/\partial R_1 = v(R_1)-c(R_1)+R[v'(R_1)-c'(R_1)]=0 \tag{5}$$

从而得到：

$$R_1=[v(R_1)-c(R_1)]/[v'(R_1)-c'(R_1)]$$

再由 $v'(R)-c'(R)<0$、$v''(R)-c''(R)<0$ 可得：

$$\partial^2 \mathrm{NR}/\partial R^2 = 2[v'(R)-c'(R)]+R[v''(R)-c''(R)]<0$$

因此 R_1 为唯一的极大值也即最大值。此时最优的生态资源公共租金值为

$$\mathrm{NR}_1=R_1[v(R_1)-c(R_1)] \tag{6}$$

最后要分析生态资源使用权和收益权赋予 n 个主体还是一个主体时，生态资源公共域内租金攫取量 R_0 和 R_1 的大小及净利润 NR_0 和 NR_1 的大小。这里本文采用反证法进行证明：

首先假设 $R_0 \leqslant R_1$ 成立。由 $v'(R)<0$、$c'(R)>0$ 可得 $v(R_0) \geqslant v(R_1)$、$c(R_0) \leqslant c(R_1)$，从而

得到：

$$c(R_0)-v(R_0)\leqslant c(R_1)-v(R_1)$$

再结合式（2）和式（5）可得：

$$R_1[v'(R_1)-c'(R_1)]\geqslant (R_0/n)[v'(R_0)-c'(R_0)]$$

又由 $v'(R)<0$、$c'(R)>0$ 可得 $v'(R)-c'(R)<0$，因此有：

$$(R_0/n)[v'(R_0)-c'(R_0)]>R_0[v'(R_0)-c'(R_0)]$$

也即存在：

$$R_1[v'(R_1)-c'(R_1)]>R_0[v'(R_0)-c'(R_0)] \tag{7}$$

由 $v''(R)<0$、$c''(R)>0$ 可得

$$v'(R_0)\geqslant v'(R_1)\text{、}c'(R_0)\leqslant c'(R_1)$$

从而得到：

$$v'(R_0)-c'(R_0)\geqslant v'(R_1)-c'(R_1)$$

又 $R_1>0$，因此可得：

$$R_1[v'(R_0)-c'(R_0)]\geqslant R_1[v'(R_1)-c'(R_1)]$$

结合式（7）可得：$R_1[v'(R_1)-c'(R_1)]>R_0[v'(R_0)-c'(R_0)]$

再由 $v'(R)-c'(R)<0$ 可得：$R_0>R_1$，这与原假设相矛盾，因此存在 $R_0>R_1$。

又 $\partial \mathrm{NR}/\partial R_1=0$，$\partial^2 \mathrm{NR}/\partial R^2<0$，所以在 $R_1<R<+\infty$ 内，存在：$\mathrm{NR}(R_1)>\mathrm{NR}(R)$，再由 $R_0>R_1$ 可得 $\mathrm{NR}(R_1)>\mathrm{NR}(R_0)$。

$R_0>R_1$ 和 $\mathrm{NR}(R_1)>\mathrm{NR}(R_0)$表明，与一个主体拥有生态资源的使用权和收益权不同，当所有主体都可以非排他地拥有生态资源的使用权和收益权时，每个利用主体都会出于自身利益最大化和机会主义，对处于公共域的生态资源进行争夺，从而造成生态资源租金过度地消耗，产生生态资源租值耗散问题。因此，借鉴此问题最好的办法就是将公共资源的使用权和收益权放置于市场，允许各个利益主体按自身的比较优势和利益最大化原则自由争取，但这个主体不能是国家，因为国家是一个概念性主体，当期获得生态资源的使用权和收益权时，必然还是将其委托给其他主体间接使用，必然产生新的租值耗散问题[21]。

2 生态资源保护不足与租值耗散

上一部分是从生态资源利益主体的需求角度分析租值耗散问题，本部分主要是从生态资源利益主体保护不足的视角对租值耗散问题进一步阐释。这里采用 C-D 函数形式的效用函数对生态资源利益主体提供的保护不足问题进行分析。

同样假设总共有 n 个同质的生态资源利益主体提供生态保护，第 i 个利益主体的自愿生态保护投入为 t_i，因此，总的生态资源保护投入为 $T=\sum_{i=1}^{n}t_i a$，在生态资源一定的条件下，T 越大，生态资源保护状况越好。t_i 是指第 i 个利益主体相关者在非生态资源保护方面的投入，整体的生态环境保护投入和自身其他非环境保护投入共同决定了该利益主体的效用水

平，即第 i 个利益主体的效用函数为 $y_i(x_i,T)$。同时，根据经济学中的边际替代率递减规律可知利益主体的生态保护投入与非生态保护投入之间的边际替代率递减，即 $P(T)=(\partial y_i/\partial T)/(\partial y_i/\partial x_i)$ 为 T 的减函数。利益主体 i 的效用函数为

$$y_i = x_i^{\varphi} T^{\gamma} \tag{8}$$

假设式（8）满足：$0<\varphi<1$，$0<\gamma<1$，$\varphi+\gamma<1$，$\partial y_i/\partial x_i>0$，$\partial y_i/\partial T>0$。因此，生态资源保护投入的个体最优均衡条件为

$$\frac{\gamma x_i^{\varphi} T^{\gamma-1}}{\varphi x_i^{\varphi-1} T^{\gamma}} = \frac{p_T}{p_x} \tag{9}$$

式（9）中，p_x 表示利益主体在其他方面投入的单位成本，p_T 为生态资源保护的单位成本，将约束条件代入可得利益主体 i 的最优生态资源保护投入为

$$t_i = \frac{\gamma}{\varphi+\gamma}\frac{M_i}{p_T} - \frac{\varphi}{\varphi+\gamma}\sum_{i\neq j} t_j\text{，}\quad i=1,2,\cdots,n \tag{10}$$

为便于分析，假定生态资源的相关利益主体拥有相同的预算，因此纳什均衡状态下相关利益主体的生态资源保护投入相同，为

$$t_i^{*} = \frac{\gamma}{n\varphi+\gamma}\frac{M}{p_T}\text{，}\quad i=1,2,\cdots,n \tag{11}$$

所以，n 个利益主体总的纳什均衡生态资源保护投入为

$$T^{*} = nt_i^{*} = \frac{n\gamma}{n\varphi+\gamma}\frac{M}{p_T} \tag{12}$$

由整体的帕累托最优一阶条件可得：

$$n\frac{\gamma x_i^{\varphi} T^{\gamma-1}}{\varphi x_i^{\varphi-1} T^{\gamma}} = \frac{p_T}{p_x} \tag{13}$$

将预算约束代入式（13）可得每个利益主体的帕累托最优生态资源保护投入为

$$t_i^{**} = \frac{\gamma}{\varphi+\gamma}\frac{M}{p_T} \tag{14}$$

此时 n 个利益主体总的帕累托最优生态资源保护投入为

$$T^{**} = nt_i^{**} = \frac{n\gamma}{\varphi+\gamma}\frac{M}{p_T} \tag{15}$$

比较整体纳什均衡生态资源保护投入和帕累托最优生态资源保护投入可得：

$$\frac{T^{*}}{T^{**}} = \frac{\varphi+\gamma}{n\varphi+\gamma} < 1 \tag{16}$$

式（16）表明对于参与生态资源保护的 n 个利益主体来说，纳什均衡的生态资源保护投入小于帕累托最优的生态资源保护投入，即基于自身效用最大化的生态保护投入要小于社会需求的集体效益最大化的生态资源保护投入。同时由式（15）还可以看出，随着参与

生态资源保护的利益主体人数的增加，纳什均衡和帕累托最优均投入之间的差距越来越大。只有当 n=1 即将生态资源使用权和收益权赋予一个人时，纳什均衡生态资源保护投入才和帕累托最优的生态资源保护投入相等，但同样的唯一的主体不能是国家，因为国家必须委托其他人间接使用生态资源的排他权，这又导致生态资源的使用权和收益权实际分解到其他各个代理机构上，从而产生新的委托代理效率问题。

3 结论与政策启示

理论分析表明生态资源的所有权和收益权不能赋予所有利益主体，也不能赋予国家，这两种形式的产权分配方式都会带来生态资源租值耗散问题。事实上，生态资源的非排他性仅存在于理论分析中，科斯认为，即便是“灯塔”之类的纯公共产品，也可以通过产权界定或者市场机制形成生产者（提供者）与消费者（使用者）之间排他消费（使用）的可能性，并且这种可能性会随着技术进步成为现实[22]。也就是说现代技术的进步和经济的发展使得不少产品和服务由传统意义上的公共品转化为准公共品甚至是私人产品，从而通过产权界定和市场交易提高利用效率，而生态资源同样存在这种私人提供的可能性。政府作为生态资源所有者可以利用市场机制，通过招标、拍卖等方式将生态资源的使用权和收益权等权能在私人部门间形成竞争机制，从而由市场承担生态资源保护的义务，可以认为生态资源的公共性不影响其使用权和收益权等权能由市场进行交易的可行性，甚至在政府失灵的条件下这可能是必需的。因此，为防止生态资源的租值耗散，增殖生态资源价值，应建立政府主导下的生态资源市场交易机制，生态资源的所有权归国家所有，其使用权和收益权归市场所有，实现生态资源所有权与经营权的“两权分离”。政府当好监管者，市场当好开发者，二者权责明确，即保障了政府通过税收等形式对市场的生态资源开发行为进行激励约束，避免政府作为单一产权主体带来的保护资金不足和 X 非效率问题；也实现生态资源保护与开发的统一，避免市场作为单一产权主体带来的破坏性开发。

生态资源的所有权归政府所有，经营权归市场所有的产权制度安排是我国实现生态资源可持续开发保护的最佳产权制度安排。实践方面，早在 1997 年，湖南省就分别以委托经营和租赁经营的方式转让张家界黄龙洞和宝峰湖景区 45 年的经营权，实现了旅游生态资源的所有权与经营权的两权分离，20 多年的实践业已表明这种产权分配模式的优越性，保障了生态资源的可持续开发和利用，实现了生态资源价值的保值和增殖。1997 年之后，许多地方政府将本地区的生态资源（主要是自然旅游资源）的经营权转让给市场，但是，学术界缺乏对这种“两权分离”的生态资源开发方式的深入理论分析，本文的研究为实现生态资源“两权分离”，完善我国生态资源产权制度，促进生态资源保护与开发的协调提供了理论支撑和政策建议。

生态资源本身的特性决定了其所有权必须为国家所有，但对产权的其他权能，如使用权、收益权等可以根据生态资源可持续开发的需要，交由市场负责，这也是我国生态资源产权制度改革的真正含义所在。只有把生态资源的使用权和收益权等权能赋予分散决策的个体，允许某一个体按照自身的比较优势，通过较低成本的讨价还价博弈之后获得该生态资源除所有权之外的其他产权权能，才能提高生态资源的保护效率。在生态资源所有权和经营权两权分离条件下，还要清晰界定政府和市场的产权边界，建立股权多元化的法人代表制度。建立生态资源开发利用的法人制度是实现生态资源永续利用的最好选择，政府作为生态资源的所有者，履行出资人的职责，享有出资人的权益；市场（企业）作为管理者承担生态资源开发利用过程中的民事责任，享有经济管理权和部分收益权，实现政府和市场权利和义务的统一。政府作为出资人，在享受收益的同时，必须承担风险，其必须将生态资源全权委托给生态资源法人（企业）来经营，生态资源法人应以全部资产来承担相应的民事责任，因为如果生态资源法人没有独立的财产，其所谓的承担民事责任也就是空谈。同时，生态资源法人在开发经营过程中，也可以在政府监督条件下进行独立自主的决策。具体来说，“两权分离”条件下生态资源的开发利用可以成立这样的法人组织：政府以生态资源的所有权换取法人组织中的股权，并且其政府股东的地位类似于优先股股东的地位，同时政府股东仅具有监督权和部分收益权，而生态资源的法人代表拥有生态资源的使用权和部分收益权。这种制度下政府和市场的产权边际是相对清晰的，真正科学界定了股东权和法人财产权的边界，也是我国生态资源产权制度改革的方向。

此外，关于界定政府的产权边界，本文还建议改变生态资源所有权职能集中到一个专职机构和部门，这一方面可以降低多部门管理造成各部门之间相互扯皮、推卸责任带来的寻租和低效率问题，另一方面也有利于行使生态资源所有者和出资人的权利，它可以按照法律法规的要求来行使股东权责，这比传统产权制度安排下的权责关系要更加明确和完善。可行的建议之一是尝试将生态资源管理的相关负责机构从原有的国土部、农业农村部和林业部等部门中剥离出来，成立由国务院主管资源环境和生态文明的副总理负责的产权管理结构。

参考文献

[1] Westman W E. How Much Are Nature’s Services Worth？[J]. Science，1977，197（4307）：960-964.

[2] Costanza R，D’Arge R，Groot R D，et al. The value of the world’s ecosystem services and natural capital[J]. Nature，1997，387（1）：3-15.

[3] 谢高地，张钇锂，鲁春霞，等．中国自然草地生态系统服务价值[J]．自然资源学报，2001，16（1）：47-53.

[4] 谢高地，甄霖，鲁春霞，等．一个基于专家知识的生态系统服务价值化方法[J]．自然资源学报，2008，23（5）：911-919.

[5] Davis R K. Recreation Planning as an Economic Problem[J]. Natural Resources Journal，1963，3（2）：239-249.

[6] 杨怀宇，李晟，杨正勇．池塘养殖生态系统服务价值评估——以上海市青浦区常规鱼类养殖为例[J]．资源科学，2011，33（3）：575-581.

[7] 江波，陈媛媛，肖洋，等．白洋淀湿地生态系统最终服务价值评估[J]．生态学报，2017（8）：1-9.

[8] Macmillan D C，Harley D，Morrison R. Cost-effectiveness Analysis of Woodland Ecosystem Restoration[J]. Ecological Economics，1998，27（2）：313-324.

[9] 欧阳志云，王效科，苗鸿．中国陆地生态系统服务功能及其生态经济价值的初步研究[J]．生态学报，1999，19（5）：607-613.

[10] 王景升，李文华，任青山，等．西藏森林生态系统服务价值[J]．自然资源学报，2007，22（5）：831-841.

[11] Nancy L J，Maria E B. The Economics of Community Watershed Management：Some Evidence from Nicaragua[J]. Ecological Economics，2004，49（1）：57-71.

[12] 张志强，徐中民，龙爱华，等．黑河流域张掖市生态系统服务恢复价值评估研究——连续性和离散型条件价值评估方法的比较应用[J]．自然资源学报，2004，19（2）：230-239.

[13] Garcia L M，Martin L B，Nunes P，et al. A Choice Experiment Study for Land-use Scenarios in Semi-arid Watershed Environments[J]. Journal of Environments，2012，87（12）：219-230.

[14] 石春娜，姚顺波，陈晓楠，等．基于选择实验法的城市生态系统服务价值评估——以四川温江为例[J]．自然资源学报，2016，31（5）：767-778.

[15] Brown M T，Buranakarn V. Emergy Indices and Ratios for Sustainable Material Cycles and Recycle Options Resources[J]. Conservation and Recycling，2003，38：1-22.

[16] 伏润民，缪小林．中国生态功能区财政转移支付制度体系重构——基于拓展的能值模型衡量的生态外溢价值[J]．经济研究，2015（3）：47-61.

[17] Alchian A，Demsetz H. The Property Rights Paradigm[J]. Journal of Economic History，1973，33（1）：174-183.

[18] Coase R H. The Nature of the Firm [J]. Economic New Series，1937（4）：386-405.

[19] Demsetz H. Toward a Theory of Property Rights Ⅱ：The Competition between Private and Collective Ownership [J]. Journal of Legal Studies，2002，31（2）：653-752.

[20] 汪丁丁.从“交易费用”到博弈均衡[J]．经济研究，1995（9）：72-80.

[21] 何一鸣，罗必良，高少慧．科斯定理、公共领域与产权保护[J]．制度经济学研究，2013（2）：83-96.

[22] Coase R H. The Lighthouse in Economics[J]. Journal of Law & Economics，1974，17（2）：357-376.

中国脱硫电价政策的经济分析

Economic Analysis of Desulphurization Electricity Price Policy in China

陈迪[1] 谭雪 石磊[2] 马中 周楷
（中国人民大学环境学院，北京 100872；国网能源研究院有限公司，北京 102209）

摘 要 脱硫电价政策是实现我国火电行业二氧化硫有力减排的主要措施。理论分析认为，脱硫电价政策的提出与存在是合理的，但由于脱硫电价水平并未调整，本文提出了脱硫电价不能真实反映燃煤电厂的实际脱硫成本，并使得燃煤电厂从中受益的假设，另外通过测算分析 2 × 300 MW、2 × 600 MW 以及 2 × 1 000 MW 燃煤机组的脱硫成本收益对假设进行了验证。结果表明：①在脱硫设施建设完成并投运后，脱硫电价能够覆盖所选样本的实际脱硫成本，脱硫能为燃煤电厂带来可观的净收益，包括脱硫电价、节约排污费上缴数额、销售脱硫产物（脱硫石膏）；②随着脱硫设备造价大幅降低、环境税替代排污费且费率大幅提高以及脱硫石膏综合利用率的提升，燃煤电厂的脱硫成本将逐年降低，而收益将持续提升；③考虑脱硫电价政策的目标已经达成，煤电产能出现过剩以及环境监管的加强，电厂脱硫的积极性将继续存在，脱硫电价政策应适时调整。

关键词 脱硫电价 成本收益 二氧化硫 燃煤电厂

Abstract The desulphurization electricity price policy is the main measure to realize the strong emission reduction of sulfur dioxide in China's thermal power industry. The theoretical analysis shows that it is reasonable to apply the desulfurization electricity price policy in China. However, because the price of desulfurization has not been adjusted since it was implemented, this paper puts forward the hypothesis that the price of desulfurization cannot reflect the actual cost of desulfurization of coal-fired power plants and make coal-fired power plants get benefit from it, and verifies the hypothesis by calculating and analyzing the cost benefits of desulphurization for 2×300 MW、2×600 MW and 2×1000 MW coal-fired power plants. The results show that: ①after the desulphurization facility completed its construction and put into operation, the desulphurization electricity price can cover the actual desulphurization cost of the selected samples,

---

基金项目：国家重点研发计划"大气环境管理的经济手段和行业政策研究"（YFC0213700）。

1 第一作者简介：陈迪（1994—），女，博士研究生。研究方向：资源环境经济与管理。E-mail：chendi16@ruc.edu.cn。
2 通信作者简介：石磊（1978—），男，副教授，博士生导师。研究方向：环境经济与管理。E-mail：qdshl@126.com。

desulphurization can bring considerable net benefits to coal-fired power plants, including desulphurization electricity price, saving the amount paid for pollution charge, and selling desulphurization products (desulphurization gypsum); ②combined with the development at the present stage, the desulphurization cost of coal-fired power plants will decrease year by year, while the benefit will keep increase with the significant reduction of desulphurization equipment cost, the increased environmental tax rate and the improvement of comprehensive utilization rate of desulphurization gypsum; ③considering the fact that the target of desulfurization electricity price policy has been achieved, the excess manufacturing capacity of existence of coal-fired power has appeared and the environmental regulation in China is increasingly strengthened which means the initiative of desulfurization in coal-fired power plants will continue to exist, this paper believes that the desulphurization electricity price policy should be adjusted.

Keywords Desulphurization electricity price, Cost-benefit analysis, Sulfur dioxide, Coal-fired power Plant

1 概论

二氧化硫是中国大气污染治理的主要污染物之一，依据环境保护部环境规划院《现有燃煤电厂二氧化硫治理“十一五”规划》给出的数据，中国二氧化硫排放量的 90%来自燃煤，而电力行业消耗了至少一半以上的煤炭资源。研究指出，对以化石能源燃烧为主的火电行业实施控制将能对大气治理、空气质量改善带来直接的效果[1-2]。2006 年，中国正式出台脱硫电价政策，并在 10 余年间成功使火电行业的二氧化硫排放量降至 170 万 t，与此同时，全国二氧化硫排放量也随之实现了近千万吨的显著减排[3]。

众所周知，脱硫电价政策的目的，是通过向使用脱硫装置的燃煤电厂提供 0.015 元/(kW·h)的电价加价以填补彼时燃煤电厂投运脱硫设施所产生的高昂成本，从而激励燃煤电厂积极采取措施实现减排。依据中国电力企业联合会发布的《中国电力行业年度发展报告 2017》，该政策所实现的激励效果十分显著，2017 年，如考虑同样具有脱硫作用的循环流化床锅炉，中国燃煤电厂的脱硫设施安装率已接近 100%，从这一角度来说，脱硫电价政策的目标已然完成，因此探讨脱硫电价政策是否应适时调整具有较为重要的意义。但是，就现阶段脱硫电价政策研究而言，学者主要的研究结论说明集中脱硫装置的早期成本过高，因此将脱硫设施的合理成本计入电价是可取的[3-4]，另外，电厂脱硫成本并非完全统一，应设定差异性的脱硫电价[5-9]。而鲜有文献从理论上分析该政策抑或是从成本收益角度探究脱硫电价政策的调整问题。因此，本文将通过理论分析提出研究假设，并通过实证的方式，进一步分析我国脱硫电价政策，以期为脱硫电价政策的未来改进提供一定的决策参考。

2 研究假设

学界普遍认为，电力行业具备自然垄断特征，包括网络性、普遍服务性、规模经济特征、关联经济效应显著、沉淀成本高等，这使得自然垄断行业的定价问题往往面临两难困境，即如果依照社会福利最大化的目标进行定价，自然垄断厂商有可能会面临亏损或赢得超额利润。如图 1 所示，自然垄断厂商的平均成本与边际成本分别用 AC 和 MC 表示，D_1、D_2、D_3 分别表示不同的需求曲线。已知社会福利最大化的实现条件是产品价格与边际成本相等，因此当厂商按边际成本定价时，产量由需求曲线与边际成本曲线所决定。具体来说：当需求为 D_1 时，产量为 q_1，此时 MC＜AC，厂商出现亏损；当需求为 D_2 时，产量为 q_2，此时 MC =AC，厂商盈亏平衡；当需求曲线为 D_3 时，产量为 q_3，此时 MC＞AC，厂商获得超额利润。当自然垄断厂商出现亏损时，其财务稳定性遭受冲击；而当自然垄断厂商获得超额利润时，垄断价格会使社会福利遭受一定损失，为解决这一矛盾使社会陷入的两难困境，由政府出面对该行业的价格进行规制，将有助于社会福利与厂商利润之间进行权衡。

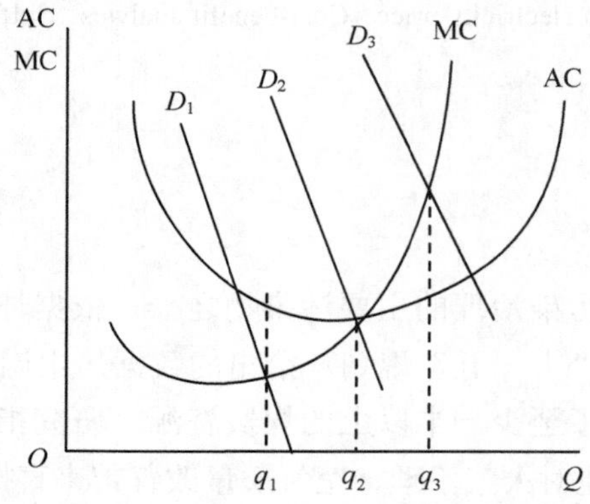

图 1　自然垄断厂商定价示意图

但是，电力行业并非所有环节都具有强烈的自然垄断性质。就电力行业发电、输电、配电三个环节而言，发电行业的自然垄断性质就较弱。研究指出[10]，由于机组规模经济的减弱以及政府环境规制力度的加强，其所形成的规模经济是有限的，因此依靠市场实现市场定价是可行的，包括美国、英国在内的许多国家都在发电行业的价格制定上做到了市场放开。但我国对发电行业的上网价格依然实行政府干预，依据我国《价格法》的有关规定，政府对电力行业实行政府指导价或者政府定价，其中，新建燃煤机组的标杆上网电价就由政府进行定价。

实际上，我国脱硫电价政策通过提高电力的上网价格，令消费者承担部分污染治理成本是合理的。环境经济政策的基本原则之一污染者付费原则（polluter pays principle，PPP）指出，所有的污染者都应为自己的污染行为付费，包括因生产制造商品造成污染的直接污染者企业和消费此类商品的间接污染者消费者，否则污染者便会从中受益，而非污染者的利益将会受损[11]。具体来说，污染企业进行环境治理所增加的成本应计入其生产产品的产品中，而消费者购买该产品则证明其需要此类产品，因此消费者应当分担产生污染的部分责任。如图 2 所示，污染企业未承担污染治理责任前的供给曲线为 S_0，为污染治理承担费用后，企业生产成本增加，供给曲线变为 S_1，但社会需求曲线（D 表示）不变，此时价格由 P_0 变为 P_1，可见为治理污染，消费者承担的部分是 P_1-P_0，企业承担的部分为 P_2-P_0。如果脱硫费用的承担中，消费者负担过多，则明显不公，因为直接造成污染的污染者并没有为自己造成的环境污染付出应有的代价。

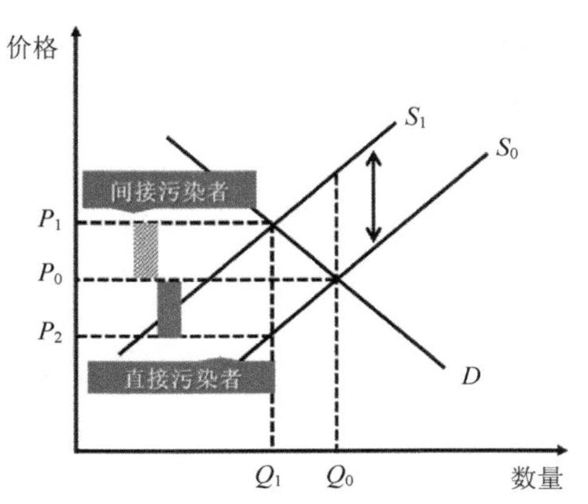

图 2　污染者付费原则示意图（1）

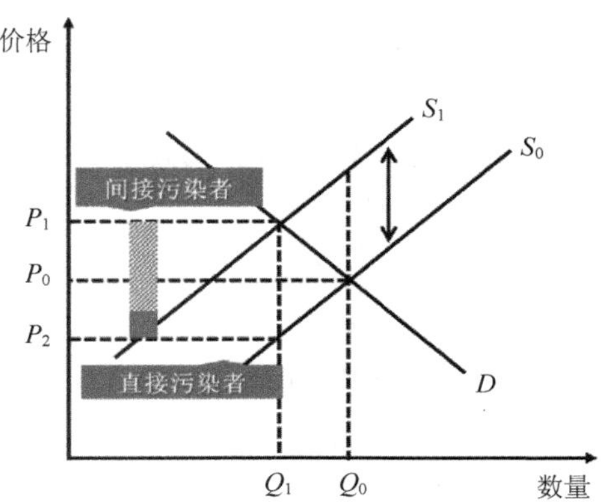

图 3　污染者付费原则示意图（2）

自脱硫电价政策实施以来，全国范围的脱硫电价的加价水平基本维持在 0.015 元/(kW·h)，但燃煤电厂的脱硫成本是不断变动的，这也意味着，脱硫电价有可能不能真实反映燃煤电厂的实际脱硫成本，造成终端消费者支付更多的脱硫费用，而燃煤电厂则在脱硫中没有完全支付其应支付的脱硫成本，继而获得超额利润的情况。如图 3 阴影部分所示，间接污染者所支付的脱硫费用在此情况下将覆盖直接污染者理应支付的部分脱硫费用。

因此本文提出以下假设，并将通过对燃煤电厂的成本收益分析对假设予以验证：

假设一：脱硫电价不能真实反映燃煤电厂的实际脱硫成本；

假设二：脱硫电价使得污染者从中受益。

3　实证分析

3.1　燃煤电厂脱硫成本收益模型

3.1.1　样本选取

考虑石灰石—石膏湿法脱硫工艺是中国目前燃煤电厂普遍采用的工艺，且 2007 年脱硫电价政策以及燃煤电厂“上大压小”政策的正式实施，本文选取 2007 年新建的采用石灰石—石膏湿法脱硫工艺的 2×300 MW、2×600 MW 和 2×1 000 MW 燃煤发电机组作为样本，比较脱硫电价政策下，燃煤电厂成本与收益之间的关系，并对成本及收益的敏感性进行了分析。

3.1.2　模型构建

燃煤电厂脱硫成本包含建设成本和运行成本，其中运行成本还包括生产成本和期间费用，即：

$$\begin{aligned}\text{Cost}&=\text{Cost}_{\text{建设}}+\text{Cost}_{\text{运行}}=\text{Cost}_{\text{建设}}+\text{Cost}_{\text{生产}}+\text{Cost}_{\text{期间}}=\text{Cost}_{\text{建设}}+(M+W+E+X+Z+I)\\&=\text{Cost}_{\text{建设}}+[M(P_S,H_S)+W(P_W,P_E,H_W,H_E)+E(R,F,G)+X+Z(C,e,m)+I(i,n)]\end{aligned} \quad (1)$$

式中，M、W、E、X、Z、I—— 分别表示原材料费用、水电费用、职工薪酬福利、设备维修费用、折旧费用以及银行利息；

P_S、P_W、P_E—— 分别表示石灰石价格、水价和电价；

H_S、H_W、H_E—— 分别表示石灰石耗量、水耗及电耗；

R—— 用于脱硫的工人数量；

G—— 工资；

F—— 工人福利；

C—— 固定资产价值；

e—— 预计净残值率；

m—— 预计折旧年限；

i—— 银行贷款利率；

n—— 贷款年限。

燃煤电厂脱硫收益包含直接收益和间接收益，具体来说，直接收益是脱硫电价收入，而节省的排污费销售以及石灰石—石膏湿法脱硫所产生的脱硫石膏获得的收益则为脱硫所获得的间接收益，具体如下：

$$\text{Benefit}=\text{Benefit}_{\text{直接}}+\text{Benefit}_{\text{间接}}=P_t+S(B,L,H,\mu,t,f)+Y\left(L,h,B,\text{Sur},t,\mu,\frac{\text{MOL}_\text{C}}{\text{MOL}_\text{S}}\right) \quad (2)$$

式中，P_t—— 脱硫电价；

S—— 因脱硫而节省的排污费；

Y—— 脱硫石膏销售收入；

B、L、h、t、f、Sur、μ、MOL_C、MOL_S—— 分别表示单位煤耗、机组容量、年利用时数、脱硫率（本文取 90%）、排污费率、燃料含硫量、硫转为二氧化硫的转化系数（本文取值 0.9），$CaSO_4 \cdot 2H_2O$ 的摩尔质量（记为 173 g/mol）以及 S 的摩尔质量（记为 32 g/mol）。

3.1.3 数据来源

本文所选样本的各项指标取值主要来源于《中国电力年鉴》、电力规划设计总院的《火电工程限额设计参考造价指标》、万得（Wind）数据库，并基于实地调研数据，结合了文献及政策文件等数据，如《石灰石/石灰－石膏湿法烟气脱硫工程通用技术规范（征求意见稿）》编制说明，李武全[12]、朱四海[13]、宫悦[14]等研究。

3.2 燃煤电厂脱硫成本收益分析

3.2.1 假设一：成本分析

图 4 展示了燃煤电厂的脱硫成本构成，包括原材料费用、工资福利在内的生产成本以

及等利息费用、折旧费用等期间费用，其中，利息费用、折旧费用、石灰石费用以及用电费用的占比最大。利息费用和折旧费用与脱硫设备本身的造价有关，石灰石费用和用电费用主要受发电时数、石灰石价格以及燃料含硫量的影响。

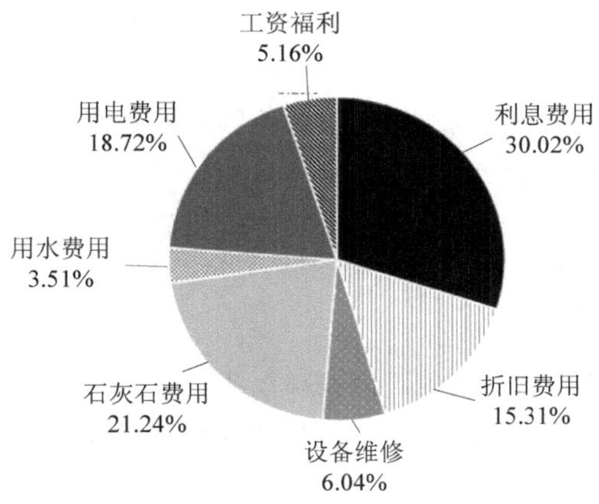

图 4　各费用占脱硫成本比重

对样本脱硫成本的测算结果表明，假设一真实存在：脱硫电价并不能真实反映燃煤电厂的实际脱硫成本。如图 5 所示，2×300 MW、2×600 MW 以及 2×1 000 MW 燃煤机组的单位脱硫成本分别约为 0.016 元/（kW·h）、0.013 元/（kW·h）和 0.011 元/（kW·h）。除 300 MW 机组外，其余类型机组的单位脱硫成本都低于脱硫电价水平。此外，从燃煤电厂年度脱硫成本的变动情况来看（如图 5 所示），脱硫设备投运后，尽管原材料价格等影响因素会有所波动，但 2×300 MW、2×600 MW 以及 2×1 000 MW 燃煤机组的脱硫成本总体处在较为稳定的水平，且明显低于脱硫电价，这主要是因为脱硫设施的前期建设投入较高，当设施实际投运后，其运行成本则较低。

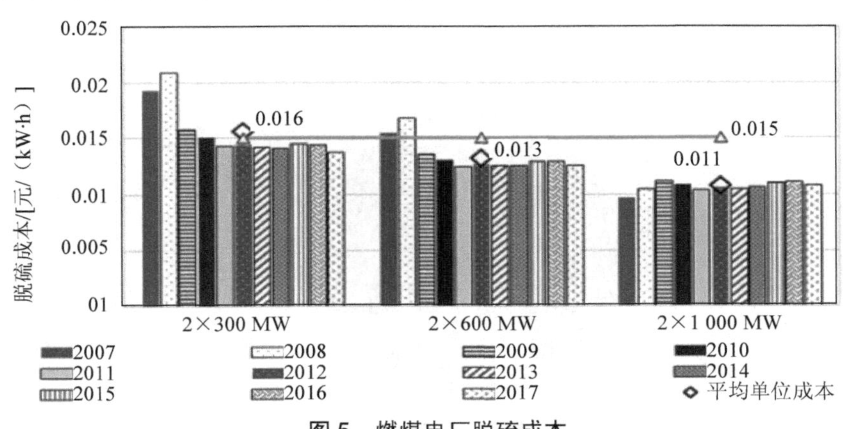

图 5　燃煤电厂脱硫成本

事实上，燃煤电厂的脱硫成本正呈下降趋势。任勇等[15]的研究指出，自“七五”阶段开始，中国脱硫技术取得了长足进步，电厂脱硫投资从最早的 800～1 000 元/kW 降至 300 元/kW 以下，脱硫设施造价以及与之密切相关的折旧及利息费用都在逐年降低。尽管近年来燃煤电厂的发电时数呈现出波动下降的趋势可能会使得脱硫成本上升，但从测算结果来看，现阶段所选样本的燃煤电厂的脱硫成本仍低于脱硫电价，而且张晶杰等[16]的研究和中电联的实际调研数据也证明，现阶段我国 300 MW 以上燃煤机组的脱硫成本都低于脱硫电价。除此之外，对燃煤电厂脱硫成本影响较大的因素还有燃料含硫量。依据我国生态环保部门出台的《燃煤二氧化硫排放污染防治技术政策》等政策文件中对含硫量大于 3%的煤层不得新建矿井开采，对现有开采煤矿实行限产等措施以改善和优化燃料结构的规定，未来燃煤电厂的脱硫成本有望进一步降低。

3.2.2 假设二：收益分析

脱硫收益主要包括脱硫电价收入、因脱硫节省的排污费与销售脱硫石膏获得的收益。其中，排污费的节省与脱硫石膏的销售收益与脱硫效率、排污费率、脱硫石膏的综合利用率、销售价格密切相关。

对于采用石灰石-石膏湿法脱硫的各燃煤机组来说，脱硫电价政策给其带来的净收益十分可观，除脱硫电价收入外，燃煤电厂因该政策所获得的收益还包括减少二氧化硫排污费用支出、销售脱硫石膏取得收益（图 6），这也表明，脱硫电价使得污染者燃煤电厂从中受益。计算结果显示（图 6、图 7），自脱硫设施投入运营后，脱硫电价政策已能持续为 2×300 MW、2×600 MW 以及 2×1 000 MW 燃煤电厂带来净收益，且这种净收益呈现波动增长趋势。可能的原因有两点：首先，2014 年，全国二氧化硫排污费征收标准有所提升，选择脱硫意味着燃煤电厂将节省更多二氧化硫排污费的开支；其次，石灰石湿法脱硫产物脱硫石膏的综合利用率提升。依据中国产业信息网的数据，2007 年以来，脱硫石膏的综合利用率逐年递增，从 56%增长至 72%，燃煤电厂通过销售脱硫石膏所获得的收益增加。由此可见，脱硫电价政策所带来的净收益对激励燃煤电厂投运脱硫装置具有重要作用。

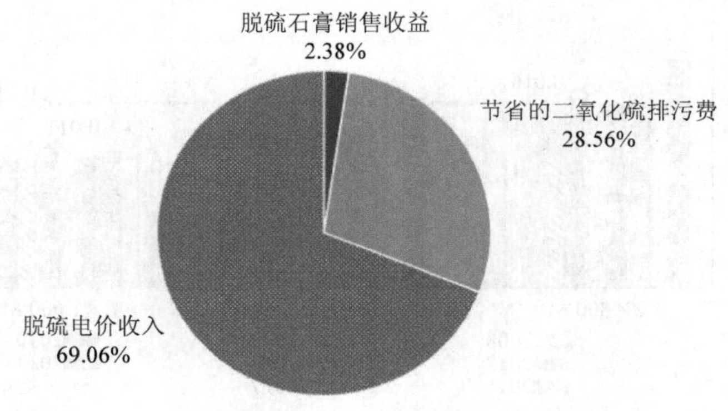

图 6　燃煤电厂各脱硫收益占比

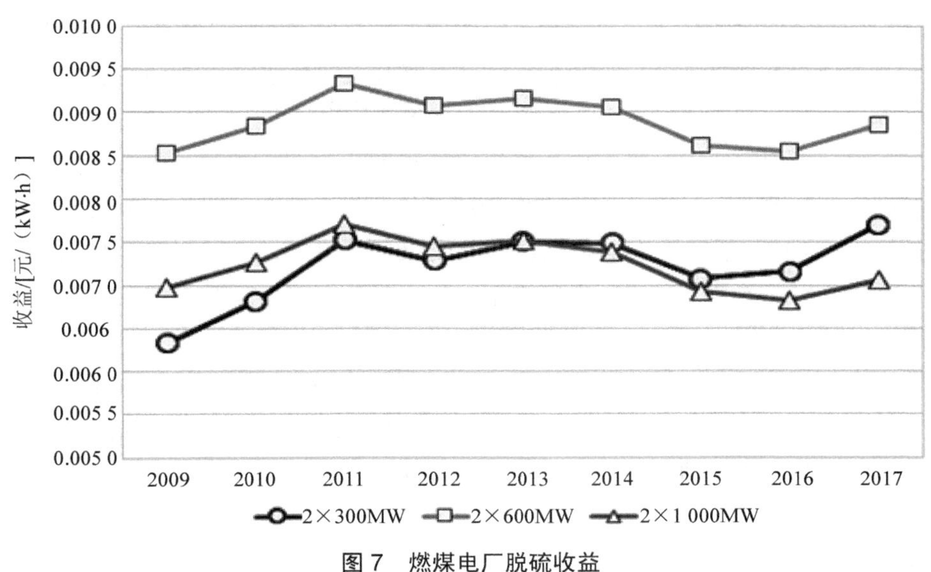

图 7 燃煤电厂脱硫收益

而现阶段，燃煤电厂脱硫动力有望进一步加大。一方面，随着我国环保税的开征，二氧化硫等污染物的排污费率得到了大幅提升，其中，大气污染物适用税额最高可达到每污染当量 12 元，选择脱硫意味着燃煤电厂将能节省缴纳高昂的排污费用。另一方面，脱硫石膏的综合利用率也在不断提升。依据工信部 2011 年发布的《关于工业副产石膏综合利用指导意见》，国家对脱硫石膏等工业副产石膏的扶持力度正不断加大，并提出在 2015 年年底实现脱硫石膏综合利用率达到 80%的目标。这意味着，燃煤电厂在现阶段下的脱硫收益将更为可观，其进行脱硫的积极性将持续存在。

4 燃煤电厂脱硫电价政策讨论

脱硫电价政策被视为是一种价格形式的环境补贴[8,17]。尽管环境补贴作为一项重要的环境经济政策在改善污染等方面发挥着重要作用，但补贴政策本身所存在的负面影响往往难以忽视。换句话说，环境补贴政策对于企业所产生的作用是双向的，就其正面效应来说，环境补贴可能会激励企业采取减排措施，从而形成诱导作用。但环境补贴也可能会激励更多污染企业选择进入市场，从而产生负面影响。环境经济学家认为，补贴会使企业的总生产成本和平均生产成本降低，从而对现有的本该退出市场的污染企业起到鼓励继续运行的作用，如果补贴足够高，甚至可能会鼓励更多污染企业进入市场，从而对环保企业形成挤压，甚至导致单个污染企业的污染物排放减少，而总的污染量却增加的局面[18-22]。

美国 EPA 发布的《经济政策分析指南（2010）》（*Guidelines for Preparing Economic Analyses（2010）*）指出，要减少因环境补贴而造成的上述现象是可能的，方法就是补贴的额度应仅能部分补偿证实了的污染控制成本，由此，补贴将只与发生的污染控制成本相关，总成本或平均成本曲线不会发生改变，污染企业进出市场的决策也不会因此而受到影响，从而缓解补贴政策所带来的不公平现象。而本文的测算结果显示，现阶段脱硫电价的设定水平已不止于部分补偿证实了的污染控制成本，相反，电价水平已普遍高于燃煤机组的实际脱硫成本，尽管 2×300 MW 的实际脱硫成本高于脱硫电价，但仍能通过脱硫获得净收益，这表明，在脱硫电价政策下，样本中的燃煤电厂已能获得超额利润。更进一步地，超额利润的存在已令补贴政策对污染企业的吸引作用开始凸显，数据表明，我国火电装机容量一直呈增长趋势，2017 年，我国火电装机容量已从 2007 年的 55 607 万 kW 增加到了 110 604 万 kW，而与之相反的是，我国火电厂的年利用小时数则逐年降低，这表明，火电装机设备的利用率在持续下降，煤电已经产能过剩，这一点，国家能源局在 2017 年印发的《关于推进供给侧结构性改革，防范化解煤电产能过剩风险的意见》中已有所体现，而可再生发电行业的“弃风”“弃光”现象则日益频现。基于此，本文认为，在脱硫电价政策目标已然实现，而脱硫成本不断下降、脱硫积极性持续存在、煤电产能已然过剩的今天，考虑调整脱硫电价政策十分必要。

5 结论与建议

本文首先通过理论分析，认为脱硫电价政策的提出与存在是合理的，但由于脱硫电价水平并未调整，本文提出了脱硫电价不能真实反映燃煤电厂的实际脱硫成本，使得燃煤电厂从中受益的假设，并采用成本收益分析的方法对假设进行了验证。结果显示，在脱硫设施建设完成并投运后，脱硫电价能够覆盖 2×300 MW、2×600 MW 和 2×1 000 MW 燃煤电厂的实际脱硫成本。脱硫能为燃煤电厂带来可观的净收益，包括脱硫电价、节约排污费上缴数额、销售脱硫产物。

在对燃煤电厂的脱硫成本及收益的进一步分析上，本文认为，随着脱硫设备造价大幅降低、环境税替代排污费导致税费大幅提升以及脱硫石膏综合利用率的提升，燃煤电厂的脱硫成本将逐年降低，而收益将持续提升。

考虑脱硫电价政策最初的政策目标已经达成，本文建议结合当前发电行业的发展形势，适时调整政策目标，通过有效合理的机制设计激励引导燃煤电厂持续脱硫减排，以达到高质量发展阶段下对燃煤电厂的低排放要求。

参考文献

[1] 袁家海，徐燕，雷祺. 电力行业煤炭消费总量控制方案和政策研究[J]. 中国能源，2015，37（3）：11-17.

[2] Zhang J，Zhang Y X，Yang H，et al. Cost-effectiveness optimization for SO_2 emissions control from coal-fired power plants on a national scale：A case study in China[J]. Journal of Cleaner Production，2017，165：1005-1012.

[3] 常纪文. “两控区”内燃煤火电厂烟气脱硫成本的转移[J]. 中国环境科学，2000，20（6）：532-535.

[4] 王志轩，彭俊，张家杰，等. 石灰石-石膏法烟气脱硫费用分析[J]. 中国电力，2004（2）：73-76.

[5] Ruan Y. Analysis on the FGD technologies applied in thermal power plant in China[J]. Architectural Institute of Japan Journal of Technology and Design，2004，10（20）：223-226.

[6] 廖永进，王力，骆文波. 火电厂烟气脱硫装置成本费用的研究[J]. 电力建设，2007（4）：82-86.

[7] 张胜寒，张彩庆，胡文培. 电厂湿法烟气脱硫系统费用效益分析[J]. 华东电力，2011，39（2）：195-197.

[8] 郝春旭，董战峰，杨莉菲. 电力行业环保综合电价补贴政策研究[J]. 环境污染与防治，2016，38（12）：103-110.

[9] 关维竹，陈鸥，祝业青. 中国燃煤电厂二氧化硫污染控制工作分析与建议[J]. 中国电力，2017，50（5）：172-177.

[10] 刘阳平，叶元煦. 电力产业的自然垄断特征分析[J]. 哈尔滨工程大学学报，1999，20（5）：94-99.

[11] 杨喆，石磊，马中，等. 污染者付费原则的再审视及对我国环境税费政策的启示[J]. 中央财经大学学报，2015（11）：14-20.

[12] 李武全. 中国火电厂降低耗水指标的必要性及对策[C]//中国电机工程学会.全国火力发电技术学术年会论文集. 北京：中国电机工程学会，1999：631-635.

[13] 朱四海. 脱硫加价政策评估及其优化[J]. 电力建设，2009，30（12）：52-57.

[14] 宫悦. 电力行业环境政策实施效果评价理论与方法研究[D]. 北京：华北电力大学（北京）经济与管理学院，2010.

[15] 任勇. 环境政策的经济分析：案例研究与方法指南[M]. 北京：中国环境科学出版社，2011：91-97.

[16] 张晶杰，王志轩，赵毅. 环保电价政策改革优化研究——基于燃煤发电企业环保治理成本的分析[J]. 价格理论与实践，2017（3）：57-60.

[17] 石光，周黎安，郑世林，等. 环境补贴与污染治理——基于电力行业的实证研究[J]. 经济学（季刊），2016，15（4）：1439-1462.

[18] Mestelman S. Corrective Production Subsidies in an Increasing Cost Industry：A Note on a Baumol-Oates Proposition[J]. Canadian Journal of Economics，1981，14（1）：124-130.

[19] Kohn R E. A General Equilibrium Analysis of the Optimal Number of Firms in a Polluting Industry[J]. Canadian Journal of Economics，1985，18（2）：347-354.

[20] Baumol W J. The Theory of Environmental Policy[M]. New York：Cambridge University Press，1988：211-235.

[21] Sterner T，Coria J. Policy instruments for environmental and natural resource management[M]. Second edition. New York：Routledge，2013：108-116.

[22] 江成山，孟卫东，熊维勤. 中小企业污染治理的税收和补贴机制研究[J]. 重庆大学学报（社会科学版），2012，18（3）：19-25.

第三篇
助推高质量发展的环境经济政策探索与实践

- 固定源“一证链式”排污许可制度环境管理体系构建初探
- 市县环境功能区划具体方法及实践——以郑州市为例
- “两山论”及其在经济欠发达地区的实践——以乌江流域为例
- 现行环境保护税政策优化研究
- 基于 SFA 方法的我国城镇污水处理厂运行效率研究
- 信息公开、公众参与及水环境治理公众满意度分析
- SEEA2012 框架下实物型供应使用表的改进与应用研究
- 山西能源发展的环境影响分析及环保对策建议
- 林业“碳汇与碳排”差值的环境影响研究
- 排污许可制度下的流域水污染物排放标准制定研究
- 环境污染责任保险实施现状、问题和建议
- 环境责任保险中的企业环境风险评估和隐患排查
- 唐山市大气污染防治政策综合评价研究
- 我国多元化环保投融资体系研究
- 环境政策与货币政策搭配的有效性研究

固定源“一证链式”排污许可制度环境管理体系构建初探

A Preliminary Study on the Construction of Environmental Management System of Fixed Source “One-Authentication Chain” Emission Permit System

王斓琪[1]　王燕鹏[2]　梁亦欣[1,2]

（1 郑州大学水利与环境学院，郑州　450002；
2 郑州大学环境政策规划评价研究中心，郑州　450002）

摘　要　现行固定源环境管理政策处于低效率、低关联、低成效的“三低”境地，难以实现水质改善的目标。本文从固定源环境管理的基本需求出发，通过对现有体系制度运行现状分析，创新提出“一证链式”排污许可环境管理内涵。将排污许可作为环境管理的核心手段，以“证前一证中一证后”的管理模式，构建“一证链式”排污许可的制度框架，对相关制度进行整合。以期建立高效、精细、协调的一体化环境管理政策体系，将环境质量改善目标落实到位。

关键词　“一证链式”管理　排污许可　固定源　体系构建

Abstract　The current fixed source environmental management policy is low efficiency, low correlation and low achievement, so it is difficult to achieve the goal of water quality improvement. Based on the basic needs of environmental management of fixed sources and using the discharge permit system as the core means of environmental management, this paper innovates and puts forward the pollutant discharge permit connotation, which is based on one-permitting chain environmental management. Based on the analysis of the current operating situation of the existing system, this paper puts forward the views on the fusion of the systems, and puts forward the management process and method of the system with the mode of “pre- permit, mid-permit and post-permit”. The aim of this way is to establish an integrated environmental management policy system with high efficiency, fine and coordination, and implement the goal of environmental quality improvement.

Keywords　“one-permitting chain”, Discharge permit, Fixed source, System construction

党的十八大以来我国环境形势日益严峻，《关于加快推进生态文明建设的意见》《生态文明体制改革总体方案》等文件明确提出要完善污染物排放许可制度，为加快构建以排污许可制为核心的固定污染源环境管理制度，国务院印发了《控制污染物排放许可制实施方案》[1]，以此为纲领，生态环境部陆续颁布多项规范性文件[2]，旨在从顶层设计方面指导我国排污许可制度的实施，但是由于目前排污许可制度尚处于“重发放、轻管理”的阶段，排污许可制度与相关环境管理制度之间的衔接不足，证后管理缺乏。

在推动环境污染攻坚、促进高质量发展的当下，以排污许可为核心的环境管理制度的健全，将为高质量发展奠定基础。本文围绕“一证链式”固定源环境管理体系的理念，分析环境影响评价、“三同时”、环保设施竣工验收、总量预算控制、排污权有偿使用和交易、环境税、环境统计、排污申报以及环境风险管理与排污许可之间的联系，从打造高效化、精细化环境管理体系的角度出发，提出环境管理制度体系构建方式，尝试为固定源环境管理提供可循思路。

1 固定污染源相关环境管理体系制度现状问题

我国涉及固定源环境管理的制度除排污许可制度外，还有环境影响评价、“三同时”、环保设施竣工验收、总量预算控制、排污申报、环境税、环境统计、排污权有偿使用及交易以及环境风险管理等制度。这些制度在监管权力主体上不尽相同，使其不管是在管理内容还是数据信息上，均会出现交叉、重复、矛盾的现象。而且各项制度的作用范围有限，通常只作用于某一阶段[3]，制度间的关联度也处于较低水平。

与排污许可相关联的主要制度政策间的具体问题如表 1 所示。

表 1　与排污许可相关的环境管理制度间存在的问题

主要相关政策	制度问题	衔接问题
环境影响评价	内容要求不全，不能体现环境质量改善需求	与许可限值间关系混乱、不统一
“三同时”	—	单项制度过于突出，后续验收监管与要求存在相矛盾的情况
环保设施竣工验收	—	与相关设施建设要求相脱离
总量预算控制	指标分配无法合理分配到源	单项制度过于突出，各项要求不便于管理；未能事先体现要求
排污申报登记	申报数据不全，且真实性难以保证	数据不相统一，不能形成一套有效数据
环境统计	—	
环境税	—	未与环保部门建立联系，基础数据信息混乱
排污权有偿使用与交易	目前只处于排污权有偿使用阶段	初始分配量同环评，不能体现环境质量改善要求；基础数据混乱，可交易量难以核定

除此之外，排污许可制度本身还存在着一些管理和技术上的问题。管理方面，其适用对象、许可内容、监管范围等都不统一，无法形成整体化管理；技术方面，实际排放量的

核算未有统一的方法，致使核算结果间存在相矛盾的地方。同时，许可限值的确定仍主要根据污染物排放标准[4]，且参考核算体系散乱，甚至还存在以环境影响评价为参考的情况，无法体现差异性与科学性，难以达到环境质量改善的目的。

总的来说，我国现有的环境管理制度虽然多，但却相对零散，各项制度间没有形成合理衔接，且排污许可制度本身也存在很多问题，致使排污许可制度的实施是在已有诸多环境管理制度上的步骤累加，更多的是作为其他环境管理制度的补充制度，而未成为环境管理体系的核心制度[5]。

2　固定源“一证链式”排污许可制度内涵

“一证链式”排污许可基于我国环境管理的新思路以及排污许可的新定位，从环境质量改善的目标出发，将高效、精简的政策原则和制约、协同的管理思路融为一体，提出具有综合性、持续性以及发展性的 “一证链式”管控模式。

2.1　“一证链式”理论原则

2.1.1　“一证”整合实现管理效益极大值

在市场经济下，环境保护与经济发展是一个矛盾所在，体现在企业与政府的“博弈”，因此，必须在企业与政府之间寻求一种平衡，建立一种博弈机制，使企业不仅积极参与博弈，并且能够以政府希望的方式进行。这种博弈机制即依托于各种环境政策手段，为了更好地实现政策目标，必须充分重视各种政策的特点，将其进行一种合理安排，建立“激励相容”约束，使企业在追求自己利益最大化的同时与政府想要实现的社会集体利益最大化相吻合，以此达成环境与经济的协同收益。而这种机制的建立是有成本的，为减小成本支出、增大支出成本的有效性，最简单的方法就是对已有管理基础进行充分利用，将现有各项制度协调整合，融于“一证”，避免新政策、新管理建立带来的高成本，以求成本—收益的极大值[6]。

2.1.2　“链式”管理体现环境保护可持续

链式管理是指以一个个环节为管理对象，以保持每个环节的有效连续性为管理目的的活动。从哲学的角度来讲，世上万事万物都是普遍联系的，各事物之间存在着相互依存和相互制约的关系，这种关系有一条“有形”或“无形”的链将其联系到一起。环境管理也是如此，各项制度是一个个环节，而管理本身是一个完整的过程，链式结构是十分明显的，必须具有持续性支持。同时，在管理过程中，各项制度之间应存在既相互依存又先后制约的关系。因此，环境管理的核心就是通过这条“有形”或“无形”的链，将组成环境管理的各要素有机地结合到一起，并对各要素内部进行协调，实现各制度作用的优化配置。

这种环境链式管理，将制度管理和过程管理结合起来，既注重制度结果，又关注管理过程，体现了环境管理可持续性发展的特征，有助于实现从最初的肆意排放到后来的政府管控，再到当前形成污染者为主的“环境质量改善链”，直至最后“环保产业链”的转变。

2.2 “一证链式”排污许可内涵与特征

“一证链式”排污许可，就是将排污许可制度作为管理核心，整合其他相关环境制度，以“一证”的形式、“链”的模式对环境问题进行持续性管控。以简化管理流程，实现前后相连的数字化与精细化环境管理。

具体来说，就是以排污许可制度为纽带，将各项制度无形地联系在一起，以证为载体，将无形的管理转化到有形的许可证中，以形成证前申报审批、证中核发以及证后核查管理的“证前—证中—证后”的全过程链式动态监管模式，从而实现环境问题的“管—排—治—衡”。

“管”即由政府以制度为工具，管控企业筹建—运营—停产全阶段，形成对企业的“全生命周期管理链”；“排”即通过以企业为主的污染物排放的监管，将污染源—入河排污口—断面水质串联，形成“污染源—水质响应链”；“治”即由政府与企业相配合，贯穿污染物的源头—过程—末端，形成“环境质量改善链”；“衡”即全民形成以环境容量为资源的深度理念，实现环境友好、经济发展的“环保产业链”。综合来说，即是通过政府为主的制度把控，形成企业为主的过程把控，达到环境—经济的平衡发展。

3 固定源“一证链式”排污许可制度环境管理体系构建

3.1 构建原则

3.1.1 协调性制度整合

制度整合，不是要单纯削弱某些制度，也不是将所有制度进行简单集合，而是要统筹兼顾。其关键就是要根据各项制度的作用阶段及特点进行有机衔接，弱化其独立性，同时将制度间矛盾重复的地方进行删减合并[7]，使现有环境管理制度无缝衔接，综合发挥更强大的管理效力。

3.1.2 全过程系统化管理

“一证链式”排污许可的构建重点就是使排污许可证的效用贯穿污染源的始末。即证前要综合各项相关环境管理制度的要求，系统考量，奠定管理基础；证中，严格许可的核发，控制门槛；证后，限制企业必须根据许可证上的要求，开展相关工作，并接受政府核查、群众监督。

3.1.3 全方位综合管控

“一证链式”排污许可就是要以“一证”的形式实现对污染源的管理，这就需要实现排污许可证的综合集成。首先，要在管控内容、范围上有所扩大和细化，如污染管控因子的种类，可增加重金属及其他有毒有害物质；其次，要在管理程序和要求上更加规范和严格，如许可事项，应在其内容合理扩大的基础上，同时进行规范和明确。

3.1.4 差别化合理许可

“一证链式”排污许可是要依靠对许可证的日常管理限制污染物的排放，从而使环境质量得到改善。当前各区域的环境质量现状以及排污情况各不相同，这就要求在制度的执行过程中除了要严格规范以外，还要根据各地区的现状特点及不同需求进行灵活调控，实行差别化排污许可管理，才能与水环境质量建立起科学的响应关系。

3.2 构建思路

基于“一证链式”排污许可的内涵，以“证前—证中—证后”为主链，构建排污许可制度框架，勾画制度整合关系，以保证目标与构建结果的高度关联。固定污染源“一证链式”排污许可制度环境管理体系构建思路如图 1 所示。

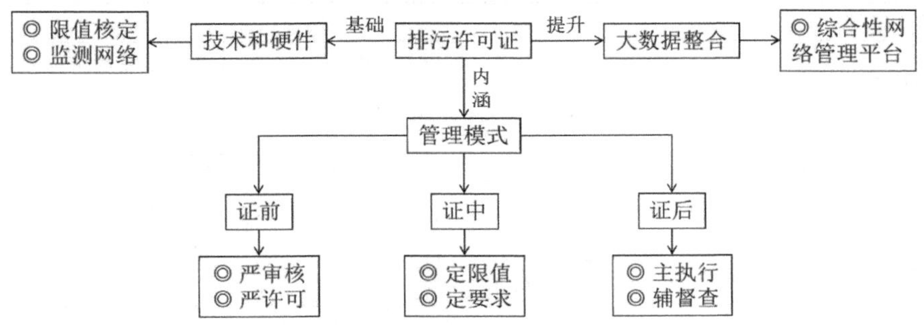

图 1 固定污染源“一证链式”排污许可制度环境管理体系构建思路

3.3 体系构建与政策整合

3.3.1 体系框架

根据以上原则和思路，以排污许可证为核心的固定污染源“一证链式”排污许可制度环境管理体系关系构建如图 2 所示。

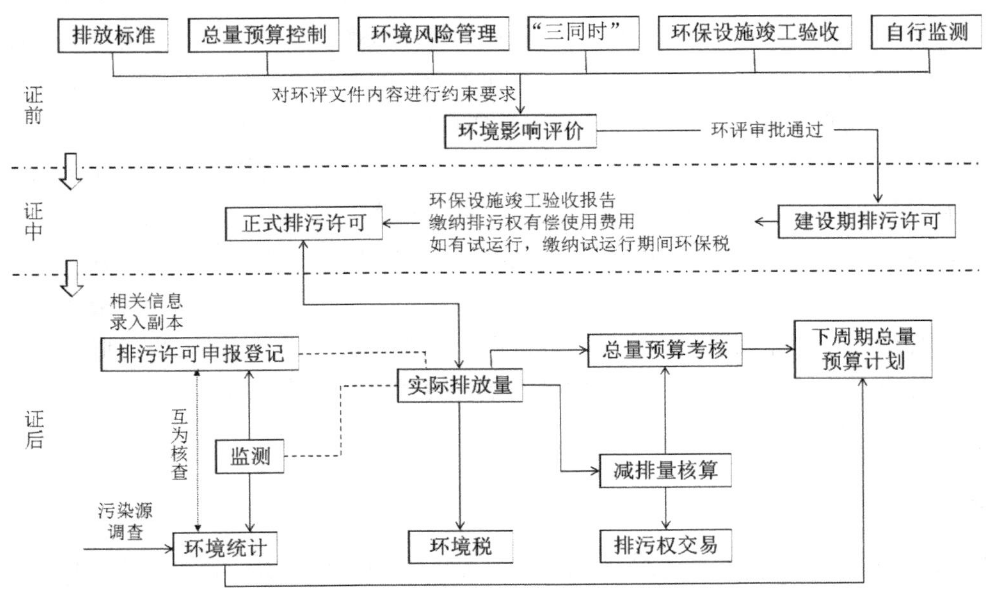

图 2 固定污染源“一证链式”排污许可制度环境管理体系构建

3.3.2 政策整合

在该体系框架下，基于各项制度的特点，结合我国固定源控制政策的总体目标和排污许可证制度设计的具体内容，以排污许可证为核心的“一证链式”固定污染源环境管理制度体系作出如下整合建议，如表 2 所示。

表 2 “一证链式”固定污染源环境管理制度体系整合建议

主要相关政策	整合建议	整合方法
环境影响评价	衔接	作为发放排污许可证的限制性条件，其他相关环境要求以及规章制度的全面融合载体
环境风险管理	融合	融入证前环评，作为一项环境管理要求
“三同时”	融合	不再单独说明，融合成为证前环评的一项管理要求
环保设施竣工验收	衔接	排污单位自主编写，作为核发排污许可证的必要条件
总量预算控制	融合	以排放标准为底线，将总量预算目标要求在证前环评阶段体现，从而依托排污许可证制度实施
排污申报登记	变更	改为排污许可申报登记，作为排污许可的证后管理内容
环境税	衔接	作为证后管理的具体手段相对独立存在，以证后管理中确定的污染物的实际排放量为关键点，做好环保部门与税务部门之间的衔接工作
排污权有偿使用与交易	衔接	证前根据环评中确定的允许排放量交纳初始有偿费用后方可获得排污许可证，证后根据确定的污染物的实际排放量确定可交易量
环境统计	联合	建立与排污许可之间的数据共享及核查机制，使环境管理工作精简高效

环境影响评价是建设项目合法使用环境资源的敲门砖，可将其作为“一证链式”排污许可的证前控制主体、证中的核发条件、证后的管理依据；“三同时”、环境风险管理、环保设施竣工验收、总量预算管理、排放标准作为既定的要求，必然应在许可之前体现；排污申报登记作为伴随排污活动开展的一项必要程序，应与排污许可制中的申报要求相比较，避免重复，并在许可前明确要求；环境统计、排污权有偿使用及交易、环境税作为排污活动后与实际排污量相关量的制度，必然要以数据为核心相互之间形成联系。

环境管理体系高效、精准的运行除了制度间管理程序的相互融合联系之外，另一大重点就在于污染物量的高效衔接与整合上。建立与环保部门联网的覆盖所有污染源的自动监测网络是保障污染物排放数据真实性、时效性和完整性的基础；基础之上，形成贯穿污染源管理程序全过程的网络管理平台，做到大数据的智能化高效运用，是助推“一证链式”排污许可环境管理体系运行的良药。

4 结论

“一证链式”排污许可通过制度内的合理规范，制度间的协调配合，将许可证作为管理要求、法律法规以及守法执法全过程记录的唯一载体，一方面让企业明晰职责，加强其守法意识，强化自身管控[8]；另一方面，环保行政主管部门可仅通过一张证，就实现对排污单位的监察执法，确保监管工作的精准、严格和高效。“一证链式”排污许可是探索水环境质量改善的产物，体现了我国水环境管理思路的转变，希望对有效管控固定源污染，提升综合环境管理水平提供借鉴意义。

参考文献

[1] 蒋洪强，张静，周佳. 关于排污许可制度改革实施的几个关键问题探讨[J]. 环境保护，2016，44（23）：14.

[2] 叶维丽，张文静，韩旭，等. 基于排污许可的固定源环境管理体系重构研究[A]. 中国环境科学学会学术年会论文集（第一卷）[C]. 2017：326-330.

[3] 王金南，吴悦颖，雷宇，等. 中国排污许可制度改革框架研究[J]. 环境保护，2016，44（583）：10-16.

[4] 张静，蒋洪强，程曦，等. “后小康”时期我国排污许可制改革实施路线图研究[J]. 中国环境管理，2018（4）：42-45.

[5] 陈佳，卢瑛莹，冯晓飞. 基于“一证式”排污许可的点源环境管理制度整合研究[J]. 中国环境管理，2016（3）：90-100.

[6] 韩冬梅. 中国水排污许可证制度设计研究[M]. 北京：人民出版社，2015：28-34.

[7] 韩冬梅. 论中国水污染点源排放控制政策体系的改革——基于排污许可证制度的政策整合[J]. 中国软科学，2016（6）：8-16.

[8] 卢瑛莹，冯晓飞，陈佳，等. 基于“一证式”管理的排污许可证制度创新[J]. 环境污染与防治，2014，36（11）：89-91.

市县环境功能区划具体方法及实践——以郑州市为例

Method and Practice of City(county) Environmental functional Zoning—A Case Study of Zhengzhou

张慧[1]　于鲁冀[2]　张宽[1]

（1 郑州大学环境技术咨询工程有限公司，郑州　450002;
2 郑州大学，郑州　450002）

摘　要　目前《全国环境功能区划纲要》已经编制完成，根据纲要，我国环境功能区划体系分为国家—省—县三个层次，采取自上而下的区划路线。国家出台了《国家环境功能区划技术指南（试行）》，并在新疆、吉林、浙江等省份已实施试点工作；对省级环境功能区划如何划分有了一定的积累，但目前市县级环境功能区划具体方法还处于探索总结阶段。本文拟探讨市县级环境功能区划需重点解决的问题及具体区划方法，并以郑州市为例进行环境功能区划，总结市县区划方法及管控要求。

关键词　市县　环境功能区划　郑州

Abstract　The national environmental functional zoning has been completed, the system of national environmental functional zoning divided into three levels: state--province-city (county), and adopts a top-down zoning route. The state has now issued the "National Environmental Functional Zoning Technical Guide" and has implemented pilot work in Xinjiang, Jilin, Zhejiang and other provinces; there has been a certain accumulation of provincial environmental functional zoning, but the current city (county) level the specific method of functional zoning is still in the stage of exploration. This paper intends to discuss the problems that need to be solved in the city (county)-level environmental function zoning and the specific zoning methods. Take Zhengzhou city as an example to carry out environment function zoning, summarize the city (county) zoning methods.

Keywords　City(county)，Environmental functional zoning，Zhengzhou

---

1 张慧（1982—），女，硕士研究生，郑州大学，高级工程师，主要从事环保规划和环境科研工作。
地址：河南省郑州市金水区文化路 97 号郑州大学环境技术咨询工程公司，联系电话：13223022689。

环境功能是指环境各要素及其组成系统为人类生存、生活和生产提供必要环境服务的总称。环境功能区划是按照国家主体功能定位，依据不同地区在环境结构、环境状态和环境服务功能的分异规律，分析确定不同区域的主体环境功能，并据此确定保护和修复的主导方向，执行相应环境管理要求的特定空间单元。

1　环境功能区划研究进展

党的十八大和十八届三中、四中全会均强调要大力推进生态文明建设，并按照人口资源环境相均衡、经济社会生态效益相统一的原则，优化国土空间开发格局，加快实施主体功能区战略，构建科学合理的城镇化格局、农业发展格局、生态安全格局。《国务院关于加强环境保护重点工作的意见》（国发〔2011〕35 号）、《国家环境保护“十二五”规划》（国发〔2011〕42 号）中，明确提出了编制和实施环境功能区划的整体部署和工作要求，在《关于贯彻实施国家主体功能区环境政策的若干意见》（环发〔2015〕92 号）中也明确了以环境主体功能区规划为依据，编制环境功能区划，实施分区管理、分类指导。

为更好地促进自然资源有序开发和产业合理布局，落实《全国主体功能区划》的具体实施，环保部于 2009 年启动了“国家环境功能区划编制与试点研究”项目。2012 年，环保部下发《关于开展环境功能区划编制试点工作的通知》，确定浙江、吉林和新疆等省（区）作为第一批省级环境功能区划编制试点。2013 年确定河北、黑龙江、河南、湖北、湖南、广西、四川、青海、宁夏、新疆生产建设兵团等 10 个地区作为第二批环境功能区划编制试点地区开展编制工作。

为指导环境功能区划工作，环保部发布了《环境功能区划编制技术指南》《环境功能区划编制试点验收技术规范》等相关文件，且 2013 年已经完成了《全国环境功能区划纲要》，第一批试点省份中浙江、吉林、新疆均已完成了环境功能区划编制工作，其中浙江省在 2014 年 10 月已经通过省级试点验收。

《全国环境功能区划纲要》界定了环境功能和环境功能区划的内涵、分类，划定了自然生态保留区、生态功能保育区、食物环境安全保障区、聚居环境维护区、资源开发环境保护区五个环境功能类型区，并明确了分区管控导则及实施保障措施等，是实施“分区管理、分类指导”的环境管理体系的基础性技术文件。根据纲要，我国自然生态保留区面积共 227.2 km^2，占国土面积的 23.8%，主要管控方向为依法实施强制性保护，禁止开发活动，控制人类干扰，保留潜在环境功能；生态功能保育区占国土面积的 29.4%，主要管控方向为维护水源涵养、水土保持、防风固沙和生物多样性保护功能稳定；食物环境安全保障区占国土面积的 22.6%，主要管控方向为保障国家主要粮食生产地、畜牧产品产地、淡水渔业产品产地、近岸海水产品产地环境安全；聚居环境维护区占国土面积的 17%，主要管控方向为提高集聚人口能力，保障环境质量不降低，加大环境治理改善环境质量；资源开发环境保护区占国土面积的 7.2%，主要管控方向为控制资源开发对周边区域环境功能的影响。

国际上关于生态功能区划的相关研究比较多，但对环境功能进行区划是我国的创新。我国实施的区划较多，曾先后对气候、植被、地形地貌、生物等相关自然环境进行了科学、客观的分区和分类，农业、林业、水利、国土、经济等部门开展的区划工作，探索建立分区差异化的管理政策，对于充分合理地利用各地区资源，促进经济社会发展发挥了积极作用。各类区划方法及区划具体实施措施对环境功能区划都具有借鉴意义，所谓区划主要是从考虑的因素及关注点出发，依据相似性及差异性原则、主导功能原则、区域统一性原则进行划分。划分方法可以概括为“划分准则+指标体系”的判别方法，即依据区划目的建立指标体系，对区域差异特征进行定量分析，再根据一定的主观判断准则对分区进行判断，最终形成分区结果。

环境功能区划具体区划方法为以主体功能区规划等相关区划和规划为依据，从环境功能的内涵和环境功能综合评价结果出发，根据环境功能的空间分异规律，对空间分区进一步细化调整，提出环境功能区划方案，分区提出环境管理目标及环境管理要求。以上区划方法适用于省级环境功能区划，市县环境功能区划可以参照，但具体市县环境功能区划参照指南进行分区时，会存在可操作性较差、具体边界没办法落地、主导环境功能判别困难等问题。

2 市县环境功能区划的理论与方法

2.1 市县环境功能区划的地位

我国行政区划分为国家—省（自治区、直辖市）—市、自治州（盟）—县（旗、市）—乡（镇）5 级，市县作为城乡规划、发展的完整的、重要的区域，在统筹未来人口分布、经济布局、国土利用和城镇化格局等因素上具有重要的功能，因此在环境功能区划体系中，市县是具体落实环境功能分类分区方案、实施具体差异化、精细化管理的最有效单元。立足于市县空间持续的功能区划，有助于发挥其在行政结构体系中的作用，能更好解决区划中的“边界”问题，提高区划空间管制及精细化管理的针对性和灵活性。

根据《全国环境功能区划纲要》，我国环境功能区划体系分为国家—省—市—县四个层次，采取自上而下的区划路线。

国家级环境功能区划是大尺度的区划，以宏观指导为主，重点解决对全国或跨省域生态安全格局有重要影响的需要在国家层面统筹协调的重大生态环境问题。

省级环境功能区划要落实国家环境功能区划要求，指导和约束市县环境功能区划编制和实施，是一项中观层面，具有承上启下，兼具指导性和操作性的区划，是省级重大开发决策的基本依据，它在国家主导环境功能定位的约束下，进一步深化环境功能分区，明确省域环境功能分区总体布局，划定省级生态保护红线范围，重点解决对全省生态安全格局有重要影响和需要在省级层面统筹协调的重大生态环境问题，落实国家分区管控要求，强化宏观政策的约束和引导。

市县环境功能区划应落实省级环境功能区划，是具体可操作性的区划，是生态环境空间管制的控制性详规，能够为建设项目落地和区域开发提供可指导、可操作、可落地的生态环境空间管制基本依据。主要特点就是各类功能区分区界限和环境功能目标更加明确，管控措施更加具体和可操作性，且市县环境功能区划编制完成实施后应能代替现有的市县生态环境功能区划。

2.2　市县环境功能区划的主要作用

落实生态保护优先政策，预防开发建设活动无序扩张。早期区域发展战略最明显的特征就是空间的无序性，对城市规模和开发建设活动的过热追求，忽视了生态保护，环境功能区划可以改善功能区布局混乱对生态环境造成的影响和破坏，通过识别重要生态功能区和生态敏感区，将禁止开发区域划为自然生态保留区及生态功能保育区，禁止或限制区域开发，落实生态保护政策，保障区域生态安全。

促进各区划整合衔接，实行精细化环境管理。在环境保护领域，也曾经实施过水功能区划、海洋功能区划、生态功能区划、酸雨和二氧化硫污染控制区等各类环境保护和治理区划。各区划在环境保护方面发挥了积极作用，但是对经济社会和生态环境建设与保护的综合统筹不足，各专项规划、区划间的有效衔接不够，环境保护及环境管理在空间尺度上缺少整体布局，宏观指导作用还没有得到充分发挥。环境功能区划根据区域环境功能的空间差异划分为不同类型的环境功能区，提出不同区域环境管理目标和对策，实施差异化的环境管理政策，将为我国形成科学化、差异化和精细化的环境管理体系提供基础平台。

预防布局型污染，保障人群健康。从环境保护发展历史来看，不科学的产业、生活空间布置是诱发严重环境污染事件最直接的影响因素，建设开发及生产生活空间布置的合理性在一定程度上影响环境保护的效果。环境功能区划通过对不同分区实行准入约束，能够引导区划开发合理布局，形成主动、预防型的环境管理新格局；且通过对聚居环境维护区保障人群健康等环境目标的确立，强化人居环境监控维护，确保环境安全和人群健康。

3　市县环境功能区划划分方法探讨

根据《国家环境功能区划技术指南》，环境功能区划具体区划方法为以主体功能区规划等相关区划和规划为依据，从环境功能的内涵和环境功能综合评价结果出发，根据环境功能的空间分异规律，对空间分区进一步细化调整，提出环境功能区划方案，分区提出环境管理目标，各类环境功能区随着人类活动扰动强度的依次增强，环境质量也在逐渐变差，依此分级制定环境质量要求和污染物总量控制、工业布局与产业结构调整等环境管理要求，保障各类功能区环境功能的稳定发挥。

《国家环境功能区划技术指南》对省级环境功能区划划分具有指导意义，但对市县级环境功能区划划分的指导略差，主要体现在：①绝大部分市县未进行主体功能区划，省级主体功能区划除禁止开发区外，其他类别分区均以整个市、县作为最小单元，因此不能够指导市县进一步细化、落实各环境功能分区；②原指南中环境功能综合评价三级指标共 26 项三级指标、76 项可选的基础指标，对市县而言，大部分指标在整个市县为单一值，对区分市县的环境结构、环境功能及环境状态基本无作用，例如，大气环境容量、水环境容量、水污染物排放指数、大气污染物排放指数、地表水可利用量、已开发利用水资源量、可开发利用入境水资源量等指标，原均以市县作为最小单元进行统计或计算，因此在市县分区划分时，失去了作为分区依据的意义；③原指南中缺少对各环境功能区边界确定的具体方法，在市县环境功能区划中各环境功能类型区的主导因子识别不明。正如前文分析，市县级环境功能区划是可落地、可操作性的区划，具体各环境功能区应有确切功能定位、面积边界、标准限值等内容，目前指南中对如何确定各环境功能区具体边界并没有给出明确方法，对市县环境功能具体分区过程指导有限。

结合以上问题，通过对环境功能区划实施的意义和目的，结合市县已有的各类规划、区划体系及环境保护方面其他的区划，确定市县环境功能区划具体方法为：以主体功能区规划及省级环境功能区划/生态环境保护规划为依据，从环境功能的内涵和环境功能综合评价结果出发，结合市县城镇发展规划、产业发展规划、矿产资源发展规划、土地利用规划确定各环境功能区划初步边界，按各环境功能类型区的主导因子识别各环境功能区的具体边界，提出环境功能区划方案，分区提出环境管理目标，制定环境质量要求和污染物总量控制、工业布局与产业结构调整等环境管理要求。

具体操作过程中，环境功能综合评价以自然地理要素为主，筛选对市县区域差异有作用的指标，在环境功能综合评价中重点识别重要的生态环境功能重要区及生态敏感区，以自然地理为单元，确定生态系统敏感性指数及生态系统重要性指数，识别各重要生态功能保育区初步范围。另外，区划过程中各类型阈值的确定是划分类型区的关键与难点，对区划结果影响很大；因此为避免在区划过程中对各功能重要性识别有偏差，在各类型阈值确定中主要依靠省级及国家级环境功能区划的区划结果，即从省级认为是重要的环境功能，在市县划分中一定提高其重要性指数，以确保落实省上级环境功能区划结果；最后区划过程中受主观判断和客观评价同时影响，应对区划方案进行多方案比选，多次征求意见，以达到因素平衡及有利于实施操作的目的。

4 案例分析——以郑州市为例

郑州市是河南省省会，位于河南省中部偏北，东经 112°42′～114°14′，北纬 34°16′～34°58′，北临黄河，西依嵩山，东南为广阔的黄淮平原。由于地处中原腹地，“雄峙中枢，控御险要”，因此郑州历来为全国重要的交通、通信枢纽，也是国家开放城市和历史文化名城。

郑州市总面积 7 446.2 km^2，辖 6 个市辖区（中原区、二七区、管城区、金水区、惠济区、上街区），1 个县（中牟县），代管 4 个县级市（荥阳市、新郑市、新密市、登封市）。

郑州市横跨我国第二级和第三级地貌台阶，纵观全区地势，西高东低，地形呈阶梯状，山地、丘陵、平原之间分野明显，地貌类型多样，区域性差异明显。

根据郑州市的自然地理特征、区域发展现状以及各县（市、区）的城市职能定位，郑州市环境功能区划体系及划分方法，将国土空间划分为五大类环境功能区，即自然生态保留区、生态功能保育区、食物环境安全保障区、聚居环境维护区、资源开发环境引导区。

具体步骤为：

（1）分析国家、河南省及郑州市的规划，对郑州市的主体功能进行解析；

（2）从环境功能的内涵出发，建立环境功能区划系统；

（3）建立环境功能综合评价指标体系，以乡镇为单元进行环境功能综合评价；

（4）依据自然保护区、风景名胜区、森林公园、湿地公园、自然文化遗产等的边界、空间位置分布图，划定郑州市自然资源保留区；

（5）考虑《河南省生态功能区划》《郑州市生态功能区划》的结果对生态功能保育区进行进一步细分，划分水源涵养功能区、水土保持生态功能区、防风固沙生态功能区、生物多样性生态功能区；

（6）依据郑州市城乡体系规划，将镇以上的集中居住区及产业集聚区划分为聚居环境维护区；

（7）将连片的农田分布区，划分为食物环境安全保障区；

（8）参考《郑州市矿产资源规划》，划分资源环境开发引导区；

（9）根据环境功能综合评价结果，对划定的环境功能区、亚区进行归并整理，形成最终区划方案。

最终区划结果如下：

郑州市环境功能区划图及区划亚区图，如图 1 和图 2 所示。各区及亚区面积及占比如表 1 所示。

表 1　郑州市环境功能区各区面积及占比

<table>
<tr><th>环境功能区类型</th><th>环境功能亚区</th><th>面积/km²</th><th>合计面积/km²</th><th>面积占比/%</th></tr>
<tr><td>Ⅰ自然生态保留区</td><td>Ⅰ自然生态保留区</td><td>714.18</td><td>714.18</td><td>10.98</td></tr>
<tr><td rowspan="4">Ⅱ生态功能保育区</td><td>Ⅱ-1 水源涵养区</td><td>47.51</td><td rowspan="4">1 021.49</td><td rowspan="4">15.70</td></tr>
<tr><td>Ⅱ-2 水土保持区</td><td>871.01</td></tr>
<tr><td>Ⅱ-3 生物多样性保护区</td><td>83.41</td></tr>
<tr><td>Ⅱ-4 防风固沙区</td><td>19.56</td></tr>
<tr><td>Ⅲ食物环境安全保障区</td><td>Ⅲ食物环境安全保障区</td><td>2 511.11</td><td>2 511.11</td><td>38.60</td></tr>
<tr><td rowspan="2">Ⅳ聚居环境维护区</td><td>Ⅳ-1 人口聚居环境维护区</td><td>1 261.56</td><td rowspan="2">1 710.41</td><td rowspan="2">26.29</td></tr>
<tr><td>Ⅳ-2 产业集聚环境维护区</td><td>448.85</td></tr>
<tr><td>Ⅴ资源开发环境引导区</td><td>Ⅴ资源开发环境引导区</td><td>548.37</td><td>548.37</td><td>8.43</td></tr>
<tr><td colspan="2">合　计</td><td colspan="3">6 505.56</td></tr>
</table>

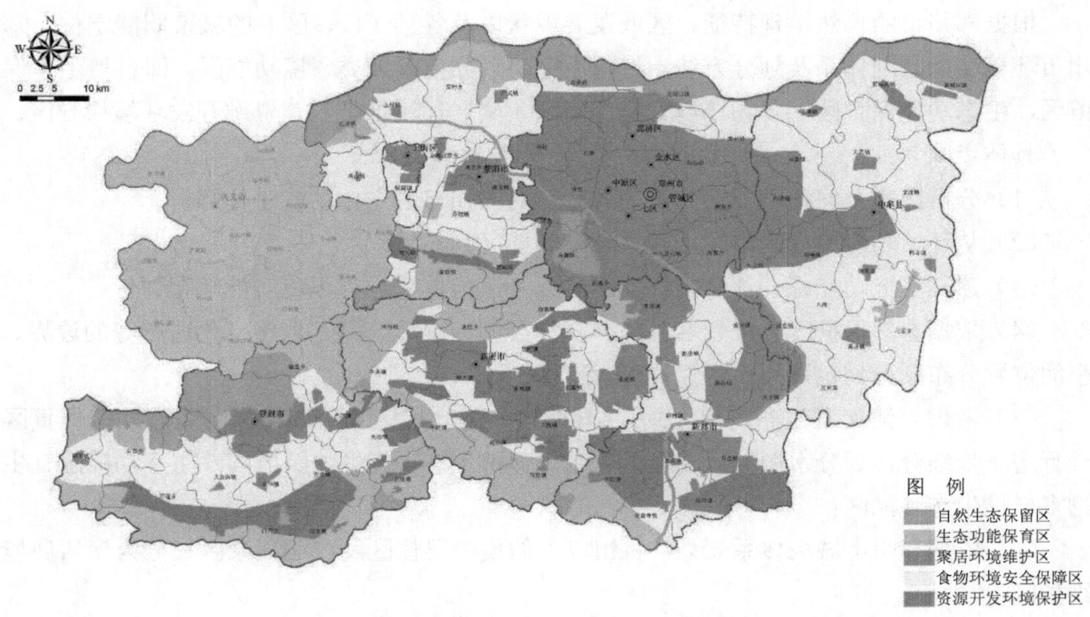

图 1　郑州市环境功能区分区图

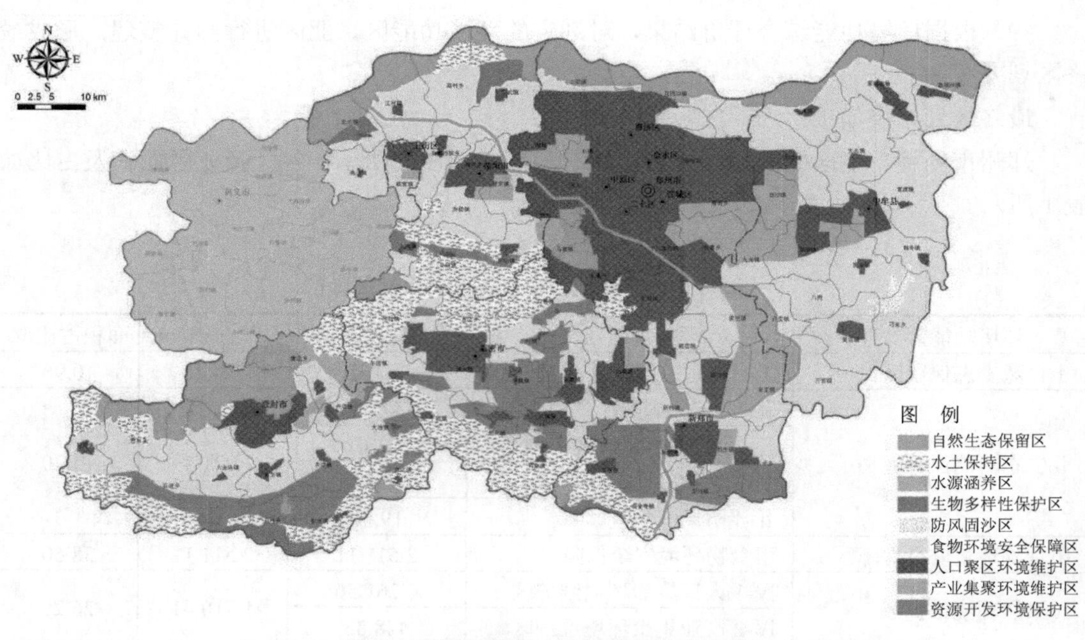

图 2　郑州市环境功能区划亚区分布图

5　总结及展望

（1）环境功能区划主要由国家、省（区、市）、市（县）三个空间层级构成，尽管每一空间层级都涉及社会经济发展、资源环境承载、生态空间预留等问题，但在不同的空间尺度上其侧重点是不同的。因此必须明确环境功能区划层次性，避免上下级规划之间由于分工与协作问题不明确而导致的越位和缺位等问题，从而提高环境功能区划的可操作性。

（2）环境功能区划在执行一定时期后，分区实施效果可能存在一定偏差，需要进行评估；特别是城镇化、工业化进程的推进，部分聚居环境维护区的边界会发生一定的变化；且矿产资源分区随着地质勘查活动的重点成果、矿业技术进步、矿种需求的快速增长等原因，矿产资源开发利用布局也会发生一定变化。考虑以上因素，环境功能分区方案应定期修编。

（3）环境功能区的划分目的一方面是为了严格控制生态用地，另一方面是为了实行精细化、差别化管理，因此环境功能区划分区过程中应积极重视与各市县、乡镇征求意见及沟通，将分区后应用和管理可操作性考虑在内，各项专项规划由于已经执行了一定的时间，与现状存在一定偏差，采纳各方意见，对环境功能分区结果进行优化和调整。

（4）环境功能区划参考了众多相关规划，但由于各规划精度的不统一，导致各环境功能区划边界确定上精度不一致。例如，环境功能综合评价是以乡镇为单位进行评价，生态环境重要性以地理要素单位进行评价，而环境功能参考的其他规划，例如，郑州市矿产资源规划，其是在实地勘察测量的基础上进行规划的，其资源开发环境引导区所参考的矿产资源开采分区边界具有确定的拐点坐标，其精度可达到 1 m；而各自然保护区、森林公园、风景名胜区、国家级地质公园等具体边界大都存在不确定及调整的可能，其精度相对较差。

考虑以上因素，依据目前区划方法而言，环境功能区划具体边界精度不高，实际误差可能在 10 m 以上，对实际差别化管理操作而言，可能具有一定的困难。

（5）生物多样性保护区域，依据《郑州市生态功能区划》为整个广武镇，范围过于宽泛，还需进一步征求意见，划定合理边界；防风固沙保护区目前仅为新郑市及中牟交界处约 20 km^2 的一处天然沙丘林地，其风沙是否还会对周围的生态环境造成影响，是否有设置防风固沙保护区的必要，还需进一步征求相关部门及专家意见；郑州市水源相对匮乏，一定程度上地下水承担了大部分城镇居民的饮用水来源，因此对郑州市地下水的主要补给区也应纳入水源涵养区内，因此还需收集水文地质相关资料及数据，核实水源涵养区的具体范围及边界。

参考文献

[1] 王金南，许开鹏，薛文博，等. 国家环境质量安全底线体系与划分技术方法[J]. 环境保护，2014，42（7）：31-34.

[2] 薛文博，汪艺梅，王金南. 大气环境红线划定技术研究[J]. 环境与可持续发展，2014（3）：13-15.

[3] 吴文俊，徐敏，蒋洪强，等. 水环境红线划定技术与管控措施初探[J]. 环境与可持续发展，2014（3）：16-18.

[4] 王金南，徐开鹏，迟妍妍，等. 我国环境功能评价与区划方案[J]. 生态学报，2014，34（1）：129-135.

[5] 王金南，吴文俊，蒋洪强，等. 构建国家环境红线管理制度框架体系[J]. 环境保护，2014，42（2-3）：26-29.

[6] 王金南，许开鹏，陆军，等. 国家环境功能区划制度的战略定位与体系框架[J]. 环境保护，2013，41（22）：35-37.

[7] 徐开鹏，黄一凡. 环境功能区划的技术方法初探[J]. 环境保护，2012（增刊）.

[8] 迟妍妍，许开鹏，饶胜，等. 我国分区管理的实践基础与经验[J]. 环境保护，2012（增刊）.

[9] 王晶晶，刘敏，鲁海杰. 环境分区管理的国际经验及启示[J]. 环境经济，2012（108）：38-40.

[10] 许开鹏，黄一凡，石磊. 已有区划评析及环境功能区划的启示[J]. 环境保护，2010（14）：17-20.

“两山论”及其在经济欠发达地区的实践——以乌江流域为例

“Two Mountains Theory” and Its Practice in Underdeveloped Areas——Taking the Wujiang River Basin as an Example

李云燕[1]　张颖[2]
（北京工业大学经济与管理学院，北京　100124）

摘　要　习近平总书记提出的“两山论”重要思想，体现了环境保护与经济增长的辩证统一，也是中国向绿色发展方式转型的具体表现。乌江流域处于我国西部地区，经济发展水平相对落后，但是水资源丰富、有独特的地质景观且生物物种多样。在良好的生态环境支持下，乌江流域在旅游产业发展中践行了“绿水青山就是金山银山”的重要思想。本文在完善生态文明绩效考核评价机制、开展生态审计、完善乌江流域生态补偿机制、严守生态保护红线、旅游资源保护性开发五个方面提出了促进乌江流域生态保护与旅游经济协调发展的具体措施。

关键词　“两山论”　旅游　乌江　实践

Abstract　The important thought of “Two Mountains Theory” put forward by General Secretary Xi Jinping embodies the dialectical unity of environmental protection and economic growth, and it is the concrete manifestation of China’s transformation to green development. Wujiang River basin is located in the western region of China, and its economic development level is relatively backward, but it is rich in water resources, has unique geological landscape and a variety of biological species. Supported by a good ecological environment, Wujiang River Basin has practiced the important idea that “green water and green mountains are golden mountains and silver mountains” in the development of tourism industry. The concrete measures to promote the coordinated development of ecological protection and tourism economy in Wujiang River Basin are put forward in five aspects: perfecting the performance appraisal mechanism of ecological civilization, carrying out ecological audit, perfecting the ecological

1 李云燕，北京工业大学经济与管理学院教授，博士生导师，研究方向：环境经济与管理。联系方式：北京市朝阳区平乐园 100 号，邮编 100124，电话 13651216699，E-mail：yunyanli@126.com。
2 张颖，北京工业大学经济与管理学院博士研究生，研究方向，环境经济与管理。

compensation mechanism of Wujiang River Basin, strictly abiding by the red line of ecological protection and the protective development of tourism resources.

Keywords "Two mountains theory", Tourism, Wujiang River, Practice

习近平总书记反复强调:“我们既要绿水青山，也要金山银山。宁要绿水青山，不要金山银山，而且绿水青山就是金山银山。”这句话说明了生态文明建设应与经济建设协同发展，生态优势可以转化为巨大的经济优势。“两山论”成为我国生态文明建设的指导思想，为“十三五”期间的绿色发展提供了理论支撑。我国经济发达地区集中在东部，如京津冀、长三角、珠三角等区域，大部分地区在工业经济快速发展的同时也受到了环境污染的侵害。相对而言，西部经济欠发达地区，包括乌江流经的贵州省生态资源丰富、人口密度低，这些地区由于地理位置较偏僻，工业化程度低，污染物排放少，环境质量处于相对较好的状态。在生态文明建设理念的指导下，后发展地区可以跨越“先污染后治理”的阶段，走可持续发展之路。

1 “两山论”的理论解读

1.1 “两山论”的起源

习近平“两山论”重要思想起源于浙江省安吉县天荒坪镇余村，2005 年 8 月 15 日，时任浙江省委书记的习近平同志在该村调研时针对如何处理环境保护与经济增长的矛盾提出了“绿水青山就是金山银山”的重要理念。党的十八大以来，习近平同志又在多个重要场合，对“绿水青山就是金山银山”重要思想的科学内涵和实践意义，做出了深刻的阐释。党的十九大将“必须树立和践行绿水青山就是金山银山的理念”写进了报告，《中国共产党章程（修正案)》在总纲中增加了“增强绿水青山就是金山银山的意识”这一表述。“两山论”是一种新的发展观，是被实践证明了的具有重大创新与突破的新理论。

1.2 “两山论”的思想内涵

（1）环境保护与经济增长的辩证统一

习近平总书记以“两山论”为基础的绿色发展思想，科学回答了发展经济与保护生态二者之间的辩证统一关系，是指导中国生态文明建设的重要理论，是可持续发展的精髓。在过去相当长的一段时期内，经济发展是我国追求的首要目标，而经济发展往往以环境污染为代价，如工业污水排放、大气污染等，环境保护与经济发展似乎是不可调和的矛盾。长期以来，人们对环境保护与经济增长的关系存在一种误解，认为两者不可兼得，而习近平总书记提出的“两山论”，恰恰是对这个问题的正确回答。“绿水青山就是金山银山”阐明了生态文明建设与物质文明建设、环境保护与经济发展之间的辩证统一关系，明确强调了保护生态环境就是保护生产力、改善生态环境就是发展生产力的重要思想，为我们牢固树立和贯彻落实绿色发展理念提供了思想认识基础。

（2）良好的生态资源是经济发展的强大后盾和保障

习近平总书记指出："把生态环境优势转化为生态农业、生态工业、生态旅游等生态经济的优势，那么绿水青山也就变成了金山银山。"习近平总书记的生态文明理念中，一个重要方面就是以产业生态化和生态产业化为主体的生态经济体系，生态就是资源、生态就是生产力，良好的生态资源可以作为经济发展的优势。我国多数西部欠发达地区都依靠当地优美的自然环境和浓郁的民族风情发展旅游业，不仅发挥了生态资源的功能，而且当地居民实现了脱贫致富。习近平总书记在《从"两山论"看生态环境》一文中所论述的理念精神，使"人们意识到环境是我们生存发展的根本，要留得青山在，才能有柴烧"。从这个角度来看，公众应具有环保责任感，树立环保意识，只有保护好生态环境，才能促进经济的可持续发展。

（3）"两山论"是中国向绿色发展方式转型的本质体现

"两山论"体现了我国绿色发展理念和发展方式的转变。自改革开放以来，中国的经济发展速度与日俱增，但是发展方式比较粗放，引发了若干环境问题。随着我国经济由高速增长阶段转向高质量发展阶段，要跨越经济发展的重大关口，亟须转变发展方式、优化经济结构、转换增长动力。绿色发展是创新引领、集约高效、质量优先的发展理念，是培育壮大新产业、新业态、新模式等发展新动能的必由之路。我国必须要走一条经济效益好、环境污染少、科技含量高的绿色发展之路，从"绿水青山转化为金山银山"就是在走资源节约型、环境友好型的发展道路[1]。

1.3 "两山论"对乌江流域经济发展的指导意义

乌江是贵州省重要的生态屏障，乌江流域在我国属于经济欠发达地区。"两山论"重要思想提出优先保护生态资源与环境，将生态环境优势转化为生态经济的优势，为乌江流域等欠发达地区指出了一条绿色发展道路。乌江流域自然风景优美，少数民族众多，具有发展旅游业的天然优势，可以通过发展旅游业等休闲产业带动其他产业发展，促进产业结构转型升级。旅游业是一个资源消耗小，而对环境保护能力强的行业[2]，在"两山论"思想下指导旅游项目开发、旅游产品设计可以实现旅游业可持续发展以及生态资源的保护。

2 乌江流域生态资源分析

乌江，流经黔北及渝东南，干流全长 1 037 km，约 77%位于贵州省境内，为贵州第一大河。乌江流域位于我国南方典型喀斯特区，河谷深切，山峦起伏，水能资源及生物资源丰富。

2.1 水资源丰富

乌江属于长江一级支流，众多支流散布，呈羽状分布，水力资源得天独厚，为全国十大水电基地之一。丰富的水资源可以扩大农田灌溉面积，有助于发展乌江的航运事业，由于修建水电站形成水库还可带动地方旅游业的发展。

乌江流经贵州省七个市（州），是贵州省经济发展最快的区域。根据表 1 显示的数据，经过近几年的治理，乌江流域的水环境有了较大的改观，水体水质综合评价由"中度污染"

转变为“良”或“优”，Ⅰ～Ⅲ类水质断面近两年都维持在 90%左右。然而，乌江水系的水环境质量依然需要引起关注，主要问题表现为磷浓度超标。乌江水环境的质量将影响贵州省生态文明试验区的建设，因此需重点关注。

表 1　2012—2017 年乌江水系水环境质量

年份	监测情况	水质		主要污染指标
		水体水质综合评价	Ⅰ～Ⅲ类水质断面占比/%	
2012	14 条河流，31 个监测断面	中度污染	67.7	总磷、氨氮、化学需氧量
2013	14 条河流，31 个监测断面	中度污染	71	总磷、氨氮、化学需氧量
2014	14 条河流，31 个监测断面	中度污染	64.5	总磷、氨氮、化学需氧量
2015	14 条河流，31 个监测断面	良好	80.6	总磷、氨氮、化学需氧量
2016	30 条河流，57 个监测断面	优	92.90	总磷、氨氮、生化需氧量
2017	30 条河流，57 个监测断面	良好	89.5	总磷、氨氮、化学需氧量

资料来源：根据 2012—2017 年《贵州省环境状况公报》整理所得。

2.2　独特的地质景观和风貌

乌江流域在贵州省流域内 75.6%的地区为碳酸盐岩发育的喀斯特地貌[3]，形成独特的天然地质景观，例如，思南乌江喀斯特国家地质公园的核心景区以石林为主，是贵州省最大的天然石林景观。由于乌江流经高原，地势高低落差较大，在乌江下游以及部分支流形成险峻的峡谷，如虎跳峡、鹰愁峡等。另外，贵州省湿地种类多样，以河流湿地、淡水湖泊湿地为主，另有淡水泉、地热湿地、沼泽以及少量灌丛湿地、喀斯特森林湿地以及人工湿地，乌江在贵州境内流经的市（州）具有国家湿地公园的分布。

2.3　生物多样性

乌江流域降水充沛，立体气候明显，适合多种生物生长。国家重点保护的珍稀濒危植物就在 42 种以上，有蕨类植物 5 种（包括水鳖蕨、扇蕨，中游的松叶蕨和不对称柳叶蕨，下游的低头贯众）；种子植物 37 种，还有贵州特有的稀有植物如全秃海桐、黔苣苔、贵州琼楠等[4]。多样化的生物物种与山地、水、地质景观构成了美丽的自然景观。

3　“两山论”在乌江流域旅游产业发展中的实践

乌江流域自然环境优美，山峦起伏、水流众多，利用自然优势发展生态旅游等特色产业，不仅充分发挥了生态资源的价值，而且促进地方经济发展，旅游扶贫功效明显。

3.1　旅游产业发展迅速

（1）旅游业实现井喷式发展

贵州省针对旅游业的发展制定了一系列相关政策，“山地公园省・多彩贵州风”旅游品牌已深入人心。贵州省提出了“大数据、大旅游、大生态”的理念，利用先进的科学技术平衡生态保护和经济发展，开展生态旅游精准扶贫。近几年，贵州省旅游业实现“井喷式”发展，旅游人次和旅游收入都呈现逐年上涨的趋势（图 1）。2017 年，全年贵州省共接待游客 7.44 亿人次，旅游总收入达 7 116.81 亿元，同比分别增长 40.0%、41.6%。2018 年上半年，全省旅游接待游客 4.71 亿人次，旅游总收入 4 382.06 亿元，分别增长 34.1%、39.5%[5]。

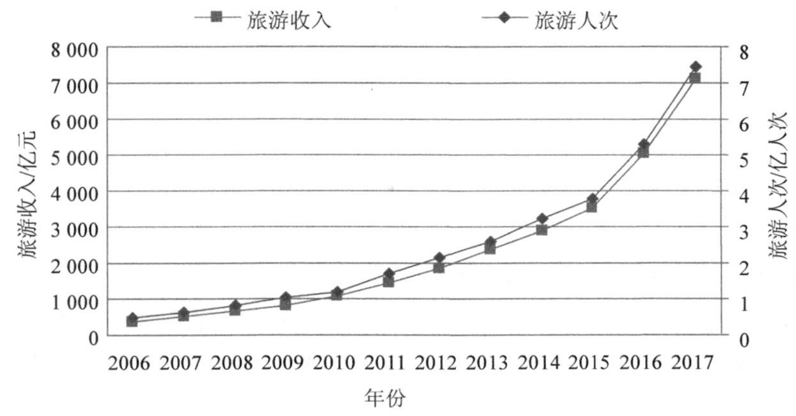

图 1 2006—2017 年贵州省旅游收入及旅游人次

数据来源：贵州省旅游局网站。

（2）旅游支柱产业地位逐年强化

贵州省将旅游业作为支柱产业来培育，旅游收入占全省 GDP 的比重逐年增加，从 2010 年的 6.6%增长到 2015 年的 9.2%（图 2）。贵州地貌以高原山地居多，森林覆盖率超过 50%，气候宜人，这种得天独厚的自然条件是旅游发展的重要基础。贵州省非常重视旅游产业的发展，有 3 000 多个自然村寨开展旅游业，并把 2017 年确定为“旅游服务质量提升年”。在政府政策的支持下，乌江流域旅游支柱产业的地位将会继续呈现逐年强化的趋势。

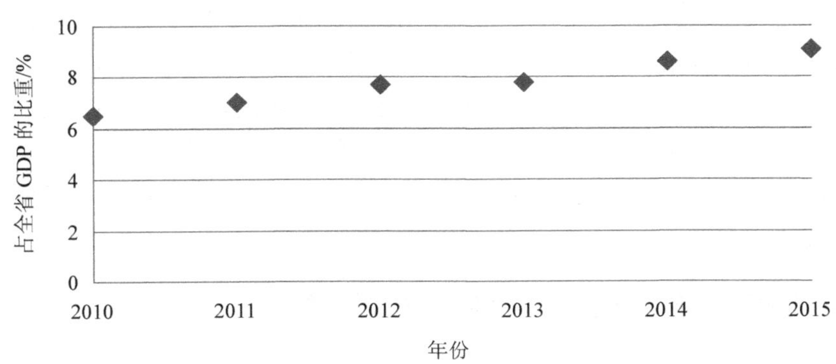

图 2 2010—2015 年贵州省旅游收入占全省 GDP 的比重

数据来源：贵州省旅游局网站。

3.2 生态旅游新形式不断涌现

生态旅游是"绿水青山转化为金山银山"的重要途径，是促进乌江流域经济结构转型、居民增加收入的重要渠道。

（1）森林康养旅游

贵州省将"大生态+森林康养"作为发展绿色产业助推乡村振兴的重要支撑。乌江流域生态环境良好、森林资源丰富，发展森林康养事业和产业具有独特的优势。森林康养是生态、旅游、健康产业融合发展的结果，随着人们健康意识的提高，对养生的重视程度越来越高。乌江流域自然风光优美，森林、温泉等资源丰富，生物多样性和大气、水、土壤等环境质量高，生态环境质量良好，气候宜游宜养且适合人类居住，发展森林康养产业优势明显。贵州省自 2017 年起已建立 32 家省级森林康养试点基地，每家试点基地森林覆盖率都在 65%以上，其中赤水市天鹅堡森林康养中心、景阳森林康养中心等森林覆盖率达到 90%以上。从森林康养的产业基础和发展路径上看，森林康养旅游将成为贵州生态文明建设的新形式，也将成为践行习近平总书记提出的"既要绿水青山，又要金山银山，绿水青山就是金山银山"的重要路径。

（2）涉水旅游

"水"是乌江流域传承文化的重要载体，是支撑当地经济社会发展的重要资源。乌江水系水量充沛，峡谷、急流较多，开展了水体公园等涉水项目。目前已有百里画廊水上观光游、漂流等水上旅游项目，乌江梯级电站库区也开展了多项水上旅游活动，未来要开发更多涉水项目，让水资源的开发和利用最大化，使"涉水+"项目更广泛地发挥经济带动作用。水资源的充分利用，使得乌江流域的生态旅游项目更具有吸引力，沿江旅游经济有了快速提升。

（3）乡村生态休闲游

生态旅游在满足人们旅游需求的同时促使人们形成生态文化价值观，乡村生态休闲游以乡村生活体验和生态休闲为主要目的，既能满足异地游客求新求异的需求，又对促进当地经济发展，达到旅游扶贫的目的。乡村生态休闲旅游顺应了当今生态文明建设的大环境，在发展旅游业的同时重点强调了对生态环境的保护。乌江流域生态资源丰富，民族村寨数量多，自然环境优美，乡村休闲旅游的开发彰显了贵州山地环境、自然生态和民族文化特征。仅 2017 年，贵州省乡村旅游便完成投资 120 亿元，接待游客 3 亿人次，占全省接待游客的 41.62%；实现总收入 1 500 亿元，占全省旅游收入的 24.25%，旅游发展带动 29.9 万贫困人口受益脱贫[6]。

4 乌江流域生态保护与旅游产业协调发展的建议

"两山论"为生态文明建设提供了理论基础，在乌江流域旅游产业发展中应保护生态环境，将生态环境作为经济增长的内生动力。

4.1　完善生态文明绩效考核评价机制

国家以及各地方政府对生态文明绩效评价的探索正在进行，总体来看，绩效考核评价还处于薄弱地位。设计评价考核指标是构建考核制度的重要环节，考核指标应当全面、可衡量、易操作，充分反映当地资源消耗、环境损害和生态效益。应建立生态文明绩效考核的责任追究制度，明确责任主体。此外，建立更明确的生态文明建设激励约束制度，把评价考核结果与干部奖惩晋级、提拔任用等相结合，增强生态文明建设执行力[7]。

4.2　开展生态审计

生态审计可以对生态资源的保护和破坏进行量化，强化领导干部的生态保护意识，因此需将生态审计纳入年度审计的范围。生态审计需要在自然资源资产负债表的指导下进行，而自然资源资产的核算是当前面临的困难。自然资源资产的数量、质量和价值相对于经济资源更难以确定，可以依托大数据平台的优势，开展自然资源数据资料调查和普查，搭建自然资源信息共享平台，使得自然资源的数据资料翔实有效。

应该特别强调开展领导干部离任生态审计，有利于提升领导干部尊重自然、顺应自然、保护自然的生态文明理念。乌江流域主要以少数民族地区为主，地方经济相对落后，应改变部分领导干部和群众优先发展经济而忽略生态环境保护的观念。把自然资源资产审计纳入领导干部离任经济审计评价体系，根据当地自然资源禀赋的特点和生态保护的重点，合理确定审计内容，有利于形成生态保护的长效机制。探索编制县域自然资源资产负债表，将使得领导干部离任“生态审计”有所依据。

4.3　完善乌江流域生态补偿机制

生态补偿是维护乌江流域生态环境状况的一种经济调节手段，以保护自然生态系统服务功能、促进人与自然和谐为目的，应遵循政府补偿与市场补偿相结合的原则。首先，进行生态环境服务功能价值核算，明确生态补偿标准，扩大生态补偿面，在省内实施区域间补偿制度。建立省级生态保护补偿金投入机制，对重点生态功能区内的基础设施和基本公共服务设施建设予以倾斜。其次，除以国家作为补偿主体外，积极引入市场机构，建立生态服务交易市场，确定生态服务的价格，通过签订生态服务合同等提供有偿的生态服务，积极引导社会组织、企业、个人参与生态保护与发展建设，引入多种资金渠道。最后，应落实国家级自然保护区、世界文化自然遗产、国家级风景名胜区、国家森林公园和国家地质公园等各类禁止开发区域的生态保护补偿政策。

4.4　严守生态保护红线

生态保护红线是生态环境安全的底线，划定生态保护红线的目的是建立最为严格的生态保护制度。生态良好、人与自然和谐，是建设生态文明的终极目标和根本标志，如果自然生态遭到破坏，人类自身会陷入生态危机，就没有生态文明。贵州省于 2017 年年初发布了生态保护红线范围，生态保护面积占全省面积的 31.92%。各级政府机构应明确禁止开发区的红线范围，严守生态保护红线，制定相关管理政策措施，进行生态红线的精细化管理。在生态保护红线内严禁不符合主体功能定位、土地利用总体规划、城乡规划的各类开发活动，严禁任意改变用途。严守生态保护红线关键在于严格领导干部任期生态保护红线责任追究制度，设定科学方法进行考核和监测，促进地方政府树立红线意识和底线思维，实行最严格的源头保护和损害赔偿，依法追究党政干部在生态保护中的违法行政和失职渎职行为。

4.5 旅游资源保护性开发

第一，依托沿江生态资源，大力发展康养度假旅游，推动康养旅游地产升级，将乌江流域打造成为国际国内知名的康养度假旅游目的地。在当前消费升级的大趋势下，居民用于健康监测、养老度假等康养产品和服务的消费支出快速增长，带动了康养产业发展。乌江流域森林覆盖率高，且流经市（州）都有国家森林公园、湿地公园等，这些都是发展森林康养产业的重要底蕴和有力支撑，能够满足游客异地康养的需求。乌江流域具有高原独特的气候特征和自然风光，能够满足游客康体疗养及休闲度假的需求，当地原生态的民族文化又赋予其丰富的文化内涵，因此在乌江流域可以形成以旅游休闲、高原食品、民族文化为主打产品的康养业态。康养产业覆盖面广、产业链长，涉及医疗、健康、食品、旅游、房地产等诸多产业，对促进地方经济发展具有推动作用。

第二，依托沿江少数民族村寨以及生态景观，开展民族地区乡村生态旅游，带动美丽乡村建设，促进农业增效、农民增收以及农村繁荣。乌江流域现有苗族、土家族、彝族、布依族、仡佬族、侗族、回族、白族等 40 多个少数民族，该流域民族文化资源异常丰富，民间音乐、民间舞蹈、民间故事、民族医药等民族文化丰富多彩，有巨大的旅游开发价值。乌江流域除丰富的非物质文化遗产之外，还拥有大量的民族历史文物遗址遗存[8]，包括少数民族建筑、历史遗址遗迹、摩崖石刻等。丰富的民族文化资源赋予民族地区乡村旅游深刻的内涵，应深入挖掘少数民族文化，在更深层次上满足游客求新求异的需求。开发过程中，注重保持民族文化的原生态，开发体验性旅游项目，使旅游者真切的感受少数民族的生活。

第三，注重沿江旅游区的游客容量和承载力，社区居民和游客要共同参与旅游资源的开发与保护，强化生态保护主体地位。由于旅游者的进入可能会给当地居民带来诸多负面影响，例如，改变“日出而作，日落而息”的作息规律、外地游客进入带来的物价上涨、旅游旺季交通异常拥挤、垃圾增多等，这些都会影响到当地居民的切身利益，在乌江流域旅游发展过程中，必须把环境发展、生态保护和社区居民的利益结合在一起。可以利用大数据平台及时监测控制游客容量，保证当地的生态环境的安全和居民的基本生活不受干扰，另外，需要提高游客的生态保护意识，做到文明出游。

参考文献

[1] 赵建军，杨博. “两山论”是生态文明的理论基石[N]. 中国环境报. 2016-02-02.

[2] 容贤标，胡振华，熊曦. 旅游业发展与生态文明建设耦合度的地区间差异[J]. 经济地理，2016，36（8）：189-194.

[3] 郜红娟，蔡广鹏，罗绪强，等. 乌江流域淡水生态系统服务时空变化特征分析[J]. 西部林业科学，2016，45（3）：6-12.

[4] 苏维词. 乌江流域梯级开发的不良环境效应[J]. 长江流域资源与环境，2002，11（4）：388-392.

[5] 搜狐网：http：//www.sohu.com/a/244095315_545092.

[6] 中国农业新闻网：http：//mlxc.cnguonong.com/newshtml/18618.html.

[7] 胡卫华，康喜平. 构建科学的生态文明建设绩效评价考核制度[J]. 中国党政干部论坛，2017（10）：48-50.

[8] 熊正贤，吴黎围. 乌江流域民族文化资源的特征分析及开发初探[J]. 贵州民族研究，2012（3）：34-36.

现行环境保护税政策优化研究

Study on the Current Policy of Environmental Protection Tax Optimization

李云燕[1]　宋伊迪[2]

（北京工业大学经济与管理学院，北京 100124）

摘　要　税收作为政府筹集财政资金的工具和对社会经济生活进行宏观调控的经济杠杆，在环境保护方面的作用不容小视。但我国目前开征的环境保护税政策施行经验并不丰富，缺乏适合我国国情的税收政策和完善的税收体系；同时，征收范围相对于我国当前的环境污染因素来说过于狭窄；在征税对象层面，所选择的企业类型覆盖并不全面；实施初期，环保部门和税收征收机构以及各相关部门的权责未完全界定划分清晰，相应的监管及实施部门间协调度不高；环境税与排污收费之间的关系较为模糊，费改税制度仍不完善等诸多问题。在研究以上问题的基础上提出相应的应对建议及政策措施。

关键词　环境保护税政策　绿色税收　经济杠杆　政策建议

Abstract　Taxation, as a tool for the government to raise financial funds and an economic lever for macroeconomic regulation and control of social and economic life, plays an important role in environmental protection. However, the current environmental protection tax policy in China is not rich in experience, lack of suitable tax policy and perfect tax system. At the same time, the scope of levy is too narrow relative to China's current environmental pollution factors. At the object of Taxation, the type of enterprises chosen is not comprehensive. At the initial stage of implementation, the powers and responsibilities of environmental protection departments, tax collection agencies and related departments have not been clearly defined, and the corresponding supervision and implementation of inter-departmental coordination is not high. The relationship between environmental tax and pollution charge is relatively vague, and the fee to tax system is still not perfect. Based on the above problems, this paper puts forward corresponding suggestions and policy measures.

Keywords　Environmental protection tax policy, Green tax, Economic levers, policy suggestion

---

1 李云燕，北京工业大学经济与管理学院教授，博士生导师，研究方向：环境经济与管理。联系方式：北京市朝阳区平乐园 100 号，邮编：100124，电话：13651216699，E-mail：yunyanli@126.com。

2 宋伊迪，北京工业大学经济与管理学院硕士研究生，研究方向，环境经济与管理。

党的十八大以来，党和国家更加重视发挥环境经济政策在生态环境保护中的重大作用，深入推进政策改革与创新。目前，我国环境经济政策框架体系基本建立，其中《中华人民共和国环境保护税法》，作为我国 2018 年 1 月 1 日刚刚正式施行的新税种，是把环境污染和生态破坏的社会成本内化到生产成本和市场价格当中，再通过市场机制来对环境资源进行分配的一种经济手段，是绿色税收政策中的又一新增税种。本文通过分析研究环境税实施初期的发展现状及出现的一系列问题，提出相应的政策建议和应对措施。

1 环境保护税政策实施现状分析

1.1 环境税实施概述

以保护和改善环境，减少污染物排放以及推进生态文明建设为目的，我国自 2018 年 1 月 1 日起正式开始施行《中华人民共和国环境保护税法》，开征对象面向直接向环境排放应税污染物的企业事业单位和其他生产经营者，其应税污染物主要包括大气污染物、水污染物、固体废物和噪声；应税污染物的计税依据均以相应污染物的排放量折合的污染当量数来确定，其中噪声则按照国家规定标准的分贝数确定；征收单位为县级以上地方人民政府税务机关，不再由之前征收排污费的环保部门进行征收管理，因此增加了执法的规范性、刚性，并由环境保护主管部门负责对污染物的监测管理；与此同时，环境税收入全部作为地方收入，也不同于原排污费采取专款专用方式，按照力度不减的原则予以充分保障，环保投入力度还会不断加大，具体政策内容见表 1。

表 1 现行环境保护税政策

应税污染物	内容	征收目的	对环境影响
大气污染物	应税大气污染物按照污染物排放量折合的污染当量数确定，每种应税大气污染物的具体污染当量值，依照本法*所附《应税污染物和当量值表》执行，每一排放口或者没有排放口的应税大气污染物，按照污染当量数从大到小排序，对前三项污染物征收环境保护税	控制大气污染物的排放总量	减少大气污染物的排放
水污染物	应税水污染物按照污染物排放量折合的污染当量数确定，水污染物的具体污染当量值，依照本法所附《应税污染物和当量值表》执行，每一排放口的应税水污染物，按照本法所附《应税污染物和当量值表》，区分第一类水污染物和其他类水污染物，按照污染当量数从大到小排序，对第一类水污染物按照前五项征收环境保护税，对其他类水污染物按照前三项征收环境保护税	控制水污染物的排放总量	减少污水的排放，实现污水的达标排放
固体废物	应税固体废物按照固体废物的排放量确定	控制固体废物的排放总量	减少固体废物的排放
噪声	应税噪声按照超过国家规定标准的分贝数确定	控制噪声的排放总量	减少噪声的排放

* 指《中华人民共和国环境保护税法》。

1.2　我国现行与环境相关的税种情况

环境税的实施效果除了与其自身的政策制度设计、征管监督保障政策等环节密切相关之外，还需要其他相关税种的相互协调配合，共同发挥税收的宏观调控作用，弥补环境税自身缺陷，以期达到环境税的最大实施效果从而实现保护环境、减少污染排放的根本目的。目前国际上对于与环境相关的税收的定义是指“政府征收的具有强制性、无偿性，针对特别的与环境相关税基的任何税收。相关税基包括能源产品、机动车、废弃物、测量或估算的污染物排放、自然资源等”[1]，以此作为标准，我国现行的与环境相关的税种为资源税、消费税、车船税和资源购置税（表 2）。

表 2　我国现行与环境相关的税种

税种	内容	征收目的	对环境影响
资源税	资源税是对自然资源征税的税种的总称。修订后的《资源税暂行条例》扩大了资源税的征收范围，由过去的煤炭、石油、天然气、铁矿石少数几种资源扩大到原油、天然气、煤炭、其他非金属矿原矿、黑色金属矿原矿、有色金属矿原矿和盐等七种	调节资源的级差收益，促进资源的合理开发，遏制资源的乱挖滥采，使资源产品的成本和价格能反映出其稀缺性	通过对与污染相关的原油、煤炭等能源产品的征收，起到一定程度的环境保护作用
消费税	现行消费税的征收范围主要包括：烟、酒、鞭炮、焰火、化妆品、成品油、贵重首饰及珠宝玉石、高尔夫球及球具、高档手表、游艇、木制一次性筷子、实木地板、摩托车、小汽车、电池、涂料等税目，有的税目还进一步划分为若干子目	调节产品结构，引导消费方向，保证国家财政收入	通过对成品油、小汽车、摩托车等直接或间接对环境造成污染的产品征收，以及对环保产品给予税收优惠，起到一定程度的环境保护作用
车船税	以车船为特征对象，向车辆、船舶的所有人或者管理人征收的一种税	主要是增加收入、控制车船的使用和消费	通过对造成环境污染的车船的征税，起到一定程度的减排作用
车辆购置税	车辆购置税的纳税人为购置（包括购买、进口、自产、受赠、获奖或以其他方式取得并自用）应税车辆的单位和个人，征税范围为汽车、摩托车、电车、挂车、农用运输车	主要调节车辆消费和筹集收入	通过对造成污染的车辆购置的征税，起到一定程度的减排作用

我国现行的以上与环境相关税种初步体现了鼓励资源节约、保护环境的目的，在节约和合理利用资源，治理并减轻污染，促进我国经济可持续发展方面起到了积极的作用。因此，以上税种与环境税相互协调既弥补了环境税的调控不足，例如通过消费税和车船税等解决流动污染源的污染排放问题，又能相互配合达到环境税的激励减排目标[2]。

1.3　现行环境收费制度情况

我国实行的排污收费制度是控制污染的一项重要环境政策，它运用经济手段要求污染者承担污染对社会损害的责任，把外部不经济性内在化，以促进污染者积极治理污染。制度内容是向环境排放污染物或超过规定的标准排放污染物的排污者，要求依照国家法律和有关规定按标准缴纳费用。排污收费以征收排污费的目的，旨在促使排污者加强经营管理，节约和综合利用资源，治理污染，改善环境。现行的排污收费制度覆盖废气、废水、固体废物以及噪声四大类，具体制度内容见表 3。

表 3　现行排污收费制度

收费种类	内容	开征目的	对环境的影响
污水排污费	对向水体排放污染物的，按照排放污染物的种类、数量计征污水排污费；超过国家或者地方规定的水污染物排放标准的，按照排放污染物的种类、数量和《排污费征收标准管理办法》规定的收费标准计征的收费额加倍征收超标排污费。对向城市污水集中处理设施排放污水、按规定缴纳污水处理费的，不再征收污水排污费	控制水污染物的排放总量	减少污水的排放，实现污水的达标排放
废气排污费	对向大气排放污染物的，按照排放污染物的种类、数量计征废气排污费；对机动车、飞机、船舶等流动污染源暂不征收废气排污费；对每一排放口征收废气排污费的污染物种类数，以污染当量数从多到少的顺序，最多不超过 3 项	控制废气的总排放量	减少废气的排放，实现废气的达标排放
固体废物及危险废物排污费	对没有建成工业固体废物贮存、处置设施或场所，或者工业固体废物贮存、处置设施或场所不符合环境保护标准的，按照排放污染物的种类、数量计征固体废物排污费；对以填埋方式处置危险废物不符合国务院环境保护行政主管部门规定的，按照危险废物的种类、数量计征危险废物排污费	控制固体废物和危险废物的排放	减少固体废物和危险废物的排放量
噪声超标排污费	对环境噪声污染超过国家环境噪声排放标准，且干扰他人正常生活、工作和学习的，按照噪声的超标分贝数计征噪声超标排污费；对机动车、飞机、船舶等流动污染源暂不征收噪声超标排污费	控制噪声的产生	减少噪声的排放量

通过现行的环境税与排污收费制度的对比，虽然环境税相对排污收费在一定程度上具备强制性、严肃性和权威性，提高了政策执行力度，但其基本上沿袭和平移了排污收费政策的基本要素，同时也承接了后者的诸多遗留问题[3]。

2　我国环境税制度存在的现实问题

2.1　应税污染物开征范围较小，开征对象涵盖不全面

目前环境税的实施正处在初期阶段，但相对于我国的环境污染现状，其应税污染物的征收范围从总体来说是远远不够的，且征收范围过于宽泛，没有进行污染物分类的细化。我国环境税的征收范围大体上分为四类，即大气污染物、水污染物、固体废物和噪声，仍有很多污染源没有纳入其中。同时这四类税目均是我国目前环境污染的主要污染源大类，但每类污染源又可细化分为多种具体的污染物，例如大气污染物又可细化为二氧化碳、二氧化硫、臭氧等，水污染物可细化为石油类污染物、放射性污染物等，在每类污染源没有细分的条件下，很多企业可能会存有侥幸心理，甚至会认为某些物质不归属于污染物的范

围，从而规避缴纳环境税。

现行的环境税征税对象为在中华人民共和国领域和中华人民共和国管辖的其他海域，直接向环境排放应税污染物的企业事业单位和其他生产经营者，但依法设立的污水集中处理场所、生活垃圾集中处理场所以及在符合国家和地方环境保护标准的设施、场所贮存或者处置固体废物的企业事业单位和其他生产经营者可以不缴纳相应的环境税。但一些中小型规模的能源生产销售企业所造成的光化学污染则无须进行缴税。这就需要结合我国国情和发达国家的成功经验来选择科学的征税对象，同时配合更加细化的应税税目制定出更为完善的环境税政策。

2.2 环境税征管环节体系不完善

在征管环节方面，与排污费不同的是，环境税的征收部门由环保机关改为税务机关，由环保部门配合，确定了“企业申报、税务征收、环保协同、信息共享”的税收征管模式。在此之前，税务机关已与工商部门、外管部门建立了信息共享交换机制，但在环保部门和税务机关相互配合的征税过程中，实际操作要复杂得多，不仅包括两部门间的信息共享、纳税企业的自行申报，还要收集各种相应的污染物数据进行分析比对，因环境税是一项技术性很强的税种，有些污染物的排放量很难进行精准的测算，所以为确保纳税企业上交数据的真实性，同时便于对异常数据采取相应措施，并能在之后对其进行整改监督或缴税监管，单单建立可共享的信息平台是远远不够的。

2.3 排污收费与环境税之间制度转变尚不完全

由于排污收费制度已不再能适应当前经济社会的可持续发展需要，其在实际执行过程中刚性不足、某些地方政府和部门进行干预等诸多问题影响的该制度的有效实施，因此，对于这种情况，实行环境“费改税”是十分必要的。不仅有利于提高纳税人的环保意识，促进企业加快转型升级，减少污染物的排放，还能有利于构建促进经济结构调整、发展方式转变的绿色税制体系。但是环境税的征收环节涉及生产投入、生产过程、生产产出以及消费环节，而排污收费仅涉及生产过程中的污染物排放环节，可见，环境税所涉及的范围更广，虽然在执行过程中可以涵盖原排污收费的环节，但环境税的开征具有多方面的考虑因素，未必能够完全取代排污收费的各项制度要素。例如，这是一种从行政收费向法律调节的根本性转变，征收单位由环保部门改为税务机关，同时责任主体由原来的环保部门核定转变为纳税人自行申报，并由纳税人对申报数据的真实性和完整性承担责任。因此“费改税”制度转变的过渡期是一个长期且复杂的过程，有必要对相关规定做出调整和完善。

3 对于我国现行环境税制度发展的对策建议

在分析研究我国目前实施的环境保护税政策及现状的基础上，为发展完善我国环境税收制度，以此促进日益多发复杂的环境问题的有效解决，更好地实现社会经济的可持续发展，加快生态文明和美丽中国建设，提出改进政策措施和对策建议。

3.1　逐步扩大应税污染物的范围，划定更为全面的征收对象

可采取循序渐进的开征方式，依据我国当前国情和发展形势，同时结合发达国家的成功经验，对环境税的征收范围进行调整和细化，可从以下几方面考虑：

（1）增加能源税，同时以能源税为主体，开征汽油税、柴油税、煤炭税等。

（2）增加碳税，由此可以让排放者承担碳排放的经济成本，加快产业结构的转变，促进企业节能减排，优化社会经济结构。

（3）细化应税污染物大类，大气污染物税下划分二氧化碳排放税、二氧化硫排放税、二氧化氮排放税等直接从污染源排放的污染物税种，以及二次污染物税种，如光化学污染物排放税，并根据污染物的不同种类制定不同的征税标准。

（4）细化水污染物，可将水污染税划分为居民水污染税和企业水污染税，针对不同的纳税人实行不同的缴税标准，企业水污染税制定标准应高于居民缴税标准，同时分别制定缴税税率，从量计征。针对企业污染税，更加细化其征收税目，例如划分出重金属污染物税、石油类污染物税、热污染税等。

（5）在细化应税污染物的同时要求相应的污染物排放企业缴纳相应的环境税，适度扩大征税企业范围，力求涵盖更多的污染物排放企业。

（6）在制定征收税率的同时，要结合我国目前的经济发展现状、污染物主要成分、环境污染程度等因素进行制定，实时更新，确保绿色税收制度的公平公平公正，及时合理。

3.2　制定科学的税收征管模式，增强各部门间的协调度

在环境税开征过程中，各部门在职责分明的情况下要主动承担起相应的责任，坚持税务机关负责环境税的征收管理，环保部门则对纳税企业污染物排放进行检测管理的模式，同时建立纳税人信息和其所提供数据的信息共享和监管平台，强化各部门工作协调机制，明确纳税人、环保部门、税务机关之间的权利责任及利益关系。同时建立税务部门和环保部门的涉税共享平台，提高国家现有税收制度的透明度。尤其要求环保部门重视对于纳税企业的污染物排放检测管理，不放过任何一个污染物排放企业。

3.3　完善环境税制度与排污收费制度过渡期的衔接机制

环境“费改税”的主要目的不是增加国家财政收入，而是通过经济杠杆调节社会经济生活，引导企业及居民的自觉环保行为，减少污染物的排放，建设生态文明社会。环境税制度实行刚性较排污收费制度来说更强，强化了其在法律层面的责任，全行业有了统一的标准，所以，在“费改税”的过程中应遵循平稳转移的原则，其缴税标准、计量标准、税率等都应保证平稳的转变，充分考虑到企业自身的缴税负担，将排污收费的征收标准作为环境税的税额下限。坚定保护环境、减少污染的开征目的，以此鼓励企业自觉减少污染物的排放，按照“多排多付税，少排少付税”的原则，在已有税额下限的基础上增设上限，这样同时兼顾了地方需求，还体现出税收公平法定原则。还可以授权地方相应的职责权限，根据当地具体情况在一定范围内适当调整税额，增减应税污染物种类等权力，但应做出记录并向上级机关备案。

循序渐进分阶段逐步提高环境保护税税率水平。在环境税政策实施初期可以实行较低的税率水平，但未来应逐步提高[10]，按照污染者付费原则制定征税标准，污染的全部成本是指定征税标准的基础，环境税税率的制定应当以污染的全成本为依据，基于环境质量达标的排放标准所对应的全部治理成本进行征收[3]。

参考文献

[1] 张世秋. 环境税的实施战略[M]. 北京：中国环境科学出版社，1996.

[2] 赵弘.环境保护税与其他环境相关税种的协调[J]. 税务研究，2017（9）：51-54.

[3] 李涛，石磊，马中.环境税开征背景下我国污水排污费政策分析与评估[J]. 中央财经大学学报，2016（9）：20-28.

[4] 孙锦程.对完善我国环境税制度的探讨[J]. 黑龙江生态工程职业学院学报，2018，31（4）：4-6.

[5] 刘田原.我国环境税开征的新特点、制度保障及现实应对[J]. 中国环境管理干部学院学报，2018，28（3）：16-18，33.

[6] 刘聪，王福帅.浅析环境税的实施中经济和环保的平衡问题[J]. 市场论坛，2018（4）：16-18.

[7] 樊杏华.多元视角下排污费制度的基础理论研究[J]. 生态经济，2013（11）：73-78.

[8] 王智烜，陈丽.OECD 环境税近期发展及启示[J]. 国际税收，2018（1）：30-36.

[9] 涂国平，张浩，冷碧滨.基于企业治污行为的环境税率动态调整机制[J]. 北京理工大学学报（社会科学版），2018，20（1）：45-51.

[10] 王有兴，杨晓姝，周全林.环境保护税税率与地区浮动标准设计研究[J]. 当代财经，2016（11）：23-31.

基于 SFA 方法的我国城镇污水处理厂运行效率研究

Research on Operational Efficiency of Urban Sewage Treatment Plants Based on SFA in China

周楷[1]　谭雪[2]　石磊[1*]　马中[1]
（1 中国人民大学环境学院，北京　100872；2 国家电网能源研究院，北京　102209）

摘　要　水污染问题是当今我国环境问题中非常突出的一类问题，提高污水处理率是解决水污染问题的有效手段之一，而污水处理厂的运行效率是考量污水处理的一个重要指标。选取全国 300 座污水处理厂为样本，采用随机前沿分析（SFA）方法，综合污水处理量、COD 削减量、BOD 削减量以及氨氮削减量等构建新的产出指标，以固定资产投入、从业人员数量、运行费用和总耗电量等指标作为投入指标，计算污水处理厂的效率水平；采用 Tobit 回归的方法探究影响运行效率的相关因素。结果显示，污水处理厂运行效率具有区域特征，西部地区运行效率较高；污水处理厂运行效率具有规模效应，规模越大污水处理厂的运行效率越高；当地经济发展水平对污水处理厂的运行效率有正向的影响，水资源禀赋对污水处理厂有负向的影响。

关键词　污水处理厂　运行效率　SFA　影响因素分析

Abstract　Water pollution is a very prominent problem in China's currently environmental problems, improving the sewage treatment rate is one of the effective means to solve the problem of water pollution, and the operational efficiency of the sewage treatment plant is an important indicator for considering the sewage treatment. This paper selects three hundred sewage treatment plants in China as samples, adopts SFA（Stochastic Frontier Analysis） to construct new output indicator by integrating sewage treatment volume, COD reduction, BOD reduction and ammonia-nitrogen reduction. The fixed asset investment, number of employees, operating costs and total electricity consumption and other indexes are taken as the input indicator, calculating the efficiency level of sewage treatment plants. Based on the calculation results, the Tobit aggression method is further used to conduct the analysis of

1 第一作者简介：周楷（1991—），男，汉族，河南商丘人，博士研究生，主要从事水环境治理、水环境保护等方面的政策研究。E-mail：zhoukai@ruc.edu.cn。
* 通信作者简介：石磊（1978—），男，汉族，山东青岛人，副教授，博士生导师，主要从事环境经济政策与管理、生态环境价值评估与环境影响经济分析教学和科研工作。E-mail：shil@ruc.edu.cn。

the influencing factors on the operational efficiency. The results show that the operational efficiency of sewage treatment plant has regional characteristics, the operational efficiency in western region is relatively high, the operational efficiency of the sewage treatment plant has a scale effect, the larger the scale, the higher the operational efficiency of the sewage treatment plant.The local economic development level has a positive impact on the operational efficiency of the sewage treatment plants, and the water resources endowment has a negative impact on the sewage treatment plants.

Keywords Sewage treatment plant, Operational efficiency, SFA, Analysis of influencing factors

我国面临严峻的水污染形势，近年来，政府加大了在污水处理方面工程建设的投入。2003 年，我国已建成运行的污水处理厂仅有 516 座，污水处理能力仅 3 284 万 m^3/d。截至 2014 年年末，全国城市共有污水处理厂 1 808 座，日处理能力 13 088 万 m^3，污水处理厂集中处理率 85.94%；全国县城共有污水处理厂 1 554 座，日处理能力达到 2 881 万 m^3，污水处理厂集中处理率达到 80.19%，污水处理厂数量十年间增长 551%，设计处理能力增长 386%①。尽管我国污水处理厂和管道建设逐年增加，但目前我国的污水处理厂运行效率较低[1]，部分地区、行业仍存污水处理服务的供不应求的现象[2]，污水处理服务的供需差距和低效问题影响着我国水环境质量的改善。因此，构建对污水处理厂运行效率的效率评价体系进行评估并分析其影响因素是十分必要的。

当前从经济管理的角度对污水处理厂研究多关注于污水处理厂的运行管理[3]和成本控制[4]等方面。褚俊英等[5]通过定量比较分析的方法研究了我国不同规模的城市污水处理厂资金成本高、建设周期长、处理能力闲置等效率问题，结果表明设计规模较大的污水处理厂更可能出现低效率，而小型污水处理厂具有更大的发展潜力。而对于污水处理厂运行效率的定量测算普遍运用 DEA 方法进行测算。高琴等[6]和王芙蓉等[7]运用了 DEA 方法分析了污水处理厂效率模型，但是样本数量较少，也没有考虑基建投入、设备投入等前期成本。买亚宗等[8]运用了 DEA 的方法构建了污水处理厂的运行效率评价模型，选取了 2013 年全国 74 家采用一级 A 排放标准的污水处理厂作为样本，并基于计算结果分析了效率水平和规模效应之间的关系。Charlotte 等[9]运用 DEA 模型研究了 1997—2011 年英格兰和威尔士的污水处理效率，指出以资金为代表的准固定投入跨时期分配不足是无效率的最大贡献者。Nourali 等[10]构建 DEA 模型评估各个地区的污水处理厂的运行效率，并分析了其提高效率水平的潜力所在以及以后发展的趋势。但是 DEA 方法存在一定的局限性，其忽略了数据本身的不确定性，需要进一步修正[11]，SFA 模型的优点在于将随机因素和无效率因素相区别[12]，对个体差异更敏感，能较好反映实质情况[13]，而 DEA 模型缺点在于可能将随机因素归为无效率。

① 数据来源：《2014 年城乡建设统计公报》。

基于这些文献研究基础，本文选取全国 300 个城镇污水处理厂为样本，采用 SFA 模型测算样本的运营效率，并结合 Tobit 回归识别污水处理厂运营效率差异的原因，旨在为提升我国污水处理效率提供科学参考。

1 数据指标与模型构建

1.1 指标筛选

数据来自《城镇排水统计年鉴（2015）》。从全国范围随机选取 300 个污水处理厂样本作为研究对象。其中东部地区 226 个污水处理厂样本，中部地区 47 个污水处理厂，西部地区 27 个污水处理厂。

本文选取从业人员数、固定资产总额、年耗电总量、年运行总费用 4 个指标作为投入指标，选取氨氮年削减量（ANC）、BOD_5 削减总量（BC）、COD 削减总量（CC）、污水年处理总量（TS）运用主成分分析法提取污染因子作为产出指标，其得分矩阵如表 1 所示。

表 1 主成分得分系数矩阵

变量	成分
氨氮年削减量/t	0.259
BOD_5 年削减总量/t	0.262
COD 年削减总量/t	0.261
污水年处理总量/万 m^3	0.253

基于此，产出指标 Z，其计算方法如下：

$$Z=0.259\mathrm{ANC}+0.262\mathrm{BC}+0.261\mathrm{CC}+0.253\mathrm{TS}$$

1.2 随机前沿分析

使用 SFA 模型的一个前提条件是，必须已知函数的具体类型。本研究中首先假设生产函数满足柯布-道格拉斯生产函数，其形式为

$$\ln Z = \beta M_i - u_i,\quad i = 1,2,3,4$$

式中，Z—— 由 4 个产出指标构建的新指标；

M_i—— 从业人员数、固定资产总额、年耗电总量、年运行总费用 4 个投入指标；

β—— 未知参数向量；

u_i—— 非负的随机变量，是体现生产的技术无效性的指标。

$$Y_i = \beta N_i + \left(v_i - u_i\right)\ ,\ i = 1,\cdots,300$$

式中，Y_i—— 第 i 个污水处理厂的产出（或对数形式）；

N_i—— 第 i 个污水处理厂的 4×1 阶的投入数量（或对数形式）向量；

v_i—— 随机变量，一般假设其服从独立同分布 $\left|N(0,\sigma_v^2)\right|$，并且独立于 u_i。

将柯布-道格拉斯生产函数基本形式与随机前沿分析函数基本形式联立，可得到产出的效率表达式为

$$\mathrm{TE}_i = E(\exp\{-u_i\} \mid \varepsilon_i) = \left[\frac{1-\phi(\sigma_* - \mu_{*i}/\sigma_*)}{1-\phi(-\mu_{*i}/\sigma_*)}\right]\exp\left\{-\mu_{*i} + \frac{1}{2}\sigma_*^2\right\}$$

对于随机前沿分析，变差率 $\gamma = \dfrac{\sigma_u^{\ 2}}{\sigma_v^{\ 2} + \sigma_u^{\ 2}}$，其中 $\sigma_u^{\ 2}$ 和 $\sigma_v^{\ 2}$ 分别是 u（无效率项）和 v（随机误差项）的方差，γ的取值范围在 0～1。假设检验的无效假设设为 H_0：当不拒绝 H_0 时，γ=0 说明技术无效率是不存在的，在这种情况下 SFA 模型是不适用的。当 γ 趋近于 1 时，表明偏差的主要决定因素是无效率项 u，几乎可以忽略随机误差项 v 对效率偏离的影响；当 γ 趋近于 0 时，表明偏差的主要决定因素是随机误差 v，几乎可以忽略无效率项 u 对效率偏离的影响；当 γ 介于 0～1 时，表明随机误差 v 和无效率项 u 对偏差都有影响。

1.3 Tobit 回归分析

本文选用 Tobit 回归的方法对效率结果进行影响因子分析。Tobit 回归模型适用于在非负值上大致分布连续的结果变量。其线性回归模型如下：

$$\mathrm{TE}_i = \beta_0 + \beta^{\tau} X_i + u_i,\ i = 1, 2, \cdots, 300$$

式中，TE_i —— SFA 模型计算出的效率值；

u_i —— 服从 $N\left(0, \sigma_u^{\ 2}\right)$；

β^{τ} —— 未知参数向量；

X_i —— 解释变量。

对于解释变量 X_i，本文选取人均 GDP 来表征污水处理厂所在地的经济发展水平；选取人均水资源拥有量来表征污水处理厂所在地的水资源禀赋；选取人均排水量来表征当地污水排放量；选取污水处理厂出水标准量化后来表征污水处理厂的技术水平；选取污水处理厂的年平均负荷率来表征污水处理厂的运行状态；选取实际征收的污水处理费来表征污水处理厂的经济回报。在本文的研究中，由于效率值只可能是 0～1 的数值，所以本文的研究选用 Tobit 模型作为分析污水处理厂运行效率影响因素的分析模型是合适的。

2 模型结果与讨论

2.1 模型检验结果

在本文的研究中，我们对产出指标 Z，投入指标总耗电量、固定资产投资、年运行费用以及从业人员数量分别取对数，进行线性回归。结果如表 2 所示，调整后的 R^2 为 0.807，说明拟合优度很高，模型变量解释力度很好；回归模型显著性检验统计量出现概率为 0，小于一般认为的 0.05 的显著性水平；方程中各项系数不同时为 0，自变量与因变量之间存在显著的线性关系。各自变量的显著性检验水平均小于 0.05。所以模型符合柯布-道格拉斯

型函数特征，符合应用 SFA 方法的条件。

表 2　线性回归输出结果

	非标准化系数		标准系数	t	Sig.	B 的 95.0% 置信区间	
	B	标准误差				下限	上限
（常量）	−0.175	0.266		−0.658	0.511	−0.699	−0349
年电耗量/万 kW·h	0.450	0.048	0.415	9.347	0.000	0.355	0.545
年运行费用/万元	0.521	0.056	0.430	9.295	0.000	0.411	0.631
固定资产/万元	0.084	0.037	0.073	2.253	0.025	0.011	0.157
从业人员数/人	0.156	0.094	0.094	3.260	0.001	0.062	0.250
R^2	0.810						
调整 R^2	0.807						
回归 Sig.	0.000						

根据前文所述，确定投入变量为年耗电量、年运行总费用、固定资产投资、从业人员数量，通过 front4.1 软件包运算，结果如表 3 所示，LR=12.969 0，由于似然比检验服从分布，LR 的值大于卡方分布在自由度为 1 时临界值 6.63，因此拒绝原假设，说明在 95%置信区间内本研究中的生产函数中存在技术无效率；γ=0.663 3，通过了单边似然比检验，说明存在随机误差项和技术无效率项，它们共同决定了效率的偏离程度，验证了前文选取 SFA 模型的原因和条件。另外，由于γ的值比较接近 1，说明低效率主要是由技术无效率项决定的，即技术运用的不足是造成污水处理厂污水处理的实际产出同可能最大产出之间存在差距的主要原因。

表 3　SFA 模型假设检验结果

	系数	标准差	t 值
β_0（常数项）	0.223 5	0.283 3	0.788 9
β_1（年耗电量）	0.386 8	0.053 6	7.361 6
β_2（运行费用）	0.559 7	0.060 4	9.263 6
β_3（固定资产）	0.959 1	0.040 4	2.372 6
β_4（从业人员）	0.172 3	0.051 1	3.374 9
σ^2	0.581 8	0.081 0	7.179 0
γ	0.663 3	0.088 3	7.514 3
单边似然比检验统计量 LR=12.969 0			

2.2　样本运行效率计算结果

根据计算结果，基于样本的污水处理厂运行效率最大值为 0.905 6，平均值为 0.604 5，最小值为 0.061 5，有 91.34%的污水处理厂效率值处于 0.4～0.8 这个区间内，其中 0.6～0.8 区间更为集中，占 89.34%，见图 1。

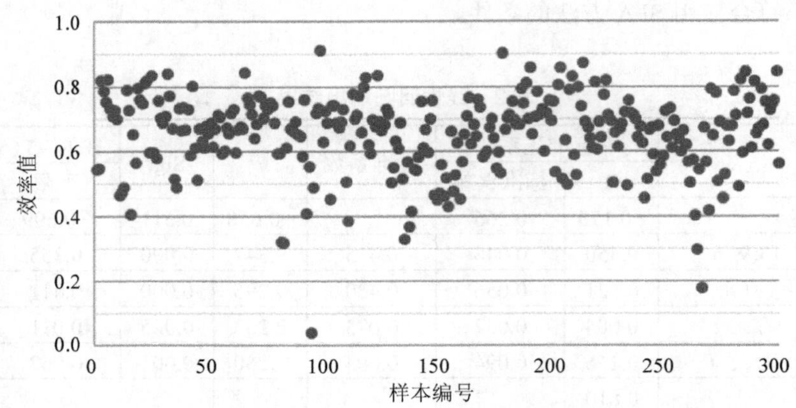

图 1 污水处理厂运行效率

2.2.1 地区对比分析

考察污水处理厂与所处地理区域的关系，按照国家统计局公布的划分方法将全国分为东部地区、中部地区以及西部地区，统计各个地区的污水处理厂运行效率状况如表 4 所示。

表 4 不同地区污水处理厂效率比较

地区	城镇污水处理厂数/个	效率平均值
东部	226	0.667 5
中部	47	0.569 2
西部	27	0.691 0
合计	300	0.654 2

基于样本来看，不同地区的运行效率平均值有着较大差距，西部地区的运行效率平均值为 0.691 0，大于东部地区的均值 0.667 5 和中部的均值 0.569 2，这与谭雪等[14]研究得出的结论一致。西部污水处理厂运行效率较高可能的因素包括以下方面：西部地区污水处理厂覆盖率低，已建成污水处理厂处理厂运行负荷比较大；西部地区工业较为薄弱，污水处理厂现有工艺即可达到较好的污染物去除率；西部较中部东部地区有更低的人力资源成本等。另外，东部地区相较于中部地区经济基础较好，技术先进管理完善，这可能是导致东部地区污水处理厂的运行效率高于中部地区。

2.2.2 规模对比分析

根据《城市污水处理工程项目建设标准》①对污水处理厂规模的划分，污水处理厂按照设计处理规模，可以分为六类，将本研究涉及全部样本污水处理厂进行归类整理，共涉及五类，如表 5 所示。

① 中华人民共和国建设部.建标〔2001〕77 号：城市污水处理工程项目建设标准（修订）[S].2001-04-06。

表 5　不同规模城镇污水处理厂的运行效率比较

规模类型	城镇污水处理厂数/个	效率平均值
Ⅱ	8	0.752 8
Ⅲ	36	0.697 8
Ⅳ	58	0.644 8
Ⅴ	183	0.644 8
Ⅵ	15	0.612 8
合计	300	0.654 2

在本研究中，8 个Ⅱ类城镇污水处理厂的运行效率平均值为 0.752 8，显著高于其他规模类别的污水处理厂，除了Ⅳ类、Ⅴ类污水处理厂的效率平均值持平，其他规模污水处理厂的平均运行效率符合规模效应，即规模越大，平均效率值越高，这与杨凌波[15]研究得出的结果一致。污水处理厂属于既可以看作生产型企业，也可以看作城市基础设施，具有投资大、回报慢的特点，也都显著地具有规模效应[16]。

2.3　Tobit 回归结果

Tobit 计算结果见表 6，结果通过检验，有一定的解释力。

表 6　Tobit 影响因素分析结果

解释变量	系数	标准差	*Z* 值	*P* 值
人均 GDP/元	0.060 798	0.005 072	11.986 86	0.000 0
人均水资源拥有量/m^3	−0.018 574	0.005 222	−3.556 989	0.000 4
人均排水量/m^3	−0.010 319	0.009 063	−1.138 623	0.254 9
出水标准	−0.011 513	0.013 329	−0.863 808	0.387 7
平均负荷率/%	0.194 577	0.034 799	5.591 431	0.000 0
实际征收污水处理费/万元	−0.002 021	0.007 782	−0.259 681	0.795 1
设计日处理量	0.002 632	0.001 562	1.684 924	0.092 0

表 6 中，人均 GDP、人均水资源拥有量以及污水处理厂的年平均负荷率与污水处理厂的运行效率有显著性关系，从系数的正负性可知人均 GDP 和平均负荷率对污水处理厂的运行效率有正向的影响，人均水资源拥有量对污水处理厂的运行效率有负向的影响，而人均排水量、出水标准、实际征收污水处理费三项指标则对污水处理厂的运行效率没有显著性影响。人均 GDP 与污水处理厂的运行效率有正相关关系的原因可能在于，人均 GDP 表征了当地的经济发展水平，代表了地区整体的发展程度以及现代化水平，是衡量地区生产力水平重要的指标，较高的地区现代化程度，也使这一地区对污水处理水平和污水处理效率提出了更高的要求。水资源禀赋与污水处理厂的运行效率存在负相关关系，这也印证了之前相关的研究结论[17]，主要是因为水资源是否易于获取、水量是否丰富，直接导致水资源在当地的稀缺程度，也就直接影响了水资源的价值，水资源价值越低，用水浪费就越严

重，水资源利用就效率越低，其污水处理厂运行效率可能就越低；水资源价值越高，水资源的利用效率越高，其污水处理厂运行效率可能就越高。

3 结论

基于 300 个城镇污水处理厂样本的研究，可以得出以下结论：

（1）样本污水处理厂运行效率最大值为 0.905 6，平均值为 0.604 5，最小值为 0.061 5，有 91.34%的污水处理厂效率值处于 0.4～0.8 这个区间内，其中 0.6～0.8 区间更为集中，占 89.34%。

（2）我国城镇污水处理厂运行效率存在一定的地区差异，西部地区污水处理厂的运行效率较高，中部地区较低。建议在东、中部地区建立专门的工业污水处理设施，避免工业污水和城镇污水混合处理；建议更加审慎评估东部、中部地区城镇污水处理厂的设计规模和选址覆盖范围，以保证污水处理厂合理的运转负荷率。

（3）研究证实了污水处理厂具有规模效应，规模越大的污水处理厂效率越高。建议避免过度建设小型污水处理设施，通过合理规划、合理选址来集中收集、处理区域内产生的污水。

（4）污水处理厂的运行效率与当地的经济发展水平有显著的正向关系，与人均水资源禀赋有显著的负向关系。较高的经济发展水平不仅代表了当地对环境有着更高的要求，而且代表了较高的技术水平和较为完善的管理体制，而人均水资源禀赋则反映了水资源在当地的稀缺程度，也就反映出水资源的价值。建议因地制宜地提高污水处理厂处理标准，不断改进污水处理技术，不断完善污水处理厂管理运行体系；建议在水资源丰富的地区适度提高水资源价格，避免出现水资源利用不足的情况。

参考文献

[1] 宋国君，韩冬梅. 中国城市生活污水管理绩效评估研究[J]. 中国软科学，2012（8）：75-83.

[2] 杨勇，王玉明，王琪，等. 我国城镇污水处理厂建设及运行现状分析[J]. 给水排水，2011，8：35-39.

[3] 宋连朋，魏连雨，赵乐军，等. 我国城镇污水处理厂建设运行现状及存在问题分析[J]. 中国给水排水，2013（3）：16.

[4] 陈宏儒.城市污水处理厂能耗评价及节能途径研究[M]. 西安：西安建筑科技大学，2009.

[5] 褚俊英，陈吉宁，邹骥，等. 城市污水处理厂的规模与效率研究[J]. 中国给水排水，2004，20（5）：35-38.

[6] 高琴. 基于DEA分析的乌鲁木齐市污水处理厂规模技术有效性研究[J]. 新疆大学学报（自然科学版），2006（5），211-215.

[7] 王芙蓉，苏波. 基于 DEA 技术的污水处理厂运行效率评估模型研究[J]. 西华大学学报（自然科学版），2007（7）5-8.

[8] 买亚宗，肖婉婷，石磊，等. 我国城镇污水处理厂运行效率评价[J]. 环境科学研究，2015，28（11）：

1789-1796.

[9] Charlotte Pointon，Kent Matthews. Reprint of：Dynamic efficiency in the English and Welsh water and sewerage industry[J]. Omega，2016，60（4）：98-108.

[10] Nourali A E，Davoodabadi M，Pashazadeh H. Regulation and efficiency and productivity considerations in water and wastewater industry：case of Iran[J]. Procedia-Social and Behavioral Sciences，2014，109：281-289.

[11] María Molinos-Senante，Guillermo Donoso，Ramon Sala-Garrido. Assessing the efficiency of Chilean water and sewerage companies accounting for uncertainty[J].Environmental Science & Policy，2016，61（7）：116-123.

[12] 万兴，范金，胡汉辉. 江苏制造业 TFP 增长、技术进步及效率变动分析——基于 SFA 和 DEA 方法的比较[J]. 系统管理学报，2007（5）：465-471，496.

[13] 李向前，李东，黄莉. 中国区域健康生产效率及其变化——结合 DEA、SFA 和 Malmquist 指数的比较分析[J]. 数理统计与管理，2014（5）：878-891.

[14] 谭雪，石磊，马中，等. 基于污水处理厂运营成本的污水处理费制度分析——基于全国 227 个污水处理厂样本估算[J]. 中国环境科学，2015，35（12）：3833-3840.

[15] 杨凌波，曾思育，鞠宇平，等.我国城市污水处理厂能耗规律的统计分析与定量识别[J]. 中国给水排水，2008（10）：42-45.

[16] 陈磊，伏玉林，苏畅.我国公共基础设施的规模效应及结构效应分析——基于 1996—2010 年的制造业行业数据[J]. 上海经济研究，2012，24（5）：98-105.

[17] 王波，张群，王飞. 考虑环境因素的企业 DEA 有效性分析[J]. 控制与决策. 2002（1）：24-28.

信息公开、公众参与及水环境治理公众满意度分析

The Study of Information Disclosure, Public Participation and Public Satisfaction of Water Environment Governance

周亚雄[1]

（杭州电子科技大学经济学院，杭州　310018）

摘　要　在以“两山论”为核心的新时代环保思想体系中，强化信息公开与公众参与将是中国环境治理的新动向。本文以杭州的样本运用 Order Logit 和 Order Probit 回归模型研究了政府水环境治理政策、环境信息公开、公众参与度和公众水环境满意度间的关系。研究结果表明：政府主导的环境治理政策能有效提高公众满意度；信息公开具有自上而下的单向传导特征，自下而上的信息传递不通畅；公众对水污染治理比较敏感，其他公众参与变量对公众满意度均没有显著影响，特别是公众环保参与意愿明显高于环保参与行动，公众的积极主动性没有调动起来。基于此，建议政府对环境政策进行差异化、常态化、落地型宣传；畅通自下而上的信息流通路径；运用政府环境购买服务、建立环保参与积分制度等措施将公众环保参与意愿落实为环保行动。

关键词　政府主导　信息公开　公众参与　公众满意度

Abstract　In the new era of environmental protection ideological system with the core of “two mountains” theory, strengthening information disclosure and public participation will be the new trend of environmental governance in China. In this paper, the relationship between government water environment governance policy, environmental information disclosure, public participation and public water environment satisfaction is studied by using Order Logit and Order Probit regression model in Hangzhou. The results show that government-led environmental governance policies can effectively improve public satisfaction; information disclosure has the characteristics of top-down one-way transmission, and bottom-up information transmission is not smooth; the public is more sensitive to water pollution control, and other public participation variables have no significant impact on public

1 作者简介：周亚雄，博士，副教授，主要研究方向为资源环境经济与政策。

基金项目：教育部人文社会科学研究规划基金项目“中国水环境税体系的构建、时空智能仿真与政策保障研究”（批准号：15YJA790095）、浙江省软科学研究项目“环境税制度创新、科技创新与生态浙江建设研究——以河流水域水污染治理为例”（批准号：2015C35020）。

satisfaction, especially the public. The public's willingness to participate in environmental protection is obviously higher than that in environmental protection, and the public's initiative has not been mobilized. Based on this, we suggest that the government carry out differentiated, normalized and landing propaganda on environmental policies, unblocked bottom-up information circulation path, and implement the public's willingness to participate in environmental protection into environmental protection action by using government's environmental purchasing services and establishing a score system of environmental protection participation.

Keywords Government-led，Open information，Public participation，Public satisfaction

习近平同志 2005 年 8 月在浙江安吉余村提出了“绿水青山就是金山银山”的重要思想论断，党的十八大以来，党和政府积极调整经济结构，并将环境问题提高到前所未有的新高度，使中国生态环境治理明显加强，环境状况得到改善。与此同时，党的十九大报告明确提出要“构建政府为主导、企业为主体、社会组织和公众共同参与的环境治理体系”，2015 年 9 月由环保部颁布的《环境保护公众参与办法》也已正式实施。中国的环境治理体系将逐渐由政府主导的单一模式向政府、企业、社会组织和公众共同参与的立体化治理体系转变，公众参与将在新时代的环境治理中发挥更重要的作用。基于此，本文以浙江“五水共治”政策为背景，探讨经济发达地区，政府水环境治理政策、环境信息公开水平、公众参与度与公众水环境满意度间的关系，并提出相应的政策建议。

目前国内文献大多认为当前中国环保领域公众参与度还比较低，并在公众参与度的影响因素、公众参与和环境满意度等方面进行了大量贡献性研究。但同时也发现三点不足之处：①现有研究往往忽视了信息公开，而事实上公众参与必须建立在良好的信息公开基础上，信息的可得性与真实性会影响公众参与意愿与环境诉求方向；②现有研究在公众参与方式变量选择上比较单一，比较关注具体的环保参与行动，而对公众参与意愿等深层次的思想活动关注较少，但是公众思想会决定其行为，较强的参与意识与意愿往往会引致活跃的参与行动；③现有研究比较注重既定状态下公众参与和满意度等变量间的关系，而往往忽视了背后的政策机理，也就是着重于总体政策的影响，而对特定单项政策效果的关注较少。在党的十九大开启的新时代背景下，随着经济持续向好，公众对环境质量的诉求将提高；同时在网络信息技术推动下，公众对环境信息公开度要求也会提高，因此环境规制政策要求具有更高的目标性与精准性。基于此，本文将以杭州市五水共治工程为例，研究政府政策、公众参与、信息公开化与公众满意度间的关系，并试图在以下方面有所创新：①建立基于政府的信息公开指标——政府对“五水共治”的宣传力度，基于公众参与的信息公开指标——公众对“五水共治”的了解程度，分析信息“自上而下”和“自下而上”的传导效应；②以“五水共治”为政策背景，构建政府在“五水共治”中的工作表现、“五水共治”工程的施工进展指标探讨“五水共治”政策效果；③将公众参与从具体环保活动向公众思想意愿方向扩展，从公众期待、参与意愿与实际行动三方面全面分析公众参与行为特征与效应。

1 数据、变量与方法

1.1 研究背景与数据来源

浙江是中国经济大省而环境容量小省[1]，《2012 年浙江省环境状况公报》指出全省八大水系部分支流和流经城镇的局部河段均存在不同程度污染，其中钱塘江部分区域污染严重，杭州湾水质极差。2013 年 11 月浙江省委提出了"治污水、防洪水、排涝水、保供水、抓节水"为主的"五水共治"战略决策，并在水环境改善取得阶段性成果的基础上，2016 年 12 月提出在 2017 年全面剿灭劣Ⅴ类水。杭州是浙江省会，京杭大运河与钱塘江穿城而过，是"五水共治"的主战场之一。那么经过 4 年的攻坚，"五水共治"对杭州水环境的改善效应如何，是否提高了群众的获得感和幸福感，这项政府主导的水环境治理政策实施中公众的参与度如何？对此问题的思考形成了本文的起点。

本课题组参阅国内外论文数据库，结合浙江省"五水共治"战略设计了调查问卷，并在杭州市下沙经济技术开发区居民小区进行了预调查。同时课题组走访了杭州市及各区治水办，听取专业人士的意见。最终根据实测与意见反馈修正得到了正式问卷，然后于 2017 年 6—7 月在杭州市的上城、下城、西湖、拱墅、滨江、江干、萧山、余杭 8 个城区各选取 2～3 个居民小区，在每个居民小区不定量随机选取居民户，采取调查员入户一对一调查方式填写问卷，最后经整理获得 435 份有效问卷。

1.2 变量说明

被解释变量。水是生命之源，人们对饮用水水质及水资源污染的敏感度比较高（曾婧婧等，2015），2016 年 4 月时任环保部部长陈吉宁在全国水环境综合整治现场会上认为"五水共治"提升了百姓幸福感①，因此本文以公众对污水治理满意度（Sas-was）、饮用水满意度（Sas-wat）、水环境总体满意度（Sas-evn）为因变量。从表 1 可见三个变量的均值在 3.1～3.4，即处于稍高于一般满意水平，说明公众对水环境的满意度还有很大提升空间。

表 1 变量说明及统计性描述

	变量	变量含义	变量说明	均值	标准差	最小值	最大值
因变量	Sas-was	污水治理满意度	非常不满意=1；不满意=2；一般=3；满意=4；非常满意=5	3.198	0.865	1	5
	Sas-wat	饮用水满意度	非常不满意=1；不满意=2；一般=3；满意=4；非常满意=5	3.349	0.781	1	5
	Sas-env	水环境总体满意度	非常不满意=1；不满意=2；一般=3；满意=4；非常满意=5	3.317	0.703	1	5

① 环保部长点赞"五水共治"：全民治水带来实实在在幸福感. http：//zjnews.zjol.com.cn/system/2016/04/21/021120378.shtml.

	变量	变量含义	变量说明	均值	标准差	最小值	最大值
政府主导	Gov-work	政府在“五水共治”中的工作表现	很不好=1；不好=2；一般=3；比较好=4；很好=5	3.418	0.743	1	5
	Gov-proj	“五水共治”工程的施工进展	很不好=1；不好=2；一般=3；比较好=4；很好=5	3.269	0.657	1	5
信息公开	Gov-adv	政府对“五水共治”的宣传力度	宣传力度不足=1；宣传力度一般=2；宣传很到位=3	2.094	0.660	1	3
	Pub-know	公众对“五水共治”的了解程度	没听说过=1；一般了解=2；很了解=3	2.343	0.526	1	3
公众参与	Pub-expe	公众对“五水共治”的期待水平	不会有成效=1；成效一般=2；成效会比较显著=3；成效很显著=4	2.890	0.816	1	4
	Pub-will	公众参与“五水共治”的意愿	不愿意参加=1；偶尔会参加=2；很愿意参加=3	2.556	0.579	1	3
	Pub-act	公众参与过的水环境治理活动	在以下 7 项内容中参加过几项：主动了解“五水共治”工程；积极参与政府主导的环境治理活动；积极参与志愿者服务；节约用水；不排污水；不向水体乱丢垃圾；劝阻或举报他人污染水体的行为	1.733	1.267	0	7
个体特征	sex	性别	女=0；男=1	0.552	0.498	0	1
	age	年龄	20 岁以下=1；20～30 岁=2；31～45 岁=3；46～60 岁=4；60 岁以下=5	2.855	1.142	1	5
	edu	学历	初中及以下=1；高中=2；专科或本科=3；研究生及以上=4	2.510	0.896	1	4

解释变量。第一类是政府主导型变量。“五水共治”战略提出以来，政府实施了“811”行动、水资源保障百亿工程、千里海塘、强塘固防工程等治水改革措施，可以说政府是“五水共治”战略的主导者。本文以政府在“五水共治”中的工作表现（Gov-work）、“五水共治”工程的施工进展（Gov-proj）为政府行为的解释变量。从表 1 可见两个变量的均值分别为 3.418 和 3.269，即处于稍高于“一般好”水平，说明公众对政府工作的评价还是比较认可的。

第二类是信息公开变量。良好的环境信息公开制度有利于公众很好地参与环境治理工作[2]，而信息多大程度上能被公众吸纳，一方面取决于政府信息公开量的大小以及传播途径是否通畅，另一方面取决于公众是否愿意接受收信息以及接收信息的能力，因此本文以政府对“五水共治”的宣传力度（Gov-adv）、公众对“五水共治”的了解程度（Pub-know）来度量信息公开。从表 1 可见两个变量的均值分别为 2.094 和 2.343，即被调查者认为政府的宣传力度一般，不过公众的了解程度相对稍高一点。

第三类是公众参与变量。人民群众是“五水共治”的主体，原环境保护部部长陈吉宁盛赞“五水共治”发动群众、让群众参与其中并让群众受益。本文认为当公众对某项政策具有良好预期时，其参与意愿就比较强，也就会更多地参与到具体的环保工作中去，因此我们以公众对“五水共治”的期待水平(Pub-expe)、公众参与“五水共治”的意愿(Pub-will)、公众参与过的水环境治理活动(Pub-act)来表达公众参与度。由表1可见Pub-expe、Pub-will、Pub-act 三变量的均值分别为 2.890、2.556、1.733，这表明公众对“五水共治”的期待程度和参与意愿都比较高，但落实在行动上的比较少。

控制变量。大量文献研究表明，性别（sex）、年龄（age）、学历（edu）等个体特征会影响居民满意度与行为选择[3-4]，因此在本文中也控制了这三个变量。

1.3 模型构建与方法

由于本文中变量取值具有序列特征，本文构建如下有序响应模型：

$$\begin{aligned}\text{Sas-was} = {} & \alpha_1(\text{Gov-work}) + \alpha_2(\text{Gov-proj}) + \alpha_3(\text{Gov-adv}) + \alpha_4(\text{Pub-know}) + \\ & \alpha_5(\text{Pub-know})^2 + \alpha_6(\text{Pub-expe}) + \alpha_7(\text{Pub-expe})^2 + \alpha_8(\text{Pub-will}) + \\ & \alpha_9(\text{Pub-will})^2 + \alpha_{10}(\text{Pub-act}) + \alpha_{11}(\text{Pub-act})^2 + \alpha_{12}\text{sex} + \alpha_{13}\text{age} + \alpha_{14}\text{edu} + \mu_t\end{aligned} \tag{1}$$

$$\begin{aligned}\text{Sas-wat} = {} & \alpha_1(\text{Gov-work}) + \alpha_2(\text{Gov-proj}) + \alpha_3(\text{Gov-adv}) + \alpha_4(\text{Pub-know}) + \\ & \alpha_5(\text{Pub-know})^2 + \alpha_6(\text{Pub-expe}) + \alpha_7(\text{Pub-expe})^2 + \alpha_8(\text{Pub-will}) + \\ & \alpha_9(\text{Pub-will})^2 + \alpha_{10}(\text{Pub-act}) + \alpha_{11}(\text{Pub-act})^2 + \alpha_{12}\text{sex} + \alpha_{13}\text{age} + \alpha_{14}\text{edu} + \mu_t\end{aligned} \tag{2}$$

$$\begin{aligned}\text{Sas-env} = {} & \alpha_1(\text{Gov-work}) + \alpha_2(\text{Gov-proj}) + \alpha_3(\text{Gov-adv}) + \alpha_4(\text{Pub-know}) + \\ & \alpha_5(\text{Pub-know})^2 + \alpha_6(\text{Pub-expe}) + \alpha_7(\text{Pub-expe})^2 + \alpha_8(\text{Pub-will}) + \\ & \alpha_9(\text{Pub-will})^2 + \alpha_{10}(\text{Pub-act}) + \alpha_{11}(\text{Pub-act})^2 + \alpha_{12}\text{sex} + \alpha_{13}\text{age} + \alpha_{14}\text{edu} + \mu_t\end{aligned} \tag{3}$$

2 回归分析

为使回归更具稳健性，本文采用极大似然法分别估计 Order Logit 和 Order Probit 模型参数。回归结果如表2～表4所示。从回归结果可以看到，Order Logit 和 Order Probit 两种回归方法虽然在参数值上存在一定差异，但是在参数方向和显著性方面保持一致，两种回归方法的基本结论一致，回归的稳健性较好。

首先，从总体效果来看，在对模型（1）～（3）分别进行的 Order Logit 和 Order Probit 回归中，政府主导型变量的所有回归系数均显著为正，这表明政府推行的环保政策能显著提升公众满意度。再从边际效果来看，以 Order Probit 回归为例，政府在“五水共治”中的工作表现（Gov-work）每提升一个单位，公众对污水治理满意度的评价中“非常不满意”“不满意”“一般”的概率分别下降 1.7%、14.6%、12.6%，“满意”“非常满意”的概率将上升 25.6%、3.3%；公众对饮用水满意度的评价中“非常不满意”“不满意”“一般”的概率分别下降 0.8%、5.9%、8.9%，“满意”“非常满意”的概率将上升 12.7%、2.9%；公众对水环境总体满意度的评价中“非常不满意”“不满意”“一般”的概率分别下降 0.1%、5%、20.9%，“满意”“非常满意”的概率将上升 25.4%、0.6%。在“五水共治”工程的施工进展（Gov-proj）变量中也存在同样的变化规律。与已有研究相似，政府规制对环境改善效

表 2　以 Sas-was 为因变量的有序响应回归结果

		Order Logit 回归						Order Probit 回归					
变量		系数	边际效果					系数	边际效果				
			1	2	3	4	5		1	2	3	4	5
政府主导	gov-work	1.487***	−0.017***	−0.136***	−0.167***	0.288***	0.032***	0.804***	−0.017***	−0.146***	−0.126***	0.256***	0.033***
		（7.84）	（−3.14）	（−6.19）	（−5.04）	（7.22）	（4.15）	（7.98）	（−2.72）	（−6.48）	（−4.83）	（7.23）	（3.59）
	gov-proj	0.558***	−0.006**	−0.051***	−0.063***	0.108***	0.012***	0.297***	−0.006**	−0.054***	−0.046***	0.095***	0.012**
		（3.16）	（−2.32）	（−3.05）	（−2.8）	（3.09）	（2.65）	（2.97）	（−2.04）	（−2.89）	（−2.65）	（2.92）	（2.41）
信息公开	gov-adv	0.324*	−0.004*	−0.030*	−0.037*	0.063*	0.007*	0.222**	−0.005*	−0.040**	−0.035**	0.071**	0.009**
		（1.95）	（−1.7）	（−1.92）	（−1.88）	（1.95）	（1.78）	（2.45）	（−1.88）	（−2.4）	（−2.27）	（2.43）	（2.08）
	Pub-know	−2.003	0.023	0.183	0.226	−0.388	−0.043	−1.188	0.025	0.216	0.186	−0.379	−0.048
		（−1.18）	（1.11）	（1.18）	（1.15）	（−1.17）	（−1.15）	（−1.26）	（1.14）	（1.26）	（1.23）	（−1.26）	（−1.21）
	Pub-Know^2	0.469	−0.005	−0.043	−0.053	0.091	0.010	0.275	−0.006	−0.050	−0.043	0.088	0.011
		（1.32）	（−1.22）	（−1.32）	（−1.28）	（1.31）	（1.28）	（1.39）	（−1.24）	（−1.39）	（−1.35）	（1.39）	（1.33）
公众参与	Pub-expe	1.449*	−0.017*	−0.132*	−0.163*	0.281*	0.031*	0.859**	−0.018	−0.156*	−0.134*	0.274*	0.035*
		（1.89）	（−1.69）	（−1.86）	（−1.82）	（1.89）	（1.73）	（1.96）	（−1.63）	（−1.93）	（−1.87）	（1.95）	（1.75）
	Pub-expe^2	−0.223*	0.003	0.020*	0.025	−0.043*	−0.005	−0.132*	0.003	0.024*	0.021*	−0.042*	−0.005
		（−1.68）	（1.53）	（1.65）	（1.63）	（−1.68）	（−1.56）	（−1.74）	（1.5）	（1.72）	（1.68）	（−1.74）	（−1.59）
	Pub-will	0.833	−0.010	−0.076	−0.094	0.161	0.018	0.614	−0.013	−0.112	−0.096	0.196	0.025
		（0.6）	（−0.59）	（−0.6）	（−0.6）	（0.6）	（0.6）	（0.82）	（−0.79）	（−0.81）	（−0.81）	（0.82）	（0.8）
	Pub-will^2	−0.242	0.003	0.022	0.027	−0.047	−0.005	−0.168	0.004	0.031	0.026	−0.054	−0.007
		（−0.82）	（0.79）	（0.81）	（0.81）	（−0.82）	（−0.8）	（−1.04）	（0.99）	（1.03）	（1.03）	（−1.04）	（−1.01）
	Pub-act	（0.18）	−0.002	−0.016	−0.020	0.035	0.004	0.087	−0.002	−0.016	−0.014	0.028	0.004
		（0.95）	（−0.91）	（−0.94）	（−0.94）	（0.95）	（0.93）	（0.8）	（−0.77）	（−0.8）	（−0.79）	（0.8）	（0.78）
	Pub-act^2	−0.036	0.000	0.003	0.004	−0.007	−0.001	−0.019	0.000	0.004	0.003	−0.006	−0.001
		（−0.93）	（0.9）	（0.93）	（0.92）	（−0.93）	（−0.91）	（−0.88）	（0.85）	（0.88）	（0.88）	（−0.88）	（−0.86）
个体特征	sex	0.191	−0.002	−0.018	−0.021	0.037	0.004	0.112	−0.002	−0.020	−0.017	0.036	0.004
		（0.98）	（−0.93）	（−0.97）	（−0.98）	（0.98）	（0.96）	（1.01）	（−0.94）	（−1）	（−1.01）	（1.01）	（0.99）
	age	0.106	−0.001	−0.010	−0.012	0.021	0.002	0.053	−0.001	−0.010	−0.008	0.017	0.002
		（1.11）	（−1.05）	（−1.1）	（−1.08）	（1.1）	（1.08）	（0.97）	（−0.92）	（−0.97）	（−0.96）	（0.97）	（0.95）

变量		Order Logit 回归						Order Probit 回归					
		系数	边际效果					系数	边际效果				
			1	2	3	4	5		1	2	3	4	5
	edu	−0.026	0.000	0.002	0.003	−0.005	−0.001	−0.04	0.001	0.007	0.006	−0.013	−0.002
		（−0.23）	（0.23）	（0.23）	（0.23）	（−0.23）	（−0.23）	（−0.63）	（0.62）	（0.63）	（0.63）	（−0.63）	（−0.63）
	R^2	0.1799						0.1793					
	LK	−451.2						−451.6					

注：括号内数值表示回归系数的 z 统计量值；显著性水平：$^{*}p<0.1$；$^{**}p<0.05$；$^{***}p<0.01$。

表 3　Sas-wat 为因变量的有序响应回归结果

变量		Order Logit 回归						Order Probit 回归					
		系数	边际效果					系数	边际效果				
			1	2	3	4	5		1	2	3	4	5
政府主导	gov-work	0.723***	−0.007**	−0.054***	−0.116***	0.151***	0.026***	0.398***	−0.008**	−0.059***	−0.089***	0.127***	0.029***
		（4.19）	（−2.18）	（−3.81）	（−3.85）	（4.08）	（3.3）	（4.14）	（−2.12）	（−3.75）	（−3.79）	（3.98）	（3.32）
	gov-proj	0.376**	−0.004*	−0.028**	−0.060**	0.078**	0.013**	0.210**	−0.004	−0.031**	−0.047**	0.067**	0.015**
		（2.17）	（−1.65）	（−2.11）	（−2.12）	（2.15）	（2.01）	（2.13）	（−1.6）	（−2.08）	（−2.07）	（2.11）	（1.99）
信息公开	gov-adv	0.277*	−0.003	−0.021*	−0.044*	0.058*	0.010*	0.125	−0.003	−0.018	−0.028	0.040	0.009
		（1.72）	（−1.43）	（−1.69）	（−1.7）	（1.72）	（1.64）	（1.39）	（−1.21）	（−1.38）	（−1.37）	（1.38）	（1.35）
	Pub-know	0.719	−0.007	−0.054	−0.115	0.150	0.025	0.23	−0.005	−0.034	−0.051	0.073	0.017
		（0.42）	（−0.42）	（−0.42）	（−0.42）	（0.42）	（0.42）	（0.25）	（−0.25）	（−0.25）	（−0.25）	（0.25）	（0.25）
	Pub-Know^2	−0.08	0.001	0.004	0.010	−0.012	−0.002	−0.007	0.000	0.001	0.002	−0.002	−0.001
		（−0.22）	（1.34）	（1.56）	（1.56）	（−1.57）	（−1.51）	（−0.04）	（0.04）	（0.04）	（0.04）	（−0.04）	（−0.04）
公众参与	Pub-expe	0.818	−0.008	−0.061	−0.131	0.171	0.029	0.539	−0.011	−0.080	−0.120	0.172	0.040
		（1.09）	0.001	0.010	0.022	−0.029	−0.005	（1.26）	（−1.13）	（−1.25）	（−1.24）	（1.25）	（1.22）
	Pub-expe^2	−0.138	（0.99）	（1.06）	（1.06）	（−1.06）	（−1.04）	−0.09	0.002	0.013	0.020	−0.029	−0.007
		（−1.06）	（0.22）	（0.22）	（0.22）	（−0.22）	（−0.22）	（−1.21）	（1.1）	（1.2）	（1.2）	（−1.21）	（−1.18）
	Pub-will	1.458	−0.014	−0.109	−0.234	0.305	0.052	0.837	−0.017	−0.124	−0.187	0.267	0.061
		（1.15）	（−1.05）	（−1.14）	（−1.14）	（1.15）	（1.12）	（1.13）	（−1.02）	（−1.12）	（−1.12）	（1.13）	（1.11）
	Pub-will^2	−0.288	0.003	0.021	0.046	−0.060	−0.010	−0.17	0.004	0.025	0.038	−0.054	−0.012
		（−1.05）	（0.97）	（1.05）	（1.04）	（−1.05）	（−1.03）	（−1.07）	（0.97）	（1.06）	（1.06）	（−1.06）	（−1.05）

变量		Order Logit 回归						Order Probit 回归					
		系数	边际效果					系数	边际效果				
			1	2	3	4	5		1	2	3	4	5
公众参与	Pub-act	0.145	−0.001	−0.011	−0.023	0.030	0.005	0.082	−0.002	−0.012	−0.018	0.026	0.006
		(0.77)	(−0.74)	(−0.77)	(−0.77)	(0.77)	(0.76)	(0.77)	(−0.73)	(−0.77)	(−0.77)	(0.77)	(0.76)
	Pub-act^2	−0.06	(−1.01)	(−1.08)	(−1.08)	(1.09)	(1.06)	−0.033	0.001	0.005	0.007	−0.010	−0.002
		(−1.58)	0.001	0.006	0.013	−0.017	−0.003	(−1.50)	(1.27)	(1.48)	(1.48)	(−1.49)	(−1.45)
个体特征	sex	0.043	0.000	−0.003	−0.007	0.009	0.002	−0.001	0.000	0.000	0.000	0.000	0.000
		(0.22)	(−0.22)	(−0.22)	(−0.22)	(0.22)	(0.22)	(−0.00)	(0)	(0)	(0)	(0)	(0)
	age	−0.064	0.001	0.005	0.010	−0.013	−0.002	−0.04	0.001	0.006	0.009	−0.013	−0.003
		(−0.68)	(0.66)	(0.68)	(0.68)	(−0.68)	(−0.68)	(−0.74)	(0.71)	(0.74)	(0.74)	(−0.74)	(−0.73)
	edu	−0.124	0.001	0.009	0.020	−0.026	−0.004	−0.095	0.002	0.014	0.021	−0.030	−0.007
		(−1.13)	(1.03)	(1.12)	(1.13)	(−1.13)	(−1.11)	(−1.53)	(1.31)	(1.51)	(1.51)	(−1.52)	(−1.47)
	R^2	0.0716						0.0712					
	LK	−469.7						−469.9					

表 4　Sas-env 为因变量的有序响应回归结果

变量		Order Logit 回归						Order Probit 回归					
		系数	边际效果					系数	边际效果				
			1	2	3	4	5		1	2	3	4	5
政府主导	gov-work	1.314***	−0.003*	−0.044***	−0.249***	0.287***	0.009***	0.700***	−0.001	−0.050***	−0.209***	0.254***	0.006**
		(6.76)	(−1.8)	(−4.37)	(−6.12)	(6.61)	(2.77)	(6.57)	(−1.06)	(−4.29)	(−5.83)	(6.44)	(2)
	gov-proj	1.154***	−0.002*	−0.038***	−0.219***	0.252***	0.008***	0.670***	−0.001	−0.048***	−0.201***	0.243***	0.006**
		(5.79)	(−1.77)	(−4.06)	(−5.32)	(5.61)	(2.75)	(6.03)	(−1.07)	(−4.1)	(−5.45)	(5.9)	(2.02)
信息公开	gov-adv	0.725***	−0.001*	−0.024***	−0.138***	0.158***	0.005**	0.408***	−0.001	−0.029***	−0.122***	0.148***	0.004*
		(4.01)	(−1.7)	(−3.38)	(−3.86)	(4)	(2.41)	(4.13)	(−1.05)	(−3.36)	(−3.92)	(4.09)	(1.89)
	Pub-know	2.446	−0.005	−0.081	−0.464	0.534	0.017	1.168	−0.001	−0.084	−0.349	0.424	0.011
		(1.43)	(−1.15)	(−1.4)	(−1.42)	(1.43)	(1.28)	(1.16)	(−0.79)	(−1.14)	(−1.15)	(1.16)	(1.01)
	Pub-Know^2	−0.529	0.001	0.018	0.100	−0.115	−0.004	−0.251	0.000	0.018	0.075	−0.091	−0.002
		(−1.46)	(1.17)	(1.43)	(1.46)	(−1.46)	(−1.3)	(−1.19)	(0.8)	(1.16)	(1.18)	(−1.19)	(−1.03)

	变量	Order Logit 回归						Order Probit 回归					
		系数	边际效果					系数	边际效果				
			1	2	3	4	5		1	2	3	4	5
公众参与	Pub-expe	0.219	0.000	−0.007	−0.042	0.048	0.002	0.191	0.000	−0.014	−0.057	0.069	0.002
		（0.27）	（−0.27）	（−0.27）	（−0.27）	（0.27）	（0.26）	（0.41）	（−0.39）	（−0.41）	（−0.41）	（0.41）	（0.4）
	Pub-expe^2	−0.001	0.000	0.000	0.000	0.000	0.000	−0.013	0.000	0.001	0.004	−0.005	0.000
		（−0.01）	（0.01）	（0.01）	（0.01）	（−0.01）	（−0.01）	（−0.17）	（0.17）	（0.17）	（0.17）	（−0.17）	（−0.16）
	Pub-will	2.322	−0.005	−0.077	−0.441	0.506	0.016	1.291	−0.002	−0.093	−0.386	0.469	0.012
		（1.59）	（−1.19）	（−1.56）	（−1.58）	（1.6）	（1.4）	（1.6）	（−0.88）	（−1.55）	（−1.58）	（1.59）	（1.27）
	Pub-will^2	−0.474	0.001	0.016	0.090	−0.103	−0.003	−0.261	0.000	0.019	0.078	−0.095	−0.002
		（−1.51）	（1.15）	（1.48）	（1.5）	（−1.51）	（−1.34）	（−1.50）	（0.87）	（1.46）	（1.49）	（−1.5）	（−1.21）
	Pub-act	0.052	0.000	−0.002	−0.010	0.011	0.000	0.023	0.000	−0.002	−0.007	0.008	0.000
		（0.25）	（−0.25）	（−0.25）	（−0.25）	（0.25）	（0.25）	（0.2）	（−0.2）	（−0.2）	（−0.2）	（0.2）	（0.2）
	Pub-act^2	−0.059	0.000	0.002	0.011	−0.013	0.000	−0.032	0.000	0.002	0.009	−0.012	0.000
		（−1.41）	（1.13）	（1.38）	（1.4）	（−1.4）	（−1.27）	（−1.33）	（0.84）	（1.3）	（1.32）	（−1.33）	（−1.12）
个体特征	sex	−0.144	0.000	0.005	0.027	−0.031	−0.001	−0.053	0.000	0.004	0.016	−0.019	0.000
		（−0.67）	（0.64）	（0.67）	（0.67）	（−0.67）	（.）	（−0.44）	（0.41）	（0.44）	（0.44）	（−0.44）	（−0.43）
	age	−0.107	0.000	0.004	0.020	−0.023	−0.001	−0.039	0.000	0.003	0.012	−0.014	0.000
		（−1.03）	（0.91）	（1.02）	（1.03）	（−1.03）	（−0.98）	（−0.66）	（0.56）	（0.66）	（0.66）	（−0.66）	（−0.63）
	edu	−0.115	0.000	0.004	0.022	−0.025	−0.001	−0.05	0.000	0.004	0.015	−0.018	0.000
		（−0.94）	（0.83）	（0.94）	（0.94）	（−0.94）	（−0.9）	（−0.73）	（0.6）	（0.73）	（0.73）	（−0.73）	（−0.69）
	R^2	0.249 0						0.250 8					
	LK	−343.8						−342.9					

果比较显著，从而能够提升公众满意度[5-7]，比较有意义的是我们注意到政府主导型政策的提升，将不再改善人们“一般”以下层次的满意度，而是提升“满意”“非常满意”的概率，这表明中国公众对环境、对政府环境规制提出了更高的要求。

其次，政府参与的信息变量能提升公众满意度，而公众自觉参与的信息变量并不显著。具体来看，政府对“五水共治”的宣传力度（Gov-adv）的系数显著为正，这说明在杭州政府通过地铁广告、媒体、公益活动、社区宣传、网络微信新媒体等多种形式宣传“五水共治”，取得了比较好的效果。在Order Logit回归中，政府对“五水共治”的宣传力度每增加一个单位，公众对污水治理满意度的评价为“非常不满意”“不满意”“一般”的概率分别下降0.4%、3%、3.7%，“满意”“非常满意”的概率将上升6.3%、0.7%；公众对饮用水满意度的评价为“非常不满意”“不满意”“一般”的概率分别下降0.3%、2.1%、4.4%，“满意”“非常满意”的概率将上升 5.8%、1%；公众对水环境总体满意度的评价中“非常不满意”“不满意”“一般”的概率分别下降 0.01%、2.4%、13.8%，“满意”“非常满意”的概率将上升15.8%、0.5%。公众对“五水共治”了解程度（Pub-know）及其二次方的回归系数均不显著，这表明公众对“五水共治”政策知晓度的提升并没有提升公众满意度，在调研中我们发现造成这一现象可能的原因是：①政府比较注重声势浩大的普及性宣传，对政策细节宣传不足或不到位，导致民众对政策的理解不到位，甚至存在误解，如在调研中有居民担心“五水共治”是政府层层下达的任务，对政策的长久性、有效性等持一定的怀疑态度；还有居民认为政府主要利用各种媒体宣传，而真正走进社区、单位等居民生活圈的宣传太少。②互联网、手机等新媒介被广泛用于政策宣传，而新媒介对政府环境治理绩效的公众满意度具有一定的负向效应[8]，如关于环境污染的负面消息在媒介扩散时会放大负面效应，影响公众的客观认知。③在污染现实存在的情况下，公众了解度越高，则有可能对环境越失望，以至于担忧环境治理政策的前景。

再次，从公众参与来看，公众对“五水共治”的期待水平（Pub-expe）在污水治理满意度变量时，一次项显著为正，二次项显著为负，这表明Pub-expe和Sas-was间存在显著的倒“U”形特征。这主要是因为公众对水污染治理比较敏感[5]，水污染的改善能快速提升公众的期待值与满意度，而当水污染治理到一定水平后，进一步改善的空间减小，从而使人们感知度下降，对未来的期待值与满意度也会下降。同时我们发现其他公众参与类的变量均不显著，这说明在环保领域公众参与度的提升不会改善公众满意度。一些研究结论认为公众在中国环保事业成就中发挥的作用甚微[9]，我们的研究也支持这一结论。在调研中我们发现，公众的参与意愿明显好于参与环境治理的实际活动，这表明公众参与环保的积极性没有被充分调动起来，这显然与政府鼓励民众参与环保活动的目标不一致。通过调研我们发现造成这一结果可能的解释是：①民众参与意识不强。“五水共治”是浙江省政府提出并积极推动的水环境治理战略，为此政府推动了一系列水环境治理工程，而公众也在一定程度上认为水环境治理是政府的事，与自己无关。②公众参与途径有限，一方面是公众对参与途径的了解有限，大部分民众对清洁河道、节水等传统方式比较了解，而对网络投诉、参与咨询决策等更高层次的参与模式相当陌生；另一方面政府提供的参与途径不足，政府为了最快地引导民众参与水环境治理，通常会运用运动式方法组织民众参与某一具体的环保活动，而这种活动的范围、频率、涉及面等都相当有限。③公众与政府间信息互动机制不畅。虽然浙江省水污染防治信息公开与公众参与平台等互动平台已在线运行，但事实上环保信息通常是从政府向公众单一传递，民众却很少通过政府构建的互动平台表达诉求。

最后，我们看到个体特征变量在所有回归中均不显著。①现有研究中，性别、年龄对公众满意度影响的结果并不一致，一些学者认为男性幸福感更强[10]，也有学者则认为性别的影响不显著[11]；有学者认为年龄与满意度之间存在“U”形关系，即年轻和年老者的满意度较高，而中年人的满意度较低[10,12]，也有学者认为年龄对公众满意度的影响不显著[13]。本文对杭州的样本回归表明性别、年龄对公众环境满意度没有显著影响，这主要是因为杭州经济发达、开放度较高，女性及各年龄段人口的经济独立性较强，传统家庭、社会分工造成的角色差异日益弱化。②曾婧婧等[5]、周志家[14]认为环境意识对环境行为的影响非常有限，受教育程度对公众参与、公众满意度不具备相关性。本文的研究也表明教育对公众环境满意度没有显著影响，这主要是因为杭州是江南水乡、历史文化名城，居民整体素质与环保意识较强，学历教育并不能反映公众的环境需求。

3 主要结论与政策启示

本文在浙江省“五水共治”政策背景下，以浙江省 435 份调研样本分别运用 Order Logit 和 Order Probit 回归模型研究了在经济发达地区，政府水环境治理政策、环境信息公开水平、公众参与度与公众水环境满意度间的关系。本文的主要发现是：

（1）政府水环境治理政策能有效提高公众满意度，而且主要提升了公众对“满意”“非常满意”评价的概率，这意味着发达地区居民对政府环境规制有更高的要求。

（2）信息公开具有自上而下的单向传导特征，自下而上的信息传递不通畅，主要表现为政府对水环境治理政策的宣传力度能提升公众满意度，而对政策的了解程度与满意度间的关系不显著。其原因在于政府政策宣传注重普及性宣传，而政策细节宣传不足；新媒介对负面信息具有放大作用以及公众对环境治理前景的过度担忧。

（3）公众对环境治理保护的参与意愿明显高于参与环境保护的实际行动，公众的积极主动性没有调动起来。其中公众对水污染治理比较敏感，如公众对“五水共治”的期待水平与公众对污水治理满意度间存在显著的倒“U”形特征，而其他公众参与变量对公众满意度均没有显著影响。公众参与意识不强、参与途径有限、信息互动机制不畅等因素导致公众参与度低下，公众参与意愿与参与行动间存在较大偏差，这说明如何将公众参与愿意转化为实际行动将是政府与公众需要共同解决的问题。

（4）个体特征与公众水环境满意度间不存在显著关系，这主要得益于发达地区民众经济独立性较强、整体环境意识与素养较高、传统家庭社会分工造成的角色差异弱化等因素。

结合本文的经验分析，中国在践行“构建政府为主导、企业为主体、社会组织和公众共同参与的环境治理体系”的实践中，应该注意以下几个方面：

（1）政府在制定环境治理政策时应该结合经济社会发展需要，着力于在更高层次上满足公众满意度，即使公众满意度从“一般满意”向“非常满意”提升，以进一步增强人民获得感、幸福感为主制定目标靶向型的环境治理政策。

（2）在加强环境信息公开的同时，注重环境政策差异化、常态化、落地型宣传。如在环境政策宣传时，对年老及知识层次低、使用网络等现代资讯工具少的人群多采用传单、横幅、电视等传统媒介，对年轻人多采用微信、公众号等新媒体；将宣传工作从政府机关逐渐向企事业单位、社区、居民点、家庭渗透，使公众能全面客观地理解政策，尽可能地消除政策传播的失真；政府从长远出发，制定出在较长时期内较为稳定的环境政策，减少政策波动性，强化政策的常态化宣传。

（3）进一步畅通自下而上的信息流通路径，尽可能消除环境负面消息在基层民众中过度滞留而产生的负面放大效应。一是引导公众通过政府构建的信息反馈平台合理表达环境诉求，防止公众因表达不畅而发生群体性事件；二是提高政府机关下级向上级的信息反馈效率，使基层部门收集的公众信息能真实快速地传达到上级部门；三是具有决策权与政策解释权的部门要更加重视公众的环境诉求，并尽快给出合理解释与矛盾解决方案。

（4）激发公众参与积极性，将公众环保参与意愿落实为公众环保行动。一是要拓宽公众参与途径。进一步落实环保部《环境保护公众参与办法（2015）》，根据地方实际并结合政策需要，制定切实可行的公众环保参与具体办法；二是激发公众由参与意愿向参与行动转变。可以通过增加政府环境服务购买力度，使提供环境服务人员得到合理的经济补偿；另外，可以借鉴部分城市的落户积分政策，建立环保参与积分制度，并对达到一定积分的优秀参与者进行宣传奖励，使环保参与行为获得全社会的尊重。

参考文献

[1] 郭占恒．“两山”思想引领中国迈向生态文明新时代[J]．中共浙江省委党校学报，2017（3）：20-25.

[2] 周冯琦，程进．公众参与环境保护的绩效评价[J]．上海经济研究，2016（11）：56-64.

[3] 原新，王丽．养老模式，社会支持和发展型闲暇生活——基于 Order Probit 模型的实证分析[J]．江苏行政学院学报，2016（2）：80-87.

[4] 叶初升，冯贺霞．城市是幸福的“围城”吗？——基于 CGSS 数据对中国城乡幸福悖论的一种解释[J]．中国人口·资源与环境，2014（6）：16-21.

[5] 曾婧婧，胡锦绣．中国公众环境参与的影响因子研究——基于中国省级面板数据的实证分析[J]．中国人口·资源与环境，2015（12）：62-69.

[6] 张江雪，蔡宁，杨陈．环境规制对中国工业绿色增长指数的影响[J]．中国人口·资源与环境，2015，25（1）：24-31.

[7] 胡达沙，李杨．环境效率评价及其影响因素的区域差异[J]．财经科学，2012（4）：116-124.

[8] 周全，汤书昆．媒介使用与政府环境治理绩效的公众满意度——基于全国代表性数据的实证研究[J].

北京理工大学学报（社会科学版），2017（1）：162-168.

[9] 柳卸林，姜江. 发挥公众参与在环境技术创新中的重要作用[J]. 工业技术经济，2012（1）：3-12.

[10] 李梦洁. 环境污染、政府规制与居民幸福感——基于 CGSS（2008）微观调查数据的经验分析[J]. 当代经济科学，2015（5）：59-68.

[11] 尹希果，王鹏，李东宇. 城镇污水、垃圾处理收费制度改革中微观主体的行为研究——基于 order probit 模型对居民缴费意愿的分析[J]. 东北大学学报（社会科学版），2008（4）：305-311.

[12] 陈刚，李树. 政府如何能够让人幸福？——政府质量影响居民幸福感的实证研究[J]. 管理世界，2012（8）：55-67.

[13] 冯菲，钟杨. 中国城市公共服务公众满意度的影响因素探析——基于 10 个城市公众满意度的调查[J]. 上海行政学院学报，2016（2）：58-75.

[14] 周志家. 环境保护、群体压力还是利益波及厦门居民 PX 环境运动参与行为的动机分析[J]. 社会，2011（1）：1-34.

SEEA2012 框架下实物型供应使用表的改进与应用研究*

Research on the Improvement and Application of the Physical Supply and Use Table Under the Framework of SEEA2012

单永娟[1,2]　张颖[1]

（1 北京林业大学经济管理学院 北京 100083;
2 河北女子职业学院 石家庄 050000）

摘　要　环境资源核算能为解决环境问题提供环境与经济的综合信息，SEEA2012 中心框架提出经济系统的资源存量及其变化要用实物单位计量，经济过程消耗的资源及其废弃排放可以通过实物型供应使用表来描述与分析。根据生态经济系统运行特点，将实物型供应使用表改进和编制成表达森林生态经济系统的物质输入输出表。在此基础上，借鉴经济系统物质流核算框架，把森林生态经济系统看成代谢主体，核算出系统内部及其与环境之间的物质流向与流量。然后，根据整理的森林生态经济系统物质输入输出表，按照时间序列进行物质流指标的观察与分析。最后，提出物质流核算只是开展环境经济核算研究的一方面探索，更规范更系统的核算结果还需要出台相应的环境核算政策来引领与推动。

关键词　环境资源核算　物质流　森林生态经济系统　环境核算政策

Abstract　The accounting of environmental resources can provide the comprehensive information of the environment and economy for the solution of the environmental problems. The SEEA2012 central framework proposes that the resource stock and its changes in the economic system should be measured in physical units. The resources consumed by the economic process and their discarded emissions can be described and analyzed through the physical supply and use tables. According to the operating characteristics of the eco economic system, the physical supply and use table is improved and compiled into a material input and output table expressing the ecological economic system of the forest. On this

* 基金项目：国家统计局全国统计科学研究重大项目“SEEA 框架下自然资源资产估价方法及负债表编制的统计规范研究”（2017LD03）。

作者简介：单永娟（1980—），女，河北行唐人，北京林业大学经济管理学院在读博士，河北女子职业学院副教授，主要从事资源经济与环境管理研究。E-mail：594462797@qq.com。
张颖（1964—），男，陕西眉县人，北京林业大学经济管理学院博士生导师，教授，主要从事自然资源核算与价值评价等研究。

basis, according to the material flow accounting framework of the economic system, we regard the forest eco economic system as the main body of metabolism, and calculate the material flow and flow between the system and the environment. Then, according to the material input and output table of the forest ecological economic system, the material flow index is observed and analyzed in accordance with the time series. Finally, it is put forward that material flow accounting is only one aspect of environmental economic accounting research. More standardized and systematic accounting results need to introduce corresponding environmental accounting policies to guide and promote.

Keywords Environmental resources accounting, Material flow, Forest ecological economic system, Environmental accounting policy

环境保护与修复，不能只谈保护，必须融入经济建设和社会发展中，这就需要环境经济政策的调整和规制了，环境经济政策体系（Environmental Economic Policy System）是按照市场经济规律，将价格、税收、财政、保险等经济手段和政策工具等全面贯穿于生产、交换、流通、消费的各个环节，以激励和约束机制促进生产生活方式的绿色转型，实现资源节约和环境友好目标[1]。2015 年，《国民经济和社会发展第十三个五年规划纲要》将环境经济政策改革与创新作为绿色发展的重要手段和核心内容，《“十三五”生态环境保护规划》也将环境经济政策作为生态环保制度创新的重要方面，可以说环境经济政策的重要性得到普遍共识，特别是绿色金融、生态补偿，环境税费等政策取得了阶段性突破，但是我国的环境经济政策体系仍不够完善，环境质量导向的环境经济政策体系还没有建立起来[2]。

有关环境经济政策研究中，环境政策与经济信息的有效使用一直是学术界和实务界探讨的主题之一，直至 2012 年环境经济综合核算体系（System of Environmental-Economic Accounts，SEEA）的颁布，环境和经济信息的整合标准才得到广泛接纳[3]。环境经济综合核算体系既是联合国《21 世纪议程》的重要内容，又在 2015 年 9 月联合国拟订的可持续发展目标中得到肯定。环境经济核算体系从 SEEA1993 的构想，经历 SEEA2000 的操作应用和 SEEA2003 的初始框架，发展到成型的 SEEA2012 的体系，不仅意味着环境核算的重要性和规范性已得到世界范围的共识和认可，而且推动了全球环境经济核算的实施和世界各国的环境资源保护工作[4]。

SEEA2012 中心框架指出，一个经济系统的运行必须利用自然环境提供的资源物质和其他投入，同时需要向环境排放经过系统代谢过程产生的废弃物质，而测度经济系统的自然投入以及向环境释放的废弃物质，通常使用实物单位来计量，这些环境与经济系统的物质流信息能帮助我们更多地了解自然环境的承载力，以及人类社会活动的资源利用轨迹。那么，如何来描述和表达这些物质流信息呢，根据 SEEA 中心框架的主要账户和表格形式，编制实物型供应使用表是最具有直观性和综合性意义的[5]。

1 我国的环境经济核算研究

近几年，我国建立自然资源和环境核算体系工作提至环境治理的战略性层面，并在环境经济核算方法等技术层面不断改进和完善，已经取得了一些研究成果[6]。高敏雪对SEEA2012 发布的意义中指出，环境经济核算体系的内容构成与“压力-状态-反应”模型具有内在契合性，由此成为可持续发展管理的有力工具，而且以国民经济核算为基础的《环境经济核算体系》，从原来的“只看经济不顾环境”提升到了 “从经济视角看环境与经济”，因此我国需要分步制定和实施具有本国特点的环境经济核算规范[7]。管鹤卿等回顾了我国 2004 年以来的环境经济核算研究进展，指出由于缺乏统一方法和完善的数据支撑，目前研究集中在环境经济核算理论与方法的探讨或是单一方面的探索，为搞好综合环境经济核算制度建设，应积极在典型地区的试点探索中做好技术支撑工作[8]。杨华重点描述了SEEA2012 中心框架的账户表现及其主要子系统，分析我国当前实施环境经济核算面临的困难，并提出应建立环境经济核算统筹协调机制，以及将自然资源资产负债表的编制纳入环境经济核算体系等建议[9]。

2 SEEA2012 中心框架下的实物流量表

一国经济系统表现为各种存量和流量。SEEA2012 中心框架指出，环境存量与流量应被视为一个整体。从存量角度看，环境包括构成生物物理环境的所有生物和非生物组成部分，其中包括所有各类自然资源及其所处的生态系统；从环境流量角度看，环境是经济系统所有投入的来源，包括自然资源投入（如矿物质、木材、空气和水等）和其他自然投入（如太阳能、地热能、风能等）。

SEEA2012 中心框架的最重要特征就是实物型和价值型数据的合并编排与展示，而且其实物流量测算的核心是自然投入、产品和残余物，即利用实物单位记录出入经济体的物质和能源流量，以及经济体内部的物质和能源流量，将从环境进入经济系统的流量作为自然投入，将经济系统内部的流量作为产品流量，将经济系统进入环境的流量记为残余物。

2.1 通用实物型供应使用表

按照 SEEA2012 中心框架对实物流量核算框架的基本建议，即以测度经济活动之价值型的供应使用表结构为基础，增加相关的行与列，将与其来自、去往环境的各种流量联系起来，可形成实物型的供应使用表（PSUT），可以记录所有的实物流量：①来自环境的流量；②经济系统内部发生的流量；③返回环境中去的流量。然而，实物流量不能简单加总，也能用相同的方式记录所有的实物流量，因此广义的供应使用框架分成三个子系统：物质流量核算、水账户核算和能源账户核算。对每个实物流量的子系统而言，最好的做法是采用实物型供应使用表的通用原则，如表 1 所示，通过划分物质供应与使用部门将社会经济系统与环境之间的物质流动表现出来。

表 1 通用实物型供应使用表（PSUT）

供应表	残余物的产生：生产过程产生的残余物	残余物的产生：最终消费产生的残余物	积累	来自国外的流量	来自环境的流量	总计
自然投入					*A*	自然投入总供应
产品	*C*			*D*		产品的总供应
残余物	*I*	*J*	*K*	*L*	*M*	残余物的总供应
总供应						
使用表	**产品的中间消耗**	**最终消费**	**积累**	**流向国外的流量**	**流向环境的流量**	**总计**
自然投入	*B*					自然投入的总使用
产品	*E*	*F*	*G*	*H*		产品的总使用
残余物	*N*		*O*	*P*	*Q*	残余物的总使用
总使用						

注：根据 SEEA2012 通用实物型供应使用表整理。

实物流量表现为自然投入、产品和残余物，自然投入是指从其所在环境位置移走，成为经济生产过程一部分或在生产中直接使用的所有实物投入；产品是产生于经济系统内的生产过程的货物和服务，残余物是经济单位或住户在生产、消费或积累过程中丢弃、泄漏或排放的固态、液态和气态的物质流量，可能在经济系统内部流动如废物回收，是废弃物质和隐藏流的合计。

实物流量完整核算的通用框架如表 1 所示，称为实物型供应使用表（PSUT）。通常只有能源和水能够实施全部流量的完整核算。表中各行分别表示自然投入、产品和残余物的类型。表的上半部是供应表，显示各经济单位或环境所生产和供应的自然投入、产品和残余物流量，表的下半部分是使用表，显示各经济单位或环境所消费和使用的自然投入、产品和残余物流量。

表 1 的 PSUT 包含着重要的核算与平衡关系。其中在经济系统中，所供应的一定量产品必定在经济系统内部得到使用，产品总供应=产品总使用。

$$产品总供应（TSP）=产出（C）+进口（D） \tag{1}$$

$$产品总使用（TUP）=中间消耗（E）+住房最终消费（F）+资本形成总额（G）+出口（H） \tag{2}$$

此外，在一个核算周期，流入经济系统的物质必定等于流出经济系统的物质加上经济系统存量的净增加量，称为投入产出恒等式。

$$输入经济系统的物质=自然投入（A）+进口（D）+来自国外的残作物（L）+从环境中回收的残余物（M） \tag{3}$$

$$输出经济系统的物质=流入环境的残余物（Q）+出口（H）+流向国外的残余物（P） \tag{4}$$

经济系统的存量净增加=资本形成总额（G）+受控垃圾填埋场的积累（O）－产生于生产资产和受控填埋场的残余物（K）　（5）

SEEA 中心框架 2012 提示：对每个实物流量的子系统而言，最好的做法是采用实物型供应使用表的通用原则，但是除能源和水资源外，对其他物质很少能编制出完整的 PSUT，而在国家层面或对某个产业抑或是特定类型的物质流可以编制经济系统物质流账户（EW-MFA）。

2.2 改进的实物型供应使用表

林业被赋予应对气候变化和生态文明建设重任后，林业生产与森林经营活动中消耗的资源物质与废弃排放也随之受到关注，即森林生态经济系统的物质代谢特点。森林生态经济系统是森林生态系统与林业经济系统耦合而成的复合系统，它是森林生态系统发展到人类社会出现以后，人类劳动与自然资源契合的产物。森林生态系统和林业经济系统都是与外界环境有物质、能量不断交换的开放系统，它们之间也流动着物质和能量，而且物质和能量的输入是双向的。要实现森林生态经济系统的良性循环需要通过经营，优化森林生态经济系统，前提是处理好林业经济系统需要与森林供给之间的供需关系，处理好投入与产出的关系，所有这些关系的信息都表现为生态经济系统的能物流和价值流。

本研究关注森林生态经济系统的物质流，欲对森林生态经济系统内部及其与环境之间的物质流进行总体描述。按照 SEEA 中心框架 2012 的提示，森林生态经济系统不可能针对所有物质编制出完整的 PSUT。因此，基于 SEEA 中心框架 2012 通用实物型供应使用表 1 的设计思想和投入产出质量守恒定律，适当调整和编制出森林生态经济系统的实物型供应使用表，为了与物质流核算概念相匹配，在此称为森林生态经济系统物质流输入输出表（表 2）。

表 2　森林生态经济系统物质流输入输出表

输出	输入				
	森 林	林 经	环 境	出 口	总 计
森 林	森林生态系统存量变化	林产品物质	（生态服务）森林经营过程排放	—	森林输出合计（不含隐流）
林 经	森林经营自然投入	林业经济系统存量变化	林产加工过程排放	出口林产品	林经输出合计（不含隐流）
环 境	（生态服务）自然投入	林业生产自然投入	区内隐藏流	出口隐藏流	输入端环境影响
进 口	—	进口林产品	进口隐藏流	环境贸易条件	进口总计
总 计	森林输入合计（不含隐流）	林经输入合计（不含隐流）	输出端环境影响	出口总计	平衡项目

如表 2 所示，依次按照森林生态系统（简记为森林）、林业经济系统（简记为林经）、环境、进/出口、总计排列。其中，森林、林经、环境的横栏表示供应栏（输入），纵栏表

示使用（输出）。环境供应给森林生态系统的自然投入是指空气、水、太阳能等；而森林经营与林业生产的自然投入都是从自然环境中获取的但需要经过社会经济系统，再输入到林业经济系统的金属矿物、非金属矿物、能源物质、耗散物质等，其中森林经营的自然投入又是通过林业经济系统输入。

为了重视经济活动引起的环境影响研究，在此将表 2 中的右下角用双线绘制并做特殊编制。这部分中，环境影响分别来自系统输入端和系统输出端，分别是因物质获取造成了环境扰动以及因废弃物排放产生了环境冲击。而平衡项目是进出系统的因空气燃烧或水分蒸发等可能带来的质量不守恒。进/出口隐藏流分别根据进/出口物质核算，两者对比可以得出隐藏在贸易产品中的环境条件的不等价交换，进/出口合计则是考虑了隐藏流的贸易总量。

表 2 描述了我国森林生态系统和林业经济系统及其与环境之间的物质流向关系，与表 1 相比，没有经济部门也没有区分中间投入与最终消费，完全按照 EW-MFA 的核算思想进行表格布置，能较完整清晰地表达出森林生态经济系统物质流的分布状态。同样可以证明，表 2 包含森林生态经济系统与环境输入输出之间的实物流量关系：

输入森林生态系统的物质＝来自环境的自然投入＋来自森林经营的自然投入
＝林产品物质的输出＋森林经营废弃物质输出＋
森林生态系统存量的净增加 （6）

进入林业经济系统的物质
＝来自森林的林产品物质＋林业生产的自然投入＋林产品进口 （7）
＝林产加工过程的废弃物排放＋林产品出口＋林经系统存量的净增加

3 森林生态经济系统物质输入输出表

为了从总体上概览我国森林生态经济系统的物质流及其变化情况，首先需要核算森林生态系统和林业经济系统的物质流。

3.1 森林生态经济系统的物质流核算

依据 SEEA2012 中心框架建议的经济系统物质流核算方法，将从国内环境中进入森林生态经济系统的资源物质分为能源物质、金属和非金属矿物质、耗散性使用物质、水和空气。经过森林经营及林业生产过程排放到环境中的废弃物包括废气、粉尘、废水、固体废物等。在此限于篇幅，不考虑体量较大的水，对系统排向环境的以下废弃物作主要核算：森林火灾产生的废气、森林采伐产生的碳排放以及林业过程耗能产生的废气、烟尘和粉尘排放。

为了解物质流的动态变化，本文采集 1985 年、1995 年、2005 年、2015—2016 年的数据。基础数据来源于官方公布的各类统计年鉴如《中国统计年鉴》《中国林业统计年鉴》《中国能源统计年鉴》《中国钢铁统计年鉴》《中国农业统计年鉴》《FAO 统计年鉴》《中国海关年鉴》等，部分参数来源于物质流分析的文献资料，少部分缺失数据通过线性内插法进行推断，保障数据、资料的可靠性。

（1）林产品物质核算

EW-MFA 方法将农林地视为自然环境，生物物质获取定义为作物收获点[10]。由于统计年鉴发布的采伐（去皮）原木是以万 m^3 为产量单位，首先进行重量换算，即针叶林和非针叶林去皮原木分别为 15%含水率下 0.55 t/scm①和 0.68 t/scm，再乘以系数 1.1 转成带皮原木重量[10]。进出口木质产品中，锯材换算取针叶林和阔叶林的平均系数为 0.625t/scm；单板、刨花板、胶合板、纤维板（统一按中密度纤维板）的换算参考海关总署信息中心（2014）发布的折算系数，分别取 750 kg/m^3、650 kg/m^3、650 kg/m^3 和 650 kg/m^3。非木质林产品包括林产水果、林产饮料、林产调料品、森林食品、干果产品、木本药材、木本油料、林产工业原料八类，以实际鲜重计量。

（2）能源物质核算

主要统计了年度消费的煤炭、焦炭、原油、燃料油、汽油、煤油、柴油、天然气和电力。由于没有具体的林业部门能源消耗，依据分行业能源消费比重法进行估算：首先计算林业三产业分别占全国三产业总产值的相应比重；其次，运用林业产值比重分割各类能源中农林牧渔业能耗量、工业能耗量和第三产业（不含生活能源）等。以上九类能源消耗量均以万 t 标准煤计，其中天然气和电力的转换系数分别取 8 kg/m^3（15℃下的标准立方米）、3.27 万 t/（亿 kW·h）[10]。

（3）金属和非金属矿物质核算

林业生产的营林机械、森工设备、建筑钢筋等是金属类耗材，但这些机械设备因品种繁多不易统一和折算，在此通过对全社会粗钢消耗量按照林业系统占比法进行估算，然后还原成铁矿石的投入量[11]。非金属类矿物质体现在营林设施和道路施工中用到的现浇混凝土、平板玻璃、道路垫层和保护层等，还原为矿物质的表现是砾石、沙子、石灰石、白云石等，在此也通过年度林业系统施工面积占全社会施工总面积的比重进行分割。

（4）耗散性使用物质

以森林抚育、病虫害防治过程中使用的农药、化肥为主，根据森林病虫害的防治面积估计出林业农药的施用量（按照年度防治 3 次的方式），根据年度育苗面积和中幼林抚育面积估计出化肥的施用量。按照此方法估计的结果可能比林业系统的实际施用量要小。此外，据有关农业面源污染的研究结论[12]，即化肥农药的平均利用率为 30%左右，即 70%的农药化肥将会逸散，在此计入废气排放。

（5）林业生产的废弃物排放

林业生产消耗的化石能源会排放出大量的温室气体与废气。各类能源固定燃烧的气体排放量，参考《2006 IPCC 国家温室气体排放清单指南》提出的方法 I 及排放因子。林业生产的烟尘与粉尘排放，参照环保部发布的关于《未纳入排污许可管理行业适用的排污系

① scm 表示基准立方米。

数、物料衡算方法（试行）》，烟尘排放量根据煤炭消耗量（单位 t）计算，排污系数取 1.5 kg/t。此外，制材生产过程会产生大量的工业粉尘，因采用生产工艺不同、生产规格不同，排污系数是有差异的。考虑到排量较大的锯材加工业及末端治理措施的普遍方式，在此参考中型规格锯材重力沉降法的排污系数，取 0.039 kg/m^3。

（6）森林经营过程排放

主要包括森林采伐碳排放和森林火灾排放。因采伐产生的丢弃在林区的剩余物会在较短时期内（通常为 1 年内）被生物分解或焚烧，在此视为碳排放。按照蓄积量换算因子法，从原木的收获量出发，在考虑原木产量与森林资源消耗关系基础上，求得森林采伐所直接消耗的立木蓄积量，在此基础上计算出储存在原木和被利用的采伐剩余物中的碳储量，进而得出未利用的采伐剩余产生的碳排放量。森林火灾产生的气体排放，基于森林火灾燃烧损失的生物量，参考有关文献提出的生物质燃烧污染物排放因子，计算森林火灾产生的含碳气体及污染气体排放量。

（7）隐藏流核算

隐藏流，也称生态包袱，是人类为获得有用物质或产品而动用的没有直接进入交易和生产过程的物质。由于我国还没有各类物质隐藏流的实测数据，本研究参考 Eurostat[10]MFA 指导手册的有关系数及李刚[13]整理的有关资料进行相应计算。

3.2 基于核算结果的物质输入输出表

基于森林生态经济系统的物质流核算结果和改进的实物型供应使用表，整理编制 1985 年、1995 年、2005 年、2015 年及 2016 年的森林生态经济系统物质流输入输出表，见表 3～表 7。其中，森林生态系统与环境之间的物质交换包括两部分，一是有益于环境改善的生态调节服务，二是对环境有害的废弃物排放。其中有害的废弃物排放核算主要来源于森林火灾、森林采伐等活动，有益的环境改善服务如森林碳汇、净化空气、蓄水保肥等功能，限于目前有关核算标准还不规范，在此只列出了森林碳汇，但结果会因低估从环境输出的生态物质流而出现较大不平衡。换句话说，森林生态经济系统实物供应使用表的编制是基于输入输出系统的全部物质流量，但限于目前对自然物质投入的核算存在不易计量或方法不规范，导致结果不守恒是正常的。

表 3 森林生态经济系统物质输入输出表（1985 年） 单位：万 t

输出	输入				
	森 林	林 经	环 境	出 口	总 计
森 林	森林生态系统存量变化	林产品 30 948.24	森林经营排放 71 965.74	—	102 913.98
林 经	森林经营投入 1 579.70	林经系统存量增加	林业生产排放 63 882.58	出口林产品 139.00	65 601.28
环 境	如森林碳汇 6 966.73	林业生产投入 3 183.98	区内隐藏流 70 410.47	出口隐藏流 193.481 8	输入端环境影响 73 594.45

输出	输入				
	森 林	林 经	环 境	出 口	总 计
进 口	—	进口林产品 1 224.30	进口隐藏流 1 701.78	环境贸易条件 0.113 7	进口总计 2 926.08
总 计	8 546.43	35 356.52	输出端环境影响 206 258.79	出口总计 332.48	平衡项目

表 4　森林生态经济系统物质输入输出表（1995 年）　　单位：万 t

输出	输入				
	森 林	林 经	环 境	出 口	总 计
森 林	森林生态系统存量变化	林产品 31 954.14	森林经营排放 61 184.34	—	62 373.57
林 经	森林经营投入 11 991.01	林经系统内部循环	林业生产排放 165 759.29	出口林产品 711.13	178 461.43
环 境	森林碳汇 96 067.54	林业生产投入 12 952.60	区内隐藏流 100 227.90	出口隐藏流 988.93	输入端环境影响 113 180.50
进 口	—	进口林产品 1 833.08	进口隐藏流 2 548.01	环境贸易条件 0.388 1	进口总计 4 381.09
总 计	108 058.55	46 739.82	输出端环境影响 327 171.53	出口总计 1 700.06	平衡项目

表 5　森林生态经济系统物质输入输出表（2005 年）　　单位：万 t

输出	输入				
	森 林	林 经	环 境	出 口	总 计
森 林	森林生态系统内部循环	林产品 37 228.42	森林经营排放 47 886.96	—	85 115.38
林 经	森林经营投入 13 724.71	林经系统内部循环	林业生产排放 81 972.12	出口林产品 1 469.46	97 166.29
环 境	森林碳汇 107 434.31	林业生产投入 18 155.6	区内隐藏流 190 694.27	出口隐藏流 2 045.009 2	输入端环境影响 208 849.87
进 口	—	进口林产品 5 934.91	进口隐藏流 8 250.08	环境贸易条件 0.247 9	进口总计 14 184.99
总 计	121 159.02	73 539.62	输出端环境影响 320 553.35	出口总计 3 514.47	平衡项目

表 6　森林生态经济系统物质输入输出表（2015 年）　　单位：万 t

输出	输入				
	森 林	林 经	环 境	出 口	总 计
森 林	森林生态系统存量变化	林产品 53 339.99	森林经营排放 48 888.72	—	102 228.71

输出	输入				
	森 林	林 经	环 境	出 口	总 计
林 经	森林经营投入 13 361.14	林经系统内部循环	林业生产排放 341 327.68	出口林产品 2 053.53	356 742.35
环 境	森林碳汇 120 267.76	林业生产投入 37 818.77	区内隐藏流 400 617.82	出口隐藏流 2 857.3168	输入端环境影响 438 436.59
进 口	—	进口林产品 11 448.31	进口隐藏流 15 915.495	环境贸易条件 0.179 5	进口总计 27 363.81
总 计	133 628.90	102 607.07	输出端环境影响 790 834.22	出口总计 4 910.85	平衡项目

表 7　森林生态经济系统物质输入输出表（2016 年）　　单位：万 t

输出	输入				
	森 林	林 经	环 境	出 口	总 计
森 林	森林生态系统存量变化	林产品 43 450.18	森林经营排放 24 236.15	—	67 686.33
林 经	森林经营投入 12 128.52	林经系统内部循环	林业生产排放 351 282.36	出口林产品 2 661.08	366 071.96
环 境	森林碳汇 120 267.76	林业生产投入 36 215.07	区内隐藏流 391 350.96	出口隐藏流 3 702.49	输入端环境影响 427 566.03
进 口	—	进口林产品 12 437.19	进口隐藏流 17 289.86	环境贸易条件 0.214 1	进口总计 29 727.05
总 计	132 396.28	92 102.44	输出端环境影响 766 869.47	出口总计 6 363.57	平衡项目

分析表 3～表 7 中的各项目变动情况，从 20 世纪 80 年代中期到 2016 年，从环境输入林业经济系统的自然投入规模不断上升，其中林业经济系统投入到森林生态系统的自然投入（即森林经营投入）于 2005 年达到最高，之后稍有降低，基本保持在 1.2 亿 t 以上，林产品物质作为森林生态系统供应给林业经济系统的生物物质，在 1985—2015 年从 3 亿 t 持续上涨到 5.3 亿 t，2016 年也出现降低，减少 18.54%。与自然投入的开采相伴而生的隐藏流，从最初的 10 亿多 t 一度上升到近 40 亿 t。因输入物质的规模不断扩大而产生的环境扰动显然是超过了 42 亿 t。而来源于森林经营排放和林业加工过程排放的系统输出端环境影响程度更大，于 2015 年达到 79 亿多 t，其中林业加工过程排放呈现出线性上升，森林经营排放在经历一路上涨后也于 2016 年出现大幅下降，原因可能是林木采伐量的大幅减少。由进出口的序列变化发现，一直以来林产品进口规模远大于出口量，隐藏在商品背后的环境贸易条件，也因较小的出口规模而显示出有利于保护国内的生态环境。比较各年物质流规模，总体来说，2016 年出现了整体物质减量化，不仅减少了输入端的物质获取，还降低了输出的总体排放，两个系统之间的物质交换也有大幅减少，一定程度上说明我国林业生态建设取得显著效果。

由于本研究的兴趣是编制出尽可能全面描述森林生态经济的物质流动表，但限于有关的物质流核算标准不规范和数据采集困难，表中的数据估算可能存在一定程度的误差，对物质流数据所表达的信息挖掘也不够。本研究还只是环境经济核算体系中，采用实物单位来计量，运用改进的实物型供应使用表来表达森林生态经济系统物质流向和流量的一次尝试，就具体的核算工作来说具有一定的探索意义。因此，要提高经济系统物质流核算的质量，全面建立国家环境资源核算体系，不仅需要继续探索和完善数据核算方法，而且需要出台相应的环境核算政策，以及成立专门核算部门来统筹和协调我国环境资源核算的具体实施工作。

4　结论及建议

环境不能只谈保护不谈政策，也不能只谈政策不谈政策评估。由于环境经济核算能实现对环境资产存量及其流量的定量评估，其重要性和规范性得到世界范围的共识和认可。我国森林生态经济系统的资源存量变化，是通过与环境之间的物质变换实现的。因此，本研究按照 SEEA2012 中心框架的实物型供应使用表设计原理，编制出针对森林生态经济系统物质流特点的实物型供应使用表。

4.1　主要结论

森林生态经济系统物质输入输出表是改进型的实物型供应使用表，重点在于统计和描述森林生态系统和林业经济系统及其与环境之间的物质流量，并因此而导致了森林资源存量和林业经济系统存量的变化。但该表的编制是基于森林生态经济系统物质流核算结果，所以本研究首先按照 SEEA2012 中心框架建议的经济系统物质流核算方法（EW-MFA），分别对输入森林生态经济系统的物质流和系统代谢过程中排放的废弃物质流进行了分类核算与整理，最后根据表 2 编制出 1985 年、1995 年、2005 年、2015 年、2016 年森林生态经济系统物质输入输出汇总表。

4.2　主要建议

环境经济核算的必要性已经得到广泛的认可，但“核算推进”还需要匹配的“政策拉动”[3]。2015 年，我国的环境资源核算政策探索实现了突破，国家统计局会同发展改革委、财政部等部门联合制定《编制自然资源资产负债表试点方案》和《自然资源资产负债表试编指南》[14]。2016 年，国家林业局和国家统计局准备联合启动第三轮中国森林资源核算研究[2]。这些领先性环境核算政策的实施，对我国全面开展自然资源存量摸底及流量核算提供了良好的开端与导向。尽管我国的环境经济核算体系还不完善，但相应的核算政策也在逐步跟进。为了进一步建立 SEEA2012 中心框架下适合我国特点的综合环境经济核算体系，首先需要全面实施各类资源的实物量核算探索，其过程和方式都离不开编制实物型供应使用表来展现我国自然资源的存量变化及其变动趋势。表 3～表 7 用时间轴的形式描述了森林生态经济系统内部及其与环境的物质流量变化，尽管这种实物型输入输出表在表现形式和核算内容上还有待于进一步的完善，但从研究角度上看，把一个完整的生态经济系统作为观察对象还是具有探索意义的。

参考文献

[1] 刘登娟，黄勤.环境经济政策系统性与我国生态文明制度构建——瑞典的经验及启示[J]. 国外社会科学，2013（3）：12-18.

[2] 国家环境经济政策研究与试点项目技术组. 国家环境经济政策进展评估 2016[J]. 中国环境管理，2017，9（2）：9-13.

[3] 周密，李鸿皓.平衡环境与经济决策："核算推进"与"政策拉动"[J]. 财会月刊，2016（31）：3-7.

[4] 李金华.联合国环境经济核算体系的发展脉络与历史贡献[J]. 国外社会科学，2015（3）：30-38.

[5] 联合国经济和社会事务部统计司. 2012 环境经济核算体系：中心框架[R]. 2014.

[6] 周龙，方锐.美、德国家环境资产核算比较及其对我国的启示——基于 SEEA2012 中心框架的理论分析[J]. 会计之友，2018（2）：24-30.

[7] 高敏雪.《环境经济核算体系（2012）》发布对实施环境经济核算的意义[J]. 中国人民大学学报，2015，29（6）：47-55.

[8] 管鹤卿，秦颖，董战峰.中国综合环境经济核算的最新进展与趋势[J]. 环境保护科学，2016，42（2）：22-28.

[9] 杨华.环境经济核算体系介绍及我国实施环境经济核算的思考[J]. 调研世界，2017（11）：3-11.

[10] Eurostat. Economy-Wide Material Flow Accounts and Derived Indicators：A Methodological Guide[R]. European Commission. 2013.

[11] 刘铁敏. 中国粗钢及铁矿石需求计量经济预测[D]. 沈阳：东北大学，2007.

[12] 殷冠羿，刘黎明，起晓星，等. 基于物质流分析的高集约化农区环境风险评价[J]. 农业工程学报，2015，31（5）：235-242.

[13] 李刚. 中国农业可持续发展的物质流分析[J]. 西北农林科技大学学报（社会科学版），2014，14（4）：55-60.

[14] 国家环境经济政策研究与试点项目技术组，董战峰，李红祥，等.国家环境经济政策进展评估：2015[J]. 中国环境管理，2016，8（3）：9-13.

山西能源发展的环境影响分析及环保对策建议

Environmental Impact Analysis of Shanxi Energy Development and Suggestions for Environmental Protection Countermeasures

韩丽[①]　武丽婧　苏艳霞　李超　栗振廷　何贵永

（山西省环境规划院，太原　030002）

摘　要　山西能源发展必须解决好生态环境问题，本文分析了山西省发展现状及能源发展造成的生态环境影响，提出能源发展的环境制约因素，并对此提出能源与生态环境协调发展的对策建议。

关键词　能源发展　环境影响　生态环境保护　对策建议

Abstract　Shanxi energy development must solve the problem of ecological environment. This paper analyzes the development status of Shanxi Province and the ecological environment impact caused by energy development，and proposes the environmental constraints of energy development，and proposes countermeasures for the coordinated development of energy and ecological environment.

Keywords　Energy development，Environmental impact，Conservation of ecosystem，Suggestions

能源是现代化的基础和动力[1]，是经济社会可持续发展的重要物质基础，关系国计民生和国家安全。山西作为国家综合能源基地，其能源发展对全国及全省国民经济和社会发展具有重要支撑和保障作用。从 1949 年至今，产煤大省山西累计生产煤炭 100 多亿 t，其中 80%外调全国各地。山西煤炭在充当全国“锅炉房”的同时，也付出了沉重代价，煤矿事故频发、地层塌陷、环境污染、生态恶化接踵而至[2]。当前我国资源约束趋紧、环境问题凸显，山西能源发展对于全国能源发展战略落实和山西生态环境质量改善都具有重要意义。

① 作者简介：韩丽（1983—），女，山西运城人，硕士研究生，现任职于山西省环境规划院规划环评与环境风险评估所负责人，长期从事环境规划区划、环境健康调查风险评估等方面的研究工作。E-mail：sxshjghy@126.com。

1 山西能源发展现状

1.1 煤炭

山西煤炭资源储量大、分布广、品种全、质量优。全省含煤面积 6.2 万 km^2，占国土面积的 40.4%；全省 2 000 m 以浅煤炭预测资源储量 6 552 亿 t，占全国煤炭资源总量的 11.8%；累计查明保有资源量 2 674 亿 t，约占全国的 1/4，其中，生产在建煤矿保有可采储量 1 302 亿 t。截至 2015 年年底，全省各类煤矿共有 1 078 座，总产能 14.6 亿 t/a，平均单井规模为 135.4 万 t/a。2015 年煤炭产量达 9.75 亿 t[3]。

1.2 电力

截至 2015 年年底，全省装机容量 6 966 万 kW；其中，煤电装机容量 5 517 万 kW，占全省装机容量的 79.2%。2015 年，全省发电量达到 2 457 亿 kW·h，比 2010 年的 2 150 亿 kW·h 增加了 307 亿 kW·h，全社会用电量达到 1 737 亿 kW·h。省内电网已形成以 500 kV “两纵四横”为骨干网架，220 kV 大同、忻朔、中部、南部四大供电区域，110 kV 和 35 kV 及以下电压等级辐射供电的网络格局。外送通道方面，形成了以 1 000 kV 特高压为核心，6 个通道、13 回线路的外送格局，输电能力约 2 000 万 kW。

1.3 煤层气

全省 2 000 m 以浅煤层气资源总量约 83 098 亿 m^3，约占全国煤层气资源量的 1/4。截至 2015 年年底，全省累计探明煤层气地质储量 5 600 亿 m^3，占全国的 88%。全省输气管道总长 8 000 余 km，覆盖全省 11 个设区市 100 余个县（区），初步形成“三纵十一横、一核一圈多环”的输气管网格局。2015 年，全省煤层气（煤矿瓦斯）抽采量 101.3 亿 m^3，其中，地面 41 亿 m^3、井下 60.3 亿 m^3，分别占全国的 94%、44.4%；煤层气（煤矿瓦斯）利用量 57.3 亿 m^3，其中，地面 35 亿 m^3、井下 22.3 亿 m^3，分别占全国的 92%、46.8%。

1.4 煤化工

截至 2015 年年底，全省煤化工企业 253 家，资产总额 1 840 亿元，主营业务收入 802 亿元，主要产品能力 2 400 万 t/a。其中：化肥企业 37 户，生产能力 1 200 万 t/a；甲醇生产企业 28 户，生产能力 550 万 t/a；聚氯乙烯生产能力 100 万 t/a；粗苯精制企业 5 家，生产能力 70 万 t/a；煤焦油加工 11 户，生产能力 277 万 t/a；煤制合成油企业 2 家，生产能力约 31 万 t/a。

1.5 新能源与可再生能源

截至 2015 年年底，全省新能源装机并网容量达到 1 449 万 kW。其中，风电 669 万 kW，燃气（含煤层气）发电 388 万 kW，太阳能发电 113 万 kW，生物质（含垃圾）发电 35 万 kW，水电 244 万 kW。可再生能源占一次能源消费比重从 2010 年不足 1%上升到 3%。2015 年，全省非化石能源利用替代了 527 万 t 标准煤。

2 能源发展的生态环境影响及制约因素分析

2.1 大气环境污染

煤电、煤化工等行业是山西大气环境污染物的主要来源。据山西环境统计数据，全省煤电、煤化工等能源相关行业 2015 年排放 SO_2 约 42 万 t、NO_x 约 35 万 t、烟尘约 36 万 t，占全省工业排放量比例分别是 38%、37%、25%。据山西省环境质量公报[4]，2015 年全省环境空气 SO_2、PM_{10}、$PM_{2.5}$ 年均浓度超过《环境空气质量标准》（GB 3095—2012）二级标准。全省 11 个省辖市市区中，朔州、晋中、太原、吕梁、临汾 5 市 SO_2 年均值超标，阳泉市 NO_2 年均值超标，11 个市 PM_{10}、$PM_{2.5}$ 年均值全部超标。总体来说，山西省大气环境质量较差，大气环境已无容量，这对山西能源产业发展存在很大制约。

2.2 水资源损失

煤炭开采引发的土地塌陷、裂缝等地质灾害，使地表水渗漏、地下水破坏，造成河流断流、泉水干涸、地下水流失等。据有关专家论证，采 1 t 煤加上洗选损失 2.5 t 水[5]。以 2015 年全省煤炭产量 9.75 亿多 t 计算，相当于损失浪费约 24 亿 m^3 的水资源。根据山西省第二次水资源评价成果，全省多年平均（1956—2000 年）水资源总量 123.8 亿 m^3，多年平均水资源可利用量 83.77 亿 m^3，年煤炭开采损失水资源约占水资源总量的 1/5。山西是全国水资源最紧缺的省份之一，而能源产业耗水量大，煤电、煤化工等行业均是耗水“大户”，而水资源的短缺对煤电、煤化工等需水量大的能源产业发展存在较大制约[6]。

2.3 水环境污染

煤炭开采洗选所排放的矿井污水排放可对地表水造成污染，并通过河道渗漏对地下水造成污染。根据山西省环境统计数据，2015 年全省煤炭采选行业废水、COD 和氨氮排放量分别为 13 242.64 万 t、12 077.52 t 和 1 514.2 t，占全省工业废水总排放量的 34.67%、20.1% 和 26.56%。根据山西省环境状况公报[7]，2017 年全省地表水水质重度污染断面（劣Ⅴ类）比例为 23%，水质优良断面（Ⅰ～Ⅲ类）比例为 56%，其中黄河流域汾河及其主要支流为劣Ⅴ类水质，其他大部分河流以Ⅳ类水质为主，受轻度污染；海河流域御河、桃河等河流水质为劣Ⅴ类水质，南洋河、源子河等为Ⅴ类水质。地下水水质除阳泉、吕梁 2 个市水质较差外，其余 9 个地市水质较好或良好；城市集中式饮用水水源地水质达标率 87%。总体来说，山西省水环境质量情况不容乐观，水环境容量有限，对能源产业发展存在一定制约。

2.4 土壤和生态环境破坏

山西是一个山地丘陵多、平原少的省份，土地资源十分紧缺。煤矿开采给生态环境本来就脆弱的山西留下了大面积的煤矿采空塌陷区，致使山西 15.6 万 km^2 的土地出现近 3 万 km^2 的采空区，接近台湾省的面积。采煤矿区土地塌陷、裂缝、地面沉降、崩塌、滑坡、泥石流等地质灾害加剧，造成矿区、农村土地、植被、水资源破坏，水土流失加剧。采空区大面积沉降塌陷导致土壤龟裂、山体滑坡、沟渠支裂、水源枯竭、路桥凹陷，造成数千村庄房屋受损，耕地毁坏及饮水困难。据不完全统计，因采煤造成的“不适合人类居住的村庄”在山西已超过 700 个。据调查，目前山西省 18 个矿区共有煤矸石山 1 508 座，煤矸石堆存量约 11.4 亿 t，现状煤矸石堆存占地面积约 2 705 hm^2。煤矸石堆存直接改变了原有的土地结构和功能，毁坏了原有的植物生态系统；煤矸石堆放时产生的粉尘、自燃时产生的有毒气体和有害的重金属对植物的生存也有较大影响，使植物生长缓慢、叶色变黄、生物量降低、草地植被种类减少、病虫害增多等，对矿区的生态系统和植被景观造成破坏。

据山西省国土部门测算，至 2015 年山西煤炭开采导致生态环境经济损失至少达 770 亿元，至 2020 年煤炭开采导致生态环境经济损失至少达 850 亿元[8]。煤炭开采造成的生态环境破坏是山西以煤为基础能源发展的主要制约。

3 促进山西能源与环境协调发展的对策建议

3.1 合理规划布局能源开发项目，实现区域减排和生态环境质量改善

在能源开发利用过程中，要严格遵守国家和山西省的主体功能区规划和生态功能区划，根据各区域的不同生态功能，合理规划布局，不得在禁止开发区、环境敏感区及生态红线等区域布局能源建设项目。

在布局建设能源项目时，应坚持“点上开发、面上保护”的原则，最大减轻对生态环境的不良影响。在布局煤电项目时应尽可能兼顾周边工业企业和居民集中供热需求，采用热电联产或具备一定供热能力的机组，以集中供热替代分散小锅炉供热，削减污染物排放量。在布局煤化工项目时应考虑水资源承载力，原则上要求不采用地下水。在水资源得到保障的前提下，要求煤电项目尽量与煤化工项目配套建设，利用电厂锅炉提供煤化工生产中需要的大量蒸汽，减少煤化工项目自备锅炉的建设。在布局水电项目时应充分考虑其生态影响，防止对水生态、水生物造成重大不利影响。水电项目下泄水须满足坝址下游河道水生生态、水环境、景观、湿地等生态环境用水及下游生产、生活取水要求，不得造成脱水河段和对农灌、水生生物造成重大不利影响。涉及水生珍稀特有物种重要生境等河段严格水电环境准入。

3.2 提高准入，倒逼能源产业环保升级改造

全省逐步实现火电、焦化等重点行业二氧化硫、氮氧化物、颗粒物和挥发性有机物（VOCs）执行大气污染物特别排放限值。对焦化等无组织排放严重的行业实施深度治理，在重点行业工业企业无组织排放环节安装视频监控设备，并与环保部门联网。推进燃煤锅炉超低排放改造[9]。全省每小时 65 蒸吨及以上燃煤锅炉，以及位于设区市及县（市）建成区的燃煤供暖锅炉、生物质锅炉于 2019 年 10 月 1 日前完成节能和超低排放改造；燃气锅炉基本完成低氮改造。

加大淘汰落后力度。县级及以上城市在完成建成区淘汰每小时 10 蒸吨及以下燃煤锅炉及茶水炉、经营性炉灶、储粮烘干设备等燃煤设施的基础上，进一步加大淘汰力度，原则上不再新建每小时 35 蒸吨以下的燃煤锅炉，其他地区原则上不再新建每小时 10 蒸吨以下的燃煤锅炉。淘汰关停环保、能耗、安全等不达标的 30 万 kW 以下燃煤机组。2020 年

年底前，全省 30 万 kW 及以上热电联产电厂供热半径 15km 范围内的燃煤锅炉和落后燃煤小热电全部关停整合。

严控煤炭开采洗选、煤化工等行业废水排放。根据水功能区水质达标要求，落实污染物达标排放措施，严控入河排污总量，确保水质目标实现。对取水总量已达到或超过控制指标的地区，暂停审批建设项目新增取水。对于无法全部回收利用要排入环境的矿井水，要求其化学需氧量、氨氮、总磷三项主要污染物达地表水III类标准后排放。

提高工业固体废物综合利用率。目前全省能源行业一般工业固体废物综合利用率不足 60%，与大宗工业固体废物综合利用率达到 70%的要求还有差距。建议政府部门积极制定鼓励煤矸石、粉煤灰等工业固体废物综合利用的相关政策，例如：出台煤矸石、灰渣综合利用的实施方案、一般工业固体废物资源化利用的相关优惠政策，鼓励对粉煤灰进行高附加值和大掺量利用，组织开展粉煤灰清洁高效利用关键技术、设备的研发与产业化示范，推动粉煤灰在建筑、建材、化工、矿井回填等更多领域的广泛应用。同时，要求煤炭开采洗选、煤电及煤化工等新建能源产业项目一般工业固体废物全部综合利用，危险废物全部安全处置。

3.3 优化能源消费结构，构建清洁低碳高效能源体系

有效推进清洁取暖。坚持从实际出发，宜电则电、宜气则气、宜煤则煤（超低排放）、宜热则热，多能源供暖。实施居民生活用煤清洁能源替代。新增天然气量优先用于城镇居民和大气污染严重地区的生活和冬季取暖散煤替代，逐步实现“增气减煤”。加快农村“煤改电”电网升级改造。鼓励推进蓄热式等电供暖。地方政府对“煤改电”配套电网工程应给予支持，统筹协调推进“煤改电”“煤改气”建设项目落地。

加强“禁煤区”建设。2018 年 10 月 1 日前，山西省 11 个市均要将城市建成区划定为“禁煤区”，并结合空气质量改善要求将城市近郊区纳入“禁煤区”范围，实施联片管控；2020 年 10 月 1 日前，县城建成区均要划定为“禁煤区”。完成以电代煤、以气代煤等清洁能源替代的地区，地方政府应将其划为“禁煤区”。“禁煤区”范围内除煤电、集中供热和原料用煤企业外，禁止储存、销售、燃用煤炭。

加强煤质管控，实施煤炭消费总量控制。全省新建耗煤项目实行煤炭减量替代。按照煤炭集中使用、清洁利用的原则，重点削减非电力用煤，提高电力用煤比例。继续推进电能替代燃煤和燃油。同时，依法查处销售劣质煤的单位，集中清理、整顿、取缔不达标散煤供应渠道，严厉打击销售使用劣质煤行为，严禁洗煤厂煤泥、中煤进入民用市场，禁止使用硫分高于 1%、灰分高于 16%的民用散煤。加强农村地区民用洁净煤供应保障。

参考文献

[1] 李齐. 中国能源安全与现状与矛盾转变[J]. 国际石油经济，2018，26（4）：18-26.

[2] 吕晓宇. 能源大省山西如何实现负重转型[N]. 经济参考报，2010-10-25.

[3] 山西省人民政府. 山西省“十三五”综合能源发展规划[EB]. [2016-12-17]（2018-02-08）.

[4] 山西省环保厅. 山西省 2015 年环境状况公报[R].

[5] 王龙. 山西能源工业的生态环境问题及对策研究[J]. 山西能源与节能，2004（2）：7-8.

[6] 唐霞，曲建升. 我国能源生产与水资源供需矛盾分析和对策研究[J]. 生态经济，2015，31（10）：50-52.

[7] 山西省环保厅. 山西省 2017 年环境状况公报[R].

[8] 王干，白明旭. 中国矿区生态补偿资金来源机制和对策探讨[J]. 中国人口・资源与环境，2015（5）：75-82.

[9] 山西省人民政府. 山西省打赢蓝天保卫战三年行动计划[EB]. [2018-07-22]（2018-07-29）.

林业“碳汇与碳排”差值的环境影响研究

Study on the Environmental Impact of the Difference Between Carbon Sequestration and Carbon Sequestration in Forestry

单永娟[1]　张　颖[2]

（1 河北地质大学管理科学与工程学院，石家庄　050000;

2 北京林业大学，北京　10083）

摘　要　林业在应对气候变化中发挥着重要作用，被赋予生态文明建设的重要地位。林业既有正向的环境影响也有负向的环境冲击。近年来，人们较多关注 CO_2 排放、生产耗能等经济活动带来的环境冲击，而对正向的环境影响进行定量分析的不多。本文基于生态文明视角，对我国林业发展的环境影响从“碳汇与碳排”的差值角度进行计量与评价。结果显示：整个观察期间，林业的净碳汇量从负值变为正值，之后不断增长。基于此，以林业的净碳汇量为环境影响因变量，以森林面积、单位森林面积的林业 GDP、单位林业 GDP 的净碳汇量为自变量，运用改进 IPAT 模型进行回归分析，得出环境影响与三个驱动力呈现同向的变动关系，其中单位林业 GDP 的净碳汇量和单位森林面积的林业 GDP 的影响程度较大。最后建议我国林业发展应该不断改进生产科技、合理采伐、提升林木资源综合利用、降低生产耗能、预防森林火灾，以实现长期低碳的林业可持续经营模式；同时建议应该完善我国林业碳汇的环境影响测评制度，以进一步促进林业的生态文明建设。

关键词　森林碳汇　林业生产碳排放　环境影响　林业净碳汇量

Abstract　Forestry plays an important role in coping with climate change and has been given an important position in the construction of ecological civilization. Forestry has both positive and negative environmental impact. In recent years, people pay more attention to environmental impact brought by CO_2 emissions, energy consumption and other economic activities, but there is not much quantitative analysis of the positive environmental impact. Based on the perspective of ecological civilization, the

基金项目：中华人民共和国科学技术部，国家重点研发计划“中国北方半干旱荒漠区沙漠化防治关键技术与示范”（2016YFC0500905）。

1 作者简介：单永娟（1980—），女，河北行唐人，河北地质大学管理科学与工程学院副教授，主要从事农林资源核算、资源经济与环境管理研究。

2 张颖（1964—），男，陕西眉县人，北京林业大学经济管理学院博士生导师，教授，主要从事自然资源价值核算、资源经济与环境管理等研究。

environmental impact of forestry development in China is measured and evaluated from the angle of the difference between carbon sequestration and carbon emissions. The results showed that the net carbon sink of forestry changed from negative to positive during the whole observation period, and then increased continuously. Based on this, the net carbon sinks of forestry is the dependent variable of environmental impact. Forest area, GDP of unit area and net carbon sink of unit GDP are independent variables. Based on the IPAT model and regression analysis, we found that the environmental impact and the four driving forces showed the same direction of change. The influence of the unit forest area GDP and the net carbon sink of unit GDP was greater. Finally, it is suggested that China's forestry development should constantly improve production technology, rational logging, improve comprehensive utilization of forest resources, reduce energy consumption and prevent forest fires, so as to achieve long-term low carbon forestry sustainable management mode. At the same time, it is suggested that the environmental impact assessment system of China's forestry carbon sequestration should be perfected so as to further promote the construction of ecological civilization of forestry.

Keywords Forest carbon sequestration, Carbon emissions from forestry production, Environmental impact, Net carbon sequestration of forestry

自工业革命以来，人类对自然资源产生了更深刻的环境影响，结果是大自然以极其残酷的手段报复人类对资源获取的贪婪。在日益严峻的环境危机面前，人类不得不重新审视经济活动与自然环境之间的物质变换关系，逐渐认识到现有的物质获取规模和生产模式是不可持续的。面对资源约束趋紧、环境污染严重、生态系统退化的严峻形势，我国政府自2007 年就提出要建设生态文明，倡导绿色发展的经济转型方向。新时期以来，更是把生态文明建设放在突出地位，2012 年顶层设计提出加强生态文明制度建设，首次把生态文明建设提升至与经济、政治、文化、社会并列的“五位一体”总布局高度。为推动形成人与自然和谐发展的现代化建设新格局，我国于 2017 年继续加快生态文明体制改革，提出生态文明建设和生态环境保护等一系列新思想，为建设美丽中国指明了前进方向和实现路径。

林业被赋予可持续发展的重要地位，应对气候变化的特殊地位和生态文明建设中的首要地位。这是我国全面推进绿色发展下对林业建设做的目标定位，同时对林业发展提出了要首当其冲符合生态文明建设的要求。

近年来最突出的环境问题研究中，受关注较多的是有关人类活动引起的以 CO_2 为主要代表的温室气体排放研究[1-3]。森林作为陆地生态系统的主体，在适应和减缓全球气候变化过程中发挥着基础性作用。但森林采伐和因管理不当产生的森林火灾也会成为林业生产的碳源。可以说，增汇减排是提升林业发展生态文明程度的重要机制，也是实现林业绿色发展的重要途径。本文基于林业生产既有利于森林增汇，又可能增排的情况下，对林业碳汇扣除碳排后的环境影响进行评价研究，以期为林业的生态文明建设提供一个观察视角。

1　森林碳汇与林业生产的碳排放比较

森林碳汇（forest carbon sinks）是指森林植物吸收大气中的二氧化碳并将其固定在植被或土壤中，从而减少该气体在大气中的浓度[4]。与工业减排相比，森林碳汇投资少、代价低、综合效益大，是可持续的绿色发展机制[5]。但林业生产过程不可避免地也会产生碳排放，所以整体来评价林业碳汇影响时，应该把其本身的碳排放作为抵消量考虑进去[6]，本文正是基于这个观点来观察林业碳汇的环境影响。

1.1　森林碳储量估算

根据相关研究，森林具有强大的碳汇功能，森林生态系统中的林木、林下植被和林地土壤都具有明显的碳储存作用[7]。森林碳储量越高，时间越长，森林对气候变化所起的减缓作用也就越明显[8]。随着造林面积的增加，以及营林科技的提升，我国森林面积和蓄积都呈现较快的增长，森林生态系统总的碳储量也得以不断提高。有关森林碳储量的主流核算方法是基于蓄积量的自然估算法，即根据森林生态系统吸收 CO_2 后主要以生物量的形式储存在林木、林下植被和森林土壤中，以森林蓄积量（树干材积）为计算基数，通过蓄积扩大系数计算树木（包括枝丫、树根）生物量，然后通过容积密度和含碳率计算其碳储量，这样就可以估算出以立木为主体的森林生物量碳储量[4]，最后根据林木、林下植被和林地土壤三部分之间的碳储量换算系数，构建出森林生态系统的总体碳储量，见式（1）：

$$\begin{aligned}\text{森林碳储量} &= \text{林木生物量碳储量} + \text{林下植被碳储量} + \text{林地碳储量} \\ &= \sum\left(S_{ij} \times C_{ij}\right) + \alpha \sum\left(S_{ij} \times C_{ij}\right) + \beta \sum\left(S_{ij} \times C_{ij}\right)\end{aligned} \tag{1}$$

其中，

$$C_{ij} = V_{ij} \times \delta \times \rho \times \gamma$$

式中，S_{ij} —— 第 i 类地区第 j 类森林类型的面积；

C_{ij} —— 第 i 类地区第 j 类森林类型的生物量碳密度；

α —— 林下植物碳储量换算系数，一般取 0.195；

β —— 林地碳储量换算系数，一般取 1.244；

V_{ij} —— 第 i 类地区第 j 类森林类型单位面积蓄积量；

δ —— 森林蓄积换算成生物量蓄积的扩大系数，一般取 1.90；

ρ —— 将森林生物量蓄积转换成生物干重的系数，也就是容积密度，一般取 0.5；

γ —— 将生物干重转换成碳储量的系数，即含碳率，一般取 0.5。

由于我国森林资源清查时间是每 5 年进行一次，也就是清查期间的森林资源存量数据是相同的。为了研究的需要，也考虑到森林植被自然生长特性，将观察期国家林业部门公布的森林资源清查数据在清查期间进行匀速计算，形成按年度递增的时间序列，以保证数据质量的情况下满足核算和分析需要，2014—2016 年的森林蓄积数据根据 2009—2013 年年均增量计算。基于式（1），计算出森林的碳储量，然后再根据森林碳储量的年度增量和 CO_2 的分子量，将森林每年新增的碳储量乘以 3.666 7 换算成 CO_2 当量，即得森林生态系

统碳库每年吸收的 CO_2 量，即森林碳汇。

1.2 林业生产的碳排放估算

林业碳排放主要来源于林木采伐产生的废弃物焚烧或腐烂排放、森林火灾排放，以及林业生产消耗的化石能源排放。林业生产的碳源是森林碳汇的抵消量，在很大程度上影响着林业碳汇效应的发挥。

1.2.1 林木采伐的碳排放

由于森林生态系统碳库的总量变化中起决定性影响作用的是森林的自然生长和森林采伐[9]。在此将木材收获视为森林部分碳库的位置转移，因采伐产生的丢弃在林区的剩余物（即未被清理或未利用的采伐剩余物）会在较短时期（通常为 1 年）内被生物分解或焚烧，在此视为碳排放。

根据有关采伐剩余物利用方面的研究，采伐剩余物是指在森林采伐后残留下来的枝丫、梢头、伐根、造材剩余物以及不适合加工为经济材、薪材和小规格材等的伐区剩余物。从采伐剩余物占资源消耗量的比重看，全国林区各类采伐剩余物的总体平均值为 35%～40%，全国林区可利用的采伐剩余物约占原木生产量的 10%[10,11]。森林采伐剩余物是大力发展木材综合利用和节约利用的有效途径，也是提高森林资源利用率实现“开源节流”的重要领域[12]。按照蓄积量换算因子法，从原木的收获量出发，在考虑原木产量与森林资源消耗关系基础上，求得森林采伐所直接消耗的立木蓄积量，在此基础上计算出储存在原木和被利用的采伐剩余物中的碳储量，进而得出未利用的采伐剩余产生的碳排放量，见式（2）～式（4）：

$$\text{原木碳储量} = r_1\sum\left(S_{ij} \times V_{ij}\right) \times \rho \times \gamma = Q \times \rho \times \gamma \tag{2}$$

$$\text{可利用采伐剩余物碳储量} = Q \times r_2 \times \rho \times \gamma \tag{3}$$

$$\text{森林采伐向大气排放的}CO_2\text{量} = \left[\frac{Q}{r_1} \times \delta \times \rho \times \gamma - Q \times \left(1 + r_2\right) \times \rho \times \gamma\right] \times \left(\frac{44}{12}\right) \tag{4}$$

式中，Q —— 原木产量；

r_1、r_2 —— 分别为森林采伐的原木出材率和剩余物的利用率；

δ、ρ、γ —— 含义及其参考取值同式（1）。

1.2.2 森林火灾的碳排放

由于自然灾害或经营不当会引发森林损毁，进而造成碳储量的燃烧释放，最常见的事件就是森林火灾。森林火灾排放的气体量核算，基于森林火灾燃烧损失的生物量。参考有关文献提出的生物质燃烧污染物排放因子（表 1），计算森林火灾产生的含碳气体及污染气体排放量。

$$A_i = M_b \cdot E_i \cdot 10^{-3} \tag{5}$$

$$M_b = S \cdot U \cdot \delta \cdot \rho \cdot f \cdot \omega = 0.142\,5SU \tag{6}$$

式中，A_i —— 某类气体的排放量，t；

E_i —— 某类气体在森林燃烧中的排放因子，t/t；

M_b —— 因森林火灾燃烧损失的生物量，t；

S —— 森林火灾面积，hm^2；

U —— 森林单位面积蓄积量，m^3/hm^2；

f —— 地上生物量占总生物量比重，在此取 0.75；

ω —— 地上生物量的燃烧效率，在此取 0.20[13]；

δ、ρ —— 含义及其参考取值同式（1）。

1.2.3　林业生产耗能的碳排放

林业生产的能源消费种类包括煤炭、焦炭、原油、燃料油、汽油、煤油、柴油、天然气和电力。由于相关年鉴没有专门发布林业部门消耗的能源数据，在此依据分行业能源消费比重法进行估算，即运用林业三产业的各个产值比重分别分割农林牧渔业能耗量、工业能耗量和第三产业（不含生活能源），从而得出林业三产业的各类能源消耗量。

林业生产过程中能源消耗会排放大量的温室气体与废气。各类能源固定燃烧的气体排放量，参考《2006 IPCC 国家温室气体排放清单指南》提出的方法 I 及排放因子（表 1），在此假定化石能源的燃烧基于完全燃烧的 CO_2 最大排放量[13]。

表 1　化石能源燃烧 CO_2 排放因子　　单位：kg/t

种类	煤炭	焦炭	原油	车用汽油	气/柴油	燃料油	天然气	森林火灾
排放因子	2667.72	3 017.40	3 100.59	3 069.99	3 186.30	3 126.96	2 692.80	1 577.00

注：森林火灾排放因子根据文献[13]～[15]整理。

1.3　林业“碳汇与碳排”的净值分析

在林业生态文明建设的推动下，营林措施有利于森林增汇，但林木采伐和森林火灾又导致了碳排放，宏观上看我国林业提供的碳汇服务量在发生着怎样的变动，在应对气候变化中是否发挥着越来越大的作用，本文认为应该用林业生产过程的 CO_2 排放量抵消森林碳汇增量后的净值来代表林业的真实碳汇服务。

为了观察林业碳汇服务的长期特点，本文采集 1985 年、1990—2016 年共计 28 年的数据进行“碳汇—磷排”的净值核算（表 2）。基础数据来源于官方公布的各类统计年鉴如《中国统计年鉴》《中国林业统计年鉴》《中国能源统计年鉴》《中国钢铁统计年鉴》《中国农业统计年鉴》《FAO 统计年鉴》《中国海关年鉴》等，部分参数来源于物质流分析的文献资料，少部分缺失数据通过线性内插法进行推断，保障数据、资料的可靠性。

如表 2 所示，总体上看，20 世纪 80 年代中期时，我国林业的碳汇服务呈现为负值，显然那个时期是以木材生产为主，过度的森林采伐和后期的木材加工过程贡献了太多的 CO_2 排放，导致森林蓄积的年度增长所吸收的 CO_2 量不足以抵消林业生产自身的碳排放。随着 80 年代末期我国《森林法实施细则》的出台，这一现象逐步遏制。自 1990 年以来，森林碳汇抵消林业生产碳排放后的差值表现出近乎线性的增长趋势，这是不断增长的森林碳汇量和稍有降低的生产排放共同作用的结果。

表 2 林业“碳汇—碳排”的净值核算 单位：万 t

年份	林木采伐 CO_2 排放量	森林火灾 CO_2 排放量	生产耗能 CO_2 排放量	排放合计	森林碳库 CO_2 吸收量	“碳汇—碳排”的净值
1985	71 607.76	344.59	435.71	72 388.06	6 966.73	−65 421.33
1990	68 670.02	44.79	390.10	69 104.91	84 334.10	15 229.19
1991	66 989.62	49.93	413.04	67 452.59	84 700.77	17 248.18
1992	65 252.89	92.71	384.90	65 730.50	84 700.77	18 970.27
1993	64 145.13	47.48	455.01	64 647.62	96 067.54	31 419.92
1994	62 298.57	47.97	525.12	62 871.66	95 700.87	32 829.21
1995	61 059.44	120.22	532.43	61 712.09	96 067.54	34 355.45
1996	60 841.77	310.04	518.68	61 670.49	95 700.87	34 030.38
1997	59 218.33	93.51	544.60	59 856.44	96 067.54	36 211.10
1998	57 921.28	43.68	743.85	58 708.81	101 200.92	42 492.11
1999	55 488.99	69.65	827.32	56 385.96	100 834.25	44 448.29
2000	53 628.77	141.07	885.76	54 655.60	101 200.92	46 545.32
2001	52 021.54	73.78	957.54	53 052.86	101 200.92	48 148.06
2002	50 748.14	76.16	1 025.32	51 849.62	101 200.92	49 351.30
2003	49 938.84	721.74	1 200.10	51 860.68	107 434.31	55 573.63
2004	48 839.48	225.63	1 327.25	50 392.36	107 434.31	57 041.95
2005	47 766.52	115.94	1 473.54	49 356.00	107 434.31	58 078.31
2006	46 715.26	636.98	1 466.35	48 818.59	107 434.31	58 615.72
2007	46 817.29	45.34	1 432.38	48 295.01	107 434.31	59 139.30
2008	49 372.60	80.72	870.08	50 323.40	120 267.76	69 944.36
2009	51 807.80	71.88	975.54	52 855.22	120 267.76	67 412.54
2010	52 939.52	72.25	1 123.02	54 134.79	120 267.76	66 132.97
2011	51 794.09	43.05	1 239.00	53 076.14	120 267.76	67 191.62
2012	50 601.41	22.55	1 432.77	52 056.73	120 634.43	68 577.70
2013	50 978.74	22.44	1 926.36	52 927.54	120 267.76	67 340.22
2014	49 115.88	30.28	2 133.36	51 279.52	120 267.76	68 988.24
2015	48 867.42	20.50	2 255.61	51 143.53	120 267.76	69 124.23
2016	24 225.91	9.86	2 254.73	26 490.50	120 267.76	93 777.26

总体来看，林业生产的三类碳源序列中，林木采伐剩余物产生的 CO_2 排放呈现出不断降低的趋势，从 1985 年的 71 607.76 万 t 降低到 2016 年的 24 225.91 万 t，年均减量 1 528.45 万 t。与此相反，由于林业生产能耗量不断增加导致排放呈现不断增加的趋势，1990—2016 年年均增排 6.98%。由于森林火灾发生概率的不确定性，其年度排放量呈波动趋势，最大为 2006 年（636.98 万 t），最小为 2016 年（9.86 万 t）。在林业生产的三类排放中，占有绝

对比重的是林木采伐活动，2000 年之前占比高达 99%，之后稍有降低，2015 年达 96%，2016 年快速下降到 91%。

2016 年无论是森林采伐还是森林火灾，CO_2 排放量都出现了大幅减量，林业的“碳汇与碳排”差值也达到历史最高。这显然离不开我国正在开展的林业生态文明建设，一方面体现了林业生产的绿色转型，在大幅削减木材采伐量的同时提高了森林生态系统的整体碳汇水平；另一方面标志着我国林业在适应和缓解气候变化过程中的贡献越来越大。为了更加深入地分析林业发展对我国生态文明建设所起的正向环境影响，接下来借助 IPAT 方程进行解析。

2 林业“碳汇与碳排”差值的环境影响分析

2.1 环境影响分析模型的设定

IPAT 模型是美国著名人口学家 Paul R. Ehrlich 提出的描述人文驱动力与环境压力之间关系，了解人类和自然系统之间动态耦合的定量模型[16]。

IPAT 基本模型表达式：

$$I=\left(\frac{I}{C}\right)\times\left(\frac{C}{P}\right)\times P=T\times A\times P，设\frac{I}{C}=T,\frac{C}{P}=A \tag{7}$$

式中，I —— impact，表达集成的环境影响，常用资源、能源或废弃物表达等；

C —— consume，表达消费总量或总产出，常用 GDP 表示；

P —— population，表达人口规模，常用年末人口数量表示；

A —— affluence，表达富裕程度，常用人均 GDP 表示；

T —— technology，表达技术进步，常用单位 GDP 形成的环境指标表达。IPAT 模型具有较强的逻辑结构，要求等式两边的量纲一致。

近年来，很多学者利用 IPAT 模型来分析社会经济各因素对自然资源或污染物排放的影响。严峻的环境问题引导人们对资源消耗投入了更多的关注，大多数研究利用 IPAT 模型分析人类活动产生的负向环境影响，也就是 T 通常表达的是资源消耗或废弃排放等产生的环境压力。但是 I 也可以赋予积极的活动内容，利用 IPAT 模型来分析生产行为的正向环境影响。生态文明建设下，我国陆续出台了一系列重大的生态战略，林业活动转向绿色生产，其对生态系统的正向影响程度大大提高，在此也需要给予关注和评价。

传统的 IPAT 模型中的自变量 P、A、T 可以分解成若干在概念上适合的其他变量[17]。因本文关注的是森林碳汇与林业生产碳排放的共同作用带来的环境影响，根据 IPAT 模型的构造原理，将 P 代表的人口因素替换为森林面积 S，GDP_L 为林业系统生产总值，将 I 设为林业的“碳汇和碳排”之差（净碳汇量），该指标具有集合意义，既含有森林碳汇的积极意义，也隐含着林业碳源的消极影响，其集合意义表示环境影响（I 的符号为正表示正向的环境影响，反之表示负向的幻影影响）。林业碳汇净量的环境影响模型为

$$林业净碳汇量 I = S \times \frac{\mathrm{GDP}_L}{S} \times \frac{\mathrm{I}}{\mathrm{GDP}_L} \tag{8}$$

式中，S—— 我国森林面积，可以看成森林生态富裕度指标；

$\frac{\mathrm{GDP}_L}{S}$ —— 单位森林面积的林业生产总值，是林业经济富裕度指标；

$\frac{\mathrm{I}}{\mathrm{GDP}_L}$ —— 单位林业生产总值所贡献的净碳汇量，将其作为模型中技术水平因子 T 的指标内容，不仅能体现林业发展的技术进步，还能体现我国林业生产的文明程度。

2.2 林业净碳汇量的环境影响分析

根据林业净碳汇量的环境影响模型[式（8）]，通过 SPSS 软件进行线性回归，并进行多重共线检验，结果见表 3。

表 3 SPSS 回归分析及多重共线诊断

模型	非标准化系数		标准系数	t	Sig.	共线性统计量	
	B	标准误差	试用版			容差	VIF
（常量）	−4.723 2	0.606		−7.797	0.000		
VAR S	3.855	0.425	0.397	9.062	0.000	0.217	4.607
	0.576	0.128	0.175	4.483	0.000	0.272	3.673
VAR $\frac{\mathrm{I}}{\mathrm{GDP}_L}$	3.498	0.140	0.635	24.904	0.000	0.641	1.560

注：因变量为森林碳汇与林业生产碳排放之差，即林业净碳汇量 I 调整。 $R^2 = 0.989, F = 793.148$ 。

由表 3 回归结果可以看出，IPAT 模型不仅拟合效果显著，而且通过了多重共性检验（容差大于 0.1 或 VIF 取值为 1～10），模型能较好地解释林业碳汇的环境影响。将回归系数代入模型，可以写成如下形式：

$$\mathrm{I} = -4.723 + 3.855S + 0.576\frac{\mathrm{GDP}_L}{S} + 3.498\frac{\mathrm{I}}{\mathrm{GDP}_L} \tag{9}$$

为较清楚地分析环境影响的回归结果，从系数的非标准化和标准化两个方面来解释。

首先，非标准化系数结果表明：常量为负表示当三个影响因子取值为零时存在净排放量 4.723 亿 t，森林面积每增加 1 亿 hm^2，就会使林业净碳汇量平均增加 3.855 亿 t，林业经济富裕度每提高 1 个单位（亿元/万 hm^2），就会使林业净碳汇量平均增加 0.576 亿 t，林业经济技术水平每提高 1 个单位（亿 t/亿 t），就会使林业净碳汇量平均增加 3.498 亿 t。可以看出，不论是生态富裕度、林业经济富裕度，还是林业技术进步都与环境影响表现出同向的变动关系，但其影响程度还需要看标准化系数。标准化系数具有不同自变量之间的可比性，标准化系数越大，表示该变量的影响作用越强。由表 3 的标准化系数可以看出，三个自变量因素中对因变量影响程度最大的是表达林业技术进步的指标即单位林业生产总值的林业净碳汇量，其次是表达森林生态富裕度指标的森林面积，然后是表达林业经济富裕度指标的单位森林面积产生的林业生产总值。

本文基于 IPAT 模型构建林业碳汇环境影响指标及其回归分析，是林业被赋予生态文明建设重要作用下，从林业自身对碳汇与碳排方面进行环境影响测算和评估的一次尝试，其结果表明，无论是森林生态富裕度指标还是林业经济富裕度指标及其技术进步因素，对林业碳汇作用的真实发挥都具有同向的影响作用，其中影响程度较高的是林业生产技术，这是因为提升林业技术效率可以一定程度上带来林业生产的减排和相应的林业增汇。而森林面积变动引起的环境影响也是不容忽视的，目前我国每年都通过人工造林、飞播造林和封山育林来不断扩大森林面积，其带来的正向环境影响即是通过不断提高的森林碳汇效应来实现林业在应对气候变化中的重要作用。

3　结论与建议

林业在应对气候变化中发挥着重要作用，在生态文明建设中被赋予重要地位。本文基于生态文明视角，对我国林业生产的生态文明程度从“碳汇与碳排”的净值角度进行计量与评价。主要结论和建议如下：

（1）森林碳库主要由森林生态系统的地上植被和林地土壤组成，随着我国森林面积和蓄积量的增长，森林碳汇量呈线性上升，但森林碳库受林木采伐、森林火灾影响较大。基于蓄积量的森林碳汇环境影响评价时不应该包括这两部分的转移量或损毁量。除此之外，评价森林碳汇的真实作用时也应该将林业生产导致的碳排放量作为抵消量排除。与林业生产有关的碳排放中，林木采伐剩余物产生的排放量占比最高，但长期来看呈现下降趋势，尤其是 2016 年，森林采伐大幅减量直接致使排放的碳大量降低。其次，林业生产的耗能排放尽管相对较少，但随着能耗的增加碳排放也在不断上升。因此，林业碳汇作用的发挥应该体现为森林碳汇与林业生产碳排放的差值，在此称为林业的净碳汇量。整个观察期，林业的净碳汇量从负值变为正值，之后不断增长，一定程度上体现了我国林业供给的净碳汇服务呈现出不断增强的趋势。

（2）林业既有正向的环境影响也有负向的环境冲击。近年来随着环境问题凸显，人们更多关注如 CO_2 排放、生产耗能等经济活动带来的环境冲击，而对正向的环境作用进行定量分析的不多。基于此，本文运用改进的 IPAT 模型对林业的净碳汇量产生的正向的环境影响进行分析，结果得出林业的净碳汇量分别与表达生态富裕度的森林面积指标、表达林业经济富裕度的单位森林面积的林业 GDP 指标、表达林业技术进步的单位林业 GDP 的净碳汇量指标，这三个驱动因子均呈现同方向的变动关系，其中林业技术进步指标和森林生态富裕度指标的影响程度较大，在深入推进林业生态文明建设过程中，应该对这两个指标给予更多的重视。

（3）随着我国森林面积和森林蓄积的增长，我国森林资源的总量和质量都在不断提高，林业的碳汇服务能力也在不断提高，但林业生产过程中还存在着碳排放较高现象，可喜的是2016 年实现了林木采伐的大幅减量，也实现了森林火灾排放的控制。这种情况下我国林业建设应该继续开源节流、增汇减排，在不断改进林业生产科技以提升林木资源综合利用效率的基础上，降低生产耗能，预防森林火灾，使林业发展实现长期低碳的可持续的生产经营。

此外，本文认为评价林业碳汇的环境影响不能只关注森林的碳汇，而应该从“碳汇与碳排”的差值角度来测评林业碳汇作用的真实环境影响。我国应该建立和完善林业发展的生态文明程度评价机制，使定期的科学的评价体系成为促进林业生态文明建设的有力工具。

参考文献

[1] 陈邦丽，徐美萍. 中国碳排放影响因素分析——基于面板数据 STIRPAT-Alasso 模型实证研究[J]. 生态经济，2018，34（1）：20-24，48.

[2] 罗世兴，吴青.中国采矿业能源消费碳排放脱钩及因素分解分析[J/OL]. 资源与产业：1-7. [2018-02-20]. https：//doi.org/10.13776/j.cnki.resourcesindustries.20180212.010.

[3] 王丽，欧阳慧，马永欢. 经济社会发展对环境影响的再认识——基于 IPAT 模型的城市碳排放分析[J]. 宏观经济研究，2017（10）：161-168.

[4] 李顺龙. 森林碳汇经济问题研究[D]. 哈尔滨：东北林业大学，2005.

[5] 张蓉，李帅锋，张治军. 中国林业碳汇项目开发的障碍分析及对策建议[J]. 中国农学通报，2017，33（13）：45-48.

[6] 刘晓东，王博. 森林燃烧主要排放物研究进展[J]. 北京林业大学学报，2017，39（12）：118-124.

[7] 薛龙飞，罗小锋，李兆亮，等. 中国森林碳汇的空间溢出效应与影响因素——基于大陆 31 个省（市、区）森林资源清查数据的空间计量分析[J]. 自然资源学报，2017，32（10）：1744-1754.

[8] 张震. 由森林蓄积换算因子法计量森林碳汇及经济评价的研究[J]. 上海经济，2017（1）：23-31.

[9] 姜霞，黄祖辉. 经济新常态下中国林业碳汇潜力分析[J]. 中国农村经济，2016（11）：57-67.

[10]邓长春，林晓庆，李建平，等. 我国采伐剩余物的清理和利用现状及对策[J]. 四川林业科技，2016，37（2）：107-110.

[11] 刘俊义. 采伐剩余物可利用率的研究[J]. 森林工程，1995（1）：1-3.

[12] 万志芳，王飞，李明. 林区森林采伐剩余物利用状况分析[J]. 中国林业经济，2007（4）：17-19.

[13] 程豪.碳排放怎么算——《2006 年 IPCC 国家温室气体清单指南》[J]. 中国统计，2014（11）：28-30.

[14] 王效科，庄亚辉，冯宗炜. 森林火灾释放的含碳温室气体量的估计[J]. 环境科学进展，1998，6（4）：1-14.

[15] 曹国良，张小曳，王丹，等. 中国大陆生物质燃烧排放的污染物清单[J]. 中国环境科学，2005，25（4）：389-393.

[16] 王永刚，王旭，孙长虹，等. IPAT 及其扩展模型的应用研究进展[J]. 应用生态学报，2015，26（3）：949-957.

[17] Dietz T，Rosa E A. Rethinking the environmental impacts of population，affluence and technology[J]. Human Ecology Review，1994（1）：277-300.

排污许可制度下的流域水污染物排放标准制定研究

Study on the Formulation of Watershed Water Pollutant Discharge Standards under the Pollution Discharge Permit System

张　培　梁亦欣

（郑州大学环境技术咨询工程有限公司，河南 郑州 450002）

摘　要　排污许可制度是固定污染源环境管理的核心制度，通过排污许可证来实现以环境质量倒逼污染源的差异化管理，河南省探求通过加严地方标准来实现污染源控制与环境质量挂钩，目前，已颁布实施了 7 项流域水污染物排放标准。结合排污许可管理要求，本研究提出了排污许可制度下的流域水污染物排放标准制定的思路，给出了污染物控制项目和排放浓度的确定方法，并以示例的形式说明流域水污染物排放标准制定的技术要点和关键点，最后提出了流域水污染物排放标准与排污许可制度的衔接。

关键词　排污许可　流域　水污染物　排放标准

Abstract　Pollutant discharge permit system is the core system of environmental management for stationary sources, through pollutant discharge permit, the differentiated management of pollution sources by environmental quality is realized, Henan province seeks to achieve the linkage between pollution source control and environmental quality through strict local standards, currently, 7 drainage watershed water pollutant discharge standards have been promulgated and implemented. Combined with pollution discharge permit management requirements, the idea of watershed water pollutant discharge standards under the pollution discharge permit is put forward, the determination methods of pollutant control projects and emission concentration are given, the technical essentials and key points of the watershed water pollutant discharge standards are illustrated in the form of examples, and finally, the connection between watershed water pollutant discharge standards and pollutant discharge permit system is put forward.

Keywords　Pollution discharge permit, Watershed, Water pollutant, Discharge standard

排污许可制度是大部分国家水污染排放控制的核心手段和基本制度，2016 年，我国明确了排污许可制度在固定污染源环境管理中的核心基础地位，在对污染源管理达标排放、环境税征收、环境督察、“三线一单”、允许排污总量等多项制度的基础上，通过排污许可证实现以环境质量倒逼污染源差异化管理的新要求。为建立环境质量为核心的精细化管理制度，河南省探求通过加严地方标准来实现污染源控制与环境质量挂钩，从 2012 年开始进行地方流域水污染物排放标准的制定，目前，已发布实施了海河[1]、蟒沁河[2]、贾鲁河[3]、惠济河[4]、清漠河[5]、洪河[6]、涧河[7]等 7 项流域水污染物排放标准（以下简称“流域标准”），流域标准的制定基于环境质量要求反推固定污染源的污染物允许排放浓度，实现污染源控制与环境质量的挂钩，对改善流域水环境质量、优化产业结构起到了积极的作用。

1 排污许可下的流域标准制定思路

以促进排污许可为核心的固定污染源差异化管理为落脚点，以改善区域水环境质量为目标，紧密结合流域固定污染源排污现状、技术水平和区域水环境特征，坚持“分区、分类、分级、分期”的思路，从流域固定污染源排污现状、区域水环境质量现状、产业结构特征、污染治理水平以及环境管理需求等方面出发，围绕导致水环境突出问题的固定污染源、重点区域、重点水污染物排放行业、主要污染因子等，考虑不同河流水环境质量、保护目标、水文特征、自净能力等因素[8]，采用情景分析法，基于不同时期环境质量要求进行反推，测算不同情景下基于环境质量要求的固定污染源污染物排放浓度要求，同时，综合考虑固定污染源基于技术和经济的可行性，最终确定不同行业、不同区域固定污染源污染物的排放浓度要求，为实现固定污染源的差异化管理和“一证式”污染源管理提供标准支撑。

排放标准的制定过程经过严格的程序，包括立项、开题、征求意见、审议等，充分体现了制订时的技术水平和管理认识水平，流域标准制定的阶段和重点注意的问题，见表 1。

表 1 流域标准制定的阶段和重点注意的问题

阶段	重点注意的问题
前期准备调研阶段	通过对流域社会经济和资源环境的分析，初步掌握流域的基本情况，重点对国内外相关的流域标准进行梳理，对其实施现状进行总结分析，选择具有代表性的流域标准实施地区进行实地调研
开题报告编制阶段	通过对流域水环境质量、水污染源排放特征、重点排污行业、水环境管理等的深入分析，重点对流域存在的水环境问题进行研判，识别出制约流域水环境质量改善的重点区域、主要污染源、重要行业、主要污染物等，结合流域面临的形势和压力，提出流域标准制定的必要性和可行性，完成流域标准编制的开题论证会
标准编制研究阶段	重点是确定流域标准控制的污染物项目及各行业涉及的污染物的排放浓度要求，基于环境、技术、经济、管理的可行性充分论证污染物排放浓度限值
标准征求意见及论证审查阶段	标准征求意见要具有代表性和广泛性，要兼顾各利益相关方，重点征求不同行业、不同类型的固定污染源，地方政府相关部门，相关行业专家等；召开专家技术论证会论证标准编制内容的技术、经济可行性，通过审查会审查标准的规范性、统一性和完整性等

2 污染物控制项目和排放浓度确定方法

2.1 基于情景分析的污染物控制项目确定

对流域内现有的工业行业进行分类分析，识别出各行业排放的污染物项目，构建工业行业和污染物项目网络图，同时，结合地表水环境质量考核指标、水污染物总量控制指标、流域产业发展方向、水环境监测能力等所涉及的污染物项目，基于问题导向、目标导向、行业导向和流域导向四个不同情景，分析确定各情景下的污染物控制项目，并进行优劣点分析和比选，结合国家的相关要求和流域标准制定的目的，最终确定流域标准需控制的污染物项目。以洪河流域标准为例，洪河流域标准固定污染源污染物控制项目筛选技术路线如图 1 所示，四种情景下的污染物控制项目筛选对比如表 2 所示。通过比选分析、专家咨询等最终确定洪河流域标准采用情景 2 筛选出的污染物控制项目。

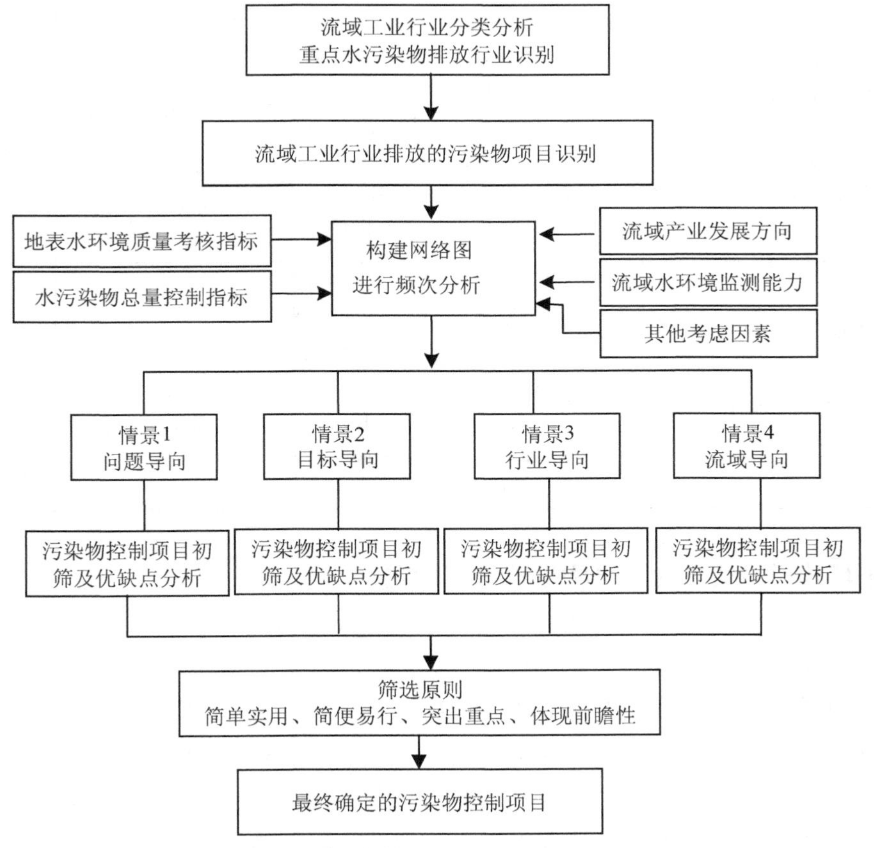

图 1 洪河流域标准污染物控制项目确定技术路线图

表 2　洪河流域标准四种情景下的污染物控制项目确定对比表

情　景	考虑因素	污染物控制项目	优　点	缺　点
情景 1 问题导向（8 项）	考虑导致断面水质超标的污染物项目，国家总量控制的污染物项目和重点水污染物排放行业（造纸、皮革、医药、食品行业）共性的污染物项目	化学需氧量、氨氮、五日生化需氧量、总氮、总磷、pH、悬浮物、色度	问题针对性强，标准内容简单，便于实施	与行业标准交叉执行多
情景 2 目标导向（26 项）	考虑国家总量控制的污染物项目、21 项水环境质量考核因子、重点水污染物排放行业（造纸、皮革、医药、食品行业）污染物项目、区域行业发展方向、区域水环境监测能力和企业数量等，同时考虑区域存在的重点问题	较情景 1 增加了 18 项污染物控制项目，分别为：石油类、挥发酚、硫化物、氟化物、阴离子表面活性剂、总氰化物、总铜、总锌、硒、总砷、总汞、总镉、六价铬、总铅、动植物油、总铬、氯离子、粪大肠菌群数	目标明确，控制住断面水质考核和总量考核的污染物项目及行业共性的污染物项目	与行业标准交叉执行多
情景 3 行业导向（38 项）	考虑将重点水污染物排放行业（造纸、皮革、医药、食品行业）涉及的污染物项目均纳入标准中，综合考虑国家总量控制的污染物项目、21 项水环境质量考核因子等	较情景 2 增加了 12 项污染物控制项目，分别为：可吸附有机卤素、二噁英、甲醛、乙腈、苯胺类、硝基苯类、二氯甲烷、总镍、烷基汞、总余氯、总有机碳、急性毒性	覆盖重点水污染物排放行业，最大限度上控制住流域内重点水污染物排放行业涉及的污染物控制项目	污染物控制项目多，基层环保部门监督执法和企业实施标准的难度高
情景 4 流域导向（54 项）	考虑国家总量控制的污染物项目、21 项水环境质量考核因子、流域涉及的所有行业的污染物项目等	较情景 3 增加了 16 项污染物控制项目，分别为：总铍、总银、总α放射性、总β放射性、总锰、总钴、总铁、总铝、总钡、二氧化氯、肠道致病菌、肠道病毒、结核杆菌、石棉、活性氯、氯乙烯	最大限度上减少了本标准与行业标准的交叉执行	标准较为复杂，污染物控制项目多，基层环保部门监督执法和企业实施标准的难度高

2.2　基于环境质量要求的污染物排放浓度确定

如图 2 所示，基于考核断面和流域水系特征，运用 GIS 技术对流域进行控制单元的划分，根据各控制单元的污染特征，筛选确定优先控制单元，针对每一个优先控制单元，以受纳河段控制断面水质目标为控制基准，采用水质目标反演法，反推河段上游固定污染源污染物的排放浓度要求，从而实现排放标准与水环境质量的有效衔接，进一步考虑经济技术可行性，确定不同行业、不同区域的固定污染源污染物排放浓度要求[9]。

基于环境质量要求的化学需氧量和氨氮排放浓度限值的确定采用 S-P 模式，预测污染物在均匀河段中进行一级衰减反应的单一水质组分的稳态方程为

$$C = C_0 \exp\left(-k\frac{x}{86\,400u}\right)$$

式中，C—— 预测断面的水质质量浓度，mg/L；

C_0—— 起始断面的水质质量浓度，mg/L；

k—— 水质综合降解系数，d^{-1}；

x—— 断面间河段长，km；

u—— 河段平均流速，m/s。

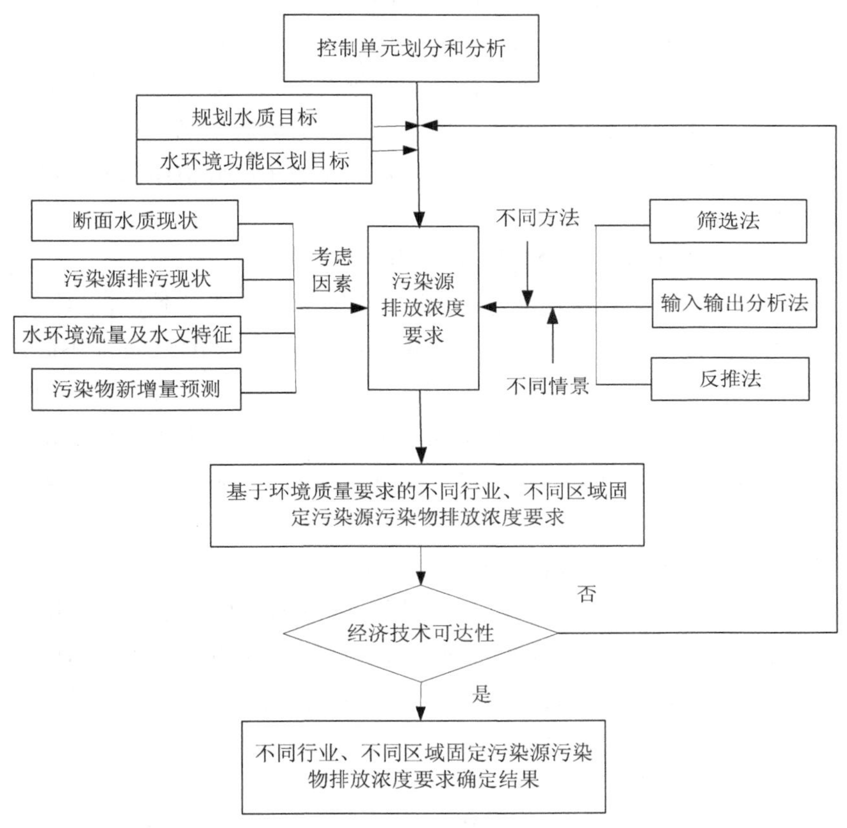

图 2　主要污染物排放浓度确定技术路线图

3　流域标准制定的技术要点和关键点

3.1　综合性的水污染物排放标准

流域标准的制定涉及的区域范围大、行业类型多、水环境差异特征明显，决定了流域标准的制定是一个复杂的、系统的工程，需综合考虑对流域水环境产生影响的工业企业、公共污水处理系统和畜禽养殖业，从这三类污染源着手，分别规定其水污染物排放要求；为了节约水资源，促进水资源的循环利用，防范工业企业稀释污染物，控制排放总量，流域标准同时需对重点水污染物排放行业的基准排水量进行规定，从排水浓度和排水量两个方面加强对重点水污染物排放行业的管理；流域标准不仅对直接排入外环境的污染源的水污染物排放进行规定，同时对排入公共污水处理系统的污染源的水污染物排放进行要求，以确保公共污水处理系统的稳定运行，因此，流域标准是一个综合性的水污染物排放标准。

流域标准在制定过程中，重点分析重点水污染物排放行业的污染物的排放浓度要求，首先针对流域的所有行业确定一个统一的、最低的排放浓度限值要求，如果目前国家行业标准或河南省行业标准中的污染物控制项目的排放浓度限值严于流域标准确定的最低排放浓度限值要求的，将其直接纳入流域标准中。例如，洪河流域标准规定了总氮的最低排放浓度限值为 15 mg/L，目前，国家行业标准中造纸企业、制浆和造纸联合生产企业总氮排放浓度限值为 12 mg/L，铅冶炼工业、橡胶制品工业（乳胶制品企业除外）总氮排放浓度限值为 10 mg/L，则直接将这几类行业国家规定的排放浓度限值纳入本标准中，以保证本标准的完整性与国家标准的衔接性。

3.2 污染物排放浓度限值不与环境功能区挂钩

过去，大部分污染物排放标准是分级别的，分别对应相应的环境功能区。流域标准制定过程中，污染物排放浓度限值不再根据污染源所在地区环境功能不同而不同，而是基于区域的环境质量要求，根据不同工业行业的工艺技术、污染物产生量、污染物处理技术，综合考虑经济成本等因素确定，避免了低功能区由于污染物排放浓度限值宽松引起的水环境质量下降，同时体现了流域标准对区域内不同行业的公平性和公正性，为企业创造一个公平的竞争环境。

3.3 实现污染物排放浓度限值与环境目标相衔接

为了逐步解决流域突出的水环境问题，实现规划水质目标要求和水环境功能区划目标要求，流域标准的制定分别以考核断面规划水质目标和水环境功能区划目标为控制基准[10]，采用水质目标反推法，依据控制单元水环境容量测算结果，反推河流上游污染源污染物的排放浓度限值要求，从而实现污染源污染物排放浓度限值与环境目标的衔接，以促进环境目标的达成和环境质量的改善。

3.4 分类别确定污染源污染物排放浓度限值

考虑到不同类型污染源对流域水环境和经济发展的贡献不同，流域标准的制定分别针对工业企业、公共污水处理系统和畜禽养殖业，分别规定其水污染物排放要求，有宽有严，区别对待。对于工业企业，进一步分类为重点水污染物排放行业和其他行业，重点水污染物排放行业在污染物控制项目的筛选和污染物排放浓度限值确定的过程中重点分析，较国家行业标准适当加严排放浓度限值要求，同时确保技术经济可达性；同时，根据工业企业性质进行进一步的分类，分为现有企业和新建企业，对于现有企业，给予一定的过渡期，分两个时段逐步达到标准规定的排放浓度限值要求，新建企业自标准实施之日起直接执行标准确定的排放浓度限值要求。例如，洪河流域标准分别规定了公共污水处理系统、畜禽养殖业和工业企业的水污染物排放控制要求，对于工业企业，现有排污单位自 2018 年 7 月 1 日起，新建排污单位自 2017 年 1 月 1 日起执行标准规定的水污染物排放控制要求。

3.5 分区域确定污染源污染物排放浓度限值

洪河流域标准在制定过程中，考虑到洪河流域社会经济发展水平、污染特征和水环境承载能力空间差异性较大，上游舞阳县和舞钢市属于经济好、水质差、承载力低的区域，其他地区相反，因此，采取分区域确定污染源污染物排放浓度限值的思路。对于舞阳县和舞钢市的工业企业和公共污水处理系统进一步加严排放要求，规定其化学需氧量和氨氮排放浓度限值分别为 40 mg/L 和 4.0 mg/L；对于其他地区，经济基础薄弱、水质相对较好、有一定的水环境承载能力，结合区域特征和水质目标反演结果，确定工业企业化学需氧量和氨氮排放浓度限值分别为 60 mg/L 和 5.0 mg/L，公共污水处理系统化学需氧量和氨氮排放浓度限值分别为 50 mg/L 和 5.0 mg/L。

3.6 分行业确定污染源污染物排放浓度限值

涧河流域标准在制定过程中，考虑到涧河流域有 87.5%煤炭开采企业集中在陕州区、渑池县境内，77.8%的食品加工企业集中在渑池县境内，且煤炭开采工业污染贡献小、污染治理较为容易，食品加工工业污染贡献大、经济贡献小，因此提出对陕州区、渑池县的煤矿开采工业、渑池县的食品加工工业适度加严排放浓度限值要求，即规定陕州区的煤炭开采工业、渑池县的煤炭开采工业和食品加工工业化学需氧量排放浓度限值为 40 mg/L，这两个区域内的其他行业和其他区域的所有行业化学需氧量排放浓度限值为 50 mg/L。

3.7 分阶段加严，逐步取消行业排污特权

海河流域标准是河南省首个流域标准，在海河流域标准的制定过程中，考虑到海河流域面积大，涉及的工业企业众多，行业类型复杂，工业企业工艺技术水平和污染治理水平与国内先进水平相比存在较大差距，为稳妥推进海河流域标准的实施，在综合考虑现有工业企业的排污状况、技术装备水平、生产工艺水平、污染治理能力及技术经济可行性等各种因素的基础上，确定现有工业企业的标准实施划分为两个时段，污染物排放浓度限值逐步加严，即现有工业企业自 2014 年 3 月 1 日起至 2016 年 2 月 29 日止执行第一阶段的排放浓度限值要求，2016 年 3 月 1 日起，执行第二阶段的排放浓度限值要求，同时取消了行业间的差异，规定了第二阶段工业企业化学需氧量排放浓度限值均为 50 mg/L。

3.8 降低流域标准与行业标准的交叉执行

遵循综合性排放标准与行业性排放标准不交叉执行[12]的原则，在流域标准制定的过程中，将流域标准确定的污染物控制项目中，国家和河南省地方污染物排放标准严于流域标准的排放浓度限值纳入流域标准中，以保证流域标准的完整性，降低标准的交叉执行。

4 流域标准与排污许可制度的衔接

环境标准是排污许可证确定许可限值的依据，排污许可证是保证环境标准有效实施的载体[13]。环境标准和排污许可制度的关联性体现在企事业单位的污染物许可排放浓度限值、许可排放量的确定以及排污单位的自行监测、实际排放量的核算等，要以现有的污染物排放标准为基本依据。流域标准作为河南省的地方标准，在执行排污许可制度时，流域

标准应作为核发机关依法确定企事业单位排放污染物浓度及实际排放量的主要依据之一，排污许可证载明的主要污染物类型应以相应的行业标准中的污染物为准，申请的污染物排放浓度和实际排放量应符合流域标准的排放限值要求，通过流域标准与排污许可制度的衔接，即可在一定程度上实现与环境质量的挂钩。排污许可证是获取完整、可靠行业数据的基础，基于行业数据和区域环境特征，进一步评估流域标准的实施效果，为下一步流域标准的修订提供必要的数据和信息来源，同时为其他流域制定流域标准奠定基础。

参考文献

[1] 省辖海河流域水污染物排放标准（DB 41/777—2013）[S]. 2013.

[2] 蟒沁河流域水污染物排放标准（DB 41/776—2012）[S]. 2012.

[3] 贾鲁河流域水污染物排放标准（DB 41/908—2014）[S]. 2014.

[4] 惠济河流域水污染物排放标准（DB 41/918—2014）[S]. 2014.

[5] 清潩河流域水污染物排放标准（DB 41/790—2013）[S]. 2013.

[6] 洪河流域水污染物排放标准（DB 41/1257—2016）[S]. 2016.

[7] 涧河流域水污染物排放标准（DB 41/1258—2016）[S]. 2016.

[8] 吴丹，肖锐敏，李薇，等．湖北省府河流域氯化物排放标准制定的研究[J]. 环境科学与技术，2003，26（2）：6-8.

[9] 制定地方水污染物排放标准的技术原则与方法（GB 3839—83）[S]. 1983.

[10] 孟伟，王海燕，王业耀. 流域水质目标管理技术研究——控制单元的水污染物排放限值与削减技术评估[J]．环境科学研究，2007，20（4）：1-8.

[11] 史会剑，蔡燕，等. 山东省流域水污染物综合排放标准[J]. 中国环境管理干部学院学报，2011，21（3）：1-3.

[12] 环境保护部环境工程评估中心. 环境影响评价——技术导则与标准（2012 版）[M]. 北京：中国环境科学出版社，2012：8.

[13] 张静，蒋洪强，周佳．基于排污许可的环境标准制度改革完善研究[J]. 中国环境管理，2017（6）：30-40.

环境污染责任保险实施现状、问题和建议

Current Situation，Problems and Suggestions on the Implementation of Environmental Pollution Liability Insurance

朱文英　曹国志[①]

（环境保护部环境规划院，北京 100012）

摘　要　环境污染责任保险（以下简称环责险）将在防范环境风险、促进生态文明建设方面发挥重要作用。本文对我国目前企业环责险发展的历程和现状进行了梳理，对环责险存在的问题进行了分析，并对推动企业环责险的发展提出了建议，同时对区域环责险的探索实施进行探讨，分析了区域环责险实施的意义和可行性。

关键词　环境污染责任保险　现状　问题　建议

Abstract　Environmental pollution liability insurance will play an important role in preventing environmental risks and promoting ecological civilization construction. This paper reviews the development process and current situation of China's enterprise environmental liability insurance, analyzes the existing problems of environmental liability insurance, and puts forward suggestions for the development of enterprise environmental liability insurance, as well as suggestions for the development of regional environmental liability insurance, and analyzes the significance and feasibility of regional environmental liability insurance.

Keywords　Environmental pollution liability insurance，Current situation，Problems，Suggestions

“两山”理论是习近平生态文明思想的重要组成部分。推动“两山”理论实践，促进生态文明建设，绿色金融手段可起到重要作用。绿色金融政策大体可分为三类：绿色信贷政策、绿色保险政策和绿色证券政策。其中，绿色保险的实施有利于分散企业的环境风险，利用费率杠杆促使企业加强环境风险管理，提升企业环境管理水平[6]，促进企业发展转型，助推生态文明建设，有利于实现绿水青山向金山银山的转化。

① 通信作者：曹国志，生态环境部环境规划院环境风险与损害鉴定评估研究中心主任助理，主要从事环境风险评估与管理研究，E-mail：caogz@caep.org.cn。

1 我国环境污染责任保险政策制度发展历程和实施现状

2006 年，国务院《关于保险业改革发展的若干意见》首次提出“发展环境污染责任等保险业务”，2007 年 12 月，国家环保总局与中国保监会联合出台《关于环境污染责任保险工作的意见》，正式启动环境污染责任保险（以下简称环责险）试点工作。2013 年 1 月，环境保护部和中国保险监督管理委员会联合出台《关于开展环境污染强制责任保险试点工作的指导意见》，明确了环境污染强制责任保险的试点企业范围、保险条款和保险费率的设计要求、风险评估和投标程序、环境风险防范和事故理赔机制、信息公开和保障措施等。2014 年，修订后的《环境保护法》第 52 条规定，“国家鼓励投保环境污染责任保险”。2015 年 4 月，《中共中央　国务院关于加快推进生态文明建设的意见》提出“深化环境污染责任保险试点”；9 月，中共中央、国务院印发的《生态文明体制改革总体方案》明确“在环境高风险领域建立环境污染责任保险制度”。2016 年 8 月，中国人民银行、环境保护部、保监会等七部门联合印发《关于构建绿色金融体系的指导意见》，第 22 条规定，在环境高风险领域建立环境污染责任强制保险制度。2017 年 6 月，环境保护部发布《环境污染强制责任保险管理办法（征求意见稿）》，对环境污染强制责任保险的投保与承保、风险评估与排查、赔偿、对应保未保的惩处等相关条款进行了规定，2018 年 5 月，生态环境部部务会议审议并原则通过《环境污染强制责任保险管理办法（草案）》。

目前，全国大部分省份已开展环责险试点，覆盖涉重金属、石化、危险化学品、危险废物处置等行业，保险公司已累计为企业提供超过 1 300 亿元的风险保障金。2017 年，环责险为 1.6 万余家企业提供风险保障 306 亿元[7]，参与试点的保险产品从初期的 4 个发展到目前的 20 余个，国内各主要保险公司都加入了试点工作。各地在推动企业投保环责险方面做了大量工作。

一是制定强制环责险政策制度。目前，多地都制定了强制环责险相关制度，提出了强制投保范围和要求等。例如，海南省生态环境保护厅与海南保监局联合下发《推进环境污染强制责任保险试点工作实施意见》，规定自 2018 年 6 月 1 日起，全省石化及造纸行业作为试点强制参加环责险，鼓励涉重金属、危险化学品、危险废物处置、医疗废物处置等其他行业积极投保环责险。深圳保监局与深圳市人居委制定《深圳市环境污染强制责任保险试点工作方案》，发布强制投保企业名单，对环责险赔偿范围、责任限额、保费确定、责任触发、定损理赔等产品内容均提出了强制要求。

二是探索多样环责险实施机制。为推进强制环责险的发展，湖州市采取“保险+服务+监管+信贷”模式，环保部门、金融办、保险监管部门、银行业、保险业等建立多方联动协作机制，注重企业环境风险防范，并开展联合奖惩，环责险基本实现全区县全覆盖。无锡市按照“政府推动、市场运作、专业经营、风险可控、多方共赢”的基本原则，成立保险共同体，建立环责险长效机制，环责险覆盖范围不断扩大，风险防范初见成效。

三是丰富环责险产品和条款。苏州市创新环责险产品，开发的环责险“自然灾害条款”

“地下储罐条款”“精神损害赔偿条款”等受到企业欢迎。其“预付赔付条款”规定企业发生事故需要应急疏散周边群众或应急处置时，保险公司预先支付保额的50%给企业。青岛市西海岸新区政府购买公共区域环责险，该款保险是国内首例以公共区域环境污染清理为标的，以提高区域环境风险防控和应急能力，减轻政府财政压力。

2　我国企业环责险发展存在的问题

随着企业环责险的不断推行发展，越来越多的企业主动或被动投保，由于投保前保费和企业风险等级相匹配，投保期间保险公司对企业定期开展隐患排查，以及环保部门和保险公司的联动监管等，企业的环境风险得到了更好的管理。但是，自开展企业环责险试点以来，环责险的发展势头缓慢，企业投保积极性欠缺。2017 年，保险业为全社会提供风险保障 4 154 万亿元，同比增长 75%；其中，责任险 251.76 万亿元，同比增长 112.98%，而环责险仅 306 亿元，在责任险中占很小的比例[5]。导致企业投保积极性不高的原因主要有：

2.1　法律保障缺失，强制环责险依据不足

虽然国家层面和地方层面为推动环责险的发展制定了系列政策文件，但这些政策性文件缺乏强制性，企业以自愿购买为主，一些在试点范围内的企业也未投保。《环境保护法》虽提到环责险，但也只是“鼓励投保”。此外，环境损害赔偿制度尚处于全国范围内实行阶段，尚未形成生态环境损害赔偿法律，企业对损害赔偿的意识不足。在强制环责险的法律依据缺乏、企业主动投保意识不足的情况下，环责险自愿购买的氛围将难以形成。

2.2　环责险费率偏高，企业存侥幸心理

一方面，由于环责险保险费率偏高，出险率低，一些企业认为增加了成本。同时，长期以来，部分企业造成环境污染事故后常由政府埋单，部分企业存在侥幸心理。另一方面，在投保企业较少的情况下，难以满足保险公司的“大数定律”，企业一旦发生严重的环境污染事件，保险公司面临的高额赔偿甚至超过保费收入，因此环责险的费率处于偏高水平。两个方面相互制约，无法形成良性循环。

2.3　保险产品单一，保险责任范围偏窄

根据《环境污染强制责任保险管理办法（征求意见稿）》，目前强制环责险范围仅针对高风险企业，且保险责任范围仅包括突发环境事件导致的人身损害、财产损害、生态环境损害、应急处置与清理费用，对不符合条件的高风险企业、移动环境风险源（如危险化学品车辆）等没有投保要求和相应的保险产品，对自然灾害等导致的损害也不在保险责任范围。同时，企业累积性环境污染事件的发生历经时间较长，造成的影响较重，保险企业考虑到成本问题，承保累积性环境风险的积极性受到影响。此外，如未投保环责险的企业发生环境污染事件，其风险没有相应的保险公司分担，仍可能发生企业负担不起而由政府承担的情况。

2.4　技术支撑不足，评估标准体系有待健全

保险公司承保企业环责险，需由专业人员在承保前对企业进行环境风险评估，在承包

期间对企业进行“环保体检”。目前出台的企业环境风险评估方法有《企业突发环境事件风险分级方法》《尾矿库突发环境事件风险评估指南》，以及硫酸、氯碱、粗铅三个行业的风险评估方法。但是《企业突发环境事件风险分级方法》的适用范围有限，对《环境污染强制责任保险管理办法（征求意见稿）》规定的石油和天然气开采、放射源、化工码头、油气码头等经营活动的并不适用。另外，目前缺乏企业累积性环境风险评估方法，造成环责险对企业累积性环境风险的承保没有衡量依据。此外，环责险涉及的企业现场排查和风险评估专业性较强，保险公司缺乏环境专业人才配备，自主创新环责险产品受到限制。

3 环责险实施建议

3.1 采取措施促进企业环责险发展

一是完善法律法规。建议出台环责险条例，提高环责险的法律地位，明确强制环责险的投保范围和惩罚措施等，强制企业投保环责险，为企业环责险的实施提供法律法规保障。另外，出台生态环境损害赔偿法，完善环境污染损害赔偿法律法规体系，倒逼企业主动购买环责险。美国完善的法律法规体系促进了企业强制环责险的实施。

二是信用共享、联合惩戒。加强环保、银行、保险公司等部门的信息共享，依靠已成熟的环境管理制度，将绿色保险与环境信用评价、绿色信贷以及企业排污许可、总量控制等制度有效衔接，发挥环境管理协同效应。将企业投保环责险情况与企业信贷资质、信用评定等联系起来。银行授信时，将企业是否投保环责险作为实施差别化信贷政策的重要依据，对投保企业给予优先放贷等优惠政策[4]。对应投保环责险而未投保的企业，采取行政、信贷等方面的联动惩戒。江苏省原环境保护厅与省信用办、工商、银监、财政、科技、税务、银行业金融机构等都建立了信用信息共享机制，实行联动激励惩戒，环责险发展势头较好。

三是建立环责险共保体。适应共保体模式的风险类型及特征为“风险和损失属于低频、高损，缺乏大数据支持，救灾需要大量人力、物力、财力的投入，灾害损失对国家战略和社会安定有重大影响，具有典型的公共性特征，有较高的技术需求等”[3]。当前企业环境责任保险在很大程度上符合以上特征，特别是重大突发环境事件，其发生的概率低，后果严重，应急处置专业性强，事件造成的损失数据缺乏。发展环责险共保体，单个保险公司难以承担的风险，可以通过开展合作化解。例如，1989 年，法国保险业组建了环境责任再保险共保体（ASSURPOL），由 50 家保险公司和 15 家再保险公司组成，承保能力高达 3 270 万美元，在抑制污染和保护环境方面发挥了重要作用。2011 年 7 月，无锡市环保局通过公开招标方式确定人保财险等五家保险公司成立无锡市环责险共保体。以共保体的形式开展多保险公司的合作，明显提高了承保能力。

四是建立专业环责险机构。环责险专业性强，投保前的风险评估、费率厘定，保期内定期的隐患排查，事件发生后理赔的损害鉴定等过程，均是承保环责险过程中的重要工作，需要有专业从事环境风险和损害鉴定的人员提供支持。因此，建议设立专业环责险机构，增强保险机构技术能力，为企业提供定制型保单。美国于 1988 年成立了专门承保环境污染风险的保险集团——环境保护保险公司[3]，由政府出资设立，属于政策性的投保机构，在运营中不以盈利为目的，兼具公益性[1]。

五是创新保险产品。保险机构开发更符合企业需求的保险产品，消除企业“投保容易理赔难”的担忧。例如，苏州市开发的环责险“自然灾害条款”“地下储罐条款”“精神损害赔偿条款”很受企业欢迎。衢州市将安全生产和环境污染保障合二为一，开发出安环险，包含了安全生产事故、环境污染和危险品运输三大保险责任，受到企业的欢迎。另外，建议拓宽承保范围，开发累积性环责险产品或条款。美国、德国、法国等环责险发展较好的国家，累积性环责险均在承保范围。

六是完善环境风险评估方法。完善分行业的企业突发环境事件风险评估方法，特别是针对《企业突发环境事件风险分级方法》不适用的行业，以及针对石化、化工、医药等重点行业，提出细化的企业环境风险评估方法。开展环境风险评估方法的细化研究，例如，将企业环境风险指数化，打破原有的风险简单分级形式，突出不同企业之间和企业在不同时期的环境风险差异，为环责险费率的厘定提供更精细化的依据。开展累积性环境风险评估方法研究，为累积性（渐进式）环责险提供方法支持。

3.2　探索区域环责险

除采取组合措施促进企业环责险的发展以外，还可以尝试探索以区域为单位投保环境责任保险，即一个区域的政府和企业共同出资购买保险，对整个区域的环境污染事件进行投保。

以区域为单位投保环责险，具有以下几个方面的优势：

一是保险范围涵盖整个区域。未投保的企业发生环境污染事故、无法找到责任人的环境污染事故、交通事故造成的环境污染事件等，只要在区域内发生的环境污染事故，都可由区域环责险承保。

二是提升区域环境风险防范水平。保险公司对区域开展区域环境风险评估和隐患排查，可及时发现区域存在的问题，在此基础上区域可有针对性地开展风险防控，提升区域环境风险防范水平。

三是有利于政府部门日常管理。政府部门可将环责险与区域突发环境事件风险评估与管理工作相结合，利用环境风险评估结果制定区域的应急预案。同时，保险公司定期开展区域环境风险排查，排查结果服务于政府日常管理，这些可降低政府的工作量，有利于政府实施区域统筹优化监管、提高重点企业监管的针对性。

四是降低各方成本。降低政府成本：区域内环境污染事件全保，可降低突发环境事件发生后的政府财政压力。降低保险公司成本：区域投保易于满足保险公司大数定律，提高单位保险产品的投保数量，分散环境风险，降低保险公司经营成本和保险产品的开发成本。降低企业投保成本：保险公司成本降低后，费率下降，分摊到各个企业的保费降低。政府和企业还可以一定比例分担保费，降低企业成本。

除以上区域环责险的优势以外，区域环责险的可行性还体现在：

区域环境风险评估有方法参考。目前，针对区域的环境风险评估，国家已出台《行政区域突发环境事件风险评估推荐方法》，开展区域环责险，对区域进行环境风险评估，可参照此方法进行。另外，投保后对区域的“环保体检”，主要是对区域的企业等环境风险源开展环境隐患排查，仍可参照《企业突发环境事件隐患排查和治理工作指南》（试行）等进行。

区域环责险已有类似案例参考。例如，青岛市西海岸新区开展了政府购买区域环境责任保险的试点，政府通过公开招标形式为辖区内一处面积为 13.05 km^2 的工业企业集聚区购买了公共区域环境责任保险，由中国太平洋财产保险股份有限公司青岛分公司以一年45万元的价格取得了承保资格，承保的险种全称为“公共区域环境污染清理费用保险”，承保额为2 000万元，其中海水部分为600万元。此类环责险在防范公共区域环境污染事件、降低事件损害等方面有一定作用，同时避免了政府在区域发生污染事件后的资金投入。

4 结语

习近平总书记指出：“要把生态环境风险纳入常态化管理，系统构建全过程、多层级生态环境风险防范体系。”在“绿水青山就是金山银山”的背景下，完善绿色保险制度，加强企业环责险的推广实施，探索实施区域环责险，鼓励保险机构为加强环境风险监管提供支持，可促进地方环境风险管理，降低环境风险水平，保障区域环境安全。浙江省衢州市以服务实体经济转型升级为导向，深入实施绿色金融“两山转化”工程，积极推动绿色保险、绿色信贷等金融产品创新，有效促进了传统产业转型升级，助推生态文明建设[9]。

参考文献

[1] 葛察忠，翁智雄，段显明. 绿色金融政策与产品：现状与建议[J]. 环境保护，2015，43（2）：32-37.

[2] 朱艳霞. 记者观察：环责险强制施行是机遇更是挑战[EB/OL]. http：//xw.sinoins.com/2018-06/26/content_264731.htm.

[3] 李梦溪. 环责险立法强制迎来曙光[EB/OL]. http：//xw.sinoins.com/2018-06/06/content_263115.htm.

[4] 于建. 绿色金融保险发力，信息共享破题环责险瓶颈[J]. 商业观察，2017（5）：66-68.

[5] 贺震. 江苏环责险缘何一枝独秀？[J]. 环境经济，2016（Z3）：48-54.

[6] 张蕴遐，关恒业. 巨灾保险共保体模式适应性的博弈分析[J]. 江西财经大学学报，2016（6）：65-74.

[7] 林芳惠，苏祖鹏. 美国环境责任保险制度对我国的启示[J]. 水土保持科技情报，2005（5）：5-8.

[8] 魏成成. 美国环境责任保险制度及其对我国的启示[D]. 济南：山东师范大学，2016.

[9] 秦昌波，苏洁琼，王倩，等. “绿水青山就是金山银山”理论实践政策机制研究[J]. 环境科学研究，2018，31（6）：985-990.

环境责任保险中的企业环境风险评估和隐患排查

Environmental Risk Assessment and Hidden Danger Investigation of the Environmental Liability Insurance

周游　杨威杉　朱文英

（生态环境部环境规划院，北京 100012）

摘　要　环境风险评估和隐患排查是企业防范环境风险的重要保障，也是企业参与环境责任保险的重要基础环节。本文总结了我国环境责任保险发展历程，根据我国现有环境风险评估主要技术方法和要点，利用环境责任保险作为市场工具的应用提出推动企业环境风险评估发展的建议。

关键词　环境风险评估　环境隐患排查　环境责任保险

Abstract　Environmental risk assessment and hidden danger investigation are important guarantees for enterprises to prevent environmental risks, and also an important basic link for enterprises to participate in environmental liability insurance. This paper summarizes the development history of China's environmental liability insurance. Based on the main technical methods and key points of China's existing environmental risk assessment, this paper proposes the use of environmental liability insurance as a market tool to promote the development of environmental risk assessment.

Keywords　Environmental risk assessment, Environmental hidden danger investigation, Environmental liability insurance

2018 年 5 月生态环境部务会议原则通过了《环境污染强制责任保险管理办法（草案）》（以下简称《办法（草案）》），该《办法（草案）》对进一步规范和完善环境污染强制责任保险制度，丰富生态环境保护市场手段，降低企业环境风险，保证企业稳定经营，减轻政府财政负担和保障社会稳定等方面具有积极意义。

1　环境责任保险发展历程

环境责任保险，是根据保险合同约定，被保险人在发生环境事故后，被保险人对第三者人身和财产损害、生态环境损害、环境应急处置和清理污染等费用依法承担环境侵权赔偿责任为标的，由保险人代为赔付的保险。

2006 年 6 月，国务院发布了《关于保险业改革发展的若干意见》，提出要“大力发展责任保险，健全安全生产保障和突发事件应急机制，发展包括环境污染责任保险在内的七类责任保险业务”成为我国首个明确提出开展环境责任保险的政策性文件。

2007 年 11 月，《国务院关于印发国家环境保护“十一五”规划的通知》中提出“探索建立环境责任保险和环境风险投资”。同年 12 月，环保总局和保监会联合出台《关于环境污染责任保险工作的指导意见》提出了发展环境污染责任保险的原则。

2013 年 1 月，环保部和保监会联合发布《关于开展环境污染强制责任保险试点工作的指导意见》，提出“在涉重金属企业和石油化工等高环境风险行业推进环境污染强制责任保险试点”，明确了环境污染强制责任保险的试点行业和企业范围。

2015 年 1 月，正式修订生效的《环境保护法》，第五十二条规定“国家鼓励投保环境污染责任保险”，在法律层面明确规定了环境污染责任保险制度的地位，为环境责任保险在全国范围的推广普及提供了强有力的保障。

为进一步完善环境责任保险体系，在环境高风险领域建立环境污染强制责任保险制度，新通过的《办法（草案）》中规范了强制投保范围、责任限额、保险合同等方面的内容，单独列出章节对环境责任保险中的风险评估和投保后风险隐患排查做出规定。承保前，开展环境风险隐患排查，掌握企业环境风险管理水平；承保后，还应定期为企业进行“环保体检”——排查环境风险，发挥保险制度的预防功能。

2 企业环境风险评估和隐患排查

目前，对企业环境风险评估理论和方法研究主要在以突发环境事件为重点的建设项目环境风险评价、重点行业环境风险源评估管理和环境风险综合评价模式及其应用[1]。在企业风险管理上，环保部门相继出台了《建设项目环境风险评价技术导则》《环境风险评估技术指南——氯碱企业环境风险等级划分方法》《环境风险评估技术指南——硫酸企业环境风险等级划分方法（试行）》《环境风险评估技术指南——粗铅冶炼企业环境风险等级划分方法（试行）》《尾矿库环境风险评估技术导则（试行）》《企业突发环境事件风险分级方法》等企业环境风险评估管理规范指南；环境隐患排查方面，2016 年环保部出台了《企业突发环境事件隐患排查和治理工作指南（试行）》。

现阶段，服务于环境责任保险的风险评估和隐患排查尚未有统一的技术规定。风险评估主要参考《企业突发环境事件风险分级方法》，通过现场调研，走访座谈环保、企业工艺领域专家，收集资料，在此基础上计算涉气（水）风险物质数量与临界量比值，研判生产工艺过程与大气（水）环境风险控制水平和大气（水）环境风险受体敏感程度。通过风险矩阵法确定企业突发大气环境事件风险等级和突发水环境事件风险等级，按级别高者确定企业突发环境事件风险等级。企业环境风险等级分为一般环境风险、较大环境风险、重大环境风险（图 1）。

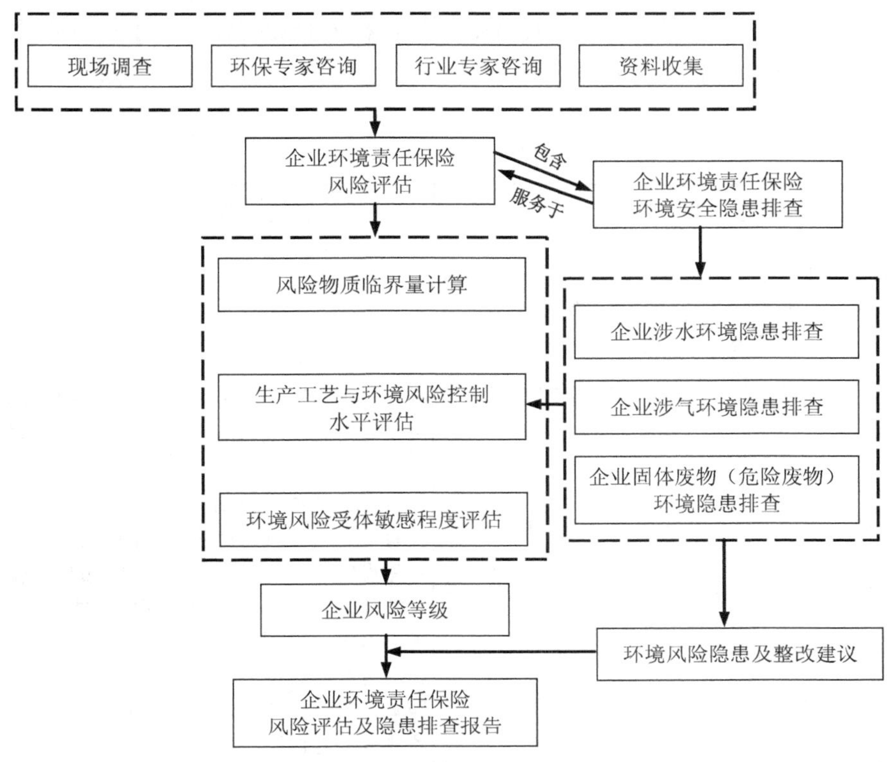

图 1　环境责任保险风险评估及隐患排查流程图

隐患排查是风险评估过程中的重要组成部分，通过隐患排查，发现存在环境隐患的位置、内容、危害和级别。提出整改建议，建立整改清单，为企业治理环境隐患提供明确依据，进一步督促企业落实主体责任。隐患排查工作主要参考《企业突发环境事件隐患排查和治理工作指南（试行）》。

现场环境隐患排查工作，主要通过查看企业环境影响评价报告、突发环境事件应急预案、监测数据等资料，对企业由原料到产品的生产流程，包括堆场、主要生产工段、产污设施、治污设施、排污口等区域场所进行现场核查排查。排查要点见表 1。

通过环境隐患排查，有助于评估团队研判《企业突发环境事件风险分级方法》中企业生产工艺过程与大气（水）环境风险控制水平。

以企业突发水环境事件风险等级划分为例，首先计算企业涉水环境风险物质（涉水风险物质可在《企业突发环境事件风险分级方法》附录中查询）与临界量比值（Q），划分为 Q_0、Q_1、Q_2、Q_3 四个水平来反映企业环境风险源的强度。生产工艺过程与水环境风险控制水平（M）的评估采用评分法，对企业生产工艺过程工艺和设备情况、水环境风险防控措施和突发水环境事件发生情况进行评分，得出生产工艺过程与水环境风险控制水平值（M），并依据 M 值大小将其划分为 M_1、M_2、M_3、M_4 四个类型。水环境风险受体敏感程度，按照企业排口 10 km 范围内受体和保护区情况，同时考虑河流跨界和可能造成的土壤污染情况，分为 E_1、E_2、E_3 三种类型。确定 Q、M、E 后，根据企业突发环境事件风险分级矩阵表（表 2）确定企业突发水环境风险等级。

表 1　环境风险隐患排查要点

水环境风险隐患排查要点	大气环境风险隐患排查要点
一、事故池和应急池 是否设置中间事故缓冲设施、事故应急水池或事故存液池等各类应急池；应急池容积是否满足环评文件及批复等相关文件要求；应急池位置是否合理，是否能确保所有受污染的雨水、消防水和泄漏物等通过排水系统接入应急池或全部收集。 二、污水系统 正常情况下厂区内涉危险化学品或其他有毒有害物质的各个生产装置、罐区、装卸区、作业场所和危险废物贮存设施（场所）的排水管道（如围堰、防火堤、装卸区污水收集池）接入雨水或清净下水系统的阀（闸）是否关闭，通向应急池或废水处理系统的阀（闸）是否打开；受污染的冷却水和上述场所的墙壁、地面冲洗水和受污染的雨水（初期雨水）、消防水等是否都能排入生产废水处理系统或独立的处理系统；有排洪沟（排洪涵洞）或河道穿过厂区时，排洪沟（排洪涵洞）是否与渗漏观察井、生产废水、清净下水排放管道连通。 三、雨水系统和排口 雨水系统、清净下水系统、生产废（污）水系统的总排放口是否设置监视及关闭闸（阀），是否设专人负责在紧急情况下关闭总排口，确保受污染的雨水、消防水和泄漏物等全部收集	一、防护距离 企业与周边重要环境风险受体的各类防护距离是否符合环境影响评价文件及批复的要求。 二、预警和通报机制 涉有毒有害大气污染物名录的企业是否在厂界建设针对有毒有害特征污染物的环境风险预警体系。是否能在突发环境事件发生后及时通报可能受到污染危害的单位和居民。 三、有组织排放 涉有毒有害大气污染物名录的企业是否定期监测或委托监测有毒有害大气特征污染物。 四、无组织排放 企业车间、工段是否存在涉 VOCs、恶臭等气体无组织排放点位

表 2　企业突发环境事件风险分级矩阵表

环境风险受体敏感程度（E）	风险物质数量与临界量比值（Q）	生产工艺过程与环境风险控制水平（M）			
		M_1 类水平	M_2 类水平	M_3 类水平	M_4 类水平
类型 1（E_1）	$1 \leqslant Q < 10$（Q_1）	较大	较大	重大	重大
	$10 \leqslant Q < 100$（Q_2）	较大	重大	重大	重大
	$Q \geqslant 100$（Q_3）	重大	重大	重大	重大
类型 2（E_2）	$1 \leqslant Q < 10$（Q_1）	一般	较大	较大	重大
	$10 \leqslant Q < 100$（Q_2）	较大	较大	重大	重大
	$Q \geqslant 100$（Q_3）	较大	重大	重大	重大
类型 3（E_3）	$1 \leqslant Q < 10$（Q_1）	一般	一般	较大	较大
	$10 \leqslant Q < 100$（Q_2）	一般	较大	较大	重大
	$Q \geqslant 100$（Q_3）	较大	较大	重大	重大

企业环境责任保险环境风险评估和隐患排查报告框架如表 3 所示。

表 3　企业环境风险评估和隐患排查报告基本框架

1 总则
1.1 编制原则 1.2 编制依据
2 企业基本信息与周边环境概况
2.1 企业基本信息 2.2 污染设施运行及污染物排放情况 2.3 企业周边环境风险受体情况
3 环境隐患排查
3.1 企业涉气问题环境隐患排查及防范措施建议 3.2 企业涉水问题环境隐患排查及防范措施建议 3.3 企业固体废物（危险废物）环境隐患排查及防范措施建议 3.4 企业管理类环境隐患排查及防范措施建议
4 企业突发环境事件风险等级
4.1 环境风险物质数量与临界比值 4.2 生产工艺过程与环境风险控制水平分析 4.3 环境风险受体敏感性 4.4 企业环境风险等级确定
5 主要结论及建议
5.1 企业环境风险等级 5.2 企业现有环境风险隐患及整改建议

3　开展企业环境责任保险环境风险评估和隐患排查作用和意义

3.1　完善环境责任保险定价机制

目前环境污染责任保险企业投保费率和赔偿额度，与企业存在的环境隐患和风险等级缺少科学的联系，通过开展企业环境风险评估和隐患排查工作，结合投保企业行业、规模、生产工艺、管理水平、现有环境隐患和周边环境敏感目标等因素，科学合理地制定企业保险费率，投保企业更信服，有助于完善环境责任保险定价机制，推动环境责任保险发展。

3.2　督促企业落实环境主体责任，积极开展环境问题整治

企业每年的投保费用直接与企业现有的环境隐患和风险评估结果挂钩，企业将更为主动地落实环境主体责任，对已有环境隐患进行积极整治，降低突发环境事件发生概率，提高突发环境事件应急能力，减少环境违法行为发生。风险评估和隐患排查工作还将为企业的健康、可持续发展提供保障。

3.3　减轻政府负担，保障社会稳定

通过开展环境责任保险企业环境风险评估和隐患排查，专业的环保技术团队为企业进行诊断，降低企业突发环境风险隐患和纠正企业环境违法行为，有助于降低政府环境领域

压力；企业进行承保，保险公司作为第三方机构提供资金保障，有助于破解“企业污染、群众受害、政府买单”的困局，减轻政府负担，保障社会稳定。

4 结论与建议

我国的环境责任保险中的环境风险评估工作尚处于起步探索阶段，评估标准和技术规范参照原有的企业风险评估方法，有待进一步完善。本文从以下三个方面提出完善我国环境责任保险中企业风险评估建议。

4.1 综合考虑不同类型环境风险

目前，环境责任保险企业风险评估主要考虑突发环境事故下企业存在的环境风险，未综合考虑企业累积性环境风险、已有污染扩散等不同类型环境风险，建议综合考虑各种类型环境风险，完善环境责任保险企业风险评估方法[2]。

4.2 完善风险评估因子

目前，企业风险评估主要考虑风险物质储量、企业生产工艺和管理水平、环境风险受体敏感程度三个方面，对企业所在地的区域特征、有毒有害物质迁移扩散路径及速率等因素未完全考虑在内，建议风险评估过程中进一步加强风险源和风险受体的时空分布特征的研究。

4.3 细分风险评估等级

企业风险等级划分是环境责任险企业风险评估的最终落脚点，风险等级的高低直接跟企业投保费率挂钩，但目前企业风险仅有一般、较大和重大三个等级，往往短周期（1～3年）内企业通过环境隐患整改或加大环保治理设施投入，风险等级不会发生变化，不利于更精确地反映企业风险状况，不利于鼓励积极整改企业降低其投保费率。建议进一步细分企业环境风险等级，使得评估结果更具科学性和实践意义。

参考文献

[1] 曹国志，毛建英，於方，等，企业环境风险评估几个关键问题探讨[C]. 中国环境科学学会学术年会论文集（第四卷），2013：3012-3015.

[2] 於方，牛坤玉，贾倩. 论环境责任保险中的环境风险与环境损害评估[J]. 环境保护，2017(14)：51-55.

唐山市大气污染防治政策综合评价研究

Comprehensive Evaluation of Air Pollution Control Policies in Tangshan City

相　楠　吴佳男　徐　峰
（1 北京工业大学经济与管理学院，北京 100124;
2 北京化工大学经济管理学院，北京 100029）

摘　要　钢铁行业产能过剩，大气治理不断推进，以钢铁产业为经济支柱的唐山市发展动力不足、环境改善压力巨大。中央及地方政府相继出台了一系列的经济发展和环境改善措施，以实现经济发展和大气改善的双重目标。但各种政策的实施对经济发展和大气环境的影响程度以及不同政策措施带来的经济发展、环境改善效果并未佐证。本研究以系统动力学理论、投入产出理论和计量经济学理论等相关理论为基础，构建唐山市大气污染防治政策综合评价模型，采用多目标动态仿真模拟方法，预测并分析 2016—2020 年唐山市既定的经济发展和大气污染物质减排目标能否实现，以及在不同政策目标下唐山市的经济发展趋势、产业结构调整情况和环境改善程度。通过综合评价不同政策实施后的效果及影响，最终为探究唐山市可持续发展路径提供有力依据和建议。

关键词　大气污染　系统模型　动态模拟　情景分析　综合评价

Abstract　As a result of the steel industry overcapacity and the continuous promotion of air governance, Tangshan, with the steel industry as the economic pillar, has insufficient power to develop and great pressure to improve the environment .The central and local governments have successively introduced a series of economic development and environmental improvement measures to achieve the dual goals of economic development and atmospheric improvement. However, the impact of various policies on economic development and atmospheric environment as well as the effects of different policies and measures on economic development and environmental improvement have not been proved. This study on the system dynamics theory, input-output theory and econometric theory as the foundation, build a comprehensive evaluation model of Tangshan policy for the control of air pollution, the multi-objective dynamic simulation method, the prediction and analysis of the economic development of Tangshan in 2016—2020 established and atmospheric pollutants emission reduction targets, and the economic development of the city under different policy objectives, the degree of industrial structure adjustment and environmental improvement. Through the comprehensive evaluation of different policies, provide powerful basis for exploring Tangshan sustainable development path and comprehensive advice.

Keywords Air pollution, Systemical model, Dynamic simulation, Scenario analysis, Comprehensive evaluation

随着社会的发展、人口的增加，经济不断发展所带来的环境问题尤其是大气污染问题，将会严重影响人们的正常生活，制约经济健康发展。

唐山市经济结构以重工业为主，高污染，高耗能。2007—2011 年，唐山市第二产业占比不断波动，而后略有下降；第三产业则稳中有升。2016 年唐山市能源消耗强度为 1.3720 t 标准煤/万元，为河北省最高水平，且远高于河北省平均水平（0.9360 t 标准煤/万元）。唐山市的经济发展建立在高耗能的基础上。唐山市能源消耗以煤炭等传统能源为主，清洁能源占比甚微。在 2016 年的能源消耗中，煤炭、石油和天然气占比 68.53%，电力热力占比 31.53%，其中绝大部分通过火力发电发热。整个能源消耗过程中，其他能源仅占 0.47%。唐山市大量的化石能源消耗，给环境带来沉重的压力。

唐山市大气污染问题严重。2012—2016 年，空气质量达标天数不断增加，但空气质量达标天数仅为 54.6%。综观 2016 年全国大气环境状况，优良天数占比 78.8%，远高于唐山市水平。在 74 个新标准第一阶段监测实施城市中，唐山市空气质量综合指数为 8.27，位列第 70 名，大气环境状况依然严峻。

面对严重的经济环境矛盾，唐山市提出了经济环境“十三五”规划目标：到 2020 年经济年均增长率 6.5%，并实现产业转型升级；实施大气污染防治攻坚行动，制定大气污染“退出后五”和“退出后十”工作方案和路线图，环境质量优良天数占比 63%，重污染天气比 2013 年减少 60%，$PM_{2.5}$ 年平均浓度较 2013 年下降 50%左右，力争退出全国 74 个重点监测城市后十位之列。

综观唐山市疲软的经济增长、严重的大气污染，与“十三五”规划目标相差甚远，因此研究唐山市大气环境治理与经济健康可持续发展十分必要且意义重大。本研究详细分析了唐山市的社会经济发展和大气环境状况，探究唐山市经济环境耦合机理；并根据唐山市社会经济发展和环境改善目标，构建唐山市大气污染防治政策综合评价模型，动态模拟唐山市社会经济发展和污染物质排放，定量预测不同经济环境政策和发展目标下唐山市的社会经济发展、污染物质排放及产业结构调整情况，为唐山市经济、环境的可持续发展提出合理的政策建议。

1　文献综述

随着中国经济的发展、工业的进步，大气污染越来越严重，越来越多的学者也从不同角度、利用不同的研究方法为大气环境的改善献计献策。

在环境污染从产生到集中爆发的过程中，部分学者[1-2]“以史为鉴”，从英国等国家大气环境的治理政策入手，分析其大气环境改善的成功经验，从而借鉴到中国的大气环境治理。而在中国的大气环境治理政策层出不穷的背景下，部分学者针对各种环境改善政策，横向比较优劣、纵向比较实施效果[3]，分析不同环境政策的适用性、优缺点及实施效果，从而研究最适合中国目前环境状况、改善效果最佳的环境政策，以应对越来越严重的大气环境污染。

在大气污染治理研究的文献中，周明月[4]、张庆民[5]、刘亦文[6]和张卫航[7]等学者采用综述的方式，通过对研究方法的总结来分析各学者所用方法的优缺点、主要解决的问题以及未来发展方向等，目的是针对不同问题选择合适的方法，妥善解决。

总体来说，定性分析的方法主要是对现有的研究方法或治理政策，缺乏创新。面对中国具体的环境问题还要具体分析，创新研究方法或制定适宜的环境政策解决中国面临的特殊环境问题。并且，定性分析的方法不能具体详细地解释环境污染的严重程度、该方法对问题的解决情况以及对环境和经济所带来的实际影响等，所以更多的学者采用定量研究的方法。

在定量分析的文献中，部分学者主要侧重在研究经济增长[8]、产业结构[9-10]、能源消费[11]等对环境污染的影响；还有部分学者从技术改进[12]、税收政策[13]、对外贸易[14]等不同的角度着手，研究其对大气环境的影响作用。

还有部分学者在环境研究方法的基础上，侧重在创新各种研究方法来对现行的环境经济政策进行评价，并提出相应的改进措施及建议，或评估环境经济目标以制定更合理的经济环境政策。例如，李春瑜[15]以环境质量评价和大气环境压力载荷度评价方法为基础，根据压力-状态-响应模型，建立大气环境治理绩效评价体系；Bollen 等[16]用多部门、多区域、国际的 CGE 模型来分析欧盟大气污染和气候政策之间的关系；Alyamania 等[17]建立了包含消费者、公用事业、环境部门和公共服务委员会等不同角度的综合模型评价新能源政策；Hacatoglu 等[18]建立生命周期排放因子和可持续性因子的能源系统可持续性评价方法学来评价风电；Zhang 等[19]综合美式期权方法和双因素学习曲线模型，建立了包含非可再生能源成本、碳价、可再生能源成本和价格补贴的评价模型，来评估可再生能源发展的单位决定价值并计算双方的利益平衡点；Gerst 等[20]介绍了一种基于 Agent 模型的 ENGAGE 多层次模型结构，来制定和评价环境政策；Zheng 等[21]运用 GAINS-China 模型来评估 2005—2030 年在现行政策下工业部门大气污染物质减排和气候改善结果；Amann 等[22]用 GAINS 模型来研究高性价比的大气污染防治和温室气体减排政策；Yang 等[23]用超越对数生产函数模型，来研究中国经济发展和环境保护双赢的目标。

综合相关文献分析，现有的对环境问题的研究，定性分析的文献不利于问题的解决与解决方法的创新；定量研究，主要是考虑经济发展和环境污染、能源结构或能源效率与污染物质减排、产业结构与环境问题等，通过计量经济学、一般均衡模型、压力-状态-响应模型等多种方法来研究环境问题产生的原因、环境问题的治理措施或现有环境政策的评价。但是，很少有学者能站在系统论的高度，协调经济发展、能源消费和环境污染三个方面，综合分析经济环境现状、定量预测经济发展趋势和环境治理结果，来研究中国面临的经济环境问题。

所以本研究综合利用计量经济理论、系统动力学理论和投入产出理论，综合考虑经济发展、能源消费和环境污染，建立社会经济-环境综合评价模型。利用LINGO编程软件、采用最优化动态模拟实验的方式，对唐山市经济发展趋势及环境改善状况进行预测和分析。本研究首先对唐山市的社会经济发展和大气环境状况进行详细分析，阐明经济发展与环境污染的内在联系；据此利用系统动力学理论和投入产出理论构建经济-环境综合评价体系，模拟唐山市环境、经济、社会现实，根据投入产出平衡和物质流动平衡、能源流动平衡、价值流动平衡，采用动态优化模拟系统进行情景模拟，在不同的经济环境政策和发展目标下，预测唐山市经济发展趋势和环境改善程度以及产业结构调整情况。据此，探究唐山市的中长期发展目标到底能否实现，在经济转型升级的过程中唐山市产业结构的调整情况，以及唐山市的可持续发展路径。并根据综合评价结果，为唐山市的可持续发展提出具体的经济环境建议及改善措施。

2 唐山市经济-环境模型构建及模拟实验

2.1 模型构建

本研究在构建唐山市大气污染防治政策综合评价模型时，充分运用了系统动力学理论和投入产出理论，从系统的高度综合考虑经济、环境两方面，建立社会经济-环境综合评价模型。

在唐山市经济、环境矛盾不断显现，经济增速下降，环境改善压力不断的背景下，唐山市既要发展经济，调整产业结构，又要减少大气污染物质排放，改善环境状况，所以本研究在不同的政策目标下设置不同情景。

在满足“污染物质总量减排”约束的条件下，以“经济最大化”为发展目标；在“经济保持现有发展水平”或“满足经济发展目标”的条件下，以“污染物质排放总量最小化”为目标。

$$\max\sum\frac{1}{(1+\rho)^{t-1}}\mathrm{GDP}(t) \tag{1}$$

$$\min\ TP1(t)\text{或}\min TP2(t) \tag{2}$$

式中，$GDP(t)$ —— t 年唐山市地区生产总值（内生变量，简称“内生”）；

$TP1(t)$ —— t 年唐山市氮氧化物排放量（内生）；

$TP2(t)$ —— t 年唐山市二氧化硫排放量（内生）。

大气污染物质的产生主要由产业生产和居民生活所致。产业生产所排放的污染物质，由于各产业不同，其单位产值排放污染物的能力也不同，所以本研究将总产值和单位产值的污染物质排放强度相联系，计算各产品部门的污染物质排放总量。生活部门的污染物质，多为居民生活产生的污染物质，排放总量与人口数量关系密切。

$$tp1(t)=\sum_{i=1}^{11}\text{pollution}_{\_NO(i)} * Xn_i + R(t)\times \text{pollution}_{\_NO(r)} \tag{3}$$

$$tp2(t)=\sum_{i=1}^{11}\text{pollution}_{\_SO_2(i)} * Xn_i + R(t)\times \text{pollution}_{\_SO_2(r)} \tag{4}$$

式中，$\text{pollution}_{\_NO(i)}$ —— i 行业氮氧化物排放系数（外生）；

$\text{pollution}_{\_SO_2(i)}$ —— i 行业二氧化硫排放系数（外生）；

$\text{pollution}_{\_NO(r)}$ —— 居民生活氮氧化物排放系数（外生）；

$\text{pollution}_{\_SO_2(r)}$ —— 居民生活二氧化硫排放系数（外生）；

$R(t)$ —— t 年唐山市常住人口数量。

根据投入产出理论和经济运行规律，社会经济的生产和消费必须满足：

$$\text{总产出}\geqslant\text{中间使用}+\text{最终使用} \tag{5}$$

2.2　数据来源及参数设置

在社会经济子模型中：直接消耗系数矩阵、附加价值率来自本研究计算并编制的 2016 年唐山市 11 部门直接消耗系数表；各行业总产值、总消费、资本形成总额、出口总额和进口总额相关数据均来自编制的 2016 年唐山市 11 部门投入产出表。

在环境子模型中，各行业污染物质排放数据主要来源于调研统计和《唐山市统计年鉴》。经计算与整理。

据此，根据社会经济-环境综合评价模型，通过计算整理的各参数，利用 LINGO 编程软件，进行最优化动态仿真模拟预测与分析。

3　结果分析

本研究基于已构建的唐山市社会经济-环境模型，根据唐山市经济、环境发展现状，以 2016 年唐山市经济、环境数据为基础，对唐山市 2016—2020 年社会经济发展及大气环境状况进行预测，详细分析唐山市经济发展趋势和大气环境改善程度，以及不同的政策目标下唐山市产业结构调整状况。

3.1 情景设定

本研究全面分析了唐山市社会经济发展状况和大气环境污染程度，并对比唐山市“十三五”时期的经济发展和环境改善目标——2016—2020 年经济总量达 9 000 亿元，二氧化硫和氮氧化物排放总量分别为 126 180 t 和 141 274 t，唐山市的经济发展和环境改善任重道远。

所以，本研究将着重探究：

（1）在现有的经济技术水平和经济、环境政策下，唐山市经济发展保持现有水平、经济总量达到 9 000 亿元的目标到底能否实现？环境减排目标能否完成？

（2）在不引入新的生产技术和污水处理技术的条件下，要想实现污染物质减排的目标，唐山市的经济究竟会如何发展？

（3）在现有的经济、技术水平下，要实现唐山市设定的经济增长和环境改善的双重目标，唐山市的产业结构会如何调整？各行业变动比率如何？是否可行？

据此，本研究设定了两种不同的情景（表 1），对不同路径下唐山市经济发展趋势和环境改善状况进行仿真模拟，对以上问题进行详细并深入的探究。

表 1 情景设计

情景名称	情境设计
情景一	① 保持现有经济发展水平和经济增长速度； ② 不引入新生产技术和污染物质处理技术； ③ 允许产业结构调整； 目的：探究在现有经济环境发展及政策水平下，唐山市的经济、环境目标能否实现
情景二	① 经济发展和污染物质减排达到规划目标； ② 不引入新生产技术和污染物质处理技术； ③ 允许产业结构调整； 目的：探究在经济增长和环境减排都达到目标的条件下，唐山市产业结构调整情况及发展趋势

3.2 结果分析

（1）情景一

本情景以保持现有经济发展水平为约束，以污染物质排放总量最小化为目标函数，进行动态仿真模拟。

模拟结果显示（表 2），2020 年地区生产总值达 8 197 亿元，低于规划目标；氮氧化物和二氧化硫的排放总量分别为 192 332 t 和 170 346 t，均高于规划目标。所以，在情景一的发展路径下，经济发展和环境改善均未达到目标。

表 2　情景一模拟结果

情景一结果分析			
时间	GDP/亿元	氮氧化物/t	二氧化硫/t
2016 年	6 368	181 928	162 200
“十三五”规划目标	9 000	141 274	126 180
情景一结果	8 197	192 332	170 346
是否完成	否	否	否

在此发展路径下，唐山市经济以年均 6.08%的速度增长，2020 年地区生产总值为 8 179 亿元，低于规划目标（图 1）。氮氧化物和二氧化硫排放总量的变化趋势基本一致，均在 2017 年出现小幅下降后连年攀升；其总量分别为 192 332 t 和 170 346 t（图 2、图 3），但是，污染物质排放强度下降，发展势头良好。

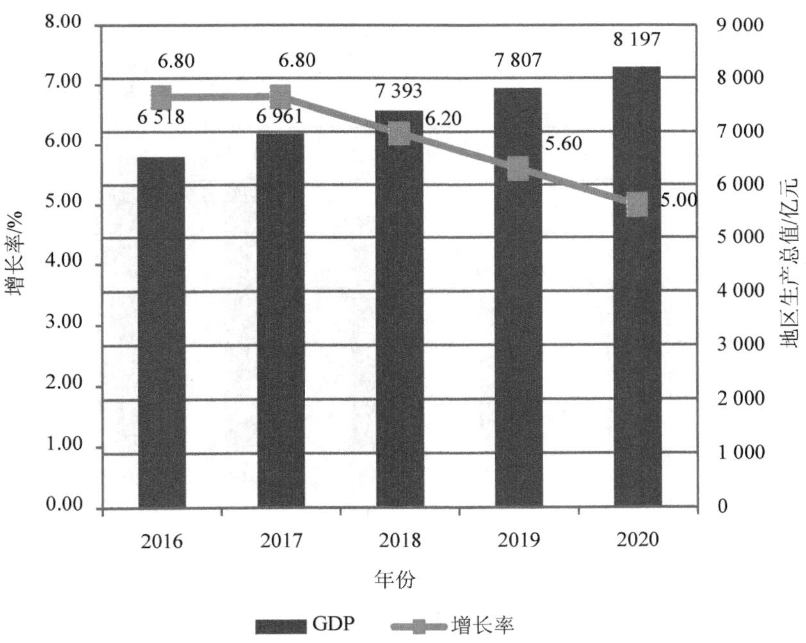

图 1　2016—2020 年唐山市地区生产总值及增长速度

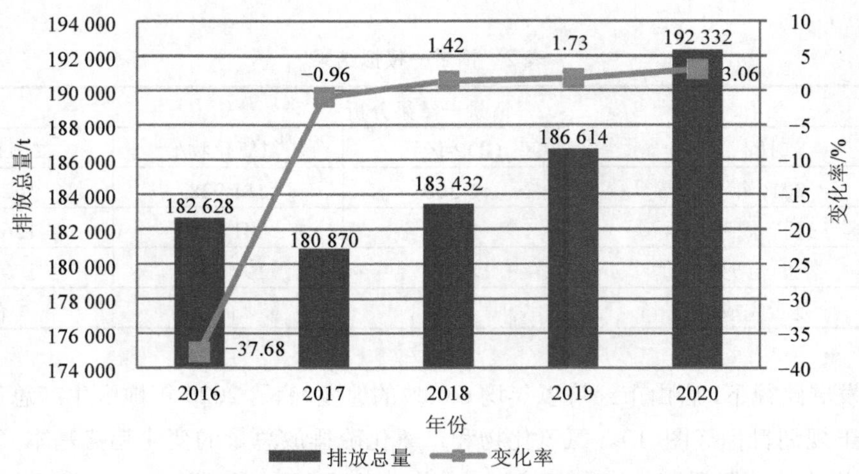

图 2　2016—2020 年氮氧化物排放总量及变化率

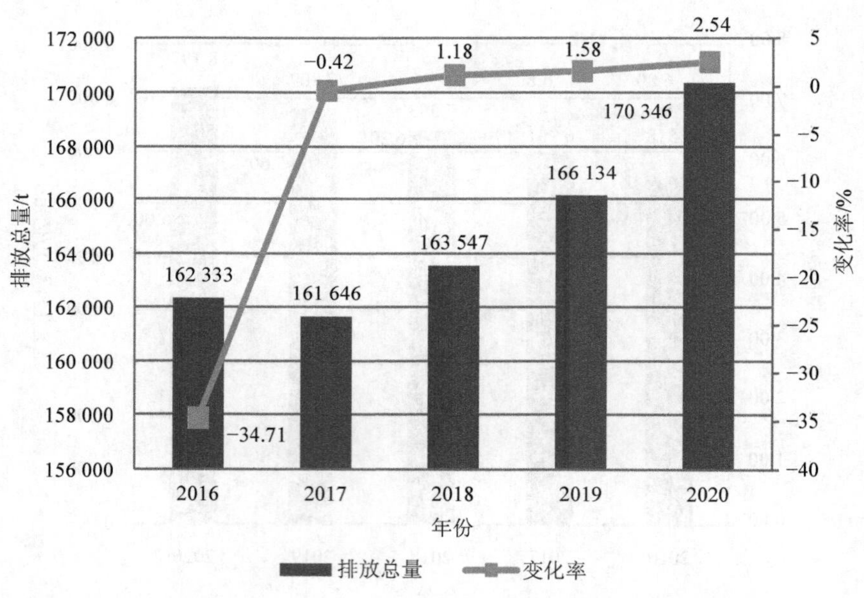

图 3　2016—2020 年二氧化硫排放总量及变化率

综合考虑预测期五年内各产业的变化情况，由图 4 可以看出，在这五年间农林牧渔产品及服务业、采矿业、电力热力燃气及水的生产和供应、其他制造业、交通运输仓储及邮政业和服务业均出现了超过 30%的增幅，增长幅度较大，这五大行业总产值发展较快，主要是由于该行业污染物质排放系数相对较低，有利于实现污染物质排放总量控制的目标；与此相反，金属冶炼及压延和化工行业发展受到制约。但是金属冶炼及压延行业作为唐山

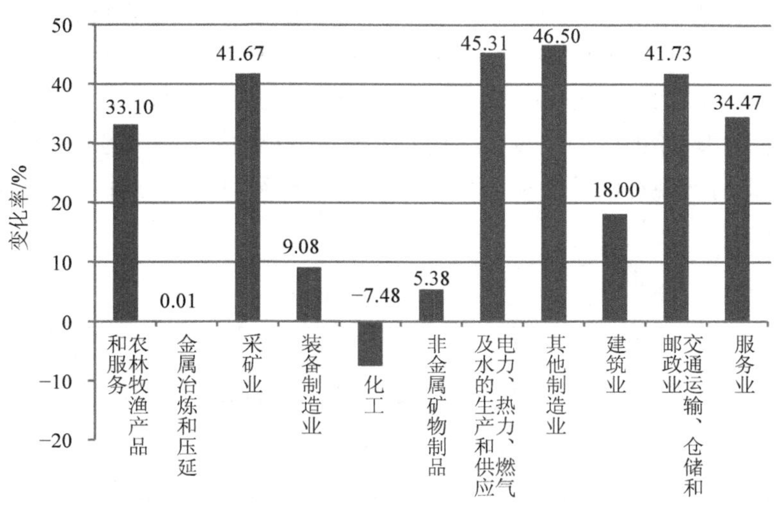

图 4　2020 年各行业总产值较 2016 年变化幅度

市的支柱产业，为保证经济持续稳定的发展，不能过多限制；在金属冶炼及压延产业和化工行业发展受到制约的情况下，装备制造业、非金属矿物制品和建筑业作为相关产业，其发展也受到了一定的影响。

综上所述，在此情景中，将社会经济-环境综合评价模型和计量经济学模型相结合，计算并模拟得出 2016—2020 年唐山市经济发展不能达到年均增速 6.5%的目标，并且二氧化硫和氮氧化物排放总量均增长 5%左右，同样没有实现总量减排目标。

在该情景下，产业结构调整较小，各产业均处于不断发展的趋势。总之，从经济、环境两方面考虑，该情景基本符合现实情况，但未能实现规划目标。

（2）情景二

本情景以发展经济和环境改善为双重目标，在此基础上，谋求经济的最大化。

模拟结果（表 3）显示，2020 年地区生产总值为 9 328 亿元，高于 9 000 亿元的规划目标；氮氧化物和二氧化硫的排放总量分别为 112 576 t 和 101 141 t，均低于规划目标。所以，在情景二的发展路径下，经济发展和环境改善的目标均已实现。

表 3　情景二模拟结果

结果分析			
时间	GDP/亿元	氮氧化物/t	二氧化硫/t
2016 年	6 368	181 928	162 200
“十三五”规划目标	9 000	141 274	126 180
情景二结果	9 328	112 576	101 141
是否完成	是	是	是

在情景二的发展路径下，2016—2020 年，二氧化硫和氮氧化物排放总量持续下降，分别降到 101 141 t 和 112 576 t（图 5、图 6），完成了污染物质减排的目标。与此同时，唐山市地区生产总值为 9 328 亿元（图 7），超过 9 000 亿元的规划目标。所以，在此情景下，唐山市经济发展和环境改善的双重目标均已实现。在该情景中，不引进新技术，仅通过产业结构调整，即可实现经济发展和环境改善的双重目标。所以在此情境下，唐山市产业结构调整幅度较大。

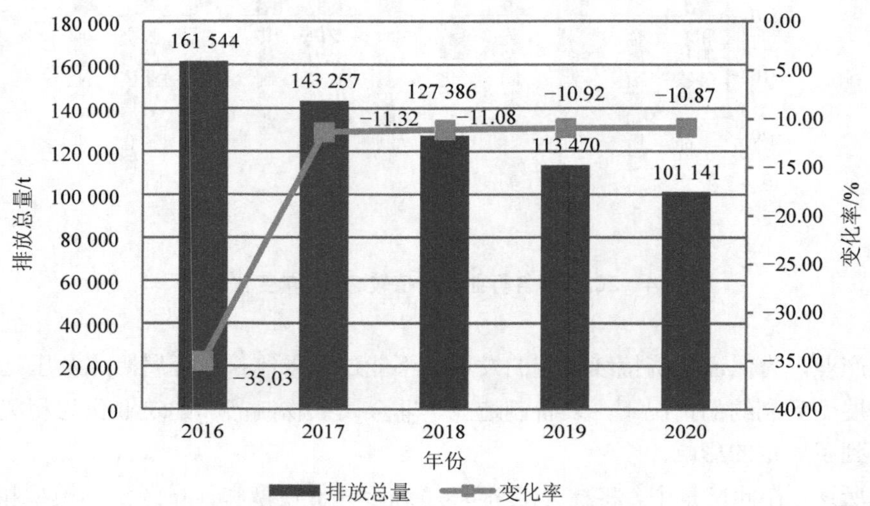

图 5　2016—2020 年二氧化硫排放总量

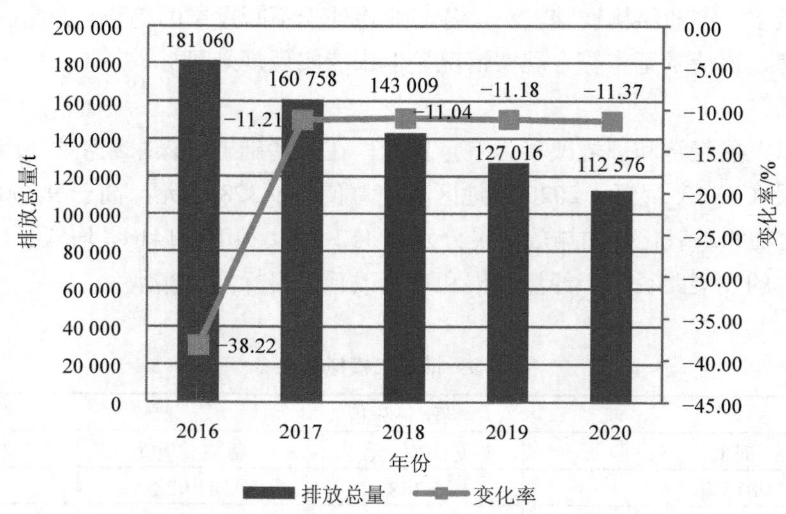

图 6　2016—2020 年氮氧化物排放总量

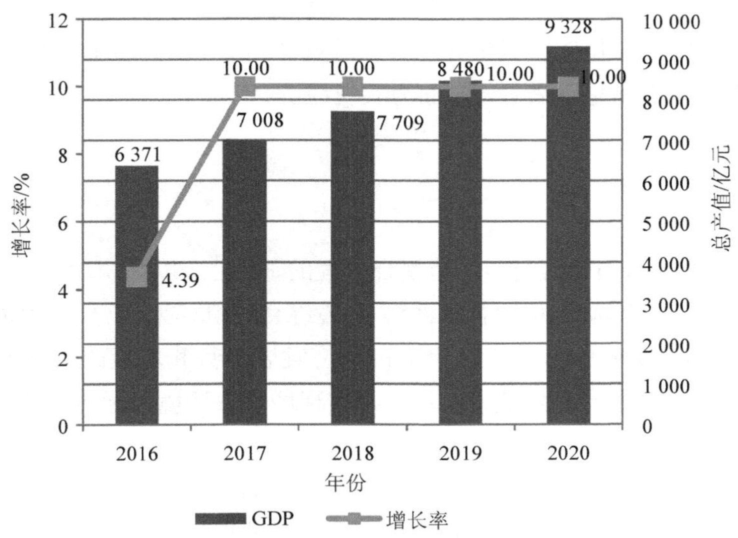

图 7　2016—2020 年唐山市地区生产总值及增长速度

综合考虑预测期五年内各产业的变化情况，由图 8 可以明显地看出，农林牧渔产品及服务业、采矿业、装备制造业、其他制造业和建筑业增幅较大；其他制造业增长率最高达 180%，农林牧渔产品及服务业的增长率为 175.67%，而该行业近十年发展基本比较稳定，其变化与现实明显不符。并且，金属冶炼及压延行业在五年内总产值下降了 69.84%，减少了 3 414 亿元，对唐山市的经济影响十分巨大。

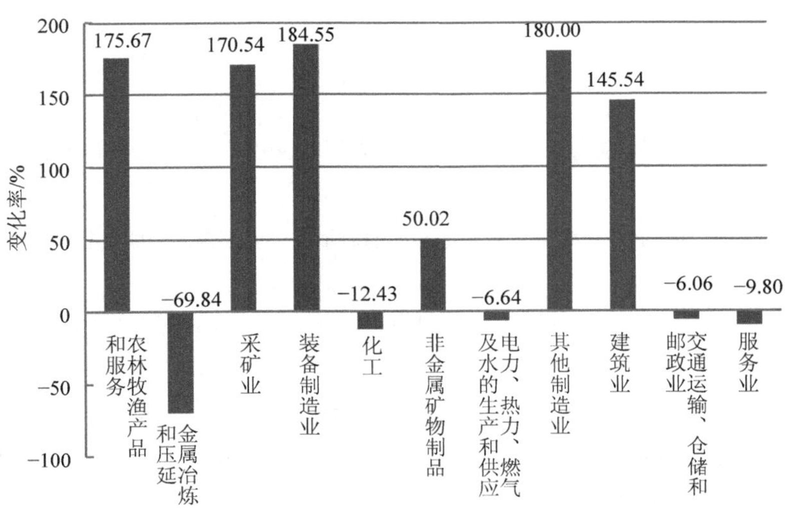

图 8　2020 年各行业总产值较 2016 年变化幅度

综上所述，从整体分析此情景，到 2020 年唐山市地区生产总值为 9 328 亿元，实现经济发展的目标；同时二氧化硫和氮氧化物排放总量分别降到 101 141 t 和 112 576 t，也达到了环境改善的目标。但是总体来看，片面为实现经济、环境目标，产业结构调整幅度过大，不符合经济现实。

4 结论

本研究在详细分析唐山市经济-环境耦合机理的基础上，以系统动力学、投入产出理论和计量经济学等为理论基础，构建社会经济-环境综合评价模型。通过 LINGO 编程软件、采用最优化动态模拟实验的方式，对唐山市经济发展趋势和环境改善状况进行预测和分析。研究唐山市中长期发展目标能否实现？在实现经济、环境目标的条件下，唐山市的产业结构会如何调整。

本研究通过两个不同情景的动态仿真模拟，得出如下结论：

（1）情景一是在不引入新的生产技术和污染物质处理技术的条件下，保持现有经济发展水平和经济增长速度，结果显示：2016—2020 年唐山市经济年均增长 6.08%，地区生产总值为 8 197 亿元，二氧化硫和当氧化物排放总量分别为 192 332 t 和 170 346 t。在此情景下，经济增长和污染物质减排均未实现规划目标。

（2）情景二是以发展经济和环境改善为双重目标，在此情景下 2020 年地区生产总值为 9 328 亿元，高于 9 000 亿元的规划目标；氮氧化物和二氧化硫的排放总量分别为 112 576 t 和 101 141 t，均低于规划目标。但是，农林牧渔产品及服务业、采矿业、装备制造业、其他制造业和建筑业总产值增长较大，五年累计增长超过 150%；金属冶炼及压延、化工等行业出现下滑，其中金属冶炼及压延业总产值下降达 69.84%，产业结构调整幅度过大，不符合经济现实。

参考文献

[1] 董战峰，王军锋，璩爱玉，等. OECD 国家环境政策费用效益分析实践经验及启示[J]. 环境保护，2017，45（Z1）：93-98.

[2] 赵玉领，王巍. 欧盟农业环境政策及对土地整治的启示——以英国为例[J]. 中国土地，2016（12）：19-20.

[3] 李勇进，陈文江，常跟应. 中国环境政策演变和循环经济发展对实现生态现代化的启示[J]. 中国人口·资源与环境，2008（5）：12-18.

[4] 周明月. 宏观经济模型评价环境政策的最新研究综述[J]. 金融教学与研究，2013（5）：51-55.

[5] 张庆民，王海燕，欧阳俊. 基于 DEA 的城市群环境投入产出效率测度研究[J]. 中国人口·资源与环境，2011，21（2）：18-23.

[6] 刘亦文，胡宗义. 能源技术变动对中国经济和能源环境的影响——基于一个动态可计算一般均衡模型的分析[J]. 中国软科学，2014（4）：43-57.

[7] 张卫航. 陕北地区环境治理成本效益空间异置问题及其补偿机制研究[J]. 西安财经学院学报，2003（3）：35-36，89.

[8] 聂飞，刘海云. FDI、环境污染与经济增长的相关性研究——基于动态联立方程模型的实证检验[J]. 国际贸易问题，2015（2）：72-83.

[9] 王菲，董锁成，毛琦梁，等. 宁蒙沿黄地带产业结构的环境污染特征演变分析[J]. 资源科学，2014，36（3）：620-631.

[10] 张宇，蒋殿春. FDI、环境监管与工业大气污染——基于产业结构与技术进步分解指标的实证检验[J]. 国际贸易问题，2013（7）：102-118.

[11] 陈德敏，张瑞. 环境规制对中国全要素能源效率的影响——基于省际面板数据的实证检验[J]. 经济科学，2012（4）：49-65.

[12] 魏巍贤，马喜立，李鹏，等. 技术进步和税收在区域大气污染治理中的作用[J]. 中国人口·资源与环境，2016，26（5）：1-11.

[13] 张玉. 中国财税政策的环境治理效应研究——基于省级面板数据的实证分析[J]. 经济问题，2016（10）：43-46.

[14] 孙金彦，刘海云. 对外贸易、外商直接投资对城市碳排放的影响——基于中国省级面板数据的分析[J]. 城市问题，2016（7）：75-80.

[15] 李春瑜. 大气环境治理绩效实证分析——基于 PSR 模型的主成分分析法[J]. 中央财经大学学报，2016，（3）：104-112.

[16] Bollen J，Brink C. Air pollution policy in Europe：Quantifying the interaction with greenhouse gases and climate change policies[J]. Energy Economics， 2014，46：202-215.

[17] Alyamania T，Damgacioglua H，Celika N，et al. A multiple perspective modeling and simulation approach for renewable energy policy evaluation[J]. Computers and Industrial Engineering，2016：280-293.

[18] Hacatoglu K，Dincer I，Rosen M A. A new model to assess the environmental impact and sustainability of energy systems[J]. Journal of Cleaner Production，2015，103：211-218.

[19] Zhang M M，Zhou D，Zhou P. A real option model for renewable energy policy evaluation with application to solar PV power generation in China[J]. Renewable and Sustainable Energy Reviews，2014，40：944-955.

[20] Gerst M D，Wang P，Roventini A，et al. Agent-based modeling of climate policy：An introduction to the ENGAGE multi-level model framework[J]. Environmental Modelling and Software，2013，44：62-75.

[21] Zheng J J，Jiang P，Qiao W，et al. Analysis of air pollution reduction and climate change mitigation in the industry sector of Yangtze River Delta in China[J]. Journal of Cleaner Production，2016，114：314-322.

[22] Amann M，Bertok I，Borken-Kleefeld J，et al. Cost-effective control of air quality and greenhouse gases in Europe：Modeling and policy applications[J]. Environmental Modelling & Software，2016，26（12）：1489-1501.

[23] Yang L，Wang J M，Shi J. Can China meet its 2020 economic growth and carbon emissions reduction targets？[J]. Journal of Cleaner Production，2016（142）：993-1001.

我国多元化环保投融资体系研究

Research on Diversified Environmental Investment and Financing System in China

徐顺青　陈鹏　刘双柳　高军
（生态环境部环境规划院，北京　100012）

摘　要　从环保投资主体出发，分析政府、企业、金融机构、社会资本 4 个主要投资主体的环境保护投融资机制。研究发现，政府主要通过重点生态功能区转移支付、预算内基本建设资金和设立专项资金等方式支持环境保护事业；企业通过工业污染源治理和建设项目“三同时”环保投资方式投入环境保护；金融机构通过绿色银行、绿色贷款、绿色债券等方式提供支持；社会资本通过环境污染第三方治理和政府与社会资本合作（PPP）模式进入环境领域。

关键词　环境保护　投融资　财政　金融机构　社会资本

Abstract　Starting from the main body of environmental protection investment, it analyzes the environmental protection investment and financing mechanism of the four major investment entities of government, enterprises, financial institutions and social capital. The study found that the government mainly supports environmental protection through key ecological function zone transfer payments, budgetary capital construction funds and special funds; enterprises invest in environmental protection through industrial pollution source control and construction projects and environmental protection investment methods; financial institutions pass green Banks, green loans, and green bonds provide support; social capital enters the environmental field through environmental pollution third-party governance and government-to-social capital cooperation（PPP）models.

Keywords　Environmental protection, Investment and financing, Finance, Financial institutions, Social capital

改革开放 40 年来，我国的环境保护事业逐渐起步，环境保护理念逐步确立，先后出台了一系列环境保护法律法规和政策措施，环境保护投入大幅增加。2016 年，我国环境污染治理投资总额为 9 220 亿元，比 2001 年增长 6.9 倍。其中，城镇环境基础设施建设投资

5 412 亿元，比 2001 年增长 7.3 倍；工业污染源治理投资 819 亿元，增长 3.7 倍；当年完成环境保护验收项目环境保护投资 2 989 亿元，增长 7.9 倍。环境污染治理投资增加的同时，投融资机制也不断完善[1]，基本形成以政府、企业、金融机构、社会资本等为主体的多元化投融资体系。

1　政府环保投融资机制

目前，政府用于环境保护投资的资金是我国环境保护投资的主要来源。从融资角度来看，财政环保投资资金主要来自财政税收收入、使用者收费及环境基础设施产权交易所产生的资金等。而财政对环境保护的支持渠道大致包括重点生态功能区转移支付、预算内基本建设资金、中央和地方相关环保专项资金等三个方面。

1.1　重点生态功能区转移支付

2008 年中央财政出台国家重点生态功能区转移支付政策，通过明显提高转移支付补助系数等方式，加大对青海三江源、南水北调中线水源地等国家重点生态功能区和国家级自然保护区、世界文化自然遗产等禁止开发区域的一般性转移支付力度。2008—2017 年，中央财政累计下拨国家重点生态功能区转移支付 3 709 亿元，转移支付力度逐年增加。同时，中央财政进一步完善转移支付分配办法，加大考核监管力度，引导地方政府加强生态环境保护投入，着力提高基本公共服务水平。

1.2　预算内基本建设资金

预算内基本建设资金是中央和地方预算安排用于基建投资中属于环境保护类项目的财政性资金。其中，中央预算内基本建设资金是财政部根据国家批准的基本建设投资计划，从财政专户中核拨的用于部门和单位基本建设的资金。中央预算内基本建设资金将环境保护作为重点支持内容，支持风沙源治理、重点防护林建设、重点流域水环境综合治理等工程建设。“十二五”期间，国家预算内基本建设资金支持环境保护 1 106.3 亿元，较好地推动了环保工作。

1.3　环保专项资金

环保专项资金是为加大环保执法力度，加强环境污染防治而逐渐形成的专项资金，包括中央和省级环保专项资金。中央环保专项资金是中央通过专项转移支持地方环境保护事业的财政资金，对引导地方财政、企业、社会环境保护投入起到了积极的作用[2-3]。省级环保专项资金是指除行政事业经费以外由省级环境保护部门会同省级财政等有关部门安排的用于环境保护的专用资金。中央环保专项资金主要包括大气污染防治专项、水污染防治专项、土壤污染防治专项、农村环境整治专项、城镇污水处理设施配套管网专项和重点生态保护修复治理专项，2013 年以来，中央财政环保专项资金投入明显加强，各年资金规模不断增加，2013—2017 年，累计投入以上专项资金 2 488 亿元（各年专项资金规模分别为 323 亿元、373 亿元、504 亿元、647 亿元、640 亿元），较好地支持了大气、水、土壤三大污染防治行动计划任务的实施。

2 企业环境保护投融资

当前我国环境保护投资资金除了一部分来自政府，还有一部分来自企业的环境保护投资。企业投入环境保护的资金主要来源于自有资金、银行贷款、企业债券、股票融资等。投资方式包括工业污染源治理和建设项目“三同时”投入。自 2013 年《大气污染防治行动计划》发布以来，工业污染源治理投资实现快速增长，当年完成投资 849.7 亿元，较 2012 年增长 69.8%；2014 年完成 997.7 亿元，较 2013 年增长 17.4%；2015 年、2016 年分别完成 773.7 亿元、819 亿元，虽略有下降，但与 2013 年前相比仍有很大提升。建设项目“三同时”环保投资也基本呈现持续稳步递增特征，到 2016 年投资规模达 2 988.8 亿元（图 1）。

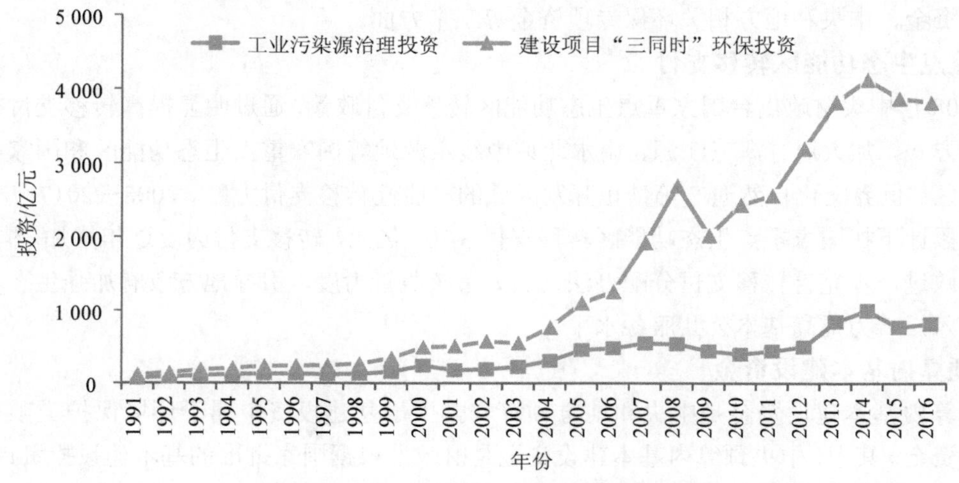

图 1 1991—2016 年企业环保投资情况

3 金融机构环境保护投融资机制

我国正在积极构建完整的绿色金融体系。国际上通行的绿色金融体系主要包括六类：绿色银行、绿色贷款、绿色债券、绿色保险、绿色金融产品、绿色私募股权和风险投资基金[4]。其中，绿色银行、绿色保险、绿色私募股权和风险投资基金等在我国发展相对缓慢。然而，我国政府已开始高度重视绿色金融问题，积极推动绿色金融方式拓展环保融资渠道。

2016 年，中国人民银行等七部门出台《关于构建绿色金融体系的指导意见》，提出加快构建绿色金融制度，支持和鼓励环保投融资的系列措施。2017 年，国务院决定在浙江、江西、广东、贵州、新疆五省（区）建设绿色金融改革创新试验区。在中央的重视下，各省份也加快推进绿色金融工作[5]。一是探索建立绿色银行。2013 年 3 月，原长沙银行万家丽路支行正式更名为环保支行，截至 2016 年 9 月，长沙银行绿色金融授信余额达到 77.8 亿元。二是积极推进设立环境保护基金。重庆市于 2015 年设立发环保产业股权投资基金，主要针对国内成长性较好的生态环保类企业进行股权投资。内蒙古自治区于 2016 年由区政府引导性资金和企业资金共同组成环保母基金，主要用于城市环境基础设施建设、工业园区环境综合整治、企业污染治理与综合利用等。三是发行绿色债券。2015 年 7 月 18 日，新疆金风科技股份有限公司在香港联交所发行中国第一只真正的绿色债券，规模 3 亿美元。2015 年 10 月 13 日，中国农业银行在伦敦证券交易所发行了 9 亿以美元计价和 6 亿元人民币计价的绿色债券，这是中国首只境外发行的绿色金融债。

4　社会资本环保投融资机制

在吸引社会资本方面，我国主要开展了环境污染第三方治理与政府与社会资本合作模式（PPP）实践。

4.1　环境污染第三方治理

环境污染第三方治理（以下简称第三方治理）是排污者通过缴纳或按合同约定支付费用，委托环境服务公司进行污染治理的新模式。2013 年以来，从中央到地方，各级政府出台了一系列环境污染第三方治理的相关政策文件，推进第三方治理市场建设。2013 年 11 月，党的十八届三中全会作出的《中共中央关于全面深化改革若干重大问题的决定》明确指出："建立吸引社会资本投入生态环境保护的市场化机制，推行环境污染第三方治理。"2014 年 12 月，国务院办公厅发布《关于推行环境污染第三方治理的意见》（国办发〔2014〕69 号），提出健全第三方治理市场，不断提升我国污染治理水平。2015 年 9 月，国家发展改革委发布的《关于开展环境污染第三方治理试点示范工作的通知》（发改环资〔2015〕1459 号）提出，在全国环境公用基础设施、工业园区和重点企业污染治理两大领域启动第三方治理试点示范工作。2015 年 12 月，国家发展改革委、环境保护部、国家能源局联合发布《关于在燃煤电厂推行环境污染第三方治理的指导意见》，指出燃煤电厂环境污染第三方治理的目标是：到 2020 年服务范围进一步扩大，将由现有的二氧化硫、氮氧化物治理领域全面扩大至废气、废水、固体废物等环境污染治理领域。2016 年 12 月，国家发展改革委印发《环境污染第三方治理合同（示范文本）》（发改办环资〔2016〕2836 号），对指导和推动环境污染第三方治理工作具有很强的现实意义。各地区、有关部门在第三方治理方面进行了积极探索，取得初步成效。

4.2　PPP 模式

PPP 模式是在基础设施及公共服务领域建立的一种长期合作关系。通常模式是由社会资本承担设计、建设、运营、维护基础设施的大部分工作，并通过"使用者付费"及必要的"政府付费"获得合理投资回报[6-7]。2014 年，财政部印发《关于推广运用政府和社会资本合作模式有关问题的通知》（财金〔2014〕76 号，以下简称"76 号文"），这是大力推广 PPP 所颁布的第一份正式文件，除财政部，包括国务院、发展改革委、住建部、环境保护部等各部委发布上百份 PPP 政策文件，规范和推广 PPP 模式。在环境保护领域，2015 年印发的《关于推进水污染防治政府和社会资本合作的实施意见》（财建〔2015〕90 号），从范围界定、盈利机制、市场环境建设、资金支持、融资支持、绩效评价等方面，系统、全面地呈现水污染防治领域 PPP 实施路线图。2016 年 10 月，财政部印发《关于在公共服务领域深入推进政府和社会资本合作工作的通知》（财金〔2016〕90 号），明确提出在垃圾处理和污水处理两个领域开展 PPP“强制”试点。同月，住房和城乡建设部、国家发展改革委、财政部等五部门联合印发《关于进一步鼓励和引导民间资本进入城市供水、燃气、供热、污水和垃圾处理行业的意见》（建城〔2016〕208 号），从民间资本进入渠道到相关金融、土地、价费、税收等方面提出了多项扶持政策。目前出台的各项 PPP 相关政策均将环境保护作为 PPP 重点推进领域。数据显示，截至 2018 年 5 月底，环境领域 PPP 项目管理库入库项目数量和投资分别占总项目数量和总投资额的 23%和 11%，生态环境是关系民生的重大社会问题，是最适宜、最应当成为 PPP 模式重点推进的领域。

参考文献

[1] 吴舜泽，逯元堂，朱建华，等. 中国环境保护投资研究[M]. 北京：中国环境出版社，2014.

[2] 重庆市环境保护局计划财务处. 搭平台、建基金、推政策 重庆全方位深化环保领域投融资体制改革[J]. 环境保护，2017，45（5）：81-82.

[3] 徐顺青，逯元堂，高军，等. 环境污染治理投资发展路径分析[J]. 生态经济，2017，33（2）：94-97.

[4] 钟超. 我国生态环境保护投融资机制创新研究[D]. 福州：福建师范大学，2016.

[5] 胡元林，赵光洲.我国环保投融资体制的创新思路[J]. 统计与决策，2008（14）：145-146.

[6] 李静轶. 我国环保领域引入 PPP 模式产业投资基金的应用研究[D]. 杭州：浙江工业大学，2015.

[7] 郭朝先，刘艳红，杨晓琰，等. 中国环保产业投融资问题与机制创新[J]. 中国人口•资源与环境，2015，25（8）：92-99.

环境政策与货币政策搭配的有效性研究

Study on the Effectiveness of the Combination of Environmental Policy and Monetary Policy

张鸿儒[1]　方志强

摘　要　本文建立了一个嵌入环境因素的新凯恩斯动态随机一般均衡（NK-DSGE）模型以研究环境政策与货币政策协调搭配时对经济波动以及环境质量的动态影响。在收集中国宏观数据并通过贝叶斯计量方法对模型的重要参数进行估计赋值之后，本文首先分析了环境政策与货币政策共同作用下模型变量对各外生冲击的响应路径，而后从实证拟合的角度探讨最接近于中国实际情况的货币政策与环境政策组合，最后从社会福利的角度比较不同政策组合在兼顾环境质量和经济发展这一政策目标上的表现。研究发现：①以碳排放强度为主的环境政策使得模型变量对技术冲击较敏感，技术创新使得产出上升，由于在碳强度政策下，碳排放与产出成正比，因此碳排放量也等比例上升，引起较强的经济波动。②在企业碳排放量较大，空气污染严重的情况下，政府不妨一方面采取降低碳排放上限的环境政策，另一方面按利率型货币政策规则调整利率，以更好地实现政策目标。③长期来看，若想达到比较好的社会福利增进，政府应该把以碳排放税为主的环境政策工具与以利率规则为主的货币政策工具进行搭配。

关键词　环境政策　货币政策　社会福利　DSGE 模型

Abstract　We establish a new Keynesian dynamic stochastic general equilibrium (NK-DSGE) model embedded with environmental factors to study the dynamic effects of environmental policy and monetary policy coordination on economic fluctuations and environmental quality. After collecting Chinese macro data and estimating the main parameters of the model through Bayesian econometric method, this paper first analyzes the response path of model variables to each exogenous shock under the joint action of environmental policy and monetary policy, and then discuss the combination of monetary policy and environmental policy that is closest to China's reality from the perspective of empirical fitting. Finally, we compare different policy combinations from the perspective of social welfare. The study finds: ①The

---

作者简介：张鸿儒（1985—），男，汉族，江西南昌人，江西财经大学，讲师，博士，主要研究方向为宏观经济学、环境经济学。

environmental policy based on carbon intensity makes model variables more sensitive to technology shocks, though technological innovations lead to higher output. Because carbon emissions are proportional to output under carbon intensity policy, carbon emissions rise proportionally, causing strong economic fluctuations. ②In the case of large carbon emissions and serious air pollution, the government may adopt an environmental policy to reduce the carbon emission cap on the one hand, and adjust interest rates according to monetary policy rules on the other hand to better achieve policy objectives. ③ In the long run, if we want to achieve better social welfare, the government should match the environmental policy tools based on carbon tax with the monetary policy tools based on interest rate rules.

Keywords Environmental policy，Monetary policy，Social welfare，DSGE model

自工业革命以来，以化石燃料为主的能源消耗造成了大量的二氧化碳排放，因此而形成的全球气候变暖给人类的生存与发展带来了极大挑战。为应对全球大气温室效应不断恶化的情况，世界各国在 20 世纪后期开始作出各种努力并逐步达成了一系列协议。1992 年签署的《联合国气候变化框架公约》是各国政府首脑达成的最初协定，但缺少实际的法律约束力。真正起作用的是 1997 年的《京都议定书》，使温室气体控制和减排首次成为各国的法律义务，但主要还是针对发达国家。随后在 2007 年通过的《巴厘路线图》和 2009 年诞生的《哥本哈根协议》开始对各国的减排目标有了明确的数量规定。2015 年 12 月联合国气候峰会通过了有史以来最严格的气候协议《巴黎协定》，取代了《京都议定书》，寄望能共同遏制全球变暖的失控趋势。

中国也在应对大气温室效应以及节能减排方面作出许多努力。如中国政府在 2009 年哥本哈根会议上承诺到 2020 年单位 GDP 碳排放量比 2005 年下降 40%～45%。2013 年，中国政府就《环境保护税法》开始征求意见，并将碳排放税纳入其中，环境税制改革成为中国税改的重要组成部分。2015 年，在向《联合国气候变化框架公约》提交的《强化应对气候变化行动——中国国家自主贡献》中指出，中国到 2030 年碳排放强度比 2005 年进一步下降 60%～65%。在“十三五”规划中明确提出“生态环境质量总体改善”的核心目标。党的十九大报告更是明确指出，我们要建设的现代化是人与自然和谐共生的现代化，既要创造更多物质财富和精神财富以满足人民日益增长的美好生活需要，也要提供更多优质生态产品以满足人民日益增长的优美生态环境需要。

近年来，雾霾等环境污染事件频发，空气质量指数常常“爆表”，中国在实现经济高速增长的同时，也付出了“高污染、高能耗”的沉重代价，环境质量与经济发展之间的不协调已成为无法回避的问题。“既要金山银山，也要绿水青山”，如何在确保经济发展的同时改善环境质量已成为中国当前面临的重大挑战。宏观经济运行处于各种不确定性和外生冲击之中，而大气污染与环境质量的演变也与经济周期紧密相关，以减排为目的的环境政策也对经济个体在不确定性下的决策产生重要影响，因此研究生态环境与宏观经济运行以及环境政策与货币政策之间的动态关系就显得极为迫切。近年来，环境宏观经济学的发展为环境经济问题的研究提供了新的工具，已有各类文献从经济波动的视角来研究环境问题。以实际经济周期模型为雏形的动态随机一般均衡（DSGE）理论已成为当前研究宏观经济运行的基本框架，而新凯恩斯主义在实际经济周期理论的基础上引入了不完全竞争和价格黏性，从而能更合理地解释中国经济波动与货币政策效果的相关事实[1]。因此本文在新凯恩斯DSGE模型的框架中嵌入环境因素以研究减排等环境政策与货币政策搭配时对经济波动以及环境质量的动态影响，为中国政府当前环境政策决策提供有益参考。

1　文献综述

基于 Weitzman[2]的原创性研究，环境经济学的早期文献静态对比了价格型（碳税）与数量型（碳上限）环境政策对排放的管制效果 [3-4]。除此之外，基于单位产出碳排放强度的减排政策近期也逐渐受到关注，并发现从福利的角度看，碳税和碳上限政策要优于碳强度政策[5]。上述研究主要基于局部均衡模型进行分析，因此忽略了环境政策更加重要的一般均衡效应。Kelly[6]在静态一般均衡框架下比较了在面对全要素生产力冲击时价格型与数量型环境政策的优劣，并发现在考虑消费者风险厌恶情绪的前提下，碳上限政策由于带来的经济波动较小而更优。随着宏观经济领域中动态随机一般均衡（DSGE）理论的兴起，学者们开始逐步采用实际经济周期或新凯恩斯框架以讨论环境政策与经济波动相互作用的动态关系等相关议题。接下来简要回顾一下 DSGE 框架下环境政策与经济波动的国内外研究现状。

国外相关文献开始较早，Fischer 等[7]比较了不同环境政策对经济波动的影响，并发现在经济面临全要素生产力冲击时，碳税政策造成的经济波动最大，碳上限政策最小，而碳强度政策并未改变经济变量对于冲击的敏感度。Angelopoulos 等[9]则在技术冲击的基础上引入了环境冲击，并发现在经济面对负面环境冲击时，政府的最优行为是增加环境税以应对环境恶化的趋势，尽管这会伤害实体经济。Bosetti 和 Maffezzoli 在模型中引入了偶尔绑定的碳上限约束，并发现在忽视偶尔绑定约束的情况下经济变量的波动会被高估，也就是高估了环境政策的成本，而碳排放许可的价值则被低估了。Golosov 等通过模型测算出了排放的边际外部减损（marginal externality damage）函数，发现该函数仅受折现、产出的排放减损弹性以及碳在大气中的自然降解结构决定，而未来的随机技术路径、产出、消费和大气中的碳浓度并不起决定作用。Grodecka 和 Kuralbayeva 发现在引入生产性公共资本和福利性公共消费后，最优碳税在生产性公共资本存在时呈现顺周期性，而在福利性公共消费存在时呈现逆周期性。Dissou 和 Karnizova 通过引入多重异质性生产部门，考察了高排放生产要素与低排放生产要素的动态转化机制，并发现只有冲击来自能源部门时碳上限与碳税政策的福利区别才会显著地体现出来。Annicchiarico 和 Di Dio 则在新凯恩斯的模型框架下讨论在面对不同环境政策时宏观经济的动态行为，并发现价格黏性显著地改变了不同环境政策的效果，同时最优环境政策受货币政策的影响。Heutel 强调无论是价格型环境政策（环境税）还是数量型环境政策（排放配额）都应该是随经济周期动态调整，使排放在经济上行时增加，在经济下滑是减弱，这样可以达到最优。

国内学者也对环境因素与经济波动等相关问题做了深入研究，郑丽琳和朱启贵在 RBC 的模型框架中引入生产技术冲击与环保技术冲击，并发现生产技术冲击主要促进经济发展，而环保技术冲击主要限制污染排放。在两类冲击的共同作用下，环保技术冲击在短期减排效果显著，而生产技术冲击则在长期增长效应中占优。杨翱等参照 Fischer 等的模型框架，对中国碳排放强度、碳排放上限和碳税等政策在相同减排目标下的优劣进行了比较，并发现碳排放强度更能促进经济平稳增长，社会福利损失最小。朱军在 Angelopoulos 等的模型框架基础上引入了“许可证”“庇古税”和协议规则等环境制度并进行比较，发现在不同政策下，政府控污对产出和环境质量的影响大致相似。王书平等根据碳排放与能源使用量的关系，分析了在政府征收碳税时个外生经济冲击对环境质量和宏观经济的影响，并发现技术冲击能有效减排；碳税税率冲击短期不利于经济发展，但长期能提升环境质量；能源价格冲击对环境质量影响显著。武晓利在 DSGE 模型框架下，研究了环保技术、企业减排努力程度以及政府节能减排补贴与治污支出等因素对环境质量动态影响，并发现环保技术与减排努力程度是影响环境质量的关键因素，因此提升企业的环保技术水平与节能减排意识是有效改善生态环境质量的重中之重。徐文成等则在 Annicchiarico 和 Di Dio 构建的新凯恩斯模型框架基础上进行了拓展，分别从经济增长和波动两个视角对碳上限、碳强度和排放税三种环境政策进行比较分析，并发现在经济增长视角下排放税政策最优，而在稳定经济波动的视角下碳上限应是优先选取的政策机制。肖红叶和程郁泰在经典的 Smets 和 Wouters 模型中引入环境因素，通过数据模拟给出中国碳减排政策效应的仿真测度，并发现中国目前经济基本面难以承受高减排目标，需要通过供给侧结构性改革工具实现经济结构调整与碳减排推进协调运行的政策目标。

上述国内外文献推动了环境经济与政策在 DSGE 模型框架下的相关研究，但同时也存在一些不足。第一，上述研究大都在新古典框架下的实际经济周期模型中进行研究，未考虑货币政策在环境政策执行过程中作用，即便少许文献在新凯恩斯框架下考虑了货币政策，也只是将货币政策看作是模型完整性的组成部分，而未讨论货币政策与环境政策的搭配效果。第二，上述研究假定经济运行的不确定性主要来自全要素生产力冲击，缺乏对环保部门特别是环境政策冲击效应的有效分析。第三，上述研究对模型处理时大都采用参数校准，缺乏利用数据和计量方法进行更为严谨的参数估计赋值，因此无法对比各类环境政策对现实情况的拟合程度。鉴于此，本文在上述文献的基础上对模型进行改进，考虑到利率规则与数量规则都是中国货币政策操作中的重要手段，因此同时考察了利率规则与数量规则下的货币政策与环境政策协调搭配的动态效果，以最贴近中国政策操作现实的视角进行探讨，是对政府当局综合政策制定模式进行研究的新尝试。通过研究，本文试图回答以下几个政策问题：①现阶段中国环境政策与货币政策相互作用下如何影响经济波动？②环境政策与货币政策各类不同组合的拟合度与福利效应如何？③环境政策与货币政策如何搭配最为合理？

2　模型设定

本文的模型框架参考 Annicchiarico 和 Di Dio。整个模型包含家庭、企业和中央银行三个部门。家庭通过提供劳动获得收入和借贷获得利息全部用于购买商品、持有货币、借款给中间产品商和政府征税。本文将企业分为中间生产商和零售商，中间生产商雇佣家庭的劳动和资本生产中间品卖给零售商，零售商将中间品加工成最终品卖给家庭。中央银行负责通过制定货币政策和财政政策来调控宏观经济，对于货币政策，本文将分别讨论利率规则、数量规则下的经济运行情况；而对于财政政策，政府将税收和发放排污许可的收入全部用来政府消费支出。

2.1　家庭

家庭的效用受到消费、劳动、货币和空气污染的影响，消费和货币与效用正相关，劳动和污染与效用负相关。家庭在预算约束下通过选择消费、劳动和持有货币使自身效用最大化：

$$\max E_0 \sum_{t=0}^{\infty} \beta^t \left[\log C_t - \mu_l N_t^{(1+\eta)} / (1+\eta) + \chi \log M_t - \log Z_t \right] \tag{1}$$

式中，E_0 —— 期望算子；

$\beta^t \in (0,1)$ —— 贴现因子；

C_t、N_t、M_t、Z_t —— 分别表示家庭在 t 期的消费、劳动、实际货币余额和污染排放量；

μ_l —— 劳动负效用；

η —— 衡量劳动供给弹性的倒数；

χ —— 货币需求给家庭带来效用中的权重。

耐心家庭提供劳动获得工资、通过借贷获得利息，并将这些收入用于消费、储蓄、向政府纳税以及以货币形式持有，家庭的预算约束为

$$C_t + b_t + (M_t - M_{t-1}) = w_t N_t + R_{t-1} b_{t-1} / \pi_t - T_t - \Gamma_K \tag{2}$$

式中，b_t、π_t —— 分别代表耐心家庭在 t 期的借贷和通货膨胀；

w_t —— 实际工资；

R_t —— 名义利率；

T_t —— 家庭的纳税或来自政府的转移支付；

$\Gamma_K = \gamma_I \left(\dfrac{I_t}{K_t} - \delta_k \right)^2 / 2$ —— 资本的调整成本；

K_t、I_t、δ_k —— 分别表示第 t 的投资、资本存量以及资本折旧，其中 $I_t = K_t - (1-\delta_k) K_{t-1}$；

$(M_t - M_{t-1})$、$R_{t-1} b_{t-1} / \pi_t$ —— 分别为实际货币增量以及利息收入。

最优化上述问题分别对 b_t、N_t、M_t 求一阶导可得

$$\frac{1}{C_t}=\beta^t E_t\left(\frac{R_t}{\pi_{t+1}C_{t+1}}\right) \quad (3)$$

$$\frac{w_t}{C_t}=\left(N_t\right)^{\eta-1} \quad (4)$$

$$M_t=\chi/\left(\frac{1}{C_t}-\beta^t E_t\frac{1}{\pi_{t+1}C_{t+1}}\right) \quad (5)$$

其中式（3）是欧拉方程，代表跨期的消费需求，式（4）和式（5）分别表示家庭的劳动供给和货币需求。

2.2 零售商

零售商通过将中间品加工成最终产品卖给消费者，假设 $Y_{i,t}$、$P_{i,t}$ 分别表示零售商对中间品的需求和中间品的名义价格，$\varepsilon>1$ 表示中间品的替代弹性，那么整个零售商市场最终品的总产出 Y_t 可以如下所示

$$Y_t=\left(\int_0^1 Y_{i,t}{}^{\varepsilon-1/\varepsilon}\mathrm{d}i\right)^{\varepsilon/\varepsilon-1} \quad (6)$$

零售商通过选择 $Y_{i,t}$ 最小化成本，得出中间品的需求函数和最终产品价格指数分别为

$$Y_{i,t}=\left(\frac{P_{i,t}}{P_t}\right)^{-\varepsilon}Y_t \quad (7)$$

$$P_t=\left(\int_0^1 P_{i,t}{}^{1-\varepsilon}\mathrm{d}i\right)^{1/1-\varepsilon} \quad (8)$$

2.3 中间商

中间产品部门是由一系列垄断竞争的污染生产者构成的，将这些生产者指数化 $i\in[0,1]$，第 i 家中间商在完全市场上雇佣劳动 $N_{i,t}$ 和资本 $K_{i,t}$ 来生产中间产品 $Y_{i,t}$。中间商的生产函数服从科布道格拉斯形式如下：

$$Y_{i,t}=\left[1-G\left(S_t\right)\right]A_t K_{i,t}{}^{\alpha}N_{i,t}{}^{(1-\alpha)} \quad (9)$$

式中，S_t —— 第 t 期的污染存量；

$G\left(S_t\right)=\omega_0+\omega_1 S_t+\omega_2 S_t{}^2$ 是关于 S_t 的二次函数；

ω_0、ω_1 和 ω_2 —— 生产减损参数；

$\alpha\in(0,1)$ —— 资本份额；

A_t —— 生产技术，给定技术冲击：$\log A_t = \rho_A \log A_{t-1} + u_{jt}$ 服从一阶自回归过程；

ρ_A —— 自回归系数；

u_{jt} —— 技术冲击白噪并服从正态分布。

假设第 i 家中间品生产商制造的污染 $Z_{i,t}$ 受到产出 $Y_{i,t}$ 和减排努力程度 $D_{i,t}$ 的影响：

$$Z_{i,t} = \left(1 - D_{i,t}\right) \varnothing Y_{i,t} \tag{10}$$

其中 $\varnothing > 0$ 测量的是污染与产出的比例，减排成本 $C_{A,t}$ 是企业减排努力程度 $D_{i,t}$ 和产出 $Y_{i,t}$ 的函数：

$$C_{A,t} = \varphi_1 {D_{i,t}}^{\varphi_2} Y_{i,t} \tag{11}$$

式中，φ_1、φ_2 —— 减排成本涉及的技术参数。

对中间品进行加总得到 $\int_0^1 \left(P_{i,t} / P_t\right)^{-\varepsilon} Y_t \mathrm{d}i = D_{p,t} Y_t$ ，其中 $D_{p,t} = \int_0^1 \left(P_{i,t} / P_t\right)^{-\varepsilon} \mathrm{d}i$ 测度价格离散程度。对劳动与资本进行加总得到 $N_t = \int_0^1 N_{i,t} \mathrm{d}i$ 和 $K_t = \int_0^1 K_{i,t} \mathrm{d}i$ 。

由于中间商形成垄断竞争市场，因此具有定价能力。为了设定价格黏性，假定每期中间商有 $1-\theta$ 的概率获得信号重新定价，制定的价格为 $P_{i,t}^*$ 。本文中间商采用 Calvo 定价法则进行定价，则 $P_{i,t}^*$ 满足如下条件：

$$\sum_{k=0}^{\infty} (\theta\beta)^k E_t \left[\Lambda_{t,k} \left(\frac{P_{i,t}^*}{P_{t+k}} - \frac{X}{X_{t+k}} \right) Y_{i,t+k}^* \right] = 0 \tag{12}$$

其中 $X = \varepsilon / (\varepsilon - 1)$ 表示价格加成的稳态值，该条件表明当预期贴现的边际收益等于预期贴现的边际成本，中间商实现利润最大化，$P_t^*(z)$ 最优。因为每期中间商只有 $1-\theta$ 可以重新定价，因此总体价格水平为

$$P_t = \left[\theta P_{t-1}^{\varepsilon} + (1-\theta)\left(P_t^*\right)^{1-\varepsilon} \right]^{1/1-\varepsilon} \tag{13}$$

2.4　货币政策和财政政策

参考研究中国货币政策的相关文献，中央银行究竟是采用利率规则还是数量规则尚存争议。因此，模型中的央行分别采用利率规则和数量规则作为货币政策工具，两种货币政策规则具体形式如下：

（1）利率规则：

$$\frac{R_t}{R} = \left(\frac{R_{t-1}}{R} \right)^{\rho_R} \left[\left(\frac{\pi_t}{\pi} \right)^{\varphi_\pi^R} \left(\frac{y_t^d / y_{t-1}^d}{e^\gamma} \right)^{\varphi_y^R} \right]^{1-\rho_R} e_{v,t} \tag{14}$$

（2）数量规则：

$$\frac{\omega_t}{\omega}=\left(\frac{\omega_{t-1}}{\omega}\right)^{\rho_\omega}\left[\left(\frac{\pi_t}{\pi}\right)^{\varphi_\pi^\omega}\left(\frac{y_t^d / y_{t-1}^d}{e^\gamma}\right)^{\varphi_y^\omega}\right]^{1-\rho_\omega} e_{v,t} \tag{15}$$

式中，ω—— 名义货币增长率；

ρ_R、ρ_ω—— 分别为利率和货币增长率的平滑系数；

φ_π、φ_y—— 分别表示货币政策规则对通货膨胀率和产出的反应程度。

政府将税收 T_t 和出售排污许可的收入 $P_{z,t}Z_t$ 全部用于政府支出 G_t。

$$T_t+P_{z,t}Z_t=G_t \tag{16}$$

式中，$P_{z,t}$—— 单位排污的费用。

2.5 环境政策

本文参考 Angelopoulos 等，Annicchiarico 和 Dio 以及肖红叶和程郁泰将环境政策分为以下三种。

（1）总量控制

政府控制企业总排放上限 $Z_t \leqslant \bar{Z}_t$，并且以价格 $P_{z,t}$ 向生产者出售排污许可。

（2）强度控制

政府实施单位产出的排放上限 $Z_t \leqslant nY_t$，并且以价格 $P_{z,t}$ 向生产者出售排污许可。

（3）税收政策

政府向排污企业单位污染排放征收 τ，而中间品厂商减排的努力程度是固定的。

本文借鉴 Fischer 和 Springborn 污染排放对环境政策冲击的研究，假定总量控制、强度控制与税收政策分别遵循 AR（1）过程。

$$\log Z_t=\rho_z \log Z_{t-1}+u_{z,t} \tag{17}$$

$$\log n_t=\rho_n \log n_{t-1}+u_{n,t} \tag{18}$$

$$\log \tau_t=\rho_\tau \log \tau_{t-1}+u_{\tau,t} \tag{19}$$

2.6 市场出清

模型市场出清需要满足产品市场均衡 $Y_t=C_t+I_t+\mathrm{G}_t+C_{A,t}+\gamma_I\left(\frac{I_t}{K_t}-\delta_k\right)^2 I_t/2$。

3 参数校准与估计

本文采取以下两种方式来给模型中的参数赋值，对于影响稳态的参数，采用校准方法来给参数赋值，对于影响动态的参数则采用贝叶斯进行估计。选取参数均在季度频率上进行校准或估计。

3.1　参数校准

本文参考国内外近年来类似的文献，来设置部分参数值。根据 Annicchiarico & Di Dio、徐文成等以及肖红叶和程郁泰等文献，本文将价格弹性 ε 设置为 6，将单位产出的污染排放量 $\varnothing$ 设置为 0.45，将劳动供给弹性的倒数 η 设置为 1。将减排技术相关参数 φ_1 和 φ_2 分别设置为 0.1850 和 2.8。将生产减损参数 ω_0、ω_1 和 ω_2 分别设置为 1.40×10^{-3}、-6.67×10^{-6} 和 1.46×10^{-8}。根据徐文成等将家庭贴现因子 β 设定为 0.98。根据武晓利将资本的产出弹性 α 设置为 0.45。根据肖红叶和程郁泰将碳排放的自然分解率 δ_m 设置为 0.083。和大多数文献取值一样。将家庭货币需求 Ψ 设定为 0.6，资本折旧率 δ_k 设置为 0.025，价格黏性指数 θ 设定为 0.75，资本调整成本 γ_I 设置为 4。为了更好地比较在四种政策下劳动的变化量，本文在假设无政策的情况下的家庭劳动是 0.3，得到家庭劳动负效用 μ_l 是 7.79。根据 2001—2017 中国国家统计局年鉴算出政府消费 G_t 占总产出 Y_t 的比例为 0.14，这与肖红叶和程郁泰一致。详情见表 1。

表 1　参数取值

参数	含义	取值	参数	含义	取值
β	家庭的贴现因子	0.98	φ_1	减排技术参数	0.185 0
δ_k	资本折旧率	0.025	φ_2	减排技术参数	2.8
ε	价格弹性	6	δ_m	碳排放的自然分解率	0.008 3
α	产出中的资本权重	0.45	μ_l	劳动负效用	7.79
$\varnothing$	单位产出的污染排放量	0.45	γ_I	资本调整成本	4
η	劳动供给弹性的倒数	1	ω_0	生产减损参数	1.40×10^{-3}
θ	价格黏性指数	0.75	ω_1	生产减损参数	-6.67×10^{-6}
Ψ	货币需求	0.6	ω_2	生产减损参数	1.46×10^{-8}

3.2　参数估计

本文模型在三种环境政策下选取了生产技术冲击、货币政策冲击、政府开支冲击和环保技术冲击之后，又在三种环境政策选取了对应的三种环境政策冲击。本文采用总产出、消费和通货膨胀率三种变量的历史数据[①]。因为国家统计局从 2001 年第一季度调整了通货膨胀率的统计口径，所以本文选取的数据从 2001 年第一季度开始，到 2017 年第四季度截止。目前国内外文献一般用社会零售商品总额代表总消费，因此本文也采取这一做法。本文利用环比月度居民消费价格指数计算定基通货膨胀率。然后通过定基价格指数将总产出和消费的名义值换算成实际值。取自然对数后进行 hp 滤波得到总产出和居民消费相对于稳态的对数偏离，这与对数线性化模型中的变量总产出和消费对应。通货膨胀数据则进行去均值处理。所有数据均经过了季节性调整。

①本文所有数据均来自国家统计局和中国经济网。

本文将对影响模型动态的参数进行贝叶斯估计，根据各待估参数的理论意义以及国内外文献设定参数的先验分布。将通货膨胀的反应系数、产出缺口的反应系数和利率的反应系数的先验均值分别设定为 1.5、0.125 和 0.8，其中通货膨胀的反应系数先验标准差设定为较大的 0.1，而产出缺口的反应系数和利率的反应系数的先验标准差都设定为 0.05。将各种冲击的先验均值和标准差都设定为 0.85 和 0.1，将各种冲击的标准差的先验均值和标准差都设定为 0.1 和 inf。利率规则和数量规则设定数值一致。分别总结为表 2 和表 3。

表 2 利率规则下参数的先验分布与后验分布

参数	含义	先验均值	先验标准差	后验均值		
				总量控制	强度控制	环境税
γ_π	通货膨胀的反应系数	1.500 0	0.100 0	1.641 6	1.653 3	1.613 7
γ_Y	产出缺口的反应系数	0.125 0	0.050 0	0.738 0	0.738 0	0.738 0
γ_R	利率的反应系数	0.800 0	0.050 0	0.430 1	0.428 5	0.425 1
ρ_a	生产技术冲击的一阶系数	0.850 0	0.100 0	0.500 8	0.635 7	0.480 7
ρ_v	货币政策冲击的一阶系数	0.850 0	0.100 0	0.862 0	0.815 9	0.902 6
ρ_g	政府开支冲击的一阶系数	0.850 0	0.100 0	0.543 3	0.558 8	0.576 3
ρ_b	环保技术冲击的一阶系数	0.850 0	0.100 0	0.921 8	0.921 8	0.905 6
ρ_z	排放上限冲击的一阶系数	0.850 0	0.100 0	0.921 8		
ρ_n	单位排放冲击的一阶系数	0.850 0	0.100 0		0.786 8	
ρ_τ	排污税收冲击的一阶系数	0.850 0	0.100 0			0.869 4
σ_a	生产技术冲击的标准差	0.100 0	inf	0.024 7	0.023 5	0.024 6
σ_v	货币政策冲击的标准差	0.100 0	inf	0.213 7	0.200 8	0.252 4
σ_g	政府开支冲击的标准差	0.100 0	inf	0.011 8	0.011 8	0.011 8
σ_b	环保技术冲击的标准差	0.100 0	inf	0.041 7	0.045 6	0.045 9
σ_z	排放上限冲击的标准差	0.100 0	inf	0.042 3		
σ_n	单位排放冲击的标准差	0.100 0	inf		0.035 6	
σ_τ	排污税收冲击的标准差	0.100	inf			0.045 0

表 3 数量规则下参数的先验分布与后验分布

参数	含义	先验均值	先验标准差	后验均值		
				总量控制	强度控制	环境税
W_π	通货膨胀的反应系数	1.500 0	0.100 0	1.558 9	1.549 7	1.520 0
W_Y	产出缺口的反应系数	0.125 0	0.050 0	0.446 5	0.423 2	0.524 1
W_R	利率的反应系数	0.800 0	0.050 0	0.526 2	0.527 2	0.531 1
ρ_a	生产技术冲击的一阶系数	0.850 0	0.100 0	0.372 3	0.384 5	0.319 8
ρ_v	货币政策冲击的一阶系数	0.850 0	0.100 0	0.219 6	0.219 7	0.225 7

参数	含义	先验均值	先验标准差	后验均值		
				总量控制	强度控制	环境税
ρ_g	政府开支冲击的一阶系数	0.850 0	0.100 0	0.966 6	0.895 6	0.962 4
ρ_b	环保技术冲击的一阶系数	0.850 0	0.100 0	0.921 7	0.921 7	0.911 1
ρ_z	排放上限冲击的一阶系数	0.850 0	0.100 0	0.921 7		
ρ_n	单位排放冲击的一阶系数	0.850 0	0.100 0		0.764 2	
ρ_τ	排污税收冲击的一阶系数	0.850 0	0.100 0			0.870 1
σ_a	生产技术冲击的标准差	0.100 0	inf	0.035 0	0.035 8	0.034 2
σ_v	货币政策冲击的标准差	0.100 0	inf	0.013 2	0.013 0	0.032
σ_g	政府开支冲击的标准差	0.100 0	inf	0.114 4	0.140 4	0.166 5
σ_b	环保技术冲击的标准差	0.100 0	inf	0.032 0	0.046 0	0.004 57
σ_z	排放上限冲击的标准差	0.100 0	inf	0.045 4		
σ_n	单位排放冲击的标准差	0.100 0	inf		0.036 9	
σ_τ	排污税收冲击的标准差	0.100 0	inf			0.044 6

4 脉冲响应分析

4.1 技术冲击的响应分析

本文首先分别比较了利率规则和数量规则下生产技术冲击、环保技术冲击的脉冲响应。

4.1.1 利率规则

如图 1 所示，当面临正向的生产技术冲击的时候，技术创新一方面使产出上升，消费增加，投资增加，在产出上升的同时，碳排放量和碳总量也都在增加。另一方面，劳动减少符合经典新凯恩斯模型特征，通货膨胀由于供给冲击下降，利率根据泰勒规则下调。通过比较三种环境政策之后，本文发现碳强度政策会造成更大的经济波动幅度，这是由于在施行碳强度政策的时候，碳排放量并不固定，而且碳强度政策下碳排放和产出密切相关，一旦产出上升，碳排放量也等比例上升。

而在面临正向的环保技术冲击的时候，环保技术创新造成碳排放成本下降，碳排放量和碳总量都下降。碳排放下降会使企业增加投资和产出，家庭消费和劳动会上升。值得注意的是，环保技术创新会减小碳排放成本，同时也会使在碳上限和碳强度政策下企业的减排努力程度下降，但是对于碳税政策来说，正向的环保技术创新并不会造成碳排放价格下降，因此企业会继续努力减排，见图 2。

4.1.2 数量规则

和利率规则情况类似，当面临正向的生产技术冲击的时候，技术创新使得产出上升，消费增加，投资增加，因此造成碳排放量和碳总量增加。生产技术创新也会使得企业在产出稳定的情况下减少劳动需求，通货膨胀率下降，货币增长加强。而在通过比较三种环境政策之后，本文发现碳强度政策造成的经济波动幅度更大，碳强度对技术创新更敏感，这是因为碳强度政策下，碳排放与产出成正比，一旦产出上升，碳排放量也等比例上升，碳总量也上升，如图 3 所示。

而在面临正向的环保技术冲击的时候，对于碳上限和碳强度的环境政策来说，环保技术创新造成碳排放成本下降，碳排放量和碳总量都下降，企业减排努力程度也下降。而对于碳税政策来说，环保技术创新并不会造成碳排放价格下降，因此企业会继续努力减排。环保技术和碳排放下降总体来看会使企业增加投资和产出，家庭消费和劳动也会上升。以上结果与利率规则情形类似，见图 4。

通过比较利率规则和数量规则下的生产技术冲击和环保技术冲击，发现在不同的货币政策规则下，环境政策对经济波动的影响在方向上是基本一致的，也从侧面反映了模型结果是稳健的。

4.2　环境政策冲击的响应分析

在分别探讨了利率规则和数量规则下生产技术冲击、环保技术冲击的经济运行情况之后，为了使政策制定者更好地搭配货币政策和环境政策，本文通过模型模拟又进一步比较了不同货币规则下环境政策冲击下的经济表现。如图 5 所示，在采取碳上限的环境政策的时候，如果提高碳排放上限，企业为了增加利润会扩大产能，降低减排努力程度，造成产出、劳动、投资与消费增加，而且碳排放量和碳总量上升。由于通货膨胀率下降，货币当局会下调利率或者上调货币增长率。和数量规则相比，经济在利率规则下对碳上限冲击更敏感，经济波动也更大。具体来看，产出、消费、投资、劳动、碳排放量、碳总量等变量在利率规则下响应的更剧烈，通货膨胀率和减排努力程度下降的也更多。以上结果为政策制定者提供了有益的政策参考，在调整碳上限政策的同时，为避免经济波动过大可采取以利率规则为主的货币政策工具加以配合；如果想要较迅速地达到环境政策目标，则可实施以数量型规则为主的货币政策规则予以搭配。

而在改变碳强度或碳税形式的环境政策时，无论是在利率规则还是数量规则的货币政策工具下，变量对环境政策冲击的响应路径相似。详情见图 6 和图 7。

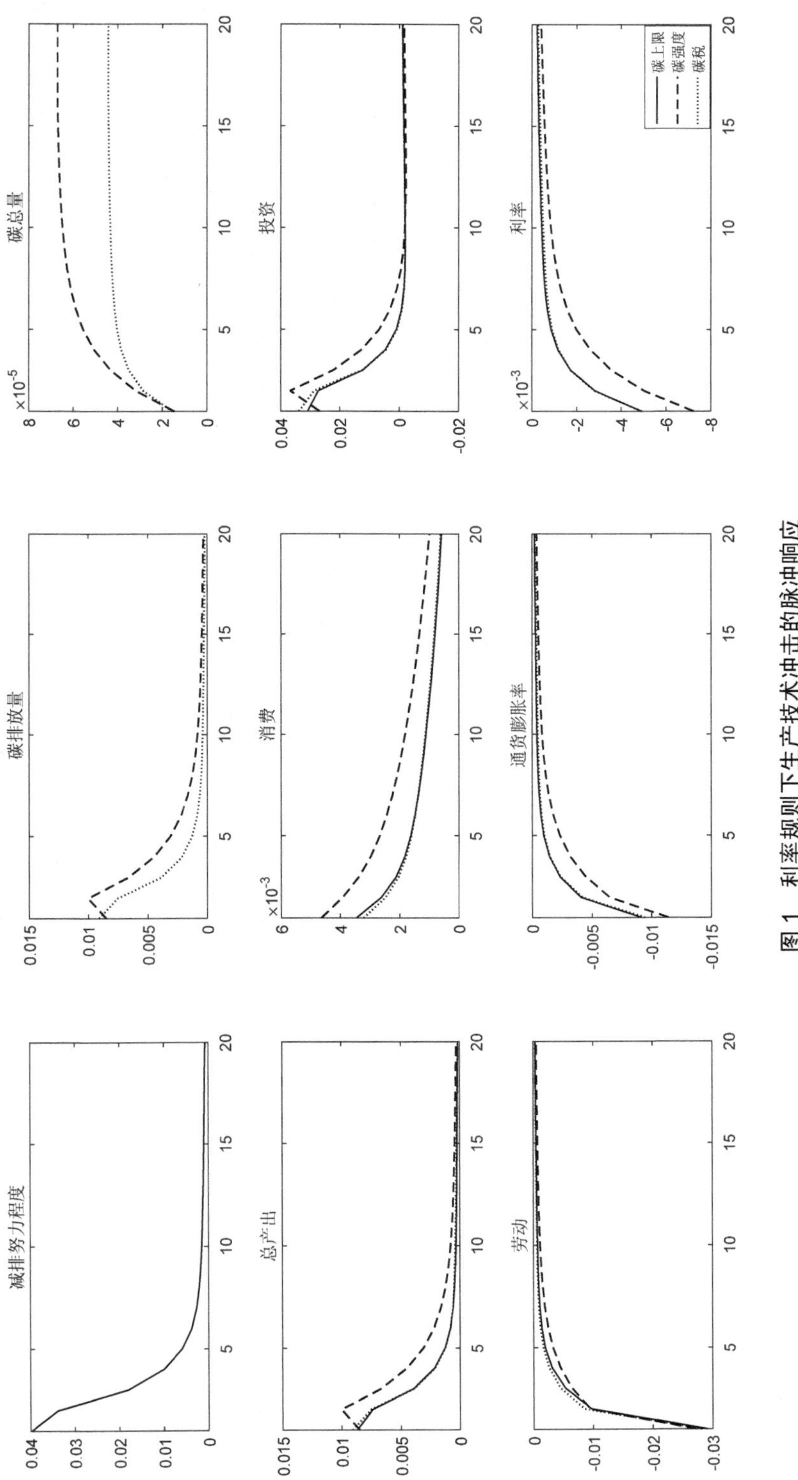

图1　利率规则下生产技术冲击的脉冲响应

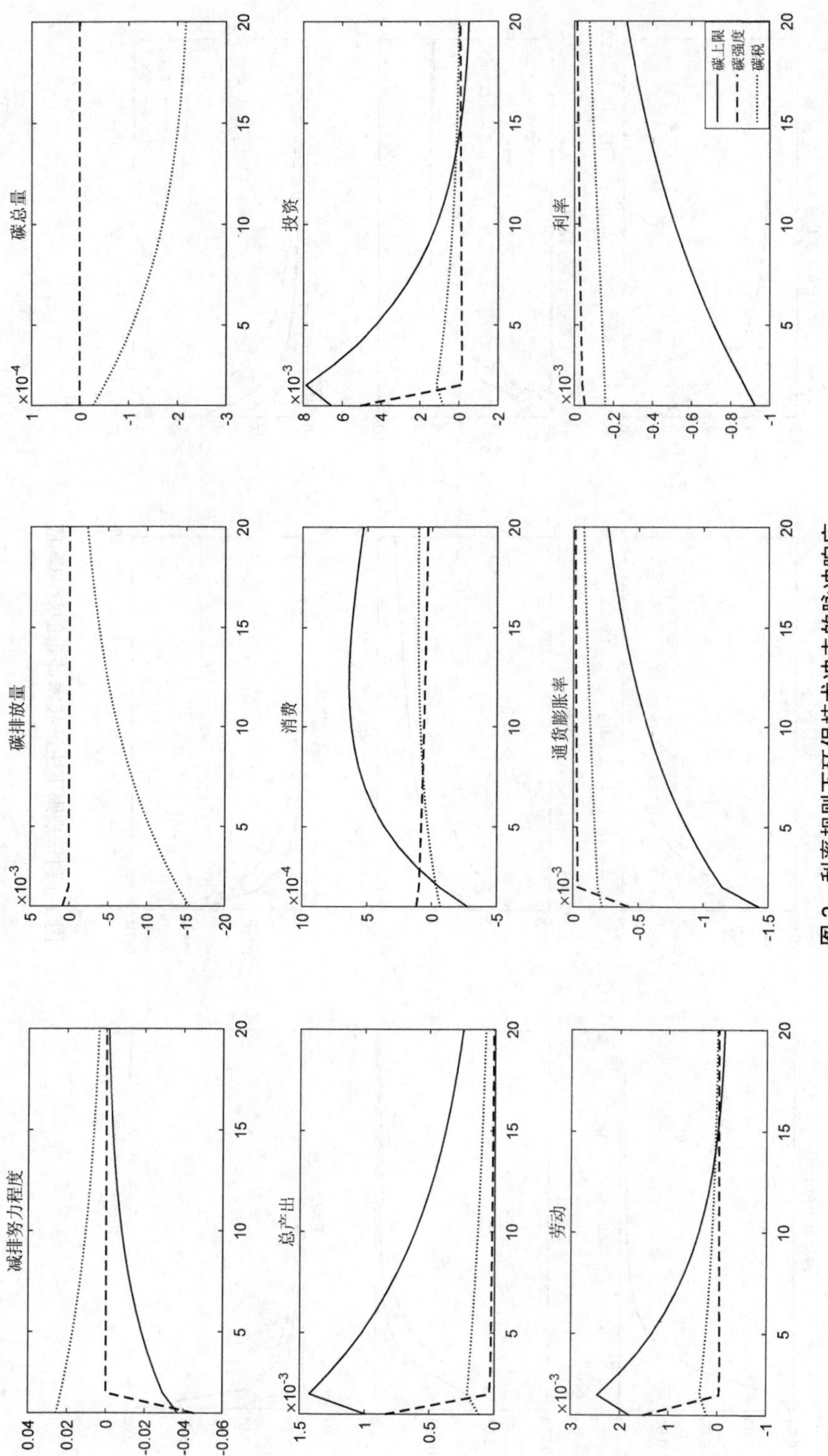

图 2　利率规则下环保技术冲击的脉冲响应

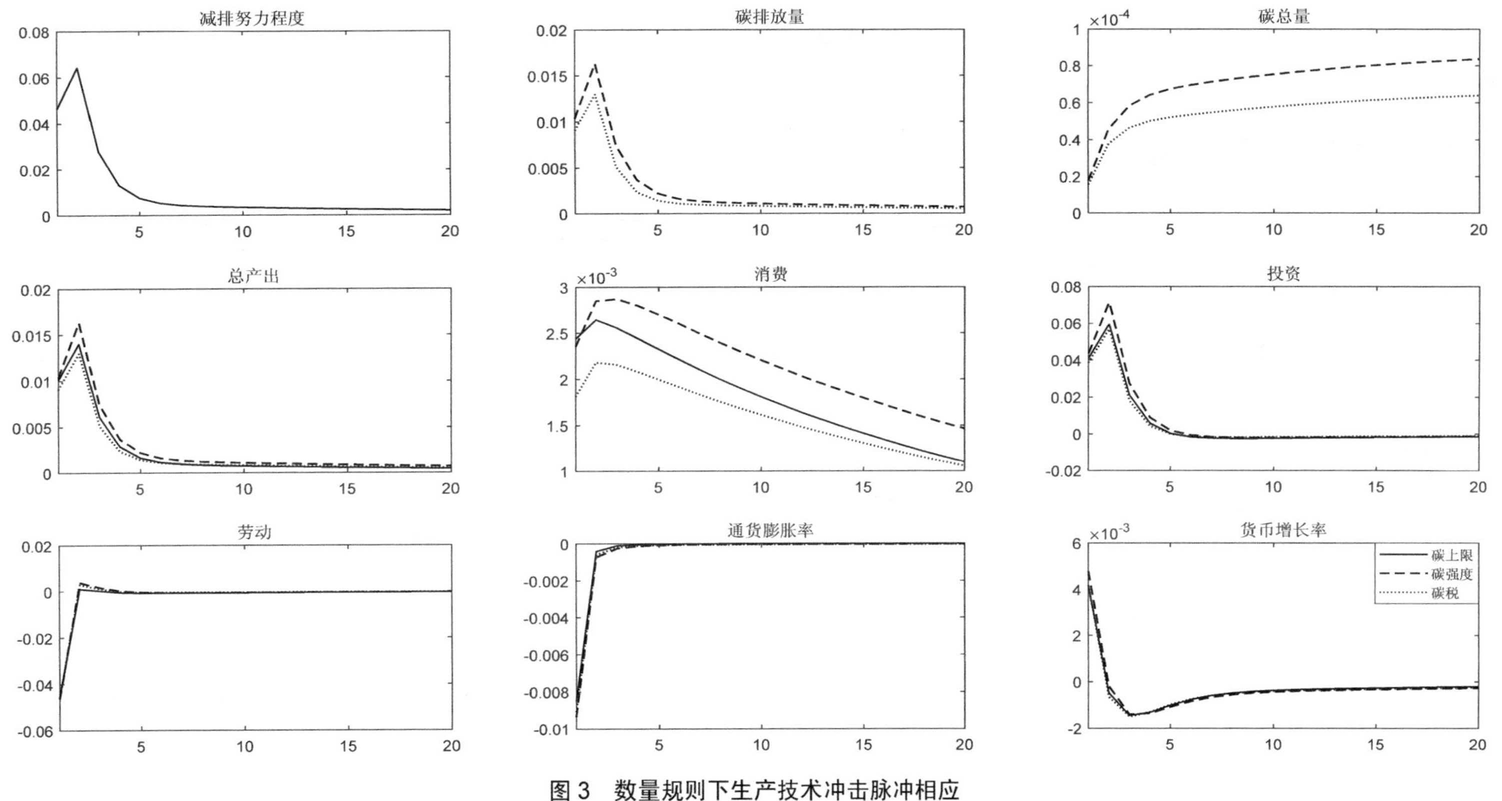

图3　数量规则下生产技术冲击脉冲相应

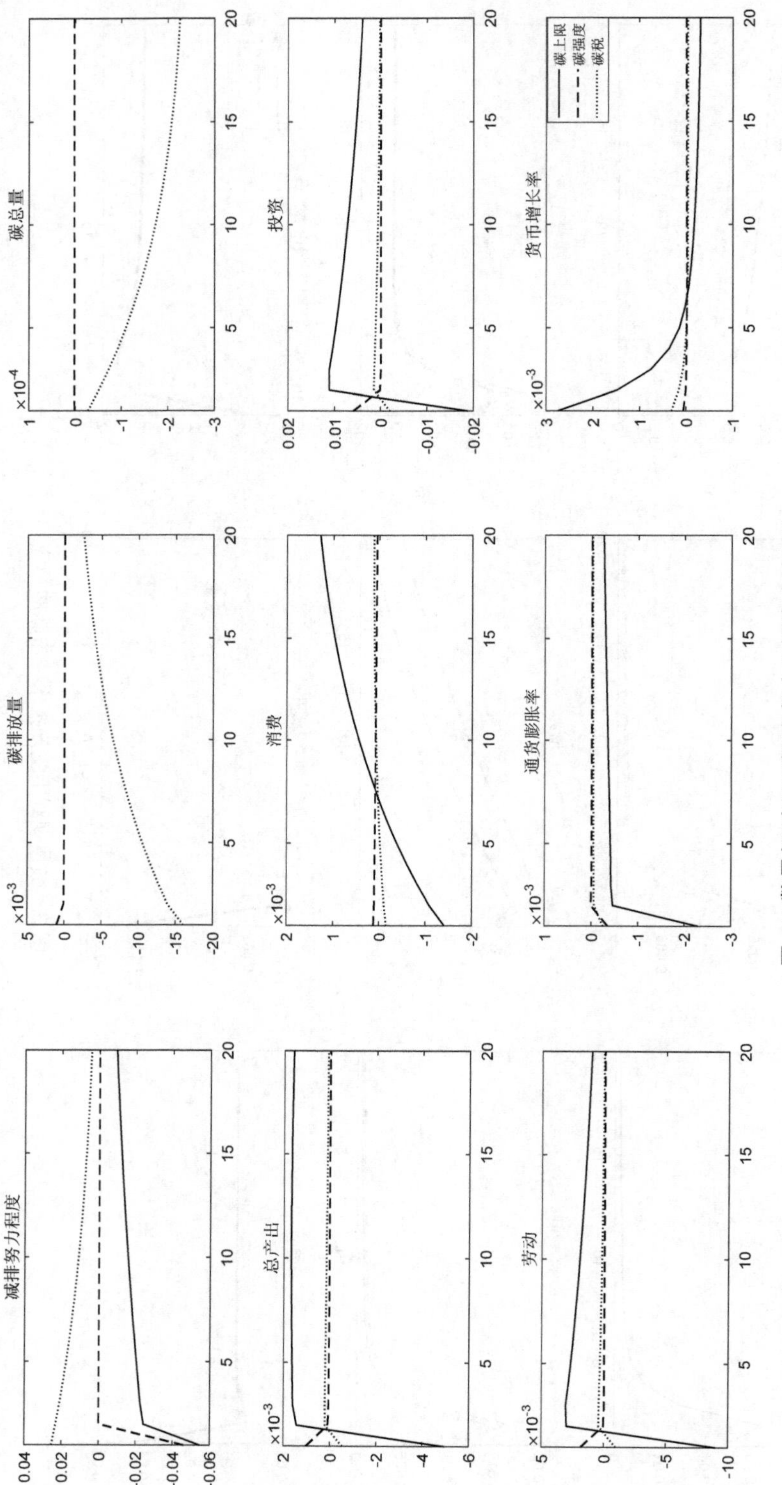

图 4　数量规则下环保技术冲击的脉冲响应

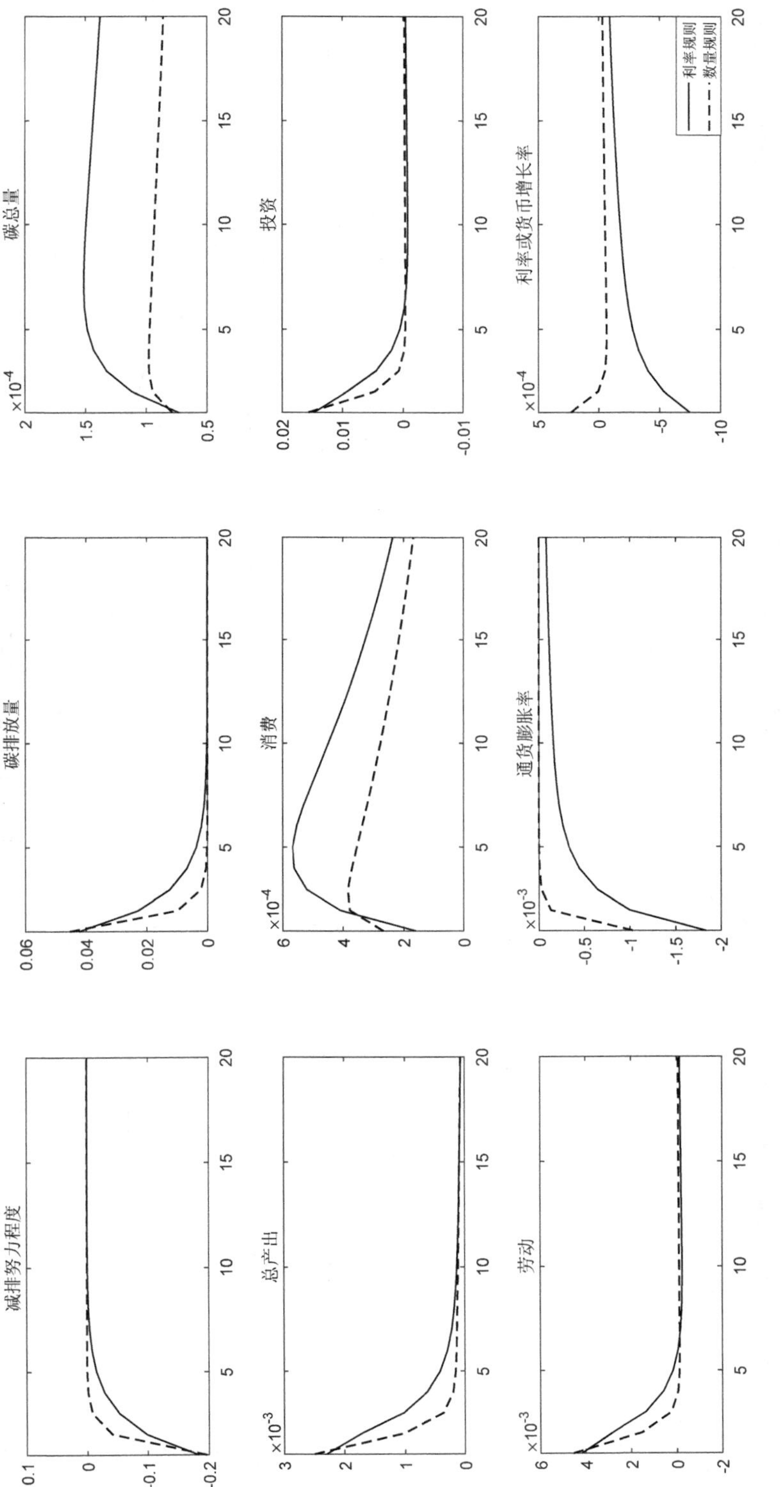

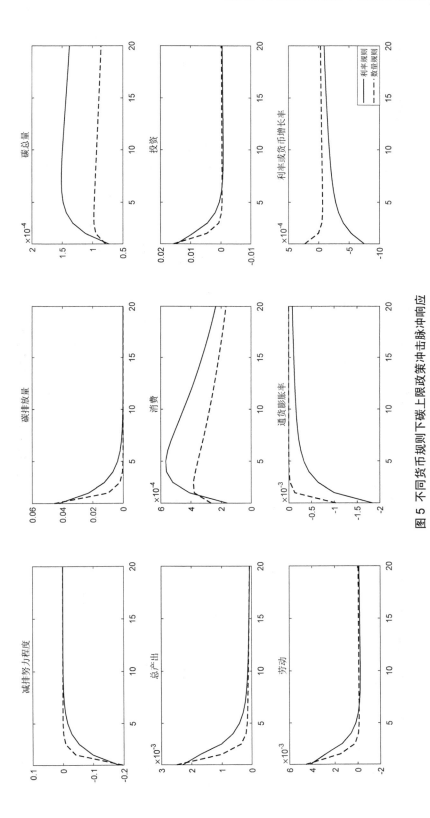

图 5 不同货币规则下碳上限政策冲击脉冲响应

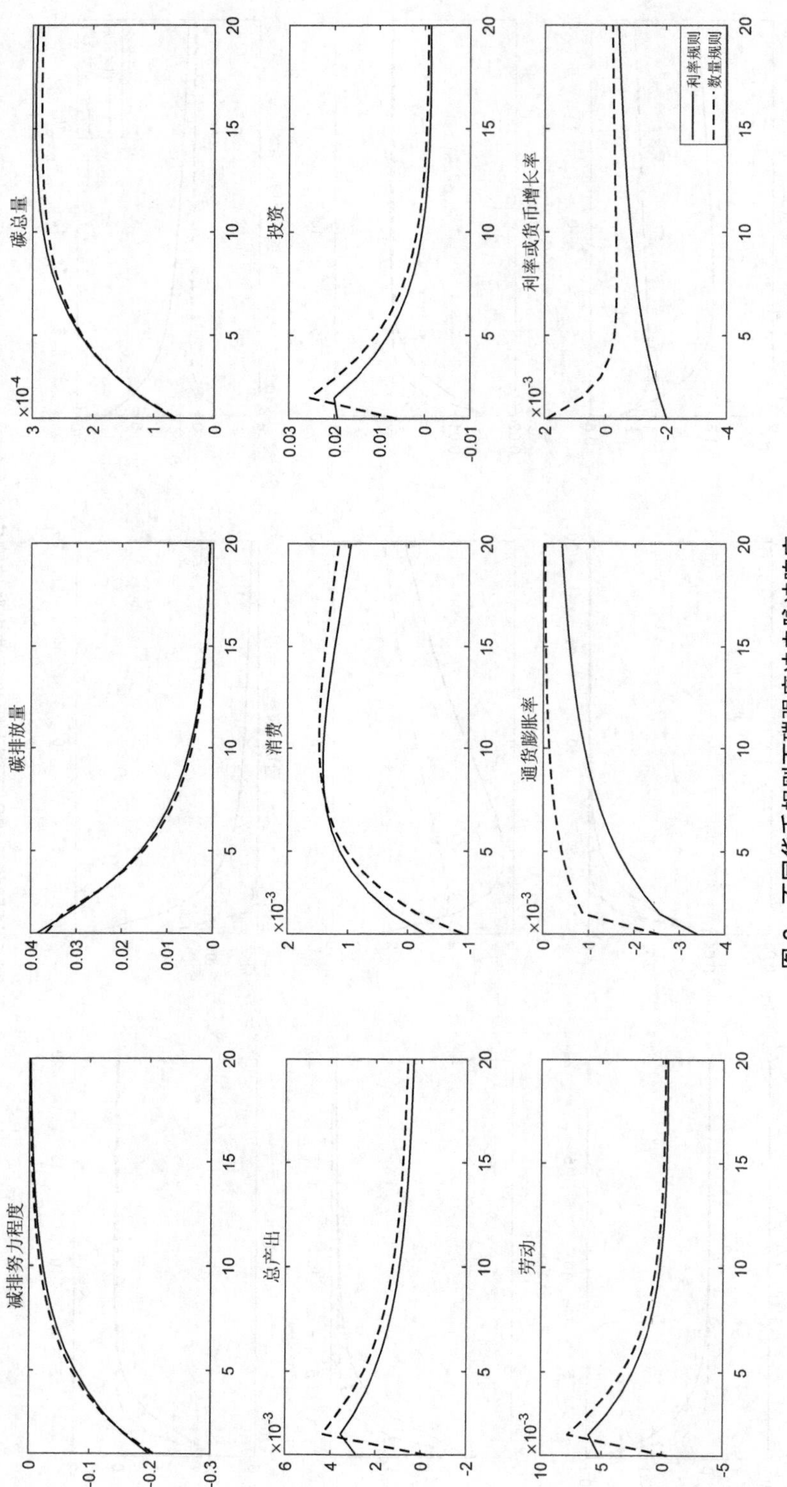

图6 不同货币规则下碳强度冲击脉冲响应

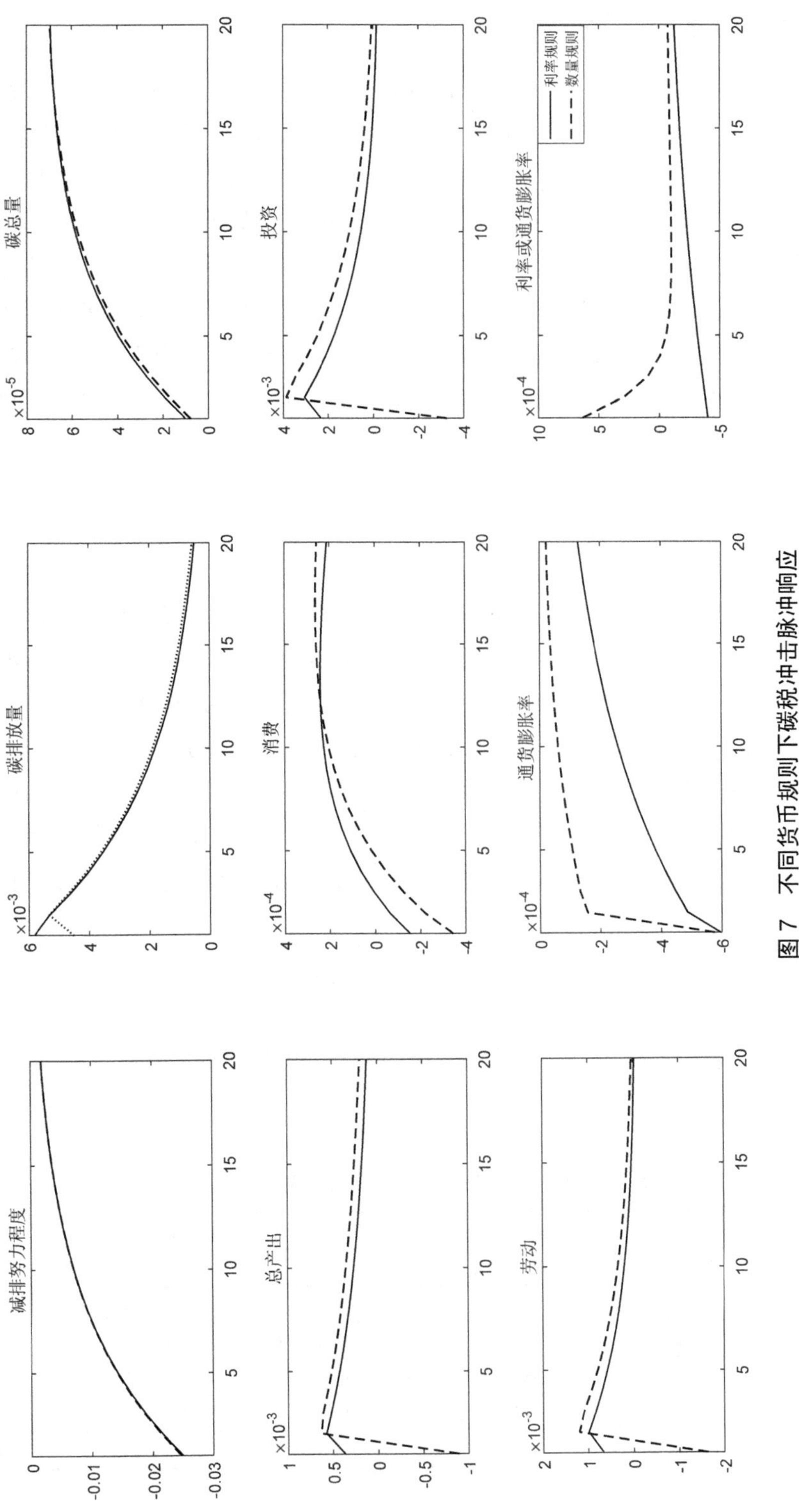

图 7　不同货币规则下碳税冲击脉冲响应

5 模型拟合度与福利水平

本文对两种货币政策与三种环境政策搭配使用时模型变量与中国经济数据的拟合程度与福利情况进行了比较。参照 Li 和 Liu 的比较方式，我们通过模型边缘数据密度（log marginal data density）的大小来衡量三种政策规则与现实的拟合度，并将边缘数据密度绝对值最小的数值设置为单位贝叶斯因子 exp（1），再求出另外五种货币政策和环境政策搭配情况下边缘数据密度与其差值得到这五种情况的贝叶斯因子。除了拟合程度外，我们进一步比较货币政策和环境政策搭配使用时家庭的福利水平。本文参考 Mendicino 和 Pescatori、Rubio 和 Carrasco-Gallego 等文献的福利核算方法，通过对模型中结构方程的二阶近似求解得到六种货币政策和环境政策搭配的社会福利水平（以家庭福利作为代表），定义如下：

$$V_t = \max E_0 \sum_{t=0}^{\infty} \beta^t \left[\log C_t - \mu_l N_t^{(1+\eta)} / (1+\eta) + \chi \log M_t - \log Z_t \right] \tag{20}$$

$$V_t = V_0 + \beta V_{t+1} \tag{21}$$

研究发现当货币政策工具为利率规则、环境政策工具为碳排放强度时模型的边缘数据密度绝对值（503.928）最小，即利率规则下碳排放强度政策与中国的真实情况拟合最好。但从福利角度来看，利率规则下碳强度政策所带来的福利（198.949）较小，而碳上限和碳税政策下的福利更高，分别为 210.171 与 241.296。相比于利率规则，数量规则下模型的拟合度普遍处于劣势，而福利相对更好（利率规则下碳税政策除外）。综上所述，政府应施行利率规则与碳税的政策搭配以实现较好的社会福利。之后，本文还参考 Rubio 和 Carrasco-Gallego 算出消费等价（consumption equivalence）以衡量各政策组合的福利损失，计算方法如式（22）所示：

$$\mathrm{CE} = \exp\left[\left(V_t^* - V_t \right) (1-\beta) \right] - 1 \tag{22}$$

两种货币政策与三种环境政策搭配使用时模型的边缘数据密度、贝叶斯因子、福利以及消费等价损失的详情见表 4。

表 4 不同货币规则下模型的拟合度与福利比较

货币政策	环境政策	边缘数据密度	贝叶斯因子	福利	消费等价损失
利率货币政策	碳上限	−512.067	Exp（8）	210.171	0.864
	碳强度	−503.928	Exp（1）	198.949	1.332
	碳税	−509.292	Exp（5）	241.296	0
数量货币政策	碳上限	−516.774	Exp（13）	223.616	0.424
	碳强度	−513.287	Exp（9）	228.051	0.303
	碳税	−516.159	Exp（12）	230.400	0.243

6 主要结论与政策启示

为了探讨环境政策和货币政策搭配使用对环境质量以及经济运行的影响，本文在新凯恩斯动态随机一般均衡模型框架中分别引入了利率规则和数量规则为主的货币政策工具，以及碳排放上限、碳排放强度和碳排放税为主的环境政策工具。我们首先比较了利率规则和数量规则下生产技术冲击和环保技术冲击造成的经济波动和环境质量的动态变化；其次分别探究了在两种货币政策情形下经济变量与环境变量对三种环境政策冲击的反馈；最后对比了各组货币政策与环境政策搭配下模型与中国现实情况的拟合程度与福利增进情况。主要结论为：

（1）以碳排放强度为主的环境政策使得模型变量对技术冲击较敏感，技术创新使得产出上升，由于在碳强度政策下，碳排放与产出成正比，因此碳排放量也等比例上升，引起较强的经济波动。

（2）在企业碳排放量较大，空气污染严重的情况下，政府不妨一方面采取降低碳排放上限的环境政策，另一方面按价格型货币政策规则调整利率，以更好地实现政策目标。

（3）长期来看，若想达到比较好的社会福利增进，政府应该把以碳排放税为主的环境政策工具与以利率规则为主的货币政策工具进行搭配。

党的十九大之后，党中央、国务院高度重视环境保护与绿色发展，因此在研究中国经济运行时，一旦脱离环境因素会显得说服力不够，而且环境政策的执行在减少污染排放的同时往往会同时改变企业的行为决策，甚至造成产出下降，因此兼顾环境质量与经济发展成了政府亟待解决的重要问题。基于本文的结论提出以下几点政策启示：

（1）碳强度政策虽然符合中国的现实发展需求，但从短期来看会造成经济波动加剧，社会福利受损，政府应当适当平衡使用碳强度政策的收益和成本。

（2）环保技术更新既能减少污染排放，同时也能增加产出，保证宏观经济平稳运行，政府应加大对企业环保技术研发的扶持力度，提升行业整体的环保技术水平。

（3）利率规则与环境政策配合能缓解经济波动，而数量规则能帮助环境政策更快地达到减排目标，政府应当审时度势，选取合适的政策组合。

（4）长期来看，碳税政策无论与利率规则还是数量规则搭配都能达到更好地福利增进，应当成为政府未来制定环境政策时的重要备选考量。

参考文献

[1] 王君斌，王文甫.非完全竞争市场、技术冲击和中国劳动就业——动态新凯恩斯主义视角[J]. 管理世界，2010（1）：23-35，43.

[2] Weitzman M L. Prices vs. quantities [J]. Review of Economic Studies，1974，41（4）：477-91.

[3] PIZER W A. The optimal choice of climate change policy in the presence of uncertainty [J]. Resource and Energy Economics，1999，21（2）：55-87.

[4] Newell R G，Pizer W A. Regulating stock externalities under uncertainty [J]. Journal of Environmental Economics and Management，2003，45（2）：416-32.

[5] Quirion P. Does uncertainty justify intensity emission caps？ [J]. Resource and Energy Economics，2005，27（4）：343-53.

[6] Kelly D L. Price and quantity regulation in general equilibrium [J]. Journal of Economic Theory，2005，125（1）：36-60.

[7] Fischer C，Heutel G. Environmental Macroeconomics：Environmental Policy，Business Cycles，and Directed Technical Change [J]. Annual Review of Resource Economics，2013，5（1）：197-210.

[8] Fischer C，Springborn M. Emissions targets and the real business cycle：Intensity targets versus caps or taxes [J]. Journal of Environmental Economics and Management，2011，62（3）：352-66.

[9] Angelopoulos K，Economides G，philippopoulos A. First-and second-best allocations under economic and environmental uncertainty [J]. International Tax and Public Finance，2013，20（3）：360-80.

[10] Bosetti V，Maffezzoli M. Occasionally binding emission caps and real business cycles [R]. Working Papers，2014.

[11] Golosov M，Hassler J，Krusell P，et al. Optimal Taxes on Fossil Fuel in General Equilibrium [J]. Econometrica，2014，82（1）：41-88.

[12] Grodecka A，Kuralbayeva K. Optimal environmental policy，public and labor markets over the business cycle [R]. 2014.

[13] Dissou Y，Karnizova L. Emissions cap or emissions tax？ A multi-sector business cycle analysis [J]. Journal of Environmental Economics and Management，2016，79（1）：69-88.

[14] Annicchiarico B，DI DIO F. Environmental policy and macroeconomic dynamics in a new Keynesian model [J]. Journal of Environmental Economics and Management，2015，69（3）：1-21.

[15] Heutel G. How should environmental policy respond to business cycles？ Optimal policy under persistent productivity shocks [J]. Review of Economic Dynamics，2012，15（2）：244-64.

[16] 郑丽琳，朱启贵. 技术冲击、二氧化碳排放与中国经济波动——基于 DSGE 模型的数值模拟[J]. 财经研究，2012，38（7）：37-48，100.

[17] 杨翱，刘纪显，吴兴弈. 基于 DSGE 模型的碳减排目标和碳排放政策效应研究[J]. 资源科学，2014，36（7）：1452-1461.

[18] 朱军. 基于 DSGE 模型的“污染治理政策”比较与选择——针对不同公共政策的动态分析[J]. 财经研究，215，41（2）：41-53.

[19] 王书平，戚超，李立委. 碳税政策、环境质量与经济发展——基于 DSGE 模型的数值模拟研究[J]. 中国管理科学，2016，24（S1）：938-941.

[20] 武晓利. 环保技术、节能减排政策对生态环境质量的动态效应及传导机制研究——基于三部门 DSGE 模型的数值分析[J]. 中国管理科学，2017，25（12）：88-98.

[21] 徐文成，薛建宏，毛彦军. 宏观经济动态性视角下的环境政策选择——基于新凯恩斯 DSGE 模型的

分析[J]. 中国人口·资源与环境，2015，25（4）：101-109.

[22] 肖红叶，程郁泰. E-DSGE 模型构建及我国碳减排政策效应测度[J]. 商业经济与管理，2017(7)：73-86.

[23] Smets F，Wouters R. An estimated dynamic stochastic general equilibrium model of the euro area [J]. Journal of European Economic Association，2003，1（5）：1123-1175.

[24] Mccallum B T. Robustness properties of a rule for monetary policy [J]. Carnegie-Rochester Conference Series on Public Policy，1988，29：173-204.

[25] Burdekin R C K，SIklos P L. What has driven Chinese monetary policy since 1990？ Investigating the People's bank's policy rule [J]. Journal of International Money and Finance，2008，27：847-859.

[26] 卞志村，胡恒强. 中国货币政策工具的选择：数量型还是价格型？——基于 DSGE 模型的分析[J]. 国际金融研究，2015（6）：12-20.

[27] 孔丹凤. 中国货币政策规则分析——基于泰勒规则和麦克勒姆规则比较的视角[J]. 山东大学学报（哲学社会科学版），2008（5）：57-66.

[28] Calvo G A. Staggered prices in a utility-maximizing framework [J]. Journal of Monetary Economics，1983，12（3）：83-98.

[29] Gali J. Technology，Employment，and the Business Cycle：Do Technology Shocks Explain Aggregate Fluctuations？ [J]. American Economic Review，1999，89（1）：249-271.

[30] Li B，Liu Q. On the choice of monetary policy rules for China：A Bayesian DSGE approach [J]. China Economic Review，2017，44（1）：66-85.

[31] Mendicino C，Pescatori A. Credit frictions，housing prices，and optimal monetary policy rules [R]. 2004.

[32] Rubio M，Carrasco-gallego J A. Macroprudential and monetary policies：Implications for financial stability and welfare [J]. Journal of Banking & Finance，2014，49（3）：26-36.